MANUEL PRATIQUE

D'ÉDUCATION

DES ANIMAUX DOMESTIQUES

DE CHIRURGIE ET DE MÉDECINE

VÉTÉRINAIRES

FORMANT UN TRAITÉ COMPLET DE TOUTES LES CONNAISSANCES QUI SE RATTACHENT A L'ART D'ÉLEVER LES BESTIAUX, D'EN TIRER LE MEILLEUR PARTI POSSIBLE; DE PRÉVENIR LES ACCIDENTS AUXQUELS ILS SONT SUJETS ET DE LES SOIGNER DANS LEURS MALADIES

Avec 20 planches

Ouvrage indispensable aux Éleveurs, aux Fermiers, aux Maréchaux, aux Vétérinaires, etc.

DEUXIÈME ÉDITION, REVUE ET CORRIGÉE

SOMMAIRE

Tome I.

Classification des animaux domestiques. — Hygiène. — Alimentation. — Multiplication. — Introduction en France de races exotiques. — La race en économie rurale. — Des croisements. — De l'accouplement. — Périodes de la vie des animaux. — Élève des animaux domestiques. — De l'engraissement. — De l'âge des animaux. — Considérations particulières aux diverses espèces d'animaux domestiques. — Le cheval. — L'âne et le mulet. — Bêtes bovines. — Bêtes ovines. — La chèvre. — Le porc. — Le lapin. — Le chien. — Le chat. — De la basse-cour. — Culture et considérations complémentaires. — L'apiculture. — La sériciculture. — La pisciculture. — Acclimatation des nouvelles espèces d'animaux domestiques, etc. — Mémorial zootechnique.

Tome II.

Moyens propres à prévenir les maladies. — Pathologie. — Thérapeutique. — Médecine opératoire. — Opérations diverses. — Gestation. — Parturition. — Avortement. — Maladies communes à la plupart des quadrupèdes domestiques. — Maladies chirurgicales. — Maladies particulières aux chevaux et autres solipèdes. — Soins à donner aux chevaux en voyage. — Maladies particulières aux bêtes à cornes, aux bêtes à laine, aux cochons, chiens et animaux de basse-cour. — Épizooties. — Empoisonnements. — Observations, recettes et faits divers — Pharmacopée vétérinaire. — Plantes médicinales. — Législation et jurisprudence relatives aux animaux domestiques. — Code rural.

Par HENRI DE ROZIÈRES,

Ancien élève de l'École impériale d'Alfort.

TOME PREMIER

PARIS

LIBRAIRIE DES VILLES ET DES CAMPAGNES

RUE D'ULM PROLONGÉE

1858

MANUEL PRATIQUE

D'ÉDUCATION

DES ANIMAUX DOMESTIQUES

I

Paris. — Imprimerie WALDER, rue Bonaparte, 44.

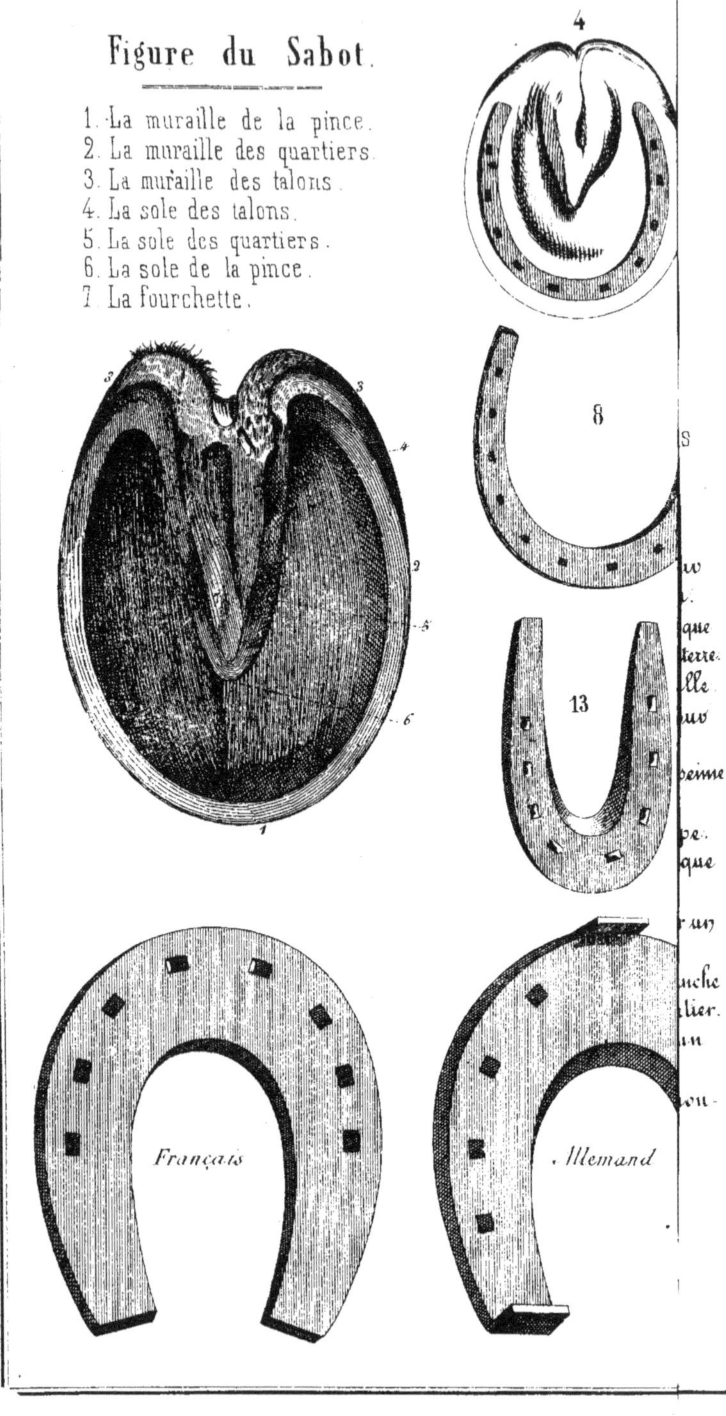
Figure du Sabot.
1. La muraille de la pince.
2. La muraille des quartiers.
3. La muraille des talons.
4. La sole des talons.
5. La sole des quartiers.
6. La sole de la pince.
7. La fourchette.
4
8
13
Français
Allemand

MANUEL PRATIQUE
D'ÉDUCATION
DES ANIMAUX DOMESTIQUES
DE CHIRURGIE ET DE MÉDECINE
VÉTÉRINAIRES

FORMANT UN TRAITÉ COMPLET DE TOUTES LES CONNAISSANCES QUI SE RATTACHENT À L'ART D'ÉLEVER LES BESTIAUX, D'EN TIRER LE MEILLEUR PARTI POSSIBLE; DE PRÉVENIR LES ACCIDENTS AUXQUELS ILS SONT SUJETS ET DE LES SOIGNER DANS LEURS MALADIES

Avec 20 planches

Ouvrage indispensable aux Eleveurs, aux Fermiers, aux Maréchaux, aux Vétérinaires, etc.

DEUXIÈME ÉDITION, REVUE ET CORRIGÉE

SOMMAIRE

Tome I.

Classification des animaux domestiques. — Hygiène. — Alimentation. — Multiplication. — Introduction en France de races exotiques. — La race en économie rurale. — Des croisements. — De l'accouplement. — Périodes de la vie des animaux. — Élève des animaux domestiques. — De l'engraissement. — De l'âge des animaux. — Considérations particulières aux diverses espèces d'animaux domestiques. — Le cheval. — L'âne et le mulet. — Bêtes bovines. — Bêtes ovines. — La chèvre. — Le porc. — Le lapin. — Le chien. — Le chat. — De la basse-cour. — Culture et considérations complémentaires. — L'apiculture. — La sériciculture. — La pisciculture. — Acclimatation des nouvelles espèces d'animaux domestiques, etc. — Mémorial zootechnique.

Tome II.

Moyens propres à prévenir les maladies. — Pathologie. — Thérapeutique. — Médecine opératoire. — Opérations diverses. — Gestation. — Parturition. — Avortement. — Maladies communes à la plupart des quadrupèdes domestiques. — Maladies chirurgicales. — Maladies particulières aux chevaux et autres solipèdes. — Soins à donner aux chevaux en voyage. — Maladies particulières aux bêtes à cornes, aux bêtes à laine, aux cochons, chiens et animaux de basse-cour. — Épizooties. — Empoisonnements. — Observations, recettes et faits divers. — Pharmacopée vétérinaire. — Plantes médicinales. — Législation et jurisprudence relatives aux animaux domestiques. — Code rural.

Par HENRI DE ROZIÈRES,
Ancien élève de l'École impériale d'Alfort.

TOME PREMIER

PARIS
LIBRAIRIE DES VILLES ET DES CAMPAGNES
RUE D'ULM PROLONGÉE

1858

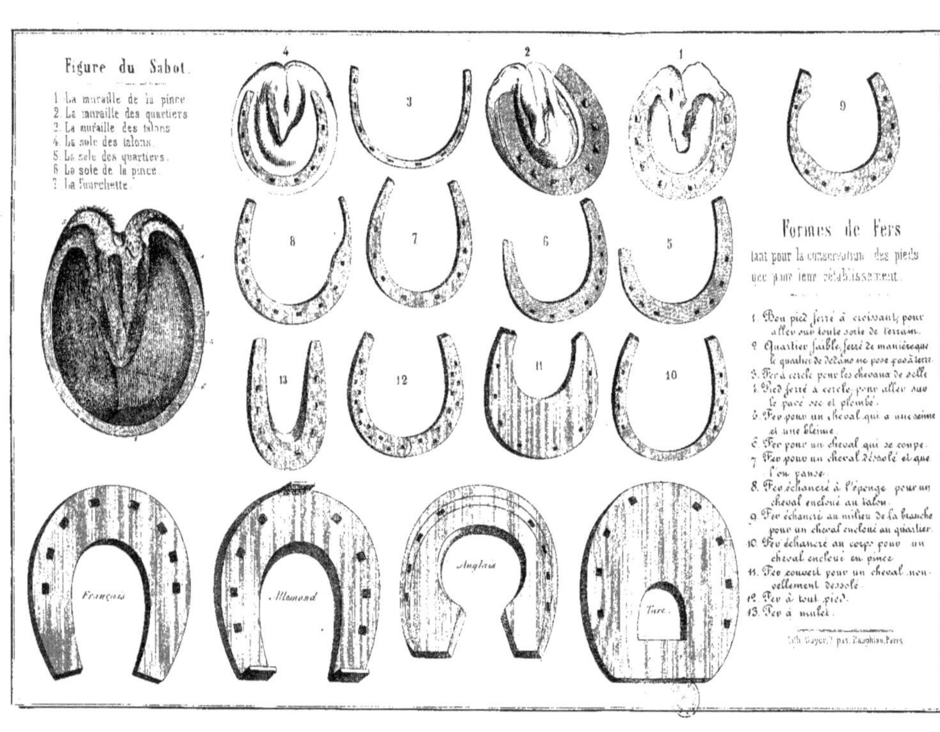

Figure du Sabot.
1 La muraille de la pince
2. La muraille des quartiers
3. La muraille des talons
4. La sole des talons.
5. La sole des quartiers.
6 La sole de la pince.
7 La fourchette.
4
3
2
1
9
8
7
6
5
13
12
11
10
Formes de Fers
tant pour la conservation des pieds
que pour leur rétablissement.
1. Bon pied ferré à croissant, pour aller sur toute sorte de terrain.
2. Quartier faible, ferré de manière que le quartier de dedans ne pose pas à terre.
3. Fer à cercle pour les chevaux de selle
4. Pied ferré à cercle, pour aller sur le pavé sec et plombé.
5. Fer pour un cheval qui a une seime et une bleime.
6. Fer pour un cheval qui se coupe.
7 Fer pour un cheval dessolé et que l'on panse.
8. Fer échancré à l'éponge pour un cheval encloué au talon.
9. Fer échancré au milieu de la branche pour un cheval encloué au quartier.
10. Fer échancré au corps pour un cheval encloué en pince
11. Fer couvert pour un cheval nouvellement dessolé.
12. Fer à tout pied.
13. Fer à mulet.
Français
Allemand
Anglais
Turc

LES
ANIMAUX DOMESTIQUES.

PREMIÈRE PARTIE.
L'ANIMAL EN SANTÉ.

LIVRE I.
Considérations générales.

CHAPITRE I.
INTRODUCTION.

1. Animaux susceptibles d'être réduits a l'état domestique. — Aujourd'hui que, grâce aux progrès de la science, l'inventaire des êtres vivants sur le globe est fait en grande partie, on s'étonne que, sur tant d'animaux qui pourraient être utiles à l'homme, on n'ait jusqu'à présent domestiqué qu'environ quarante espèces. Combien n'en est-il pas qui naissent, vivent et meurent sans aucun profit pour nous? Notons seulement ces grandes antilopes, qui fourniraient une alimentation saine et abondante; la vigogne, dont la laine est si fine et si douce; le tapir, plus grand que le cochon, aussi facile à nourrir, dont la chair est saine et agréable et qui pourrait rendre des services comme bête de somme; les kanguroos de l'Australie, que leur chair et leur poil doux et laineux rendent également précieux, particulièrement le gerboïde laineux couvert d'une riche fourrure, et puis encore le phaloscome, le lièvre pampa, le cabiai, les pacas, et parmi ceux qui nous seconderaient puissamment dans la poursuite des animaux utiles ou nuisibles : le guépard, les coatis, les loutres, les mangoustes, les phoques, les lamantins, etc. Plusieurs savants ont pensé qu'il ne serait pas impossible de domestiquer les singes et d'en faire de précieux auxiliaires pour les travaux agricoles et industriels. Dans certains pays, on les emploie à tirer de l'eau, à porter des paquets, à piler des graines dans des mortiers, à remplir mille fonctions de la vie domestique, comme rincer des verres, donner à boire, tourner la broche, etc. On a vu à Paris, à la ménagerie du Jardin des Plantes, un jeune orang-outang présenter la main pour reconduire les gens qui venaient le visiter, se promener gravement avec eux et comme de compagnie ; on l'a vu s'asseoir à table, déployer sa serviette, s'en essuyer les lèvres, se servir de la cuiller et de la fourchette pour porter à sa bouche, verser lui-même sa boisson dans un verre, le choquer lorsqu'il y était invité, aller prendre une tasse et une soucoupe, l'apporter sur la table, y mettre du sucre, y verser du thé, le laisser refroidir pour le boire. Il mangeait presque de tout ; seulement, il préférait les fruits mûrs et secs à tous les autres aliments. En donnant aux singes un prodigieux instinct d'imitation, et cette conformation vraiment humaine du principal instrument de notre industrie, de la main, la nature semble les avoir destinés à nous servir. Ce sont évidemment des ouvriers auxquels il ne s'agit que d'apprendre un état. Et, comme on a donné aux chiens, qui tous proviennent originairement du même fonds, des aptitudes si variées, de même on pourrait inculquer, à chaque espèce de singe, une capacité industrielle particulière et amener la transformation héréditaire de cette faculté.

Entre une multitude d'espèces précieuses, la classe des oiseaux nous offre les gouras, les hoccos, les pénélopes, les castracas, les lophores, les napauds qui, pour la qualité de la chair, rivalisent avec le dindon, et que nul oiseau n'égale pour la magnificence de leurs couleurs ; les fringilles d'Afrique et de l'Inde, la bernache armée, l'oie des Sandwich, le canard de la Caroline, le cécrops de l'Australie, le nandou, le casoar, l'autruche, l'agami, qui, dit-on, remplit auprès des autres oiseaux l'office des chiens à l'égard des troupeaux, etc. Notre belle colonie d'Afrique nous assure, pour l'acclimatation en France des animaux des pays chauds, un point de station des plus favorables. Si peu nombreuses que soient encore nos connaissances et nos conquêtes zoologiques, ce qui est fait nous garantit que le cercle de nos acquisitions n'a d'autres limites que celles de la création. « Jusqu'à ce jour, dit M. Isidore Geoffroy-Saint-Hilaire, quarante espèces d'animaux ont été réduites en domesticité. Les unes, et ce sont à la fois les plus nombreuses et les plus utiles à l'homme, l'ont été à une époque très-ancienne et antérieure même à tout témoignage historique. D'autres l'ont été dans des temps comparativement beaucoup plus modernes, mais déjà, néanmoins, assez éloignés de nous. L'une des acquisitions les plus récentes que notre pays ait faites est celle du dindon, et elle remonte à plus de deux siècles et demi. Un dindon fut servi au festin des noces de Charles IX, et si ce n'est pas, comme on l'a dit, le premier individu de cette espèce que l'on ait mangé en France, du moins cet oiseau était alors d'une grande rareté. Parmi les quarante espèces animales réduites en domesticité, les unes, telles que le chien, le porc, la brebis, la chèvre, la vache, le cheval, sont aujourd'hui répandues dans une multitude de contrées diverses, et sont, pour ainsi dire, cosmopolites. D'autres sont restées exclusivement propres, ou aux contrées dont elles sont originaires, ou à ces contrées et à un petit nombre d'autres pays plus ou moins rapprochés de celles-ci et leur étant plus ou moins semblables par les conditions climatologiques. »

Dans un chapitre spécial consacré à l'acclimatation et à la domestication de nouvelles espèces d'animaux, nous examinerons avec l'illustre professeur-administrateur du Muséum d'histoire naturelle de Paris, les déductions qui peuvent se tirer de ces faits généraux, et qui se résument dans les trois questions suivantes : 1° A l'égard des espèces animales domestiques répandues sur presque toute la surface du globe, y a-t-il lieu de transporter dans notre pays des races étrangères, soit pour être ajoutées, soit pour être substituées à la race ou aux races de même espèce que nous possédons déjà ? 2° A l'égard des espèces animales domestiques qui sont jusqu'à ce jour restées étrangères à notre pays, y a-t-il lieu de les importer en France ? 3° A l'égard des espèces animales jusqu'à ce jour à l'état sauvage, y a-t-il lieu de tenter la domestication et l'importation en France de quelques-unes d'entre elles ?

2. Classification des animaux domestiques. — Quoi qu'il en soit, les animaux domestiques maintenant élevés en France appartiennent à deux grandes classes, celle des *mammifères* et celle des *oiseaux*. Quelques animaux des autres classes, tels que les abeilles, les vers à soie, vivent aussi en domesticité et fournissent des produits utiles ; mais, dans notre plan, ils n'occupent qu'un rang secondaire, et, tout en n'omettant rien d'essentiel à leur sujet, nous n'avons pas cru devoir leur donner autant de place qu'aux bêtes chevalines, bovines, ovines et porcines qui sont l'objet principal des soins et de la préoccupation du cultivateur.

Les *mammifères* sont ainsi nommés, parce qu'il sont les seuls qui nourrissent leurs petits de lait sécrété par des mamelles ; ils ont des membres organisés pour la marche, et, par exception, pour le vol et la natation ; car quelques espèces (les chauves-souris) volent comme les oiseaux, et d'autres (les baleines) ne quittent point les mers et revêtent les formes des poissons. Les mammifères soumis à la domestication appartiennent à quatre familles :

Le cheval et l'âne, ainsi que le mulet, produit de ces deux espèces, sont de l'ordre des *pachydermes* (animaux à peau épaisse) et du groupe des *solipèdes* Le nom de *solipède* donné à ce groupe n'est pas exact, car il veut dire un seul pied, lorsqu'il devrait signifier la présence d'un seul doigt à chaque pied. Celui de *monodactyle,* également adopté, conviendrait beaucoup mieux. En effet, les solipèdes ont les extrémités terminées par un sabot unique et non divisé. Leur système dentaire comprend six incisives à chaque mâchoire, deux canines, qui manquent souvent chez les femelles, surtout à la mâchoire inférieure, et douze molaires. C'est à l'aide des changements divers que présentent ces dents qu'on parvient à connaître l'âge de ces animaux.

Les porcs appartiennent à l'ordre des *pachydermes* et au groupe des *pachydermes à pieds fourchus.*

Les bêtes bovines, qui comprennent le taureau et la vache; les bêtes ovines, qui comprennent le bélier et la brebis, font partie de l'ordre des *ruminants.* Les ruminants sont ainsi nommés du verbe latin *rumino,* je remâche, à cause de la complication de leur estomac, composé de quatre poches qui leur permettent de ramener dans la bouche, afin de les mâcher de nouveau, les aliments ayant déjà séjourné dans la première de ces poches. Ils n'ont, le plus souvent, de dents incisives qu'à la mâchoire inférieure, et quelques mâles seulement de certaines espèces ont deux dents canines à la mâchoire supérieure. Ils ont six molaires de chaque côté et à chaque mâchoire. Leurs membres sont terminés par un sabot divisé, et la tête des mâles est presque toujours armée de cornes. Les ruminants ordinaires, tels que les bœufs, les moutons et les chèvres, ont huit dents incisives à la mâchoire inférieure seulement.

Le chien et le chat appartiennent à l'ordre des *carnassiers,* à la famille des *carnivores* et à la tribu des *digitigrades,* c'est-à-dire des individus qui marchent sur les doigts. Ils ont les doigts plus ou moins rétractiles. Tous ceux qui ont les doigts très-rétractiles appartiennent au genre *chat,* qui comprend le lion, le tigre et tous les animaux, quelle que soit leur taille, qui ressemblent au chat par quelque point de leur organisation. On dit que ces animaux ont les ongles rétractiles, parce qu'ils sont les seuls dont les griffes se retirent à volonté dans les doigts, comme on le voit dans le chat lorsqu'il fait *patte de velours;* tandis qu'à l'aide d'un muscle extenseur, ils les développent quand ils veulent se défendre ou saisir une proie. Cette tribu comprend les martres, le chien, le chat, le lion, le tigre, etc.

Le lapin et le lièvre appartiennent à l'ordre des *rongeurs*, c'est-à-dire des animaux qui rongent ce qu'ils mangent. Les rongeurs se distinguent aisément par leur système dentaire qui ne se compose que de deux sortes de dents : les incisives et les molaires. L'absence de dents canines, propres à déchirer ou diviser les aliments fait que ces animaux sont exclusivement herbivores ou frugivores.

Dans la classification du règne animal, les oiseaux, jusqu'à présent élevés domestiquement dans les établissements ruraux, appartiennent à deux ordres : les *gallinacés* et les *palmipèdes*. Les *gallinacés* (du mot latin *gallina*, poule) ont la partie supérieure du bec voûtée, convexe et recouvrant l'inférieure, le vol lourd et les ailes courtes. Ils vivent particulièrement de grains et d'herbes fraîches. C'est à cet ordre qu'appartiennent la plupart des oiseaux de basse cour, tels que le coq, le dindon, le paon, la pintade, et beaucoup d'oiseaux de chasse, le faisan, la perdrix, la caille, etc. Les *palmipèdes*, ou animaux à pieds palmés, se distinguent aisément à leurs pattes courtes, robustes, situées en arrière du corps, et à leurs doigts constamment unis par une large membrane qui s'étend jusqu'à la racine des ongles et unit entièrement les doigts. De cet ordre font partie les oies et les canards. La plupart des palmipèdes sont organisés pour vivre sur l'eau, où leur plume huileuse et imperméable leur permet un séjour prolongé.

Telles sont les classifications scientifiques des animaux en état de domesticité. L'économie rurale les envisage sous un autre point de vue, celui de leur utilité pratique, et les divise en bêtes de *travail* ou de *trait*, et en bêtes de *rente* ou de *produit*. Le cheval, l'âne, le mulet, le taureau et la vache appartiennent à la fois à ces deux classes. En effet, ces animaux sont utilisés pour les travaux de l'agriculture et donnent en outre des produits, tels que le lait, le fumier, etc. Les bêtes ovines, la chèvre, le porc, le lapin, les oiseaux de basse cour et de colombier ne donnent que des profits et sont rangés dans la seconde classe. Il en est de même des insectes que l'on élève pour les produits qu'ils fournissent, comme l'abeille et le ver à soie. Le chien et le chat sont classés à part, car ils ne rendent que des services, quoique l'on puisse, après leur mort, tirer un certain parti de leurs dépouilles.

3. PRODUCTION DE LA FRANCE EN ANIMAUX DOMESTIQUES. — Quoiqu'en France on ait beaucoup fait depuis un demi-siècle pour l'amélioration des races et pour la multiplication de toutes les espèces d'animaux utiles, il s'en faut qu'on ait atteint le but au-

quel il serait si désirable que l'on pût arriver sous le rapport de la reproduction et de la nourriture du bétail. Le gros bétail est répandu en général sur toute la surface du territoire. Les bœufs de race normande sont de haute taille, s'engraissent facilement et pèsent de 300 à 600 kil.; ceux de la Touraine et de l'Anjou sont aussi de taille élevée. Les bœufs du Poitou, de l'Angoumois, de l'Aunis et de la Saintonge sont assez grands, mais leur poids n'est pas en proportion de leur taille. Les bœufs de la Gascogne sont les plus grands de tous, leur poids varie de 300 à 450 kil.; ceux du Périgord, du Quercy et du Limousin sont aussi d'assez haute taille et à peu près du même poids. Les bœufs de l'Auvergne et du Bourbonnais sont trapus et ramassés; leur poids ne s'élève guère au-delà de 350 kilog. — On évalue à environ 31,000,000 le nombre de moutons de toute espèce, produisant annuellement environ 771,500,000 kil. de laine, qui représentent une valeur approximative de 232,000,000 fr. — On engraisse des porcs presque partout, mais ils sont beaucoup plus multipliés dans certains départements que dans d'autres. Les cinq départements formés de la Normandie en élèvent des quantités considérables; la race en est fort belle dans le département d'Ille-et-Vilaine. La Vienne et les Deux-Sèvres en comptent un assez grand nombre. Dans l'Allier, la Nièvre, les départements formés de la Lorraine; dans ceux des Haut et Bas-Rhin, de la Haute-Saône, les habitants les élèvent avec soin et en font un objet de spéculation avantageux. Dans les départements pyrénéens, les animaux sont la base d'un commerce important. — Les chèvres sont multipliées sur toutes les parties du territoire; les départements du Rhône, de l'île de Corse, de l'Ardèche, de l'Ain et du Jura sont ceux qui en nourrissent le plus : dans les environs de Lyon, on en compte jusqu'à 11,000 dans douze communes seulement du Mont-d'Or; leur lait sert à fabriquer les excellents fromages de ce nom. — La France est un des pays de l'Europe les plus favorisés pour l'élève des chevaux de belle race et de bonne qualité. Par la nature variée de ses pâturages et de son sol, elle est heureusement située pour l'excellente reproduction de l'espèce, et cependant ses produits en ce genre sont constamment au-dessous des besoins. — Les départements des Deux-Sèvres, de la Vienne, de la Dordogne, du Cantal, du Puy-de-Dôme, de la Haute-Vienne et de la Vendée, sont renommés pour la reproduction des ânes et des mulets. Les mulets les plus recherchés sont ceux de la Haute-Vienne et particulièrement ceux du département des Deux-Sèvres, dont il se fait un commerce considérable aux foires de Melle.

Nombre des animaux vivants et des animaux abattus annuellement.

	Animaux vivants.	Valeur.	Revenu annuel.
Taureaux.. . . .	399,026	33,613,990	9,695,577
Bœufs..	1,968,838	301,819,337	62,576,699
Vaches.	5,301,825	487,875,663	214,790,094
Veaux.	2,066,849	52,936,763	25,153,237
Béliers.	575,715	9,243,405	2,607,790
Moutons.	9,462,180	127,862,305	42,233,317
Brebis.	14,804,946	135,938,491	59,925,119
Agneaux.. . . .	7,308,589	41,539,056	15,284,217
Porcs..	4,910,721	172,556,008	79,427,010
Chèvres.	964,300	8,851,451	5,448,301
Chevaux.	1,271,630	224,608,584	120,852,951
Juments.	1,194,231	174,709,681	91,583,056
Poulains.	352,635	24,626,018	8,659,029
Mules et mulets. .	373,841	64,284,246	21,244,148
Anes et ânesses. .	413,519	16,217,371	7,771,306
	51,568,845	1,870,572,369	767,251,851

	Abattus annuell.	Poids en viande.	Valeur.
Taureaux. . . .	»	»	»
Bœufs.	492,905	124,920,823	97,957,294
Vaches.	718,956	103,567,986	72,497,590
Veaux.	2,487,362	72,874,391	58,299,512
Béliers.	»	»	»
Moutons.	3,432,166	56,664,356	50,997,921
Brebis.	1,337,327	16,695,674	10,852,068
Agneaux.. . . .	1,035,188	6,313,291	5,681,962
Porcs..	3,957,407	290,446,475	246,879,504
Chèvres.	157,416	1,906,385	857,873
	13,618,727	673,389,781	544,023,724

En Algérie, au sein d'une luxuriante nature, le règne animal doit prospérer en proportion même des aliments qui abondent autour de lui. Tout a été dit sur le cheval arabe, dont le cheval barbe est une variante, un peu dégénérée, mais que relèveront des soins intelligents et surtout la paix; rien n'égale sa douceur, sa sobriété, sa vitesse, la sûreté de sa marche, sa résistance à la fatigue. L'espèce bovine paraît d'une plus petite espèce que la nôtre, mais vigoureuse, sobre, ardente au travail, rarement malade; elle acquerra facilement, avec un régime mieux entendu, la taille qui lui manque. L'espèce ovine est remarquablement belle, malgré le défaut de soins dans la nourriture et la production. A côté d'innombrables troupeaux de bœufs et de moutons, dont les Européens commencent, beaucoup trop tardivement, à apprécier le rôle nécessaire dans toute agriculture, surtout dans une agriculture naissante, les Arabes possèdent des troupeaux de chameaux dont ils utilisent les services pour la course, pour le transport, pour le laitage qui nourrit la famille, pour le poil dont on fabrique des tentes. Richesses que la nature prodigue généreusement, auxquelles le travail intelligent de l'homme ajoutera bientôt, par les moyens perfectionnés de transport, par les chemins de fer dont en ce moment (1857-58) on établit le réseau, une valeur pour ainsi indéfinie.

Dans un autre ordre d'animaux, le ver à soie, la cochenille, l'abeille, sont des agents de richesse que la civilisation européenne apprécie de plus en plus.

Insuffisance de notre production animale. — Comme nous l'avons dit tout à l'heure, la production animale n'est pas encore dans notre pays ce qu'elle devrait être, et, sous ce rapport, la France se trouve en état d'infériorité vis-à-vis de plusieurs nations de l'Europe. Selon un éminent écrivain, M. René Landry, cette infériorité tient à ce qu'on néglige trop chez nous les prairies artificielles. Pays de grande propriété ainsi que de grande culture, l'Angleterre, sur un territoire d'environ 15 millions d'hectares, compte 11,645,000 hectares en culture, dont 7 millions, c'est-à-dire les 60 centièmes, en prairies naturelles et artificielles. Sur cette vaste superficie, elle élève 1,257,000 chevaux, 11,409,000 bœufs ou vaches, 36,300,000 moutons et 3,600,000 porcs, qui, réduits à un type commun, à raison de 10 moutons ou de 6 porcs pour un cheval ou une bête bovine, représentent, au point de vue agricole, 16,984,000 têtes de gros bétail ou 145 têtes par 100 hectares. Objet d'une sollicitude toute spéciale, les animaux donnent une quantité considérable d'engrais, communiquant à la terre une prodigieuse fertilité. Aussi le rendement du blé est-il de 22 à 23 hectolitres par hectare. En Belgique, pays de petite propriété et de petite culture, la superficie productive, sauf les bois, est de 1,746,456 hectares; l'étendue des prairies et cultures fourragères, de 604,175 hectares, ou les 34 centièmes. On y compte 301,909 chevaux, mulets ou ânes, 1,202,591 bêtes bovines, 772,157 moutons ou chèvres, et 496,855 porcs qui, réduits au type commun, forment un total de 1,664,524 têtes de gros bétail, soit 95 animaux de cette espèce par 100 hectares. Le rendement du blé est de 18 hectolites par hectare. Quant à la France, qui, sous le rapport de la constitution territoriale, se trouve occuper entre l'Angleterre et la Belgique une place intermédiaire, son domaine en culture offre une étendue de 25,855,867 hectares, dont 5,774,547, ou les 22 centièmes seulement en prairies naturelles ou artificielles. Elle nourrit 3,605,856 chevaux, mulets ou ânes, 9,736,538 bœufs ou vaches, 33,115,730 moutons ou chèvres, et 4,910,721 porcs, qui font, en somme et après réduction, 17,672,420 têtes de gros bétail, ou 68 têtes par 100 hectares. La production du blé ne s'élève qu'à 12 hectolitres par hectare.

Dans un très-remarquable travail, M. René Landry tire de ces chiffres des conclusions d'une vérité saisissante. De ces trois pays voisins, le premier consacre aux plantes fourragères plus de la moitié de son sol en culture, et il jouit d'une merveilleuse production animale et végétale; le second restreint cette proportion à un peu plus du tiers, et sa richesse agricole, quoique considérable, est cependant bien inférieure à celle du premier; enfin le troisième ne donne plus aux prairies qu'un peu moins du quart de ses terres, et ses récoltes sont misérables. Selon la loi d'une bonne agriculture, un hectare de terre exige 10,000 kil. d'engrais animaux; chacune de nos bêtes bovines en fournit en moyenne 50 quintaux métriques dont il faut retrancher un tiers pour les pertes. Restent donc, pour nos 22 millions d'hectares, 599,080,666 quintaux métriques de fumier, tandis qu'il en faudrait 2,200,000,000! Aussi la France est-elle classée, pour la fertilité de son territoire, au dernier rang des pays de l'Europe. A chacun des 35 millions d'hommes qui peuplent ses villes et ses campagnes, elle ne peut offrir que 19 kil. 212 gr. de viande par année, ou moins de 53 gr. par jour. Enfin, elle tire annuellement de l'étranger 265,820 bœufs, moutons, chèvres ou porcs, d'une valeur de 6,068,513 fr. Tels sont les fruits d'une obstination inintelligente à convertir sans compensation nos prairies en terres labourables. On commence à le comprendre, et il se forme dans plusieurs de nos départements des associations pour l'irrigation et l'extension progressive des prairies. C'est là peut-être le seul moyen efficace d'obvier à l'insuffisance de notre production animale et végétale, et d'assurer l'avenir de notre agriculture.

Concours d'animaux. — Le gouvernement s'est efforcé d'encourager l'élève des bestiaux par diverses mesures, notamment par les concours généraux. Le premier eut lieu de la manière la plus modeste en 1850. Par un arrêté du 14 juin de cette année, un appel fut adressé aux éleveurs français. Des distinctions avaient été faites entre les diverses régions de la France, aucune entre les différentes races. Les deux tiers des départements restèrent étrangers à cette solennité agricole. En 1851, trois concours régionaux tenus à Aurillac, à Saint-Lô, à Toulouse, préparèrent le concours général de Versailles. En 1852, l'institution recevait de sérieux développements. Les concours régionaux étaient portés au nombre de sept. Les animaux étaient classés par race au concours général de Versailles, les médailles devenaient plus nombreuses, les prix s'élevaient à des sommes plus considérables. Le pays accueillit avec empressement l'invitation qui lui était adressée. Chaque année devait être désormais marquée par une amélioration. En 1853, les concours eurent lieu dans les huit régions agricoles qui divisent la France. Les prix furent augmentés. Des allocations spéciales permirent de réunir au concours général les animaux qui avaient été le plus remarqués dans les concours départementaux, et l'on parvint à rassembler à Orléans, 421 animaux venus de tous les points du pays. En 1854, les femelles pour les espèces bovine, ovine et porcine furent admises. Des prix spéciaux furent réservés aux oiseaux de basse-cour. Enfin, conformément au vœu exprimé par le jury d'Orléans, le concours général fut définitivement fixé à Paris. Heureuse et féconde innovation, qui, à l'égard de la France, donna à cette institution ses plus complets développements. En 1855, une tentative hardie a été faite avec succès; le concours agricole est devenu universel. A cet appel de la France adressé à tous les peuples qui pouvaient utilement l'entendre, l'Angleterre, la Suisse, la Hollande, d'autres contrées encore ont répondu. Les pages du catalogue de cette exposition se sont enrichies des noms des plus augustes protecteurs dévoués de l'agriculture, en même temps que de ceux des plus modestes cultivateurs; des visiteurs de tous les rangs de la société se sont empressés d'accourir, et ce concours est devenu le plus utile, le plus complet, le plus expérimental qui ait jamais été ouvert à la zoologie agricole. En effet, dans un même lieu, le même jour, se sont trouvés réunis, au nombre de 1,684, les plus beaux animaux des plus belles races européennes; on a pu étudier et admirer dans leurs types les plus parfaits, cette race Durham à courtes cornes, précoce pour la boucherie, infiniment propre au croisement avec quelques-unes de nos races indigènes, et qui a toujours été si nombreuse à nos concours; la race Hereford, chaque jour plus perfectionnée au point de vue de la graisse; la race Devon, d'un si grand poids, malgré sa petite taille, et dont la chair est si savoureuse; les bonnes races laitières d'Ayr et d'Aldornay; la race hollandaise, qui joint au mérite du lait celui d'être bonne pour la boucherie; les races de Fribourg et de Schwitz, si complétement représentées aux concours, beaux animaux qui doivent tant aux riches pâturages et à l'air vivifiant des Alpes. De cette étude comparative se dégage une loi en quelque sorte fondamentale. Les trois qualités : viande, lait et travail, sont bien rarement réunies. La prédominance de l'une de ces qualités devient rapidement la négation des deux autres. Leur réunion se montre cependant dans quelques-unes de nos races françaises, celles de Salers, d'Aubrac et de Parthenay, mais sous la condition d'un lent accroissement. Nous trouvons aussi un mélange analogue de propriétés dans les races comtoise, limousine et agenaise, et même dans celle du Charolais, qui travaille et cependant s'engraisse avec rapidité. On doit se garder d'omettre dans cette énumération nos animaux à qualités spéciales, les races normande et flamande, qui donnent du lait en abondance, de la viande excellente et en quantité; enfin cette gracieuse race bretonne, qu'à son élégante petitesse on prendrait pour un animal de luxe et qui est la providence des pays pauvres, l'abondante laitière des plus maigres pacages. Le temps, les intérêts de l'élevage, sagement pondérés, les conditions de nature de chaque contrée, la richesse publique, détermineront la prédominance de telle ou telle qualité, ou leur réunion, et la voie dans laquelle le progrès doit se faire. Il serait imprudent de vouloir indiquer la direction à suivre; si l'on veut sacrifier aux intérêts pressants de la boucherie la qualité de la laine, on obtiendra d'excellents résultats, soit en multipliant parmi nous les meilleurs types de l'espèce ovine et en donnant place à côté des mérinos déjà modifiés aux Cottswold et surtout aux Southdown, dont la viande à tissu serré est d'un goût si parfait, soit en croisant quelques unes de nos races avec les Dishley, et surtout en améliorant et propageant quelques-unes de nos bonnes vieilles races des Ardennes, de la Sologne, du Berry. On a enfin constaté la possibilité d'un approvisionnement facile pour le ménage du pauvre, en donnant des soins à la race porcine. Multiplier surtout la petite race anglaise, si peu exigeante, si riche en viande et d'une si admirable précocité, c'est fournir presque sans frais, à chaque famille de laboureur, de meilleures conditions alimentaires, et faciliter la solution de l'un des problèmes les plus importants de notre époque, la production de la viande à bon marché. En ce moment, la question semble bien loin d'être résolue. Ne nous inquiétons pas trop cependant d'une cherté accidentelle. Ces souffrances temporaires doivent nous conduire à des avantages permanents. Les prix élevés encouragent la production : de la cherté vient un jour l'abondance. Après quelques fluctuations, le niveau se fait, les prix se fixent de manière à satisfaire à la fois les intérêts légitimes de l'éleveur et du consommateur. Alors de grands bienfaits sont obtenus. L'alimentation publique s'est améliorée; l'agriculture a gagné en récoltes, elle a gagné en force, cette force vivante qui se multiplie par elle-même. La terre est devenue plus féconde, la campagne plus animée. On le voit, la question que nous traitons dans cet ouvrage sous ses différentes faces est la plus importante. C'est la base de toutes les améliorations et de tous les progrès. Si la nourriture venait à manquer, à quoi serviraient les lettres, les arts, les sciences, les richesses métalliques? Avant de faire quoi que ce soit, il faut vivre : *primo vivere, deinde philosophari.*

CHAPITRE II.

HYGIÈNE DES ANIMAUX.

« Le Créateur de toutes choses, dit M. le comte Français (de Nantes), a répandu sur la terre des milliers de moules organiques et de bêtes sauvages. Il a confié à l'homme le soin de développer ses ébauches et de civiliser les êtres qu'il lui a laissés dans leur native rudesse, après les avoir animés de son souffle. Le monarque qui donne aux sujets remuants et indociles de son royaume des charges à sa cour, et qui les attache ainsi à sa personne et à son service, est, s'il est permis de parler ainsi, l'image de l'homme intelligent, qui fit du coursier fougueux pris dans les bois un cheval de labour, qui éteignit l'ardeur pétulante du bélier dans le mouton, la vigueur farouche du taureau dans le bœuf, la sauvagerie du porc dans le cochon, l'indocilité de l'âne dans la bête de somme. C'est ainsi que, par une éducation soignée et une nourriture abondante et saine, l'homme est parvenu à créer des espèces dociles et intelligentes, qui l'ont aidé à féconder la surface de la terre. Il prit le buffle dans les marais, le chameau dans les déserts, le renne dans les régions couvertes de frimas, et il en fit d'utiles serviteurs. Il appela dans la plaine le bouquetin, qui vivait sur la montagne, et il fit de sa femelle une laitière et une nourrice. Il cantonna dans les parcs et dans les garennes le quadrupède qui broute les bourgeons des arbres, et celui qui en ronge l'écorce et la racine. Puis, il admit dans son intérieur un serviteur fidèle, et il en fit moins un instrument de travail qu'un ami. Dans la suite des temps, il fit plus encore, il dirigea et fit tourner à son profit la férocité même des bêtes. Le *feles*, admis dans ses foyers, devint un hôte agréable, un ennemi redouté des animaux nuisibles. Le falco-badius et le mustela sanguinaire furent les pourvoyeurs de sa table. Il choisit, parmi les animaux des forêts, le gallinacé, qui porte la crête haute et la queue relevée; parmi les oiseaux des marais, l'anas au pied palmé, au bec plat et lamelleux, au gosier vorace; parmi les oiseaux des pays chauds, le méléagre au vol lourd, au regard stupide, à l'instinct orgueilleux et colère. L'oiseau du pôle, qui vole durant le jour dans la région des nuages, fut surpris par lui le soir lorsqu'il s'abattit dans les marais; et ce fut ainsi qu'il put former et réunir en troupeaux les tribus diverses d'oies, de dindes, de canards et de volailles de toutes espèce. Le biset des rochers vint se nourrir et nicher dans son colombier, et le chantre des montagnes trouva une chère délicate et des amours faciles dans sa faisanderie, tandis que le paon et l'oiseau navigateur étalèrent l'orgueil de leur plumage et la grâce de leurs mouvements dans la basse-cour et les eaux de son domaine. Pour peupler ses étangs et ses viviers, il fit descendre des hauts lacs le salmo-alpina, il surprit le cyprin dans les eaux douces; les poissons fluviatiles devinrent des poissons domestiques; et le crustacé, qui porte dans ses pattes son organe reproducteur, et le mollusque hermaphrodite, qui vit dans une coquille bivalve, le nourrirent de leur chair. Parvenu à une civilisation plus avancée, il commanda à une chenille de le vêtir, à un insecte de lui composer du sucre, et à plusieurs autres espèces animales de lui fournir des duvets, des soies et des toisons. » Ces conquêtes faites par l'homme sur la nature, il ne peut les conserver qu'à la condition de donner aux animaux domestiques des soins incessants. Les premiers de ces soins ont pour objet l'hygiène qui conserve la santé.

1. Nature des animaux. — Un grand nombre de caractères distinguent l'animal du végétal. Les animaux ont un tube digestif, ouvert le plus souvent à ses deux extrémités et garni dans sa longueur de pores qui absorbent les molécules nutritives. L'essence de l'animal consiste dans la mobilité spontanée à l'aide d'un système musculaire, et dans une sensibilité plus ou moins active à l'aide d'un système nerveux. Au moyen d'organes dont sont pourvus les animaux, ils peuvent le plus souvent distinguer les propriétés et les qualités des corps qui les environnent. Les végétaux n'ont point de canal intestinal et leurs pores absorbants sont répandus sur toute leur surface, ce qui les fit appeler par Aristote des animaux retournés. L'essence des végétaux consiste dans la nutrition et ils sont immobiles. Les végétaux n'ont qu'un seul élément organique; il consiste dans une substance homogène, transparente, formant des tubes, des cellules ou des

membranes. Dans les animaux on trouve trois éléments organiques, le cellulaire, le musculaire et le nerveux. Les animaux vont chercher eux-mêmes leur nourriture et l'introduisent dans leur estomac; les plantes la tirent de la terre qui peut être considérée comme leur estomac commun. Les animaux d'un ordre élevé, comme ceux qui nous occupent, sont, en outre, doués pour la plupart d'un instinct développé qui facilite les relations de l'homme avec eux.

2. Conformation extérieure des animaux. — L'économie agricole envisage la conformation extérieure des bêtes domestiques sous le rapport du produit qu'on peut tirer de l'animal et du service auquel il doit être employé de préférence. L'art de reconnaître les caractères externes qui témoignent de la bonne ou mauvaise conformation intérieure et attestent d'une manière certaine la valeur de l'animal, cet art, dont le système Guénon pour distinguer les vaches bonnes laitières offre une application si utile, a reçu de la science vétérinaire le nom d'*extérieur*. Un cours d'extérieur est professé à l'école vétérinaire d'Alfort.

La beauté des animaux se déduit du rapport de leur extérieur avec les fonctions auxquelles ils sont destinés. Ainsi, pour être beau, il faut que le cheval de selle soit bien proportionné; qu'il ne soit ni trop long, ni trop court; qu'il ait la côte bien arrondie, le flanc court, le rein droit, la queue bien attachée et bien portée, la hanche bien effacée, l'épaule sèche, le garrot bien sorti, l'encolure bien relevée, la tête petite et sèche, les oreilles petites et bien plantées, l'œil bien ouvert et saillant, le front plat et large, les nazeaux bien ouverts, le corps près de terre, la cuisse bien bombée, la poitrine profonde et large, un bras bien musclé et proportionné au poids du corps, le canon de la jambe large et bien attaché, les jarrets bien larges et bien évidés, les nerfs des jambes gros et bien détachés, les pieds bien faits, de beaux aplombs, de la noblesse dans le maintien, de la grâce et de la légèreté dans les allures. La beauté du cheval de trait est tout autre : une encolure chargée de muscles, un large poitrail, une tête pesante, un corps massif et lourd, parce que, lorsqu'il est attelé, le poids de son corps s'ajoute à celui de ses muscles pour combattre la résistance qu'il doit vaincre, tels sont les caractères par lesquels il se recommande à l'attention. Il arrive cependant quelquefois que des animaux, avec une mauvaise apparence extérieure, ont de bonnes et solides qualités. « J'ai connu dans le département de l'Aisne, dit M. le comte de La Tour-du-Pin-Chambly, une jument qui se nommait l'*Anguille*, elle avait reçu ce nom à cause de sa longueur démesurée; ses jambes avaient la forme d'allumettes. Cette bête, de six à sept ans, valait à l'œil, prix marchand, moins de 150 francs. Cependant, c'était une bête d'un train et d'un fond extraordinaires; elle portait, pendant douze heures de suite, un homme qui pesait deux cents, et qui, continuellement, lui faisait faire douze, quinze, vingt lieues au grand trot, ou au grand galop, dans des terres fortes et dans un pays rempli de côtes rapides. » Ces exceptions sont assez nombreuses; mais, si l'on examine attentivement les animaux de ce genre, on reconnaît à la flamme de leurs yeux, à la position de leurs oreilles, à la dilatation de leurs narines, leur énergie cachée. D'ailleurs cette énergie, qui n'est pas servie par des organes appropriés, s'use rapidement, et les chevaux n'ayant, comme on dit, que de l'*âme*, sont bientôt ruinés et hors de service. La même observation s'applique aux autres animaux, car le plus parfait d'entre eux, le cheval, est toujours pris pour type.

L'absence d'un ou de plusieurs des caractères indicatifs de la beauté est appelée *défectuosité*. Aux cicatrices extérieures provenant d'opérations chirurgicales ou de lésions accidentelles, on donne le nom de *tares*. Les défauts résultant du moral ou du caractère de l'animal, et traduits à l'extérieur par la physionomie, ont reçu la dénomination de *vices*.

3. Hygiène de la respiration. — La santé est l'exercice libre et facile de toutes les fonctions. La maladie est une altération d'une ou de plusieurs de ces fonctions. Le premier soin, comme nous l'avons dit tout à l'heure, doit être d'entretenir dans les animaux l'état de santé. L'intérêt le commande aussi bien que l'humanité.

Le premier besoin de l'animal est de respirer un air non vicié. L'air est composé de 79 parties d'azote, impropre à la respiration et de 21 parties d'oxygène ou gaz respirable. Il contient en outre, ordinairement, une très-petite partie d'acide carbonique et d'eau. Les recherches des physiologistes ont constaté que, par l'action pulmonaire, le sang veineux se convertit en sang artériel en dépouillant l'air de l'oxygène qu'il contient et le remplaçant par de l'acide carbonique; il laisse intact ses autres principes constituants. Les physiologistes ont constaté encore qu'un individu plongé dans un milieu privé d'oxygène meurt bientôt avec les symptômes de l'asphyxie qui accompagnent la mort par submersion. La même chose arrive dans une atmosphère qui ne contient que 5 à 6 centièmes d'oxygène; et ce n'est qu'avec peine, lorsqu'elle en contient 1 ou 2 centièmes de plus, que la vie animale se maintient. Un homme consomme en vingt-quatre heures environ 750 litres de ce gaz, et le remplace par une égale quantité d'acide carbonique; il rend irrespirables 3 mètres 1/2 cubes d'air. Ainsi s'explique comment l'air des salles où sont réunis beaucoup d'hommes finit par devenir impropre à la vie, s'il n'est renouvelé.

Ces observations sont applicables aux animaux. Les qualités chimiques de l'air exercent, par l'acte de la respiration, leur influence sur toute l'économie, ainsi la diminution de l'oxygène et la surabondance de l'acide carbonique diminuent l'énergie circulatoire, la production de la chaleur animale, la vigueur de toutes les fonctions. L'air pur, au contraire, convient à tous les tempéraments; il favorise la respiration, la digestion, la nutrition. Mais, pour être pur, l'air qu'on respire doit être souvent renouvelé. L'animal ne renouvelle l'air qu'il respire qu'en changeant de place. Il faut donc tenir le moins possible les animaux enfermés. Dans les plaines, dans les montagnes, en plein vent, les animaux si maladifs dans les étables, conservent leur santé et décuplent leurs forces. Est-il de plus beaux troupeaux que ceux du Jura? Les bergers de cette contrée partent pour la montagne le 1er juin. Leur troupeau, qu'ils mènent dans les pâturages les plus élevés, se compose en général de 150 à 200 vaches, sans compter les bœufs, brebis et ânes, dont le chiffre n'est pas limité. Pour 20 vaches, il y a un berger; pour 80, il y a, en outre, un faiseur de fromages et un aide-cuisinier. Les bergers habitent de petites maisons, couvertes de bardeaux; ces *chalets* renferment une cuisine, une chambre pour le lait et le fromage, et une *étable* où couchent les bergers. Les vaches paissent alentour, gardées à vue par les bergers et les chiens. Deux fois par jour, à heure fixe, chaque vache se dirige vers l'étable, et va se faire traire par le berger de sa section. Jamais ces animaux ne se trompent. Le lait est livré au faiseur de fromages. Les jours se passent dans la plus parfaite uniformité. Quand le berger a fini de traire ses vaches, il s'assied sur le penchant de la montagne et observe la nature. Bientôt il sait distinguer les approches de l'orage, la direction des vents, les propriétés des sources minérales et des plantes. La nuit, il contemple les astres. Il n'a presque aucun danger à craindre. Les ours ont été détruits dans le Jura, et les loups ne se montrent que rarement. Si l'un de ces animaux approche, le berger qui fait sentinelle donne l'alarme; ses compagnons accourent; les troupeaux se rassemblent, présentent les cornes, les chiens aboient, et il est rare que l'animal ne se retire pas sans combattre. Les troupeaux séjournent quatre mois dans les pâturages; puis les jours deviennent plus courts, les nuits plus froides, les bergers regrettent la vie de la famille. La fête de Saint-Denis (9 octobre) arrive; c'est le jour de la rentrée au village. Les animaux semblent partager l'impatience de leurs gardiens, ils s'organisent en troupes et se rangent à la suite des *vaches conductrices*, sur lesquelles les bergers étendent leurs habits; les paniers, les écuelles, les escabeaux sont placés sur le dos des ânes, et l'on part. Les vaches marchent à pas mesurés; le son des clochettes, le beuglement des vaches, l'aboiement des chiens, les chants à la tyrolienne annoncent de loin le cortége. Les femmes et les enfants accourent. Les maisons sont ornées de feuillages; les tables sont couvertes de viandes, de gâteaux et de vin, et dans l'étable, il y a une litière de paille fraîche.

Avec ce système de vie au grand air, les animaux jouissent d'une santé florissante. Si l'on est forcé de garder à l'étable ou à l'écurie les animaux de course et de labeur, il faut, autant que possible, que les écuries ne soient que des galeries à toiture élevée, supportée par des piliers et que l'air s'échappe par la toiture même. Dans la saison hivernale, de simples paillassons de clôture suffiront pour intercepter l'action du froid. Par ce moyen les bestiaux ne souffriront pas du manque d'air. L'animal privé d'air ou n'ayant à sa disposition que de l'air vicié, n'a que de mauvaises digestions. Il mange beaucoup et profite peu; il est disposé à un grand nombre de maladies.

4. Habitation des animaux. — Plusieurs moyens ont été proposés pour désinfecter les habitations des animaux. L'un des plus simples et des plus efficaces est celui de Guyton-Morveau. Sur du sel ordinaire on répand de l'acide sulfurique (huile de vitriol). Il en résulte un dégagement de chlore et d'acide hydro-chlorique. Comme ce dégagement a lieu instantanément et avec force, il ne faut verser l'acide sulfurique qu'avec précaution, se tenir assez éloigné et n'opérer qu'en l'absence du bétail. On ferme pendant quelque temps les issues, après quoi on les ouvre avant de faire rentrer les animaux. Il faut disposer en pente et caillouter en asphalte le sol des étables et écuries de manière que toute la partie liquide des déjections se rende dans une grande citerne disposée à cet effet, ce qui mettra à la disposition du cultivateur un angrais liquide d'une grande puissance. Dans la construction des étables, il est un point sur lequel on est revenu si souvent déjà, qu'on ne conçoit vraiment pas comment nos cultivateurs s'obstinent encore à subir la conséquence d'un défaut qu'ils reconnaissent eux-mêmes. Un bon nombre, parce qu'ils font beaucoup plus de fumier qu'il y a dix ou quinze ans, pensent que cela doit suffire, et que l'urine est un superflu dont les terres peuvent bien

se passer. Qu'ils aillent donc en Flandre et en Belgique, où l'on crée deux ou trois fois plus d'engrais que dans notre pays, pour une étendue donnée, et ils verront que leurs confrères flamands prennent les plus grandes précautions pour ne rien perdre de l'engrais liquide, qu'ils regardent avec raison comme très-précieux.

L'étable des moutons ne doit être qu'une construction très-simple. Abandonné dans des champs entourés de haies, on ne voit jamais le mouton anglais réuni en troupeau. Toute l'année il reste dehors, malgré la pluie, la neige ou le froid; il ne craint ni la rosée, ni le brouillard. C'est à cette existence indépendante, à l'action de l'air auquel il est toujours exposé, à cette humidité constante de la terre ou des prairies dans lesquelles il passe sa vie, que l'on attribue l'abondance de sa toison, le lustre de sa laine et cette blancheur, cette souplesse qui la distinguent éminemment de toutes les laines de moutons qui vivent plus réunis et qui sont soumis au régime des bergeries. Par ce système, les Anglais épargnent non seulement la dépense des bergeries, mais encore la garde des troupeaux qui généralement coûte 3 fr. par tête et constitue l'une des plus fortes dépenses de leur éducation. Un autre avantage résulte encore de cette méthode de faire pâturer les bestiaux dans les terrains clos de haies, c'est celui de ne rien perdre de leur précieux engrais. Il est à remarquer que c'est le plus souvent en sortant de la bergerie et en y rentrant que l'animal répand cet engrais qui, tombant dans les chemins se trouve perdu. Au surplus, on ne doit jamais trop recommander de donner par le haut beaucoup d'air aux habitations des troupeaux; une ouverture de 16 centimètres dans tout le pourtour d'une bergerie semble être ce qui convient le mieux. Ce genre d'habitation, dont la construction est très-économique, permet, lors d'un hiver rigoureux de fermer les ouvertures avec des toiles ou des paillassons, ou même des bottes de paille que l'on peut descendre ensuite dans le râtelier.

Un savant architecte, M. César Daly, directeur de la *Revue générale de l'architecture et des travaux publics,* donne d'excellents conseils sur la manière de construire, tant pour les hommes que pour les animaux, des habitations rustiques, saines, commodes, durables et, en même temps, économiques. « La matière qui coûte le moins, dit-il, est la terre que nous foulons. Eh bien! les constructions en terres sont excellentes, faciles à exécuter, saines et durables. J'ai vu des maisons de campagne en terre, qui dataient de plus de trois siècles. Dans le midi de la France, il y a non seulement de vieilles maisons en terre, mais on y trouve encore quelques châteaux forts et des églises de villages construits tout simplement avec de la terre franche. — Cuite sans doute sous forme de brique? — Nullement; faites tout bonnement avec de la terre battue. Il ne faut pas trop s'en étonner, au reste, car de tout temps on a beaucoup construit avec de la terre franche. Chacun sait que les Israélites, pendant leur premier esclavage, pétrissaient des briques en terre pour les bâtiments égyptiens. Une partie de ces briques étaient séchées au soleil et employées sans autre préparation. » Les constructions en terre ne se font pas de la même manière dans tous les pays. Tantôt on bâtit simplement avec de la terre franche, et tantôt la terre ne sert que pour remplir les vides d'un bâtis en bois, comme le plâtre dans les constructions dites à pans de bois. On bâtit en terre franche de deux manières, soit en pilonnant de la terre jetée entre les parois d'une caisse sans fond et qui s'élève au fur et à mesure que le mur se hausse, ce qui s'appelle bâtir en *pisé*; soit au moyen de briques crues liées avec un mortier de terre. Dans le premier cas, les murs ne forment qu'un seul bloc; dans le second, ils sont composés de parties liées entre elles comme de la maçonnerie ordinaire. Le pisé est très-commun dans le midi de la France, surtout dans le Dauphiné; les constructions en terre et à pans de bois vulgairement appelées *torchis* sont répandues dans la Picardie, mais le système que nous allons décrire est celui des briques crues adopté dans le midi de la Russie, et qui pourraient se substituer parfois avec avantage au *pisé* et au *torchis* de la France. Ces constructions résistent à des automnes très-humides, à des froids de 25 à 30 degrés Réaumur, alternés de dégels. Un Français, M. Potier, lieutenant-général du génie en Russie, construisit de cette façon un moulin, près d'Odessa, qui avait quatre étages et où fonctionnaient trois paires de meules. On comprend qu'il fallait une grande solidité pour résister aux ébranlements imprimés à de grandes hauteurs. Les maisons construites de cette manière sont sèches en hiver et fraîches en été.

Passant ensuite à la description des procédés d'exécution, M. César Daly donne des détails sur la préparation de la terre. Selon lui, toutes les terres franches conviennent: les terres un peu argileuses sont préférables; les terres sablonneuses sont mauvaises. On choisit, près de l'endroit où l'on veut bâtir, un emplacement dont le sol est convenable pour faire des briques crues; on enlève sur un espace circulaire de 5 à 6 mètres de diamètre la couche de terre végétale jusqu'à la profondeur d'un *fer de bêche*; ensuite on creuse à la profondeur d'un second *fer de bêche*, et on y verse de l'eau pour convertir la terre en boue épaisse. Les choses ainsi préparées, on fait entrer un cheval, un bœuf ou une vache dans le trou ; on l'y fait tourner et piétiner jusqu'à ce que la terre soit bien corroyée. Ensuite on y jette une substance végétale quelconque : de la vieille paille, du vieux foin, des herbes, des gazons, des feuilles, des algues, des roseaux, des joncs, n'importe quoi ; on fait de nouveau piétiner en y ajoutant de l'eau jusqu'à ce qu'elle soit absorbée par la terre, et que le tout soit également massivé dans toutes ses parties. Alors on laisse reposer le mélange. L'addition des matières végétales a pour objet de donner du liant à la composition et d'empêcher les briques qu'on en fera de se casser. En fabriquant quelques briques et en expérimentant leur résistance à la rupture, on pourra facilement s'assurer dans quelles proportions il faut mêler la terre et la matière végétale. Le lendemain on ajoute de l'eau et l'on fait piétiner de nouveau. On reconnaît que le mélange est pris à l'odeur qui s'en exhale par suite de la décomposition des matières végétales. Il faut moins de temps pendant les chaleurs que pendant les temps froids. Si la construction est un peu grande, on peut préparer plusieurs trous à la fois.

Pour la fabrication des briques, le directeur de la *Revue générale d'architecture* recommande le procédé suivant : On fabrique des moules sans fond de la forme qu'on veut donner aux briques. Afin d'économiser le temps, ces moules sont habituellement doubles. On pose le moule sur un terrain uni, on le remplit de la matière corroyée, on la tasse fortement, on élève le moule, et les briques restent sur le terrain où elles sèchent. On en forme deux autres briques à côté et ainsi de suite. Lorsque toute la boue est moulée, on donne un second *fer de bêche* au fond du même trou et on recommence le corroyage. On retourne les briques deux ou trois fois pour qu'elles sèchent ; on peut ensuite les employer ou les empiler afin de s'en servir plus tard. En piles, ces briques résistent pendant des années ; aussi peut-on travailler à cette fabrication aux époques du chômage. La dimension des briques doit être en rapport avec l'épaisseur qu'on veut donner aux murs. Pour des constructions à deux étages, l'étage inférieur doit avoir de 60 à 75 centimètres d'épaisseur, selon la dimension des chambres et le poids de la toiture. Les briques doivent avoir 16 centimètres d'épaisseur, ce qui exige un moule de 20 centimètres de profondeur, à cause de la retraite de la terre par suite de la dessiccation. Mieux vaut, au reste, exagérer la force que de rester en deçà. Pour mortier on se sert de la terre prise dans les mêmes trous et corroyée de la même manière que pour faire les briques, mais on peut se dispenser d'y mettre des matières végétales. Il faut bien mouiller la surface de la brique avant de la poser, pour la rendre apte à adhérer avec le mortier, dont la couche doit avoir une épaisseur de 2 à 3 centimètres. En posant la brique, on la pousse contre ses voisines et on la presse sur l'assise inférieure jusqu'à ce que (le mot propre est très-impropre) l'on fasse *chier* le mortier. Les briques cassées sont rejetées dans le trou et servent à augmenter la quantité et la qualité du mortier. Les fondations des murs en briques crues peuvent être en pierre. Le mortier de ces parties peut se faire avec de la terre, mais le mortier de chaux vaut mieux. Il faut éviter soigneusement l'emploi du plâtre et même des pierres à plâtre dans les fondations, car le plâtre étant très-avide d'eau, l'habitation serait humide et les murs facilement ruinés par leurs bases. A la rigueur, si le terrain est bien sec, les fondations pourraient se faire en briques crues. Dans ce cas, on défendra le pied extérieur du mur par un talus.

On évite par le moyen suivant les tassements inégaux qui conduisent à la rupture, à la dislocation et parfois à la chute des murs : au lieu de bâtir les murs les uns après les autres, on a soin de les élever également et en même temps, par une succession d'assises horizontales, s'étendant sur tout le pourtour de l'édifice et sur les murs intérieurs. En outre, à la hauteur des appuis de fenêtres et à la hauteur de leurs linteaux, il faut placer horizontalement aux faces intérieures et extérieures des murs deux petites poutrelles en bois d'environ 10 centimètres de large sur 5 de haut. Aux angles des cloisons et des murs, ces poutrelles doivent être clouées ensemble. Si ce sont des perches, leur gros bout doit être tourné vers ces angles, et ils seront encastrés l'un dans l'autre par des entailles à mi-bois.

« Pour les récrépissages intérieurs et le plafonnage, dit encore M. César Daly, on emploie le même mortier que pour la construction des murs, en y ajoutant cependant des balles de céréales, ou du crottin de cheval ou de mouton, ou encore de la bouse de vache et même des fumiers très-consommés et des terreaux, mais en petite quantité. Si la terre est très-argileuse, mêlez-y un peu de terre sablonneuse et du sable. Les plafonds enduits de cette composition sont aussi lisses, et M. Potier, qui avait fait beaucoup de constructions de cette nature, m'a assuré qu'elles étaient plus solides que les plafonds en mortier de chaux ou en plâtre. On peut faire ces récrépissages d'une très-faible épaisseur. Les récrépissages extérieurs tiennent moins bien ; les pluies, en les trempant, finissent par les détacher ; les murs n'en sont pas altérés, mais c'est désagréable à l'œil. A l'extérieur, au lieu de récrépir de cette façon, il faut bien mouiller la surface du mur, rejointoyer avec soin en employant le mortier connu, et ensuite égaliser. On emploiera pour cela une planchette munie d'une cheville servant de manche et qu'on manœuvrera en frottant circulairement. Le mur bien lissé, on le laissera sécher, puis on le peindra avec une des compositions suivantes : 1° des goudrons à chaud ; 2° des huiles à chaud ; 3° des couleurs à l'huile ; 4° des couleurs au lait ; 5° un vernis très-dur, très-solide, composé de cendres de bois tamisées, chaux vive tamisée et huile. Le ton gris de ce vernis est très-agréable. L'une quelconque de ces peintures rendra les murs inattaquables aux pluies pendant longtemps. Un témoin oculaire m'a rapporté qu'à la suite du tremblement de terre qui ébranla le midi de la Russie en 1838, un fort grand nombre d'édifices en pierre et en briques avaient été gravement avariés, tandis que la plupart des bâtiments en briques crues étaient demeurés sans fissures et sans aucune dégradation. A la suite d'incendies qui avaient détruit toutes les parties de bois, charpente, planchers, etc., de constructions de cette nature, les murs sont restés tellement intacts, qu'il a suffi de reposer les charpentes et les planchers, rejointoyer et repeindre les murs pour tout rétablir comme auparavant. Quand on démolit ces murs, les débris forment un excellent engrais. Un paysan pourrait faire de ces briques dans ses moments de loisirs, et bâtir lui-même sa maison sans difficulté. »

Les habitations édifiées selon ce système conviennent mieux aux pays secs qu'aux contrées pluvieuses. La pluie est, pour les bâtiments, un ennemi terrible. Pour assurer leur salubrité et leur durée, rien n'est plus important que de ménager le facile écoulement des eaux et de bien entretenir les toitures. On voudrait proscrire les couvertures en chaume, cause si fréquente d'incendie dans les campagnes, mais l'économie qu'elles présentent les fera conserver longtemps encore. Avec une légère dépense on pourrait diminuer considérablement les risques en les couvrant d'un enduit incombustible. Celui que propose la Société centrale d'agriculture du département du Nord et dont l'efficacité a été constatée, se compose de sept parties de terre glaise, une de sable, une de crottins de cheval, et une de chaux vive, le tout bien corroyé et mélangé avec de l'eau jusqu'à consistance de mortier. On l'applique sur la surface du chaume, à la truelle, à l'épaisseur d'environ un centimètre, ayant soin de remplir avec le même instrument les fentes et fissures qui se forment à mesure que s'opère la dessiccation. L'expérience qui en a été faite a occasionné une dépense de sept francs trente-cinq centimes pour un toit de cent soixante mètres carrés. Il serait bon de former un encaissement à la partie inférieure du toit pour cacher les bouts du chaume. Cet encaissement pourrait être fait en vieilles planches que l'on couvrirait du même enduit ou de plâtre. L'expérience a prouvé qu'une couche de plâtre d'un demi-pouce d'épaisseur, garantissait très-longtemps les bois qui en sont recouverts contre l'action du feu. On devrait donc mettre un enduit de cette nature sur tous les bois de charpente. On sait aussi que la plupart des dissolutions salines rendent les bois incombustibles. Ainsi, en y passant à plusieurs reprises une couche d'alun ou de sulfate de fer (vitriol vert) dissous dans l'eau bouillante, on obtiendra ce résultat. Les toiles imprégnées de cette dissolution ne sont plus susceptibles de s'enflammer.

Il faut tenir le fumier et les végétaux en dissolution dans des lieux couverts et écartés de l'habitation, curer et dessécher les mares qui en sont trop voisines, passer à l'eau de chaux les étables et les écuries et changer fréquemment les litières, car toute bête et même celle qui a, entre toutes, la réputation d'être la plus sale, veut être tenue proprement. Nous aurons, dans le cours de cet ouvrage, l'occasion de nous occuper plus spécialement de l'écurie, de l'étable, de la bergerie, du poulailler et du colombier.

5. Lumière et chaleur. — Quoique n'étant pas une condition absolue d'existence, la lumière est indispensable aux animaux comme à l'homme. L'individu soustrait au grand jour s'étiole comme les plantes placées à l'ombre; il est pâle et blafard. La lumière tend à faire prédominer le système circulatoire sanguin sur le système des vaisseaux blancs; elle contribue donc à l'intégrité de la nutrition. Voyez les hommes et surtout les enfants, qui ont été longtemps placés hors de l'influence des rayons lumineux, leur épiderme est décoloré; ils sont chargés d'un embonpoint mollasse; leurs chairs sont flasques, leurs corps souvent déformés, les extrémités articulaires des os gonflées, les glandes du cou tuméfiées et ulcérées. Leur accroissement est retardé, et tout atteste chez eux la langueur de la vie. Il est donc indispensable de ne pas tenir les animaux domestiques dans une trop grande obscurité et de leur distribuer dans une juste mesure la lumière du jour.

Un certain degré de chaleur est également nécessaire à la vie des animaux. Trop de chaleur est nuisible. L'air dilaté contient alors sous un volume donné une moindre quantité de gaz respirable, les fonctions des poumons sont moins complètes; les inspirations sont moins grandes, mais plus fréquentes; les battements de cœur sont plus rapprochés ; le sang veineux est proportionnellement plus abondant que le sang artériel, les veines sont très-dilatées et les artères très-petites ; de là l'abondance des varices et des hémorrhagies veineuses. L'action du froid est moins nuisible que celle de la trop grande chaleur, surtout lorsque le froid est sec. Du reste, le degré de chaleur ou de froid que les animaux peuvent supporter varie selon leur constitution et le climat sous lequels ils sont nés.

Pour nos animaux domestiques, la température moyenne est la plus convenable ; avec leurs fourrures et leur robe naturelle de laine ou de poils, ils supportent mieux que nous l'abaissement hivernal du thermomètre. Les automnes et les printemps froids et pluvieux leur sont plus nuisibles, surtout aux jeunes. Ces derniers, pour réussir, doivent être tenus dans des habitations parfaitement closes et bien garanties de la bise. Quoique endurant au-dehors de grands froids, les animaux adultes ont besoin aussi, en hiver, d'habitations suffisamment chaudes. Ils ne supportent pas plus impunément que l'homme le passage subit d'une haute à une basse température : les sueurs rentrées leur sont aussi fatales qu'à nous et leur occasionnent des fluxions de poitrine et d'autres maladies. Il faut donc les éponger avec soin lorsqu'ils ont pris de l'exercice et qu'ils sont en sueur et éviter, dans l'aération de leurs logements, tout courant d'air qui pourrait avoir des résultats funestes. Du reste, soit à l'intérieur des habitations, soit au dehors, la trop grande chaleur est toujours nuisible. Lorsque dans l'été la température est élevée, il faut mener les bêtes, avant et après la forte chaleur, à la pâture et au travail.

6. Mouvement. — L'animal, surtout lorsqu'il est jeune, a besoin d'exercice. Le repos forcé, loin du grand air et de la lumière, le rend obèse, faible et paresseux. Alors en lui, la graisse abonde et la viande s'affadit. Les bœufs trop gras ne sont pas les meilleurs. Maintenant qu'une grande partie du bétail n'est plus nourrie comme autrefois au pâturage, où les bêtes avaient l'exercice, la lumière, le grand air, les prés salés, les plantes aromatiques des montagnes, il faut lui donner du mouvement, soit en le menant quotidiennement s'abreuver dans un endroit assez éloigné, soit en le tenant pendant une partie de la journée dans une cour ou sur un vaste fumier peu élevé et suffisamment clos. Les animaux conservent leur santé et décuplent leur force dans les plaines, en plein vent, sans abri, même exposés aux intempéries. C'est surtout pour les jeunes bêtes destinées au travail que l'exercice, sans lequel ne se développent ni la force musculaire, ni l'énergie, est un besoin indispensable. Les travaux trop forts

ou trop prolongés ruinent les animaux. Il faut que le repos et le labeur se succèdent d'une manière convenable. En les faisant ainsi alterner, on obtiendra, au moyen d'une alimentation nutritive et aromatisée, la force et la souplesse dans les bêtes de trait; une viande de première qualité dans les animaux destinés à la nourriture.

« L'exercice, surtout en plein air et même à tous les temps, à la pluie, au froid comme aux fortes chaleurs, dit un de nos plus savants vétérinaires, M. Louis, est favorable en général à la santé des animaux robustes; c'est même un tonique qui, administré à propos et avec ménagement, peut être utile aux bêtes jeunes et à celles qui sont convalescentes. Il combat, lorsque l'air est frais et sec, l'atonie des organes, la faiblesse qui provient du manque de soins ou de la constitution lymphatique; il favorise la résolution d'inflammations chroniques, de tumeurs indolentes, d'engorgements des membres; il donne aux poulains, aux bouvillons, de la force, de l'agilité, de la souplesse dans les articulations, et les rend vigoureux, rustiques, capables de résister plus tard aux plus durs travaux et à toutes les intempéries. En augmentant progressivement et avec intelligence le travail des animaux, on obtient sous tous les rapports des effets prodigieux; on leur fait supporter impunément la pluie froide, la neige qu'ils reçoivent étant en sueur, de longues abstinences, des efforts extraordinaires, soit pour tirer de lourds fardeaux, soit pour courir avec rapidité; ils peuvent exécuter des mouvements, des travaux qui nécessitent beaucoup d'adresse; ils acquièrent une obéissance qui suppose un degré d'intelligence qu'en général on refuse aux bêtes. Sous ces rapports, les entrepreneurs de diligences, les jockeys sur l'hippodrome et les écuyers dans leur cirque nous offrent des exemples qui dépassent tout ce qu'on pourrait dire. Un exercice excédant les forces, la résistance des animaux peut produire de graves et de nombreux accidents. Si c'est un travail trop longtemps continué, mais qui n'exige pas de très-grands efforts, il n'occasionne pas de lésions immédiates, il détériore la constitution, rend impressionnable aux causes morbifiques, et prédispose à des affections difficiles à guérir et souvent mortelles. Des fatigues excessives agissent même sur les facultés intellectuelles; les animaux bien soignés qui ne travaillent que modérément sont les plus intelligents, tandis que les races de bœufs, de chevaux exténués par le travail sont stupides. Tous les connaisseurs disent que le cheval anglais pur sang est le plus intelligent des chevaux de nos pays Si l'exercice exige de très-grands efforts, il peut occasionner la distension des tendons et des ligaments, la rupture de quelques viscères importants, et une mort instantanée. Si les animaux viennent de prendre leur repas, s'ils ont l'estomac plein au moment où ils commencent à agir, la vie se porte sur les muscles, l'estomac fonctionne mal, la nourriture passe dans l'intestin imparfaitement élaborée et fournit un chyle peu abondant et peu réparateur. Les bœufs qu'on a soumis à des excès de travail s'engraissent difficilement, et les chevaux prennent souvent le farcin, la morve et d'autres affections qui proviennent de l'altération de leurs humeurs.

« Les fatigues excessives sont plus nuisibles aux jeunes animaux qu'aux adultes. Les poulains, les bouvillons n'ont ni la force ni la consistance nécessaires pour faire de rudes travaux; on est bien ennemi de son intérêt quand, à grands coups d'aiguillon ou de fouet, on prétend leur donner la force, la vigueur que la nature n'a pas encore développées... C'est en abusant ainsi de l'enfance d'un poulain que, tout en amollissant son caractère, on altère pour toujours sa constitution. Il montrera de bonne heure tous les signes de l'usure sénile; il sera réformé à un âge où, dans l'ordre de la nature, il devrait avoir toute son énergie. Il faut que la transition du repos à l'exercice soit graduée. Si les animaux n'ont jamais travaillé, s'ils se sont longtemps reposés, on commencera par des promenades afin de les accoutumer à la marche et aux harnais, et dans les premiers temps du travail on ne fera que de petites journées. »[1]

Immédiatement après le travail, le conducteur attentif placera son attelage dans un lieu abrité des courants d'air, sur une bonne litière, loin des mouches et du grand jour; il prendra soin surtout de ne conduire ses bestiaux à l'abreuvoir ou au pâturage qu'après les avoir laissés se refroidir dans un lieu propice; souvent même il leur distribuera préalablement une ration au râtelier. Quand on se dispose à faire cesser le travail, il faut ralentir graduellement le pas, afin que les animaux, en arrivant à l'étable, ne soient pas en sueur ou agités. S'ils transpirent où s'ils sont mouillés, il faut les sécher en passant sur leur corps le couteau de chaleur, puis un linge ou une éponge, et les bouchonner pour faire évaporer promptement l'humidité qui adhère au poil, et qui agirait sur eux comme un bain froid. Il est utile de frictionner surtout les parties qui ont été comprimées par les harnais ou serrées par des courroies, afin d'y rétablir la circulation. On doit mettre ensuite une couverture ou replacer, jusqu'à ce que la peau soit refroidie, la selle en laissant les sangles lâches et sans croupière, si ce sont des chevaux. L'organisation des animaux, semblable à la nôtre, exigeant que le travail qu'on leur impose soit limité dans sa durée, on doit, à moins de circonstances impérieuses, leur laisser au moins chaque semaine un jour de chômage. Ce repos leur est, comme à nous, nécessaire. Le maître avide, imprévoyant et cruel, qui le leur refuse, s'expose à voir bientôt leurs forces décroître, leur santé s'altérer et leurs produits s'amoindrir.

7. Soins divers, récompenses et punitions. — D'autres soins sont encore nécessaires pour assurer la santé des animaux. Il est urgent de les préserver contre l'introduction des poussières, arêtes, piquants, etc., dans les cavités des organes ou dans les tissus extérieurs; contre l'introduction, dans ceux de leurs organes qui communiquent au dehors, de graines susceptibles de s'y loger, d'y enfler et même d'y germer; contre les insectes parasites qui s'attachent à leur épiderme. Les animaux, dans l'état de nature, sont guidés par l'instinct qui leur commande de rétablir la propreté de leur corps; mais lorsque nous avons fait d'eux nos esclaves, c'est à nous de leur donner ce soin. Pour certaines espèces il faut, autant que possible, un pansement de la main, ou des bains d'eau courante; ces deux moyens de propreté à la fois sont nécessaires aux bêtes de travail. L'hygiène et l'humanité veulent que l'on prenne soin de préserver les animaux de toutes blessures, contusions ou ulcérations. On doit veiller à ce que les harnais ne les écorchent pas, que, sur la voie publique, les clous, les tessons de bouteille ne les estropient pas, que les pierres ne viennent pas causer leur chute, qu'un tirage forcé ne déchire pas leurs organes. On doit surtout éviter de les maltraiter. Il est honteux pour l'homme que la loi ait été obligée d'imposer, sous la menace d'une peine, ce devoir si simple et si naturel. Il faut enfin étudier les goûts, les mœurs, les passions des animaux, ne laisser sans satisfaction utile aucun de leurs besoins, les habituer sans violence à une bonne discipline, savoir les encourager par des caresses et de bons procédés. En un mot, il faut les aimer. Si, au lieu de s'ériger en tyran à leur égard, on n'exerce qu'une autorité paternelle, on gagnera leur affection, ils se porteront mieux et rendront plus de services. Les sensations agréables, dit M. Louis, sont presque toujours salutaires aux animaux. Ils sont peu exigeants et en éprouvent toutes les fois qu'ils ne ressentent pas de souffrances, qu'ils n'ont pas d'impressions pénibles. Libres, dans un bon pâturage, ou placés sur une épaisse litière, dans une étable où ils sont accoutumés et où ils reçoivent une nourriture convenable, ils jouissent de tout le bien-être qui leur est nécessaire; ils sont gais, ont les yeux vifs,

mangent et digèrent facilement; le sang est riche, la nutrition se fait bien, les chairs sont fermes, le poil est luisant, la peau souple et la santé robuste. Avec ces conditions, ils résistent à beaucoup de causes de maladies, ont un accroissement prompt et un engraissement rapide; leur viande est de bonne nature, savoureuse et peut se conserver facilement. On gagne l'affection des animaux par des caresses, par des friandises, telles que du pain, du sucre, de l'avoine, etc., en guise de récompense quand on est content d'eux. Ces procédés ont surtout beaucoup d'efficacité sur les jeunes bêtes.

On doit infliger aux animaux la punition avec discernement, en leur faisant comprendre qu'ils sont coupables. Le sentiment de l'amour-propre est très-vif dans beaucoup d'entre eux. Les muletiers espagnols ornent de plumets leurs animaux les plus ardents, les plus dociles, et ils les en privent quand ils veulent les punir. Les rouliers du midi de la France, s'ils remarquent une bête d'attelage tirant avec langueur, lui crient, en l'appelant par son nom et dans un langage connu d'elle, qu'elle sera attachée derrière la voiture, et si l'avertissement est sans effet, elle y est attachée avec ignominie, et, pour aggraver la honte, c'est à l'entrée d'un village que la peine est infligée. Ajoutons que les autres rouliers ne manquent pas de faire honte à l'animal paresseux. Nous voyons des animaux remplis de crainte, de vénération pour leur maître, et lui obéissant, quoique naturellement méchants et indociles. Beaucoup de chevaux, de bœufs, ne se laissent approcher que par la personne accoutumée à les conduire; combien ne trouve-t-on pas de chevaux, d'ailleurs très-pacifiques, qui sont désobéissants, rétifs, lorsqu'ils sentent les rênes entre des mains trop faibles pour les corriger? L'on observe, à cet égard, de grandes différences qui dépendent souvent moins des animaux que des conducteurs; il y a des personnes qui, sans peine, se font obéir par les chevaux, par les chiens les plus revêches, tandis que d'autres ne peuvent jamais y parvenir. Beaucoup d'animaux ne sont difficiles à conduire que parce qu'ils ont trop de force; ils sont impatients, incapables de rester tranquilles ou de se plier à nos désirs : ils suivent involontairement toutes les impulsions de leur organisation. Dans ce cas il faut diminuer leur régime, les saigner et les soumettre à un travail assez pénible pour user leur excès d'ardeur et les rendre plus paisibles. Si ces moyens sont insuffisants, on élèvera la voix, on aura recours à des menaces, et, au besoin, à des corrections; toutefois, pour qu'elles soient efficaces, elles doivent être rarement appliquées. La privation de sommeil et d'aliments sont d'excellents moyens de dompter les caractères rebelles. Pendant quelques jours on empêche ces animaux de dormir, on ne leur donne point à manger, et l'on se présente ensuite à eux avec de la nourriture. S'ils sont dociles, obéissants, on leur offre des aliments, des friandises, et on les laisse tranquilles; dans le cas contraire, on continue à les tenir éveillés et à la diète.

Aux considérations si lumineuses et si pleines d'humanité de M. Louis, nous ajouterons quelques mots empruntés à un beau travail de M. le docteur Fée, professeur d'histoire naturelle à la faculté de médecine de Strasbourg. Nous ne craignons pas de nous étendre un peu sur ce sujet; car, malgré sa haute importance, il a été jusqu'à présent négligé dans les ouvrages qui traitent de l'éducation des animaux domestiques. « Il faut se conduire envers les animaux, dit M. le docteur Fée, comme on se conduit envers ses semblables; faire le bien pour le bien seul et sans rien attendre en retour. Ce n'est pas que les animaux soient toujours ingrats; la reconnaissance, qui ne peut avoir chez eux la parole pour interprète, se manifeste par des gestes, des cris de joie et des caresses. Ce sentiment est très-développé chez le chien; il n'est pas nul chez le chat; quand on cherche à éveiller en lui, par de bons traitements, les sentiments affectifs qui sommeillent, nos caresses l'enivrent, et il les recherche s'il est devenu confiant. Les chevaux de travail, qui semblent apathiques, ne le sont pas toujours. Il en est d'une docilité parfaite s'ils sont montés par des cavaliers qui les ménagent et qui savent les conduire, tandis que d'autres, les ayant maltraités, les trouvent rebelles et indociles. Des témoignages non équivoques d'attachement ont été donnés à l'homme par des animaux qui ne paraissaient pas susceptibles d'en éprouver. C'était le résultat des bons procédés dont on avait usé envers eux et dont ils se montraient reconnaissants. Si les animaux sont capables de montrer de la reconnaissance, ils doivent être parfois vindicatifs, et ils le sont en effet, autant que le permet l'état de servitude dans lequel ils vivent. Le chameau surchargé ou maltraité refuse de marcher; le cheval se débarrasse de son cavalier; l'âne et le mulet deviennent rétifs. Une ruade, un coup de dent, sont fréquemment le résultat d'un souvenir rancuneux. On a vu un cheval écraser son palefrenier qui, d'ordinaire, l'accablait de coups, en le pressant de tout le poids de son corps contre la mangeoire; les éléphants tuent leur cornac, s'il est injuste et brutal, en le foulant aux pieds ou en l'étouffant avec leur trompe. Pour obtenir de bons services des bêtes qui nous servent, il faut agir avec douceur et même avec une sorte de logique. Le mal ne produit que le mal;

et lors même que l'humanité ne nous ordonnerait pas d'user de ménagements envers les animaux, notre intérêt seul le voudrait. Mais notre règle de conduite doit être basée sur des considérations d'une nature plus élevée et plus digne de la haute intelligence de l'homme.

« C'est ainsi que pensent et agissent les vieillards. Comme ils voient de plus près la mort, ils comprennent mieux tout ce que vaut la vie, et ils la conservent aux animaux lorsque ceux-ci ne sont ni incommodes ni nuisibles. Je n'entends nullement parler ici de ces hommes affaiblis par l'âge qui se font un fétiche de leur chat ou de leur chien, mais de ceux qui restent soumis à la raison et qui l'ont encore dans toute son intégrité. Plutôt que de tuer une abeille ou une guêpe entrée à l'étourdie dans une chambre, ils ouvrent la fenêtre et la rendent aux fleurs et à la liberté. S'ils rencontrent une couleuvre qu'ils savent inoffensive, un orvet qui fuit à leur approche, une chenille destinée à quelque élégante métamorphose, une araignée fileuse dont la race nous donna peut-être la première leçon de tissage des étoffes, une fourmi toute préoccupée de ses devoirs envers sa république, ils les laissent tous aller paisiblement où les mènent leurs destinées. Ces hommes ont étudié la nature, ou du moins ils en ont entrevu les merveilles. Ils savent qu'en les privant de la vie, ils détruiraient des prodiges d'organisation, et qu'ils donneraient la mort à des créatures dont ils ne peuvent exactement connaître ni toute l'étendue de l'instinct ni toute celle de l'intelligence. En effet, les jugements que nous portons, en ce qui les concerne, ne sont fondés que sur ce que nous voyons, et nous voyons si peu! Tout est mystère autour de nous, et une expérience de tous les instants nous apprend à nous défier de nos sens. L'œil voit mal, et ce qu'il voit n'est qu'imparfaitement apprécié. L'oreille ne saisit pas tous les sons, l'odorat toutes les odeurs; il existe des objets si petits qu'ils échappent au tact, et des saveurs si délicates que le goût ne peut les percevoir. Il est donc prudent et sage de se défier des jugements que nous portons. Ne voit-on pas les faits qui régissaient la science et qui la dominaient être plus tard reconnus faux ou mal observés, et ne doit-on pas se demander si ceux qui les remplacent sont plus vrais? Voilà ce que nous dit la sagesse. Accoutumons-nous donc à voir dans les animaux des êtres énigmatiques sous beaucoup de rapports. Rappelons-nous qu'il y a en eux, comme en nous, ce principe inconnu d'origine divine, la vie. Puisqu'ils sont nés, ils ont droit de vivre. Ne voit-on pas que la plupart d'entre eux se rattachent à nous par l'organisation, et qu'ils ne sont que des modifications du type humain? Peut-être ne savons-nous pas tout ce qu'ils valent. N'exerçons sur eux le droit de vie et de mort que pour nous défendre contre leurs attaques, s'ils sont agressifs ou pour en user avec discernement dans la juste mesure de nos besoins. Modérons l'emploi que nous en faisons; les rivières se dépeuplent, ainsi que les champs et les bois. Plusieurs animaux ont disparu de nos forêts; le buffle des prairies américaines devient rare; le castor remonte vers la source des fleuves pour éviter le trappeur qui menace d'en éteindre la race; la baleine et le cachalot confient en vain leur salut aux glaces des pôles. Il devient donc nécessaire, non seulement de protéger l'individu, mais aussi l'espèce. Nous sommes les maîtres de la terre pour user et non pour abuser, pour conserver et non pour détruire. Nous la tenons à titre viager, et nous devons la laisser à nos descendants, améliorée, si nous le pouvons; mais appauvrie ou détériorée, jamais. L'homme coûte à la nature bien plus qu'il ne le croit lui-même; sans parler des innombrables germes qu'il détruit et qui, à son insu, se trouvaient dans ses aliments et dans ses boissons, il ne peut faire un pas sans écraser une foule d'êtres vivants. La fleur qu'il cueille dépossède un insecte qui s'abritait dans sa corolle; il en est de même de la pierre qu'il déplace et de l'arbre qu'il abat. S'il fauche une prairie, s'il fauche un champ, s'il laboure ou s'il défriche, des milliers d'animaux disparaissent et meurent. Puisqu'il ne peut en être autrement, n'est-il pas juste au moins qu'il ménage ceux qu'il pourrait impunément priver de la vie, et qu'il traite avec douceur ceux qui se soumettent à lui? Lorsque Dieu a dit aux êtres vivants : « Croissez et multipliez, » il ne s'est pas seulement adressé à l'homme, mais à la nature vivante tout entière. »

Dans les chapitres consacrés à chaque animal domestique en particulier, nous ferons connaître les soins qu'exige cet animal dans les différentes circonstances de sa vie.

CHAPITRE III.

ALIMENTATION.

1. Fonction de la nutrition. — Les pertes que le corps éprouve continuellement exigent une réparation habituelle, sans laquelle il se détruirait bientôt par lui-même. La faim et la soif sont les moyens dont la nature se sert pour engager la créature vivante

à cette indispensable réparation ; le degré de leur énergie et la longueur de leur durée déterminent la quantité de matière étrangère, solide ou liquide, qu'exige la restauration. « Que de l'être le plus bas placé dans l'échelle animale, disent les auteurs de l'ouvrage intitulé *le Corps de l'homme*, on monte par degrés vers la classe si perfectionnée des mammifères et jusqu'à l'homme, ce composé presque idéal de la création, partout on trouve des instruments réparateurs, partout des phénomènes de nutrition. Mais, d'une part, quelle simplicité pour l'exercice de cet acte, et plus loin, quelle complication, quelle multiplicité de moyens ! Chez les méduses, les polypes, il n'existe qu'une cavité creusée au centre de la substance de l'animal, et dans laquelle la matière réparatrice est immédiatement absorbée et incorporée. Des zoophites (animaux-plantes) d'un ordre plus élevé commencent à offrir un véritable organe de digestion ; c'est un tube flottant, séparé de la masse commune du corps, et dans lequel s'opère l'imbibition de la substance alimentaire. Plus loin encore, un système de vaisseaux propres s'emparant du fluide nutritif, et le faisant circuler dans toutes les parties du corps, donne l'exemple d'une organisation plus riche, et néanmoins bien inférieure au système si compliqué des animaux vertébrés. Ici la matière alibile est d'abord introduite dans un tube très-long appelé *digestif*. Elle y subit des altérations successives qui changent les qualités de ses éléments, détruisent l'ordre de ses combinaisons moléculaires, et, lui donnant un certain degré d'animalisation, la rapprochent de la nature de la substance qu'elle doit réparer. Elle devient liquide et coulante par le mélange des sucs divers dont elle est imprégnée dans ce tube ; cependant, sous cette forme même, elle n'a pas encore atteint le dernier terme de son élaboration, car les organes digestifs ne pourraient à eux seuls l'y conduire. Un système de vaisseaux propres, dont les bouches aspirantes s'ouvrent dans l'intérieur du canal intestinal, l'absorbe et la transporte dans un autre appareil capable de la débarrasser de ses parties hétérogènes. C'est dans les réduits innombrables de l'instrument pulmonaire que ce dépouillement s'effectue et que la substance alibile trouve son dernier terme d'animalisation. »

Ainsi modifiée, elle est prise par un centre de vaisseaux plus étendu et plus puissant. Le système artériel la fait circuler dans toutes les parties du corps, l'insinue dans les divers tissus et préside à son incorporation. Riche de tous les éléments constitutifs des organes, le fluide nourricier présente à chacun d'eux les molécules analogues à sa substance, ou plutôt chaque organe, chaque tissu choisit dans ce fluide, et s'approprie ce qui s'identifie avec sa nature spéciale. Mais, outre que des molécules hétérogènes souillent encore le suc réparateur, tous les organes reçoivent plus qu'ils ne peuvent consommer. Un résidu se dépose, et, recueilli par le système des vaisseaux lymphatiques, il revient au foyer de dépuration, ou bien, confondu avec les débris organiques, il est rejeté hors du corps par divers émonctoires. On voit, par cet exposé rapide, combien l'appareil nutritif est complexe chez les animaux d'un ordre élevé, et combien sont nombreux les actes intermédiaires entre l'abord de la substance alibile dans le tube digestif et son incorporation aux divers organes. Ce luxe d'organisation s'explique par l'isolement du système respiratoire. L'influence de l'air atmosphérique, sans laquelle la matière chyleuse ne pourrait réparer nos pertes, ne s'exerce pas dans les mammifères et les oiseaux sur de larges surfaces; les instruments respiratoires n'y sont point répandus sur toute la périphérie du corps, comme chez certains animaux, où des *trachées*, aboutissant à tous les organes, mettent l'air en contact avec les molécules nutritives partout où elles se présentent, et leur font éprouver leur dernière transformation dans l'intérieur même du canal digestif. Chez les mammifères et les oiseaux, l'appareil respiratoire occupe une région à part, dans un cercle parfaitement limité. De là, le grand déploiement des moyens de transport, et la multiplicité des actes transformateurs. La vie végétative s'accomplit donc, chez les animaux qui font l'objet de notre étude, par une série de fonctions bien distinctes les unes des autres, mais tellement enchaînées qu'elles semblent ne former qu'un seul acte. La *digestion* transforme les corps extérieurs en un fluide presque nutritif. L'*absorption* aspire ce fluide et le transmet au foyer de la vie, sous le contact de l'air atmosphérique. La *respiration* lui imprime une modification nouvelle, on pourrait même dire une seconde digestion. La *circulation* le lance, l'introduit dans les diverses parties du corps, et le met en rapport immédiat avec toutes les molécules. L'*assimilation* l'incorpore aux organes. Les *sécrétions* en composent des humeurs particulières qui sont utilisées ou rejetées au dehors par les *excrétions*. Nous n'entrerons pas dans le détail de chacune de ces fonctions, qui sont très-compliquées; l'exposé général qui précède suffit pour faire apprécier l'importance de la nutrition.

2. Règles générales de l'alimentation des animaux. — Autant que possible, l'alimentation artificielle des animaux domestiques doit se rapprocher de leur alimentation naturelle, c'est-à-dire qu'on doit prendre à tâche de leur donner une nourriture analogue à celle qu'ils auraient à l'état libre, improprement appelé

état sauvage. En outre, il faut fournir à chaque espèce d'animaux la nourriture qui lui est le plus propre et qui convient le mieux à sa nature. Plus les animaux et les plantes croissent rapidement en grosseur, c'est-à-dire plus ils développent de masse organique dans un espace donné, plus ils ont besoin d'une nourriture abondante, substantielle et d'une solubilité facile. Si l'on compare la masse de la production pendant un espace de temps déterminé à la nourriture que cette production a consommée sous la forme solide, liquide ou aériforme, on verra qu'une quantité déterminée de matière nutritive, si elle n'est pas trop forte pour pouvoir être absorbée tout entière par les animaux et les plantes, ou trop faible pour qu'il n'en résulte pas des maladies, faute de substance alimentaire, sera toujours égale à une certaine masse de forme organique. La vérité de ce principe est démontrée par la différence qui existe entre le bétail bien nourri et celui qui l'est mal; entre les tuyaux faibles, courts et mal garnis d'épis des champs maigres et ceux des céréales venues dans une terre bien fumée.

3. Quantité de nourriture qu'il convient de donner aux animaux. — Toutes choses égales, les animaux ont besoin d'une quantité de matière organique d'autant plus grande que leur croissance est plus rapide, la détérioration de leurs parties actives plus considérable et leur sécrétion plus abondante. Les animaux de travail et ceux qui fournissent des produits en lait, en laine, en viande, etc., doivent recevoir plus d'aliments que les autres, car ce travail et ces produits ne sont créés que par la quantité d'aliments en sus de la ration suffisante pour conserver leur existence et que l'on appelle *ration d'entretien.*

On trouve un très-grand nombre de cultivateurs imbus de cette idée, que le bénéfice à faire sur le bétail est dans le nombre, et ils le calculent plutôt d'après l'emplacement que d'après la quantité de nourriture dont ils disposent. C'est là le raisonnement le plus faux que l'on puisse faire; car il conduit, comme on s'en apercevra facilement, aux conséquences les plus désastreuses. Si deux animaux partagent la nourriture d'un seul, ils donnent d'abord moins de produits que ce dernier, de quelque manière, d'ailleurs, qu'on envisage les choses, pour des bêtes de trait comme pour des bêtes de rente; l'engrais, moins bon, est encore en plus faible quantité, et, s'il faut se défaire des animaux, on ne trouve d'acheteurs qu'à un prix très-peu élevé. Qu'on se pénètre donc bien de cette vérité que la ration, pour quelque genre de bétail que ce soit, concourt toujours à deux sortes de résultats: 1° à l'entretien de la bête; 2° à la production du travail, de la graisse, du lait ou de la laine. Si l'on ne donne à deux animaux que la quantité de nourriture nécessaire pour qu'ils vivent, on n'en obtiendra que de misérables produits; tandis que les deux rations d'entretien réunies sur une même tête auraient fourni aussi un double résultat. Cette explication, ce nous semble, est assez significative, si déjà la chose ne se comprenait d'elle-même. Un petit nombre d'animaux bien nourris rapporte donc davantage qu'un grand nombre de bêtes mal nourries, la ration d'entretien n'étant d'aucun produit pour l'éleveur. Si à une vache de taille ordinaire on donne 6 kil. de foin par jour, elle ne maigrira ni n'engraissera et ne fournira d'autre produit que son fumier, en sorte que les 6 kil. de foin seront à peu près improductifs; mais si l'on donne à la même vache 10 kil. de foin, on en obtiendra 6 à 7 litres de lait, produits par les 4 kil. en sus et qui paieront à peu près la totalité de la nourriture. Pour tous les animaux dont on tire parti, à l'exception des bêtes à l'engrais, la quantité de 750 grammes de foin pour chaque quintal de chair vivante, paraît être une moyenne généralement applicable. Lorsqu'on n'engraisse pas, il ne faut pas forcer la nourriture et dépasser une certaine limite dans la ration de production, parce que, au lieu de fournir du travail, du lait ou de la laine, ce surplus donnerait de la viande. Sous le rapport de la nourriture, les animaux demandent à être traités conformément à leur nature, leur grosseur et leurs besoins. La vache suisse mange deux fois autant que la vache de Bohême; le bœuf de trait a besoin d'être mieux nourri à l'époque des semailles, lorsqu'il travaille beaucoup, que pendant l'hiver, lorsqu'il reste oisif à l'écurie.

4. Qualité de la nourriture, condiments, emploi du sel, fermentation. — Toute nourriture donnée aux animaux doit être saine, appropriée par sa puissance nutritive à leur organisation, et de digestion facile. Il est à cet égard des préceptes généraux que tout le monde comprend facilement, et qui veulent qu'il n'entre rien dans le corps de susceptible d'y porter le trouble dans les fonctions vitales. Lorsque les animaux sont à l'état libre, l'instinct les guide sûrement au sujet des aliments qu'ils doivent prendre et de ceux qu'il leur faut rejeter. Quand ils sont à l'état domestique, c'est encore cet instinct qu'il est presque toujours bon de consulter, car les aliments que les animaux recherchent avec avidité sont ordinairement ceux qui leur conviennent le mieux. Il est urgent de ne pas leur donner une nourriture trop fade et de relever de temps en temps par quelques condiments leurs aliments habituels. Il est nécessaire qu'entre le volume et la qualité

nutritive des aliments, il y ait une proportion déterminée. Le bétail demande à avoir l'estomac bien rempli, et une nourriture qui, sous un petit volume, renferme une grande puissance de nutrition ne fait pas plus son affaire que celle dont le volume est trop grand relativement à sa valeur nutritive. En ne donnant que du grain ou que de la paille, on obtiendrait un tout aussi mauvais résultat. Les aliments doivent offrir aussi entre la matière solide et l'eau qu'ils renferment un rapport qui varie selon l'espèce de bétail. Trop sèche, la nourriture dispose à des obstructions, à des inflammations; trop aqueuse, elle relâche et affaiblit les organes digestifs. Les animaux qui donnent du lait ont besoin plus que les autres de substances dont les principes soient humides. On augmente la qualité des aliments en réunissant leurs propriétés diverses par des mélanges et en leur faisant subir des préparations que nous indiquerons tout à l'heure. Il doit encore exister un rapport entre la qualité de la nourriture et la nature de l'animal. Un fourrage qui convient à telle espèce ne convient pas à telle autre. Les modifications que subit l'animal dans son existence doivent amener des changements dans son alimentation. Les bêtes malades ont besoin d'une nourriture autre que celle des bêtes en bonne santé. Aux femelles pleines, il faut des aliments légers, nutritifs, de digestion facile; à celles qui nourrissent, des substances aqueuses, favorisant la sécrétion du lait; à l'animal de labeur, les aliments développant l'énergie et l'activité; aux bêtes à l'engrais, des aliments moins toniques, etc.

Nous venons de dire que la nourriture des animaux avait besoin de condiments. Le meilleur de tous les condiments est le grand air. Les bestiaux qu'on laisse paître à l'aventure sur les pâturages des Alpes où la lavande forme des moissons donnent de la viande d'une délicatesse et d'un parfum dont on ne peut se faire d'idée lorsqu'on n'en a pas goûté. Le second condiment, dans l'ordre de l'efficacité, est le sel. Il est recherché avidement par tous les animaux domestiques, surtout par les ruminants. Il stimule l'appétit et favorise la digestion. Il atténue les effets des aliments lourds et malsains et de l'humidité de l'atmosphère. C'est un préservatif très-efficace contre la pourriture des moutons et généralement contre toutes les maladies résultant de la faiblesse et de l'atonie des voies digestives :

« Il y a trois ans, dit M. Barré fils, cultivateur à Beaumont, commune de Cravans (Charente-Inférieure), avant que j'eusse employé le sel comme assaisonnement de la nourriture de mes animaux domestiques, mon troupeau de mérinos était, au su de tous les ouvriers de ma ferme, dans un état déplorable; les brebis mères n'avaient pas de laine, elles étaient maigres, et beaucoup étaient atteintes de la clavelée : ce n'étaient, certes, pas les pâturages qui leur manquaient et de bons fourrages. Ainsi je ne savais à quoi attribuer cet état chétif de mes brebis. Ayant lu quelque part que le sel stimule l'appétit des animaux en général, j'isolai quatre brebis mères et quatre moutons des plus maigres, et voici le régime auquel je les soumis : je ne leur donnai d'abord que du fourrage sec, tel que paille et foin; pour mes huit têtes de bêtes, la ration journalière se composa de 4 kil. de paille et 2 kil. de foin de pré naturel mêlés ensemble. Faisant dissoudre 135 grammes de sel dans un litre d'eau, j'en humectais ce mélange, que je faisais manger six heures après. Dans les premiers jours, cette nourriture fut refusée; mais, sitôt que mes moutons y eurent trouvé une saveur agréable, ils la dévorèrent avec avidité. Je leur ai continué ce régime pendant quarante jours, et au bout de ce temps, mes moutons se sont trouvés dans un état d'embonpoint, de prospérité et d'engraissement vraiment très-satisfaisant. Passé cette époque, je leur ai supprimé le sel, et j'ai pu m'apercevoir alors qu'ils mangeaient peu et presque sans appétit; ils y avaient même de la répugnance. J'en ai conclu naturellement que le sel leur était indispensable; je les ai remis au premier système d'alimentation, du sel dissous dans un litre d'eau pour en humecter leur fourrage, et le premier phénomène s'est reproduit. Ils sont redevenus gras et leur toison s'est épaissie. Ces huit moutons, livrés à la boucherie, m'ont valu des éloges. Dès ce moment et après une expérience aussi décisive, j'ai soumis tout le troupeau au même traitement, et je n'ai eu qu'à m'en féliciter. »

« Quant aux porcs, pour être engraissés, ils ont besoin de manger des pommes de terre, betteraves, choux-raves ou rutabagas. J'ai fait établir, auprès de ma chaudière à vin, une seconde chaudière qui peut contenir 60 kilog. de tubercules ou de racines betteraves, et auprès de mes chaudières à tartre une autre chaudière de la même capacité, que je chauffe ainsi incidemment. Mes betteraves étant fort grosses, je les coupe en deux morceaux et les pique, afin qu'elles s'imprègnent plus facilement de sel; j'y mets 15 litres d'eau et 500 grammes de sel. Ces racines étant bouillies, je les retire de l'eau, les écrase et les délaie pendant qu'elles sont chaudes, et les distribue aux animaux; ce procédé m'a réussi, et je le recommande. J'avais deux bœufs que des travaux exagérés avaient réduits au plus triste état : l'un était tombé de faiblesse sur la litière et refusait de manger; l'autre n'en valait guère mieux ; je les ai soumis au mode d'alimentation déjà décrit, 60 kil. de betteraves bouillies avec la dose de sel de 500 grammes, coupées et servies un peu chaudes. Mes deux bœufs se sont rétablis complétement, et aujourd'hui ils sont propres à être livrés à la boucherie. Les gens de la ferme et du pays crient au miracle ; c'en est un en effet, et c'est le sel qui l'a produit. Maintenant, tout mon bétail est soumis à ce régime. Ces faits ont été constatés par les autorité du pays où s'élève ma ferme, et sont de la plus exacte vérité. J'ai soin, au moment de l'engrangement de mes fourrages, d'y semer du sel couche par couche; sur 500 kil., 2 kil. de sel ; cette dose m'a paru suffisante. »

La valeur nutritive de plusieurs substances peut être augmentée par la fermentation. Depuis plus d'un demi-siècle on emploie en Angleterre et en Allemagne pour la fenaison des prairies naturelles ou artificielles la méthode dite de Klappmeyer. Le foin, pressé et foulé le plus régulièrement possible, est mis en très-grosses meules dès le lendemain du jour où il a été fauché. Les grandes meules de quinze à vingt voitures au moins sont à préférer. Les meules de cinq voitures et au-dessous sont mauvaises. Le tassement, qui est une des premières conditions de succès, doit être très-régulier et d'autant plus fort que le foin est plus gros et plus sec. La fermentation commence peu d'heures après que la meule est terminée. Elle se développe plus ou moins rapidement, selon la nature du fourrage, la dimension de la meule et la température. Un vent violent suffit pour arrêter toute fermentation du côté où il souffle. La plus haute température observée pendant la fermentation a été de 70 degrés. Klappmeyer recommande d'arrêter cet échauffement lorsqu'il parvient au point que la chaleur ne permet plus de tenir la main dans la meule. L'échauffement ne peut aller jusqu'à la combustion que dans le cas où le fourrage, déjà sec, est mis en meule après avoir été mouillé par la pluie. On ne doit jamais démeuler par la pluie, quel que soit le degré de la fermentation. Le foin fermenté est brun foncé; il est sucré, savoureux, il a conservé toutes ses feuilles et a une odeur excellente. On conserve le foin de cette manière pendant plusieurs années sans le moindre inconvénient. Tous les cultivateurs savent que le foin mis en bottes, comme on le pratique en France, se dessèche et perd en peu de temps une grande partie de sa qualité. On évite complétement cet inconvénient par l'emploi de la méthode Klappmeyer, et l'on obtient ainsi une plus grande masse de matières nutritives.

5. Heures des repas, prescriptions diverses. — Autant que possible, les heures des repas doivent être réglées, et on doit s'ef-

forcer de donner à l'animal une ration uniforme, mesurée sur ses besoins et sur les services qu'on lui demande. Cependant il est des bêtes, tels que les chevaux, les vaches laitières, qui peuvent être nourris moins fortement l'hiver que l'été, le cheval, parce qu'il travaille moins, la vache, parce qu'elle produit moins de lait, mais il ne faut jamais descendre au-dessous de la ration d'un bon entretien ni trop pousser à la nourriture, à moins qu'on ne veuille engraisser. Le pâturage, pendant les gelées blanches, compromet la santé de toute espèce de bétail. L'herbe mouillée de rosée n'est pas moins dangereuse en automne pour les bêtes à cornes et les moutons. Il ne faut jamais attendre que le bétail soit affamé pour lui donner à manger; une surabondance de nourriture qui lui serait offerte tout à coup pourrait aussi entraîner des accidents plus ou moins graves, surtout si c'était du grain ou une herbe succulente. Les animaux ne doivent point passer trop brusquement de l'espèce de fourrage à laquelle ils sont accoutumés à celle dont ils ont perdu l'habitude, ou qu'ils ne connaissent pas encore. Il faut accorder quelques instants de repos aux ruminants, après qu'ils ont mangé leur fourrage, pour qu'ils aient le temps de le soumettre à la seconde mastication que la nature leur a donné la faculté de lui faire subir. Il est dangereux de faire manger et surtout de faire boire l'animal en sueur, et aussitôt après qu'il revient de la fatigue. On doit autant que possible varier les aliments, et ne pas donner à la fois beaucoup de nourriture. Enfin, on arrivera, avec de l'attention, à connaître la complexion des animaux que l'on élève, et à se régler, pour leur alimentation, sur les observations que l'on aura faites à ce sujet.

6. Substances propres a l'alimentation des animaux. — Le Foin. — L'herbe des champs est la nourriture normale des animaux herbivores. Pendant l'été, la luzerne, le sainfoin, le trèfle, les vesces et les autres plantes fourragères, leur offrent un abondant régal. Quand l'hiver est venu, il faut remplacer cette nourriture naturelle par divers autres aliments. Le premier est le foin, qui n'est que de l'herbe dépourvue d'eau, et convient principalement, par ses qualités aromatiques, aux bêtes de travail. Pour conserver tous ses sucs, il doit être fauché un peu avant la pleine floraison. Quel est le moment indiqué par l'observation et la pratique éclairée pour couper les foins? C'est celui pendant lequel les plantes, ayant tout leur développement, ne sont pas encore épuisées par la formation de la graine. Or, comme cette formation commence immédiatement après la fécondation, il en résulte naturellement que la faux doit entrer dans le pré lorsque

la majorité des plantes est en fleur ; on dit la majorité des plantes, parce que leur floraison n'ayant pas lieu au même moment, on doit se guider sur la moyenne indiquée par la plus grande quantité de fleurs épanouies. Ainsi, en coupant l'herbe des prairies naturelles ou artificielles, au moment où la majorité des plantes qui la composent est en fleur, on aura un foin plus abondant, parce que c'est le moment du plus grand développement des végétaux herbacés qui le donnent; il sera plus tendre, plus succulent, parce qu'il ne sera pas épuisé par la formation de la graine, et qu'on ne le laisse pas durcir sur pied. Dans presque toutes les provinces de l'Ouest on a l'habitude d'engranger le foin au-dessus des étables. Il est reconnu que les exhalaisons méphitiques en s'élevant détruisent rapidement les fourrages et sont nuisibles aux animaux qui s'en nourrissent. Le congrès agricole d'Avranches propose, avec l'emploi des meules bien aérées, bien espacées, de les élever en plein champ, sur des pilastres en pierre avec planches de zinc. On aurait en sus l'avantage d'éviter des constructions coûteuses et l'approche des mulots et autres rongeurs. M. de Caumont conseille l'usage de pressoirs à vin ou à cidre pour comprimer le foin, afin d'en réduire le volume et d'en faciliter le transport. « J'ai fait, dit-il, à ce sujet, diverses expériences, et quoique le pressoir dont je me suis servi chez moi, à Vaux, soit petit, j'ai été assez content du résultat pour devoir en entretenir tous les agriculteurs. Vingt-cinq bottes de foin de 7 kil. à 7 kil. 500 gr., stratifiées sur un tablier de 1 mètre 40 en tous sens, peuvent facilement être transformées en un gâteau de foin d'un pareil diamètre et de 40 centimètres d'épaisseur seulement. Quatre gâteaux pareils représenteront donc un cent de bottes, ou environ 700 kil., ce qui donne un carré de 1 mètre 40 centimètres de diamètre sur 1 mètre 60 de hauteur. Mais je ne doute pas qu'avec du foin nouvellement récolté et soumis à un pressoir plus fort que le mien, on n'obtienne un résultat bien autrement satisfaisant. En tout cas, on voit déjà quels avantages on peut retirer de cette compression, toute imparfaite, relativement, qu'elle ait été. Nos charrettes de forme les plus longues ont 8 mètres de l'extrémité postérieure à l'extrémité du brancard; on compte 6 mètres pour la charge, en laissant deux mètres pour le cheval de limon. Ordinairement, elles ne portent que 200 ou 250 bottes de 7 kil. à 7 kil. 500 gr.; quand on va jusqu'à 300 bottes, cette charge forme une montagne de foin dont la hauteur peut devenir dangereuse dans les chemins mal aplanis et occasionner la verse. En comprimant le foin, il sera facile d'y placer l'équivalent de 800 bottes, sans que la hauteur de la charge dépasse 2 mètres 80 centimètres. En effet, chaque gâteau de 100 bottes, ayant de 1 mètre 40 de diamètre, quatre gâteaux n'occuperont que 5 mètres 60, ou environ 17 pieds sur la longueur de la charrette, qui en a 18; il restera donc 1 pied de marge pour les bavures des gâteaux. On pourrait même gagner encore 1 pied ou 2 au moyen du surplomb, si cela était nécessaire. Un second rang de gâteaux serait placé sur le premier, et l'horizontalité des gâteaux en rendrait la superposition facile; le dérangement serait presque impossible. Certaines charrettes pourraient peut-être recevoir un troisième rang de gâteaux, ce qui porterait le chargement à 1,200 bottes: c'est ce que l'expérience apprendra. En tout cas, nous pouvons déjà condenser quatre charretées en une, puisque 200 bottes de foin forment habituellement le chargement d'une charrette, et ce résultat est assez considérable pour mériter l'attention de l'agriculteur. Ces observations intéressent principalement les pays qui sont sillonnés par les chemins de fer, qu'il s'agisse de pressoirs à cidre ou de pressoirs à vin. »

7. **Paille, son, grains, avoine, orge, pois, vesces, fèves, féverolles.** — Il y aurait désavantage à ne donner aux animaux que du foin. La paille des grandes céréales est nutritive, mais on ne doit l'employer que mélangée avec d'autres substances, surtout des aliments aqueux. Pour faire ce mélange, on hache ordinairement la paille ainsi que les autres fourrages secs; il est nécessaire cependant de donner toujours une partie de la paille et du foin entiers. Le son est plus nutritif que la paille et d'autant moins nutritif que la mouture est plus perfectionnée. L'avoine, dans nos climats, et l'orge, dans le midi, sont plus nutritifs que toutes les autres substances; mais, par l'activité de leur fermentation dans les organes digestifs, elles produisent, surtout l'orge, des indigestions qui se traduisent par des coups de sang. Ces deux substances doivent donc être employées avec réserve. L'avoine convient surtout aux bêtes de travail, aux jeunes sujets, aux animaux destinés à la monte. Par la cuisson elle perd ses propriétés stimulantes et forme alors une nourriture profitable aux vaches et brebis laitières. Comme l'orge, les pois, les vesces et les féverolles peuvent être donnés aux chevaux aussi bien qu'aux bêtes bovines et autres. L'orge, les pois et les vesces communiquent au lait des vaches un goût amer; ils ne sauraient donc convenir aux vaches laitières. Au contraire, les féverolles trempées ou cuites rendent le lait plus gras. Il est bon, lorsque l'on donne des grains aux animaux, d'y joindre toujours de la paille hachée ou *harcel*. Plus le grain est nutritif, plus doit être forte

la dose de harcel qui le tempère et neutralise ses effets nuisibles.

8. FEUILLES SÈCHES, GUI. — On donne encore avec avantage aux animaux, surtout aux moutons et aux chèvres, les feuilles de plusieurs espèces d'arbres coupées en août et séchées. Les feuilles de peuplier du Canada valent le meilleur foin. En Normandie, les vaches sont tellement friandes du gui, parasite qui croît sur les pommiers et sur les poiriers, au grand détriment de ces arbres, qu'il suffit de leur en montrer une botte pour les faire accourir de plusieurs centaines de mètres; de bonnes ménagères affirment, en outre, que le gui améliore la qualité du lait et fortifie les vaches : aussi le réservent-elles pour celles qui viennent de faire leur veau. Ce fait a donné lieu à M. Isidore Pierre, professeur de chimie à la faculté des sciences de Caen (Calvados), de faire des analyses curieuses. Vers le milieu du printemps, M. Isidore Pierre s'est procuré une certaine quantité de gui pris sur des pommiers à cidre, où, malheureusement, il est très-abondant. Après avoir retranché les parties trop dures pour être mangées avec plaisir, lesquelles représentaient peut-être le cinquième des touffes, il a partagé le reste en deux lots, savoir : 1° les feuilles et les sommités des nouvelles pousses; 2° les rameaux dont on avait séparé les parties précédentes. Le premier lot représentait 66,3 pour 100 du poids total; le deuxième lot, 33,7 pour 100. Des expériences auxquelles M. Isidore s'est livré, il résulte deux conséquences : la première c'est que le gui frais, au milieu du printemps, est l'un des fourrages les plus riches et les moins aqueux qui soient connus jusqu'ici; la seconde, c'est que toutes les parties du gui ont à peu près la même richesse en azote à l'état vert, et qu'à l'état sec il n'existe qu'une différence assez faible de richesse en matière azotée entre les jeunes pousses et les feuilles et les rameaux plus anciens, mais encore assez tendres pour être facilement consommés par les animaux; c'est un fait que M. Isidore Pierre n'avait encore observé dans aucun fourrage. Si l'on ajoute que certains pommiers à cidre portent quatre ou cinq touffes de gui, et que beaucoup de ces touffes pèsent plusieurs kilogrammes, on comprendra que, dans les années où le fourrage est rare, une récolte de gui peut, dans certains pays, fournir une ressource fourragère qui ne serait pas à dédaigner, tout en débarrassant les arbres qui les portent de parasites épuisants. L'auteur des expériences a affirmé à l'Académie qu'il pourrait citer tel propriétaire de la Manche qui en a retiré, dans un hiver, plus de 500 kil. d'une soixantaine de pommiers seulement.

9. L'ORTIE. — On peut aussi présenter comme plante fourragère

l'ortie, déjà cultivée dans plusieurs départements, notamment dans celui de l'Oise, à Frocourt, près de Beauvais. C'était, il faut l'avouer, une innovation hardie, car le cultivateur, en général, considère l'ortie comme entièrement nuisible, et voudrait pouvoir l'arracher partout où elle pousse. Cependant, depuis longtemps déjà, la Suède regarde cette plante comme un excellent fourrage, et partout dans cette contrée elle est cultivée en grand. C'est, en effet, une ressource précieuse pour l'agriculture, car, d'une part, l'ortie pousse partout; le sol le plus aride lui est propre; elle ne demande aucun soin, supporte toutes les intempéries, se reproduit d'elle-même et peut être coupée cinq ou six fois dans un été; d'autre part, elle est plus précoce que tous les autres fourrages, et elle précède d'un bon mois les luzernes les plus hâtives. Les vaches la recherchent. On a remarqué, comme fait curieux, que toutes celles qui s'en étaient spécialement nourries fournissaient un lait plus abondant en quantité et plus savoureux en qualité. Le caséum augmente et le beurre est plus agréable au goût. Il est vrai que ces animaux dédaignent les orties trop récentes, dont elles redoutent les piqûres; mais le cultivateur n'a qu'à prendre la légère précaution de les laisser se faner quelques heures avant de les mêler aux aliments des bestiaux; elles sont alors complétement inoffensives. Quand on met des orties cuites ou hachées dans la pâtée des poules, celles-ci fournissent des œufs en plus grande quantité et engraissent rapidement. C'est ainsi qu'en Allemagne on engraisse les jeunes oies. Dans le Nord et dans quelques localités des Alpes maritimes, on mange les jeunes pousses de l'ortie en les apprêtant comme nos cuisinières apprêtent les épinards, et on les considère comme un mets délicat. Nous lisons, du reste, dans les auteurs grecs, que les anciens les mangeaient au printemps. Les ménagères les utilisent aussi en s'en servant pour conserver les écrevisses fraîches. De la racine on pourrait peut-être tirer un principe tinctorial; à la campagne du moins on se sert de cette racine pour teindre en jaune les œufs de Pâques. On y joint un peu d'alun et de sel commun. Les dindonneaux étant très-délicats à élever et demandant beaucoup de soins, voici la meilleure manière de les nourrir : donnez-leur des feuilles d'orties cuites hachées minces, avec des jaunes d'œufs durcis; puis faites-leur prendre un remède qui les préserve de la figère ou des ourles, deux maladies auxquelles ils sont sujets. Ce remède est un composé de quatre poignées de feuilles d'ortie et de deux de fenouil, qu'on fait cuire ensemble pour les hacher bien menu avec cinq jaunes d'œufs durcis, trois poignées de son, un quart de poudre à tirer et une demi-once de fleur de soufre. On devra supprimer la fleur de soufre au bout de deux jours. Dans le cours de la journée on leur donne la pâtée ordinaire dans laquelle il n'y aura pas de ce remède. A mesure qu'ils croîtront, nourrissez-les d'orties cuites, de pommes de terre, et vous ne perdrez point de dindonneaux; ils seront tous d'une chair grasse et savoureuse. Les maquignons se servent aussi de cette plante, car, en mêlant de l'ortie au fourrage des chevaux avant de les vendre, ceux-ci acquièrent un poil plus vif.

10. POMME DE TERRE, TOPINAMBOUR. — Pour les différentes espèces de bestiaux, les pommes de terre forment une excellente nourriture; les bêtes bovines et ovines seules les mangent crues, encore faut-il que ces animaux y soient accoutumés, et, dans tous les cas, elles ne doivent jamais composer plus de moitié de la nourriture; il faut fournir le reste en foin ou en paille. Tous les bestiaux mangent avec plaisir les pommes de terre cuites qui peuvent entrer dans leur alimentation pour une proportion notable. Le topinambour, que tout le monde connaît, est une plante alimentaire qui rend de grands services en agriculture. Il est très-rustique, peu difficile sur la nature de la terre; il ne craint pas les plus fortes gelées et donne un produit très-considérable; ses tubercules conviennent à presque tous les animaux domestiques, et surtout aux herbivores. Les préjugés qui nuisent à l'emploi de cette plante précieuse sont réfutés par M. Bailly de la manière suivante : « Je change, dit-il, chaque année mes topinambours de place, et je fais ordinairement une jachère ou une demi-jachère dans la terre où je les ai récoltés; je leur fais succéder soit un blé, soit un colza. Les labours d'été retournent les pieds qui restent en terre et les détruisent; si quelques-uns échappent à une totale destruction, ils sont faibles, languissants et ne nuisent aucunement aux récoltes qui les suivent. Jamais, depuis vingt-cinq ans, ils n'ont été un obstacle aux cultures subséquentes. Le produit en tubercules est considérable, et je vais en donner la preuve. J'ai, cette année, 2 hectares de topinambours plantés dans une terre peu fertile et d'assez médiocre qualité, dans une terre qui m'a coûté 225 francs l'hectare et dont la culture était abandonnée à cause de son infertilité. Je l'ai améliorée; cependant c'est encore une des plus mauvaises terres : elle ne produit pas plus de 8 à 10 hectolitres de blé par hectare. J'ai mesuré dans cette pièce une étendue de 1 are, j'en ai fait arracher et ramasser les tubercules devant moi, je les ai fait laver et égoutter pour qu'il n'y restât pas de terre, et je les ai pesés. J'ai trouvé 213 kil. formant un volume de 3 hectol. 20 litres; ce

qui, multiplié par 100, fait 21,300 kil. Dans de bonnes terres j'ai obtenu plus de 30,000 kil. à l'hectare. Je ne fais arracher les tubercules qu'au fur et à mesure du besoin de la consommation; ils sont donc bien renflés et gorgés d'humidité. Cependant je les donne à des bœufs d'engrais, à des brebis nourrices; je ne me suis jamais aperçu qu'ils eussent une fâcheuse influence sur la santé de ces animaux. Mes bœufs engraissent bien et mes brebis ont les mamelles remplies de lait; les agneaux eux-mêmes en mangent, et ils s'en trouvent très-bien. Les bêtes à laine sont très-avides de cette nourriture. Les topinambours peuvent aussi nourrir les chevaux ; l'expérience suivante me l'a démontré. Mes carottes ayant mal réussi une année, j'ai donné à mes chevaux de travail, dans le régime desquels cette racine remplace l'avoine pendant quatre à cinq mois, d'abord un mélange de carottes et de topinambours, puis ces derniers sans mélange; leur santé ni leurs travaux n'en ont aucunement souffert. Cette expérience a duré six semaines, de la mi-mars au 1er mai : la ration de chaque cheval a été, pendant les quinze premiers jours, de 30 à 35 litres de carottes et de topinambours par moitié ; puis, pendant tout le mois d'avril, de pareille quantité de topinambours seuls.

« Je n'essaierai pas de déterminer chimiquement la valeur nutritive des topinambours, je laisse ce soin aux savants; ce que je puis assurer, c'est que j'ai donné à mes animaux même ration de topinambours, en volume, que de betteraves et même de carottes, et que je ne me suis pas aperçu de différence pour la production de la graisse, du travail ou du lait. Cette racine peut se donner crue aux animaux, avantage que ne possède pas la pomme de terre, qui est mal digérée en cet état. Les tiges des topinambours peuvent aussi servir de nourriture aux animaux, soit vertes, soit sèches. Un de mes voisins, M. Riat, excellent cultivateur, ancien correspondant de la Société d'agriculture, les faisait couper et en donnait, l'automne, à ses moutons. Il avait voulu en faire sécher; mais les difficultés de la dessiccation l'y firent renoncer. Il empila ses bottes de tiges, qui bientôt fermentèrent, exhalèrent une odeur de miel et devinrent du foin brun. Il les fit alors désempiler, dresser le long des murs d'un hangar et consommer pendant l'hiver. Je n'ai pas renouvelé cette expérience, dans la crainte de nuire à la production des tubercules qui se forment très-tard à l'automne; je laisse donc sécher les tiges sur pied, et je les fais couper pour servir de litière dans les étables. Dans les pays où le bois est rare et cher, on peut en chauffer le four. Les tiges de topinambours peuvent aussi servir de pâture aux moutons. Après la récolte des tubercules, il en reste encore une quantité suffisante pour garnir assez bien la terre de tiges, que l'on fait manger dans les temps de sécheresse et qui rendent, à cette époque, de grands services. Cette pâture peut donc être établie sans aucun frais. Je ne me suis jamais aperçu que la terre qui produit des topinambours en fût épuisée, que les cultures qui les ont suivis en souffrissent; j'ai, au contraire, remarqué que le blé était plus beau qu'après une récolte de betteraves ou de pommes de terre; ce qui me donne la conviction que les végétaux à larges feuilles empruntent à l'atmosphère une grande partie de leur nourriture. »

M. Bailly établit ainsi le détail des prix de culture de deux hectares de topinambours :

Loyer de la terre, pour deux hectares.	60 fr.	»
Labours et hersage.	145	50
Main-d'œuvre pour arrachage de la semence, plantation, chargeage et éparpillage du fumier. . .	35	»
Frais d'arrachage des tubercules, transport et lavage.	156	80
La dépense étant de.	397 fr.	30

et le produit de 42,600 kil., les 1,000 kil. sont revenus à la somme de 9 fr. 30 c. environ. Ces dépenses ne sont pas des évaluations; elles sont relevées sur le livre de compte des travaux de labourage et de main-d'œuvre. On n'a pas fait figurer le prix du fumier, qui est amplement compensé par la valeur des tiges et l'engrais provenant des tubercules qu'on fait consommer dans les étables. Ce prix de revient permet, comme on voit, d'appliquer avec avantage et économie les topinambours à la nourriture des animaux domestiques.

11. Carottes, navets, betteraves, résidus des raffineries, brasseries, distilleries, féculeries, amidonneries. — Les carottes et navets coupés en morceaux avec leurs fanes remplacent pour les chevaux la nourriture verte. Dans les pays du nord, surtout dans les sols sablonneux, les navets sont une ressource inépuisable pour l'alimentation des vaches. Immédiatement après la moisson, on les sème; en octobre, ils commencent déjà à donner; en novembre, on met le reste en jauge pour l'hiver, et l'on sème les blés d'hiver, après les labours convenables; en sorte que, dans ces parages, le sol se prête à deux bonnes récoltes. Moins favorables que les pommes de terre aux vaches et brebis laitières, les betteraves conviennent mieux au bétail qu'on engraisse. On peut donc les donner conjointement avec les pommes de terre; ce mélange est excellent. Pour équivaloir à 50 kil. de foin, il faut

65 kil. de betteraves. Les résidus de fabriques de sucre de betteraves s'emploient aussi bien que les racines entières. Pour les mélasses, dont on ne peut tirer d'autre parti, on les donne étendues d'eau et mélangées avec du foin et de la paille hachés, sous forme de soupe. Les résidus de brasserie, lorsqu'ils ne sont pas aigres, sont excellents pour tout bétail, même pour les chevaux. S'ils sont aigres, on peut les donner aux porcs, qui les mangent avec plaisir. Les résidus liquides des distilleries de betterave, ou *vinasses*, s'emploient avantageusement pour détremper les fourrages secs et durs, la paille hachée, etc. On a dit que l'emploi de vinasses à la macération pouvait communiquer aux pulpes de betteraves des propriétés dangereuses pour la santé du bétail. M. Delafont, professeur à l'Ecole vétérinaire d'Alfort, a inspecté les animaux nourris ou engraissés à la pulpe macérée à la vinasse dans plusieurs grandes fermes, animaux de toute espèce, de tout âge, de toute nature. Après avoir constaté l'état remarquable et parfait de tous leurs organes, il a démontré, par des raisonnements précis, que ce résultat n'avait rien que de très-rationnel, de parfaitement conforme aux principes, et, dans ses conclusions, il a exprimé la confiance que cette alimentation, substituée à celle en usage, préserverait les étables et les bergeries des nombreuses et graves maladies si souvent causées par le régime ancien. Les résidus de distilleries de pommes de terre et de grains peuvent s'employer aussi pour détremper les aliments secs. Il faut éviter de donner ces mélanges chauds, parce qu'alors ils font tomber les dents du bétail. Ces résidus conviennent surtout aux vaches et aux porcs; les chevaux ne les mangent pas, et les moutons, qui s'en trouvent bien pendant un certain temps, finissent par s'en dégoûter. Les résidus de féculerie conviennent assez aux vaches ou porcs, et même aux moutons à l'engrais; les résidus d'amidonnerie ne sont bons que pour les bêtes qu'on engraisse, notamment pour les porcs.

12. Tourteaux, huile de foie de morue, soupes. — Les tourteaux d'huile sont excellents pour le bétail, mais ne conviennent pas aux chevaux. Les tourteaux d'huile de colza ont à peu près la même valeur nutritive que l'avoine. Ceux de lin sont meilleurs. Ce genre d'aliment convient surtout aux bêtes malades ou qui allaitent, ou qui sont prêtes à mettre bas. Les tourteaux de chenevis et de faînes sont moins bons; il est même prudent de s'en abstenir tout à fait. On donne les tourteaux délayés dans de l'eau tiède. On avait conseillé à un éleveur de bétail, dans le comté d'Essex (Angleterre), de faire usage de l'huile de foie de morue pour activer l'engraissement de ses bestiaux, en lui faisant entre-

voir une grande économie dans le prix de l'opération. Ces expériences ont été faites sur vingt porcs, quatre-vingts moutons et dix veaux, avec des conditions qui ne peuvent laisser de doutes sur le résultat. Les porcs consommaient deux onces d'huile par jour, les moutons une once, et les veaux plus ou moins, suivant leur force. Pour les porcs et les moutons, les résultats ont été très-satisfaisants : la graisse était remarquablement blanche et la chair légère et d'une digestion facile. Pour les veaux, même résultat. Quant à la manière de faire prendre l'huile aux animaux, il faut, pour les veaux, la mélanger avec du son et de la paille hachée; pour les porcs, on la mêle à leurs aliments secs, et pour les moutons, on trempe des fèves cassées dans l'huile. Il a été reconnu qu'une dose plus forte d'huile de foie de morue serait nuisible aux animaux. On fait encore pour le bétail des soupes composées de fourrages de toute nature coupés ou hachés qu'on fait détremper dans l'eau bouillante ou cuire, et auxquels on ajoute des tourteaux d'huile, du grain concassé, du son, etc. Nous aurons occasion de revenir sur ces soupes au chapitre de l'engraissement.

CHAPITRE IV.

MULTIPLICATION DES ANIMAUX DOMESTIQUES.

1. Fonction de la génération. — Les corps organisés se renouvellent, et se perpétuent par la génération. Comme l'observe Virey, un sentiment irrésistible, le sentiment *génésique* qui se développe au plus haut degré de leur vie, préside à leur reproduction, crée, enrichit, renouvelle sans cesse la scène du monde. C'est une flamme qui consume l'existence pour la transmettre à d'autres êtres. *Aimer* n'est que la contraction du verbe *animer;* l'amour est la manifestation de l'*âme* ou du principe qui vivifie. Les minéraux, tous les corps inanimés et inorganiques, peuvent bien manifester des affinités, des attractions chimiques, entre leurs éléments moléculaires; les seuls êtres organisés peuvent aimer, parce que seuls ils se reproduisent. Les plantes comme les animaux, possédant des sexes, montrent cette invincible pente à s'unir pour se propager : c'est un besoin instinctif, spontané ou rendu impérieux par l'attrait de la volupté. Les végétaux et les animaux *agames* ou sans sexe apparent et connu, tels que des zoophytes, des algues, ne se reproduisent guère que

par des bourgeons, des boutures ou prolongements de parties, lesquels se détachent d'une tige maternelle. D'autres êtres, les *cryptogames*, tels que les mousses, les fougères parmi les plantes, et plusieurs helminthes ou vers, chez les animaux, décelant à peine quelques organes sexuels indistincts sur le même individu, se reproduisent avec cette froide insensibilité qui ne constitue qu'un acte machinal ou purement organique. Parmi les végétaux et les animaux *hermaphrodites*, c'est-à-dire qui réunissent sur le même individu les parties sexuelles mâles et femelles, le sentiment génésique est toujours imparfait. Mais, à mesure que la séparation des sexes se prononce davantage sur deux individus différents, éloignés, le besoin de concours reproductif devient plus vif ou plus enflammé, par cela seul qu'il est plus rare et plus difficile. Par cette combinaison même, les sexes disjoints, aspirant à se réunir, ne pouvaient atteindre ce but de leurs désirs qu'au moyen de la locomotion et des sens pour se reconnaître en chaque espèce. De là tous les appareils de la sensibilité qui distinguent les animaux les plus parfaits. On comprend aussi comment les races les plus sensibles dans le règne animal sont les plus agitées de la passion génésique, surtout par l'éloignement, la difficulté des rapprochements entre les sexes. Chez les insectes, et d'autres animaux articulés des classes inférieures, la vie est courte, la passion génésique n'a qu'une rapide et unique époque; c'est plutôt un instinct spontané qui attire ces êtres, et la mort succède aux jouissances, chez les mâles principalement. Les animaux vertébrés à sang froid ont des amours languissantes et prolongées, ou qui s'attachent plutôt à des œufs, comme chez les poissons, qu'aux femelles elles-mêmes. Les reptiles ont des accouplements pendant des jours entiers, ainsi que la plupart des mollusques, dont les uns sont androgynes et s'unissent dans des accouplements réciproques, et dont les autres ne présentent qu'un sexe. Chez les êtres d'un sang ardent, tels que les oiseaux, le sentiment génésique brille de tout son éclat; il s'échauffe de tous les feux qu'entretient en eux leur vaste appareil respiratoire. Les mammifères, moins ardents sans doute, portent plus loin toutefois les sentiments amoureux, parce qu'il se joint aux délices maternelles l'allaitement, ou des contacts sensitifs plus multipliés. Déjà paraissent des liaisons sociales entre les sexes et une jeune famille. Le concours des deux sexes est indispensable pour la reproduction. Cependant quelques naturalistes ont cru que cette règle n'était pas absolue. Ainsi on a assuré que des araignées, isolées et tenues en captivité, pondaient fréquemment des œufs féconds, et que ces pontes pouvaient se succéder durant plusieurs années. D'après cette observation, il a paru naturel de croire qu'ici les mâles n'étaient pas toujours d'une utilité indispensable pour perpétuer l'espèce; c'était une exception à la loi générale de la nature. M. Emile Blanchard, connu déjà pour de belles expériences sur les insectes, a fait des recherches sur ce sujet important et il en a consigné les résultats dans un Mémoire présenté à l'Académie des sciences. « Il est très-vrai, dit-il, que des aranéides, placées isolément dans des boîtes, donnent des œufs qui ne tardent pas à éclore, et cela après une captivité de trois ou quatre années. Des mygales maçonnes, envoyées de Montpellier à Paris et contenues chacune dans une boîte à part, m'ont fourni plusieurs fois des jeunes en grand nombre. Une ségestrie que je conserve vivante depuis plus de trois ans a produit l'avant-dernière année; elle a produit de nouveau l'année dernière, et il y a à peine un mois, des centaines de jeunes vivaient encore. Un autre type de l'ordre des aranéides, une filistrate bicolore, qui compte aussi trois ans d'existence dans mon laboratoire, a construit son nid il y a quelques mois, et elle a donné naissance, bientôt après, à une quantité considérable de jeunes individus qui actuellement sont encore pleins de vie. » Voilà des faits qui permettraient de penser que la fécondation par les mâles n'est pas nécessaire pour la reproduction des araignées. M. Blanchard a cherché dans l'examen des organes de la génération des femelles l'explication de ces productions au moins étranges. Il commence par distinguer parmi les aranéides celles dont la vie ne dure qu'une saison et celles, au contraire, dont l'existence se prolonge beaucoup au-delà de ce terme. Chez les premières, une seule ponte a lieu; chez les autres, les pontes se succèdent d'année en année sans le concours des mâles : seulement l'observation attentive montre que le concours du mâle est nécessaire au moins une fois. Les mygales, les clothos, les filistrates, les ségestries et toutes les aranéides sur lesquelles il a été fait des observations, appartiennent à la catégorie des espèces dont la vie est d'ordinaire de plusieurs années. Chez toutes, l'appareil de la femelle est constitué par deux vastes tubes auxquels sont appendues des loges ovariques. Au moment de l'accouplement, ces tubes reçoivent en abondance la liqueur séminale; ce sont de véritables réservoirs spermatiques. Les œufs, sur le point d'être expulsés, se trouvent imprégnés pendant leur passage. Le liquide fécondateur n'étant pas épuisé par une seule ponte et se conservant avec toutes ses qualités dans les réservoirs, de nouvelles pontes peuvent avoir lieu à des intervalles plus ou moins éloignés, sans qu'il y ait besoin de nouvelles copulations. La contre-partie a été aussi prouvée par M. Blanchard ; outre que la constatation de la présence de spermatozoïdes dans les conduits ovariques et la disposition des organes démontrent que les aranéides femelles ne sont aptes à donner des produits féconds que lorsqu'elles ont été accouplées, il a tenu en captivité des araignées de diverses espèces qui n'avaient pas acquis tout leur développement; il a réussi à les nourrir jusqu'au terme de leur croissance. Ces femelles, prises jeunes, n'avaient certainement pas été approchées par le mâle : eh bien ! les pontes qu'il en a obtenues sont toujours demeurées stériles. « De l'ensemble de mes recherches, dit en terminant M. Blanchard, je dois nécessairement conclure que les aranéides femelles ne sauraient, en aucun cas, perpétuer leur espèce sans avoir eu l'approche du mâle, mais qu'un seul accouplement suffit pour plusieurs pontes s'effectuant à des intervalles éloignés, par suite de la disposition organique qui permet à la liqueur séminale d'être tenue en réserve dans les conduits ovariques. » Voilà donc un des plus grands mystères de la génération animale complétement éclairci; il demeure prouvé que la loi de la nature est invariable et que pour la reproduction le concours des deux sexes est indispensable. Le cultivateur peut intervenir dans cette fonction et la régler, non seulement pour multiplier le bétail, mais pour conserver, modifier ou améliorer les races et en obtenir de nouvelles. C'est l'une des parties les plus intéressantes de l'économie des animaux domestiques. L'homme peut modifier sa nature individuelle et son espèce. « Par un plan de vie combiné sagement et suivi avec constance, dit le célèbre Cabanis, il est possible d'agir sur les habitudes même de la constitution; il est, par conséquent, possible d'améliorer la nature particulière de chaque individu; et cet objet, si digne de l'attention du philantrope et du moraliste, appelle toutes les recherches du physiologiste et du médecin observateur. Mais si l'on peut utilement modifier chaque tempérament pris à part, on peut influer d'une manière bien plus étendue, bien plus profonde sur l'espèce même, en agissant d'après un système uniforme et sans interruption sur les générations successives, etc. » Allez dans la rue Quincampoix, à Paris; cherchez-y une famille qui, depuis plusieurs générations, y remplisse les paisibles fonctions de portier..... si tant est qu'il puisse exister seulement une troisième génération de concierges dans cette longue, profonde et ténébreuse rue. Vous trouverez incontestablement comme chef de la famille un homme court, bossu, boiteux ou borgne..... surtout s'il est tailleur ou cordonnier en même temps que concierge. — Eh bien ! prenez un de ses enfants en très-bas âge, avant qu'il ne soit revenu de nourrice, si cela est possible; élevez cet enfant à la campagne; nourrissez-le convenablement; faites-le travailler au grand air selon ses forces : à une bonne éducation physique, joignez une bonne éducation morale; faites-lui prendre ensuite la carrière de facteur de la poste rurale, et vous verrez comme à vingt-cinq ans il ressemblera peu à son père, le portier de la rue Quincampoix, à Paris. Les descendants de ce facteur rural formeront une race nouvelle saine et vigoureuse, qui n'aura rien de commun avec celle des portiers de la rue Quincampoix. Si l'on peut ainsi améliorer l'espèce humaine, il est bien plus aisé de le faire pour les animaux domestiques, dont on modifie à son gré le régime et les habitudes.

2. La race en économie rurale. — Une race est une grande famille d'animaux, distingués par un assemblage de caractères qui se sont agglomérés sous certaines influences, soit naturelles, soit dépendantes de la domesticité; caractères qui se conservent tant que ces mêmes influences subsistent, mais qui peuvent se séparer, au contraire, quand celles-ci cessent d'être les mêmes pour se grouper d'une autre manière et former de nouvelles races. Ces caractères sont la taille, la couleur et les formes du corps. Il s'en faut qu'ils soient invariables chez les individus de la même race; mais s'ils ont des degrés, c'est la moyenne entre les extrêmes qui forme les caractères vrais de la race. Les causes de la diversité des races sont : 1° la loi naturelle par laquelle les descendants ressemblent au père et à la mère; 2° l'influence des aliments, de la localité et de la domesticité. Le type primitif de l'espèce s'est à la longue modifié, d'abord par les causes *naturelles* dont nous venons de parler, telles que le climat, le sol, la qualité et la quantité de la nourriture; ensuite par des causes *artificielles*, comme le genre de service auquel, pendant plusieurs générations successives, les animaux ont été assujettis, le choix des individus reproducteurs, l'éducation et le régime dirigés vers un but déterminé. Pour comprendre l'influence des causes naturelles, qu'on observe, par exemple, le bétail à cornes. La richesse du pâturage fait sa beauté et sa force, comme la stérilité du terrain l'amoindrit et le rend chétif. Cependant, le progrès, dans l'un et l'autre cas, ne s'opère qu'à la longue. Les bestiaux de petite taille ne s'améliorent et ne se multiplient par l'effet de la douceur du climat et de la nourriture qu'au bout de plusieurs années; mais le bétail riche en qualités les perd plus rapidement quand on le transporte dans des contrées infertiles et sous une température rigoureuse. Les variations du bétail dépendent non seulement de l'abondance et de la bonté de sa nourriture, mais encore

de sa structure et de sa couleur. Dans les pays plats, il est ordinairement grand et fort, de couleur blanche ou grise, de taille élevée ; dans les contrées montagneuses, il est chétif, de couleur rougeâtre et peu élevé. Ces différences établissent deux classes : l'une d'animaux gros et blancs ; l'autre de sujets petits et rouges. Il s'ensuit que, pour se déterminer dans le choix de la race et de l'espèce, on doit considérer le climat, la richesse et la bonté de la nourriture et l'emploi qu'on destine au bétail. Dans une contrée tempérée, avec de riches pâturages à sa disposition et les moyens de ne pas épargner la nourriture en hiver, on préférera la grande espèce. Dans des circonstances opposées, on adoptera la petite race. Cependant il ne peut exister de règles certaines pour déterminer précisément l'espèce qui sera le plus profitable à élever. Il n'est généralement possible de se décider qu'après s'être rendu compte des résultats de la dépense comparés aux produits du travail, et au rapport du lait et de l'engraissement. Il faut nécessairement des essais avant de connaître la race qu'on doit préférer. Quand les travaux agricoles s'exécutent par les bœufs, la race de grande taille doit obtenir la préférence, à moins que la nature des terres rende la petite espèce suffisante. Dans le choix des vaches, la nature du pâturage doit guider. Mais si le bétail doit être nourri dans les étables, peu importe que ce soit une espèce plutôt qu'une autre. S'il n'est pas possible d'obtenir que la nourriture produise, selon qu'on le désirerait, une augmentation en lait ou en graisse, du moins les soins et le traitement provoqueront nécessairement la qualité de bonnes laitières dans les vaches qui n'attendent pour la manifester qu'un régime qui la favorise, et si l'on tient particulièrement aux résultats avantageux de l'engraissement, on donnera la préférence aux sujets qui ont les os petits comparativement aux autres parties du corps. L'influence, comme nous l'avons dit tout à l'heure, des causes naturelles est lente dans son action et ne se fait ordinairement sentir sur la force et la beauté du bétail qu'après un assez grand nombre de générations. Les causes artificielles, à la disposition de l'homme, ont sur le bétail une action beaucoup plus prompte et plus énergique. C'est ainsi qu'on a créé artificiellement tant de variétés de chiens et qu'on a pu former des races d'animaux domestiques appropriés à des emplois déterminés.

Il faut distinguer la *race* de la *variété*. L'anomalie que présentent les animaux d'une même espèce en se propageant par eux-mêmes, constitue une *race* lorsqu'elle est permanente, c'est-à-dire lorsqu'elle se transmet héréditairement entre les individus tant qu'ils ne cessent pas d'être exposés à l'influence des circonstance qui en sont le principe ; dans le cas contraire, elle ne constitue qu'une *variété*. Le signe distinctif et constant de l'anomalie se nomme *caractère de la race*. Les animaux transportés sous des circonstances différentes de celles à l'influence desquelles ils se sont développés depuis plusieurs générations, perdent, en s'y multipliant, une partie de leur caractère primitif pour prendre celui de la race indigène. Si l'on transporte du petit bétail rouge de montagne dans un pays de plaine tempéré, où il trouve une riche nourriture au pâturage pendant l'été, et à l'étable pendant l'hiver, on remarquera qu'à mesure qu'il s'y multipliera, sa couleur deviendra plus claire, ses jambes plus hautes et sa taille plus élevée. Le gros bétail que l'on tire des Marches et de quelques vallées de la Suisse s'abâtardit au contraire, et diminue de taille sur des montagnes. Les races ayant leur principe dans l'influence de certains accidents locaux ne peuvent, en changeant de pays, conserver leurs formes primitives qu'autant qu'elles rencontrent dans les lieux où elles sont transportées les mêmes circonstances que dans les lieux dont elles sont originaires. Si ces circonstances ne sont pas les mêmes, il en résulte à la longue, et après plusieurs générations, une nouvelle race qui demeure constante lorsqu'elle ne se perpétue que par elle-même. C'est de cette façon qu'il s'est formé en Europe diverses races chevalines d'origine arabe, chez lesquelles on reconnaît le caractère primitif plus ou moins modifié. C'est ainsi encore qu'on a obtenu en Angleterre une foule de races ovines qui diffèrent entre elles par la taille, la disposition à prendre la graisse et l'épaisseur, la longueur ou la finesse de la toison. Les mérinos eux-mêmes ont pris différents caractères dans les diverses parties de l'Europe. On en a plusieurs variétés en Espagne. Les mérinos de Rambouillet, en France, et ceux de Saxe, de Geissler et de Lichnowsky, en Moravie et en Silésie, se distinguent par des qualités qui ont leur principe dans le climat, la nature des lieux, la nourriture et le régime. Ce que nous regardons comme la perfection dans une race, c'est sa plus grande aptitude à remplir nos vues. Dans cette aptitude gît, comme nous l'avons dit à l'article de la *Conformation extérieure des animaux*, la beauté de la race. Si nous appliquons le mot de *beauté* aux formes d'un animal, il est certainement raisonnable de désigner par cette expression les formes qui, en garantissant la vigueur de sa constitution, le rendent le plus éminemment propre au service auquel il est destiné. Que les peintres se créent, s'ils le veulent, une beauté idéale, qui ne résulte que des formes qui présenteront le plus d'élégance dans un tableau, quant à nous, dont le but est de produire des animaux consacrés à une utilité réelle, nous ne devons considérer comme beauté que les formes qui concourent le plus directement à cette utilité; la beauté d'un *cheval de course* diffère de celle d'un *cheval de roulage*, comme la beauté d'un *lévrier* diffère de celle d'un *braque*, celle d'un chien *courant* de celle d'un chien de *berger*. C'est seulement dans l'enfance de la production, ou lorsque tous les animaux d'une espèce sont employés au même service, que l'on a pu se faire des idées absolues de la beauté dans cette espèce ; mais, à mesure que, par les progrès de l'industrie, on a tiré des services différents de la même espèce d'animaux, on a senti la nécessité de créer des races particulières appropriées à ces différents services; et dès ce moment, les idées de beauté doivent s'appliquer, pour chaque race, aux formes les mieux appropriées à ce service. Ainsi, en Angleterre, dans les races de bêtes à cornes destinées spécialement à la boucherie, on désigne par *beauté* des formes entièrement différentes de celles qui portent ce nom, dans les races destinées à la production du lait. Il en est entièrement de même pour les chevaux, et dans l'état actuel de notre industrie pour la production de ces animaux, il n'est plus possible de parler de beauté d'une manière absolue, et sans spécifier le genre de cheval auquel on prétend appliquer cette expression. En général, la race la plus ancienne, celle qui n'a été nullement mélangée et en qui se sont maintenus intacts et tranchés les caractères acquis par les influences que nous avons énumérées, est la plus propre à transmettre ces qualités par la génération. Cette manifestation énergique et durable du caractère particulier se nomme *constance* de la race. Il n'est pas possible qu'une seule race réunisse les mérites dispersés dans toutes les autres, et l'on doit mettre ses soins uniquement à former pour chaque genre de service une race type, possédant au plus haut degré l'aptitude à l'emploi auquel on la destine. Les animaux à *deux fins*, propres par exemple à l'engraissement et à la laiterie tout à la fois, sont moins aptes à l'un et à l'autre des deux services que les races purement laitières ou d'engraissement. Cependant, il arrive très-souvent qu'il y a de l'avantage à perdre un peu sous le rapport de la perfection dans chaque genre pour retirer double profit d'un animal qui a des dispositions pour deux sortes de services.

3. Introduction d'une race exotique. — Quand une race indigène nous semble moins convenable pour un service quelconque qu'une race étrangère, nous pouvons introduire chez nous cette dernière race. Comme sous l'influence de circonstances autres

que celles qui ont présidé à son développement, cette race perd peu à peu quelques-uns de ses caractères et finit même par devenir semblable à la race du pays où elle a été transportée, il faut prévenir cette dégénérescence. L'expérience a indiqué à cet effet plusieurs moyens. Le premier est de choisir autant que possible ces animaux dans un pays peu différent par les conditions climatologiques de celui où l'on veut les importer. Le second est de prendre une race qui ait beaucoup de *constance*, parce qu'alors elle dégénère moins facilement. Le troisième est de reproduire artificiellement, selon qu'on le peut, autour de l'animal importé, les influences dont il était entouré dans son pays natal, et de combattre par des soins et un régime convenable l'action des circonstances défavorables. En changeant peu à peu le régime et les habitudes, on obtient avec le temps, ainsi que nous l'avons fait observer au paragraphe précédent, une race nouvelle qu'on peut rendre constante en ne la mélangeant pas avec d'autres.

4. Introduction du cheval arabe en Angleterre.—L'Arabie a fourni jadis aux Anglais des moyens d'amélioration pour toutes les races de leurs chevaux; mais ces moyens n'ont produit des résultats qu'après un assez long espace de temps. Le cheval arabe, en effet, a eu besoin de prendre loin de sa patrie et dans une suite de générations, des dimensions et des allures qui seules pouvaient le rendre propre à des usages réclamés par les mœurs et le mode de civilisation des nations européennes. Ce mot *cheval de pur sang*, que nos prétendus connaisseurs emploient à tort et à travers, signifie en langage technique de la Grande-Bretagne, un cheval dont tous les ascendants paternels et maternels remontent à des chevaux arabes ou barbes, dont l'introduction à eu lieu principalement en Angleterre, sous Charles II. C'est donc dans le fait le cheval arabe grandi, perfectionné par les pâturages, le climat et une longue suite de soins bien entendus.

5. Introduction du cheval anglais en Suisse et en France. — Quand on veut introduire ou perfectionner une race, deux choses sont à considérer : les qualités intrinsèques de cette race et ses qualités par rapport aux circonstances locales et aux mœurs du pays où on l'introduit. « C'est d'après cette considération, dit M. le baron de Staël-Hostein, qui, par son établissement pastoral de Coppet, a su accroître la célébrité attachée à son nom, que j'ai donné la préférence au cheval que les Anglais appellent *hordl*, cheval de chasse; non que, dans nos mœurs, nous ayons besoin de cheval pour la chasse, mais parce qu'il réunit la souplesse et l'élasticité du cheval de selle avec la taille et les membres du cheval d'attelage. Ce cheval est le résultat du croisement d'un éta-

lon de pur sang, avec des juments de demi-sang ou de trois quarts de sang, c'est-à-dire qui ont déjà été améliorées par le mélange de pur sang, condition indispensable pour avoir de bons chevaux, propres à tous les usages, excepté peut-être aux gros charrois. Mes motifs pour donner aux étalons anglais une préférence bien décidée sur le type arabe primitif, c'est qu'ils sont plus grands, qu'ils sont susceptibles d'être employés beaucoup plus jeunes, et que leur généalogie étant connue et enregistrée dans un livre pour ainsi dire officiel (le *stud-book*), on n'a pas à courir les mêmes chances qu'avec le cheval arabe, qui peut reproduire dans ses extraits les vices d'une autre génération à nous inconnue. Entre les descendants de plusieurs chevaux fameux en Angleterre, on distingue surtout la famille du roi Hérode (*king Hérod*) et celle d'Eclipse. La première est désignée sous le nom de *Stout Blood*, sang vigoureux, parce que les chevaux de cette famille ont en général plus de taille et de membres que ceux de l'autre famille, lesquels sont surtout remarquables par la vitesse de la course, qualité qui, pour nous, ne tient pas le premier rang; c'est donc à l'autre que j'ai dû donner la préférence. » Ainsi s'exprime M. de Staël; et il est à remarquer que les Anglais eux-mêmes sont maintenant peu jaloux d'introduire dans leurs races de chevaux de nouveau sang arabe. M. Huzard fils, qui a parcouru l'Angleterre en savant observateur, dit que si de temps en temps des chevaux arabes sont importés en Angleterre, fort peu d'entre eux sont jugés dignes d'être employés comme étalons.

Pour acclimater ces chevaux, M. de Staël combina la liberté nomade et les soins sédentaires. Comme le terrain est extrêmement précieux en Angleterre, et que, par conséquent, les pâturages y sont fort rares, c'est à l'écurie qu'on y élève presque tous les poulains : cette méthode a des avantages et des inconvénients, mais elle ne pouvait convenir à un grand propriétaire qui pouvait disposer de plusieurs milliers d'arpents sur la chaîne des Alpes. M. de Staël y envoya ses poulains, mais seulement après la première année : il craignait, en les y faisant conduire plus tôt, que la fraîcheur des nuits ne leur fût nuisible, que la fatigue de leurs courses dans des lieux trop âpres ne déformât leurs membres délicats ; ils restèrent donc jusqu'au sevrage dans une écurie ouverte, entourée d'un mur. Ensuite ils furent envoyés tant dans la plaine que sur la montagne. Ce système de haras réunissait les avantages de la liberté nomade et ceux de l'éducation sédentaire. Livrés à eux-mêmes dans les solitudes des Alpes, les poulains se roidissaient contre les intempéries, leurs membres prenaient de la force et de la souplesse, leur corne se durcissait, leur caractère se formait à la noblesse et à la fierté; et lorsque, dans la saison rigoureuse, ils entraient dans l'écurie, c'était pour y trouver un abri plutôt que pour y être renfermés dans une prison. Ils y faisaient connaissance avec l'homme, et comme ils étaient traités avec beaucoup de douceur, ils se pliaient facilement à l'éducation qu'on voulait leur donner. Les étalons n'allant point à la montagne, étaient tenus à l'écurie sans être attachés. On les alimentait, suivant la saison, au sec ou au fourrage vert. Les juments nourrices étaient placées dans de vastes écuries, chacune ayant sa loge particulière. Auprès de ces écuries étaient des parcs domestiques, où, dans les beaux jours, elles pâturaient suivies de leurs poulains; des hangars étaient disposés dans ces parcs, pour les mettre à l'abri des grandes chaleurs et d'une subite intempérie : on y apportait du fourrage pour suppléer à l'insuffisance d'un pâturage trop peu abondant. Par ce moyen, M. de Staël obtint une race nouvelle qui eut une précieuse influence sur les races des chevaux suisses et consécutivement sur celles des départements français limitrophes.

6. Introduction du mouton Cottswold a Coppet. — On obtient même, par les moyens artificiels, des races supérieures, sous certains rapports, à leur types primitifs. Ainsi, M. de Staël, voulant naturaliser sur les bords de Léman un race anglaise de moutons à longue laine, choisit celle qu'on nomme Cottswold. Ces animaux étrangers réussirent parfaitement à Coppet; menés pendant l'été sur les sommités du Jura, dont le sol et le climat sont si différents du climat et du sol de l'Angleterre, loin d'y souffrir, ils y acquirent de la vigueur et leur toison s'améliora; nourris pendant tout l'hiver de fourrage sec, au lieu de turneps comme au pays natal, ils supportèrent sans peine ce changement de régime, et l'année suivante ils n'avaient rien perdu de leur santé, de leur vigueur; seulement leur embonpoint avait diminué, ce que l'on doit, du moins, sous le rapport de la laine, considérer comme une amélioration. Voici le signalement du mouton Cottswold : taille de 80 centimètres du garrot à terre, de 1 mètre 16 cent. de la nuque à la racine de la queue, c'est-à-dire volume à peu près double de celui des mérinos, peu de différence entre la taille du bélier et celle de la brebis, tête en quelque sorte triangulaire, dépourvue de cornes, très-légèrement busquée chez le mâle, droite chez la femelle; offrant, dans l'un comme l'autre, très-peu de laine au sommet; oreilles petites, droites, bien attachées; épine dorsale droite, reins larges et carrés, poitrine ouverte, jambes courtes et grêles, jarrets larges, peau de couleur rose, laine nettement divisée par mèches, lé-

gèrement ondulée d'un blanc argenté, peau fine, mais très-nerveuse et d'une égalité de brin presque parfaite à l'insertion et à l'extrémité, qualités précieuses pour les laines qui, à la faveur du peigne, doivent, autant que possible, être amenées à l'état de parallélisme parfait, presque pas de suint et, par conséquent, n'éprouvant au lavage qu'un déchet de fort peu d'importance.

7. Création d'une race nouvelle. — S'il faut s'en rapporter à M. Vollaston, on ne regarde point en Angleterre les Cottswolds comme formant une race particulière : on les considère plutôt comme offrant une simple variété de celle de Lincoln croisée et améliorée tantôt avec le Dorset, tantôt avec le Dishley; s'il en était ainsi, et que la race de Lincoln fût telle que le professeur Flandrin l'a décrite, elle a éprouvé de bien grands changements entre les mains des améliorateurs. Les animaux qui lui ont servi de type ont été, dit-on, tirés de la Hollande à une époque inconnue. Sortis d'un pays où les pâturages étaient gras et l'air épais, ils ont trouvé d'abord en Angleterre les mêmes circonstances; mais ayant été placés ensuite sur les collines du Glocestershire, où les paturages sont peu succulents et l'air plus vif, ils y ont appris à se nourrir plus sobrement, le volume de leurs corps a diminué, leur vigueur a augmenté et leur laine a acquis un peu de finesse sans perdre sensiblement en longueur, et quoique modifiés par toutes ces circonstances, ils n'ont pas perdu la faculté qu'ils tiennent de leurs ascendants de vivre dans un terrain humide et de résister aux causes de cachexie encore plus que les Dishley. Après un voyage de 1,000 kilomètres, les Cottswolds extraits par M. de Staël, arrivèrent à Coppet en très-bon état : c'était en automne; on leur donna, pour les acclimater, des pommes de terre ou des raves, les unes et les autres crues, à la dose d'une demi-livre par individu chaque jour. Ces moutons furent réunis aux autres bêtes à laine importées, ce qui forma un troupeau d'environ quatre cents individus, auxquels on distribuait dix kilog. de sel par semaine; on y ajoutait pendant l'hiver une certaine quantité de poudre de gentiane. La ration de foin pour chaque Cottswold était de un kilog. et demi par jour, c'est-à-dire un tiers de plus que pour les mérinos et les moutons indigènes. On réduisait un peu cette ration les jours où l'on distribuait de la provende ; on faisait boire ces animaux deux fois par jour, à discrétion, et pour les engager à boire, tout en les fortifiant, on mettait dans leurs baquets du fer rouillé. C'est un usage anglais qui offre de très-grands avantages, surtout dans les contrées humides, pour prévenir la cachexie. Rendre indigène cette race du mouton Cottswold, précieuse sous tant de rapports, n'é-

tait pas le principal but de M. de Staël. Il voulut croiser la race anglaise avec celle d'Espagne, dans l'intention de former une race intermédiaire, dont la toison serait fine et ondulée comme sur les mérinos, longue et nerveuse comme sur les Cottswolds. Il n'ignorait pas que François Delporte avait été malheureux dans une entreprise de ce genre ; mais il avait signalé l'écueil contre lequel cet agronome avait échoué. Ce fut en 1825 que M. de Staël croisa de belles brebis espagnoles pures avec ses béliers anglais : il eut des agneaux dans le mois de décembre de cette même année; ils avaient atteint neuf mois en septembre 1826 ; leur taille était déjà celle des béliers mérinos ; ils tenaient plus de cette race par les formes et les traits de la figure, tels que les jambes courtes, les reins plus grands, les pattes, les joues et les toupets garnis de laine, plusieurs avaient même hérité de cornes, attribut essentiel de la ligne maternelle. Chez d'autres métis l'influence paternelle s'était fait sentir plus particulièrement. Ceux-là avaient le dos large et droit, les jambes nues et la tête désornée. Quant à la laine, elle avait pris dans cette première génération la longueur de grain qui caractérise les laines propres au peigne. Ces particularités n'ont rien de surprenant. En effet, dans tout bon croisement, le mâle porte les caractères de l'une ou de l'autre race dont il est le produit, selon que, par l'effet de circonstances particulières, difficiles à déterminer, c'est l'influence du père ou celle de la mère qui prédomine. Un phénomène plus singulier a été remarqué à Coppet : on y a vu des métis ressembler à leur mère espagnole jusqu'à l'âge de quatre à cinq mois, et prendre ensuite les formes paternelles Cottswolds, au point d'être devenus méconnaissables. Quelque chose de semblable s'observe dans les haras : on y voit des poulains issus d'un superbe étalon et d'une jument commune, tenir de la mère pendant deux ou trois ans, et revêtir seulement à cet âge les belles formes de l'ascendant paternel. Au reste, comme la nature physiologique se refuse à des règles rigoureuses, on voit des enfants issus du même père Cottswold, de la même mère Mérinos, n'offrir entre eux aucun caractère de famille, et se présenter quelquefois avec la laine des moutons du pays. M. de Staël a obtenu ainsi une race précieuse sous beaucoup de rapports et donnant, selon le but qu'il s'était proposé, des laines longues, en même temps fines et tassées.

8. Création du mouton Dishley. — Le bélier Dishley, autrement dit Newleycester, se caractérisait par une tête extrêmement courte, droite, large, presque triangulaire, les oreilles directes, couchées en arrière, l'absence des cornes, les yeux vifs, les reins

droits, larges, le dos parfaitement horizontal, le corps en forme de baril, les jambes d'une finesse extrême, la peau fine, souple, de couleur rose, la laine mi-fine, de 18 à 21 centimètres. Cette race est une création du fameux Backevell, qui vivait vers le milieu du siècle dernier à Dishley dans le comté de Leycester. S'il faut s'en rapporter à M. Mortemart-Boisse, il en avait tiré les éléments du Holstein et de la Souabe: Flandrin croyait que cette race était sortie de celle de Lincoln. La production de la laine était moins l'objet des travaux de Backevell que celle de la viande : il avait, avec une habile persévérance, pétri les formes de ces moutons de manière à les rendre éminemment propres à l'engraissement, et il avait obtenu en ce genre des résultats presque incroyables : il envoyait à la boucherie des moutons de 125 à 140 kilog., donnant près de deux quintaux de viande nette, portant sur les côtes une bande de graisse de 18 à 21 centimètres d'épaisseur, recouverte sur le dos et les reins d'une couche adipeuse, comparable au lard le plus épais; on a vu de ces moutons d'un tel embonpoint que leurs membres ne pouvaient plus les porter, et les successeurs de Backevell ont été obligés d'atténuer par des croisements une pareille tendance à l'obésité. Telle est, au reste, l'estime dont les Dishley jouissent en Angleterre, qu'on a vu chez M. le duc de Bedfort un bélier de cette race, qui avait été loué pour la monte d'une seule saison, 400 guinées (10,500 fr.).

9. Introduction en France de l'oie d'Egypte. — L'oie d'Egypte ou bernache armée est certainement l'un des plus beaux palmipèdes que l'on connaisse. On l'a depuis peu de temps introduite en France et on en a obtenu un assez grand nombre d'individus qui, par leur particularité, constituent une race distincte. Ainsi, cette oie qui, dans le pays dont elle est originaire, pond ordinairement vers le renouvellement de l'année, donne aujourd'hui, à Paris, ses œufs en avril; en sorte que c'est dans la saison la plus favorable que se fait l'éclosion. L'oie d'Egypte est beaucoup plus élevée sur ses jambes que notre oie ordinaire. Son plumage offre sur la poitrine une large tache d'un roux vif et sur tout le devant du corps un fond gris-blanc. Le dessus du dos présente de petits zigzags d'un ton cendré et rougeâtre dont le dessin est gracieux; la gorge, le dessus de la tête sont blancs, le tour des yeux rouge bai, couleur qui se remarque aussi sur les pennes voisines du corps; enfin les grandes couvertures offrent un reflet vert bronzé sur un fond noir. La formation d'une race nouvelle de bernache française est un exemple des modifications produites dans l'organisation des animaux par les influences d'un climat différent de celui des pays dont leur race est originaire.

10. Rafraîchissement du sang. — Il est possible de prévenir les dégradations d'une race introduite dans un pays, en régénérant souvent le troupeau avec des individus pur sang mâles et femelles. C'est ce qu'on appelle *rafraîchir le sang*. S'il est vrai qu'une race étrangère se dégrade peu à peu par suite de changement des circonstances sous lesquelles a eu lieu sa formation, il est certain que le plus sûr moyen d'empêcher cette dégénérescence est de retremper fréquemment la race avec des sujets tirés directement des pays dont elle est originaire. Si l'on veut, par exemple, élever et propager dans leur pureté primitive des chevaux arabes, il faut, à certains intervalles, faire venir d'Arabie des chevaux et des juments pour les accoupler avec les chevaux arabes nés en France; autrement, il arriverait que, par la suite des temps, ainsi que nous l'avons déjà dit, ces derniers perdraient leurs caractères primitifs pour prendre ceux des chevaux français. Il est inutile de dire que si l'on a obtenu une race plus fine que la race primitivement importée, il serait désavantageux d'en rafraîchir le sang. Nous en avons donné plus haut un exemple en parlant de la race anglaise formée avec le cheval arabe.

11. Des croisements. — En *croisant*, c'est-à-dire en accouplant des individus de même genre, mais différents par l'espèce ou par la race, on obtient un produit tenant à la fois du père et de la mère. Ces derniers appartiennent-ils à des espèces différentes, on donne au produit le nom de bâtard ou de *mulet*. Ainsi le mulet et la mule sont le produit d'un âne et d'une jument, ou d'un cheval avec une ânesse; dans ce dernier cas, le mulet prend le nom de *bardot* ou bardeau. Les animaux sont-ils seulement de races différentes, le produit est appelé *métis croisé*, ou *demi-sang*. On n'applique qu'à la production des mulets et des bardeaux le premier système de croisement. Par le second on peut améliorer une race commune et créer une race nouvelle dans laquelle chacune des deux races croisées apportera ses principales qualités. Le petit taureau du Tirol, rouge-brun, et à jambes courtes, accouplé avec la vache blanche, grosse et bien faite de la Styrie, donne un veau rouge-clair. Ce bélier mérinos, accouplé avec une brebis indigène, à laine grossière, donne naissance à un agneau dont la laine est beaucoup plus fine et plus épaisse que celle de sa mère, mais encore moins belle que celle du père. La conformation des cornes passe du père au fils. Il résulte d'un grand nombre d'observations que l'accouplement d'individus appartenant à différentes espèces ou races du même genre, donne des métis chez lesquels la constitution, le squelette et la couleur de la peau sont un mélange des formes primitives. Néanmoins le métis tient plus

du père que de la mère sous le rapport des cornes et du poil, et plutôt de cette dernière sous le rapport de la grosseur. Lorsqu'un métis femelle issu du croisement de deux races différentes est accouplé avec un mâle appartenant à l'une de ces races, on remarque que le caractère de la race mâle prédomine déjà dans le croît qui en provient; et si l'on continue pendant trois ou quatre générations à accoupler les métis femelles avec des mâles appartenant à la même espèce que les sujets mâles primitifs, le caractère du type femelle employé originairement à l'accouplement s'efface totalement, et l'on finit par obtenir des sujets absolument semblables à la branche paternelle. Il en est de même lorsque les métis mâles sont toujours accouplés avec des femelles appartenant à l'autre race. Si l'on prend des métis mâles des premières générations, et qu'on les accouple avec des femelles de l'espèce primitive, les petits qui en naîtront reproduiront avec plus d'intensité le caractère de cette dernière. L'accouplement d'un bélier métis de la première génération avec une brebis indigène donne un animal dont la toison est plus grossière que ne l'était celle du père : car, la valeur du mâle étant 50, et celle de la femelle 0, celle de l'agneau qui en résulte est égale à 25. Il est de principe que *chacun dans son action* génératrice reproduit son semblable, et que, par conséquent, de l'union d'un cheval de pur sang avec une jument de même origine doit naître un poulain de pur sang; de l'union de ce même étalon avec une jument indigène, on obtiendra un produit croisé ou demi-sang, et enfin, d'un nouveau métissage de ce produit avec une bête de pur sang, on aura un animal de trois quarts de sang, et ainsi de suite. Dans le choix des étalons et des poulinières à leur donner, l'expérience est le meilleur guide à suivre pour de telles alliances. Le manque de connaissance et de pratique fait souvent tomber les éleveurs dans des erreurs funestes; ils s'attendent à obtenir des produits distingués, quelle que soit la race à laquelle appartient la jument qu'ils ont choisie; séduits par quelques exceptions, ils croient que les poulains hériteront seulement des qualités de l'étalon. Le choix des juments est extrêmement important. Un très-grand nombre de propriétaires ont cru qu'il ne s'agissait, pour former un haras et pour obtenir des produits excellents, propres à tous les services, que de prendre au hasard des juments de toutes races, de toutes espèces, jeunes ou vieilles, neuves ou usées, nettes ou tarées, saines ou maladives, et de les accoupler ou croiser avec de bons étalons de pur sang. Les déceptions, les désappointements qui ont été la suite de ce mode d'opérer, ont prouvé qu'il ne suffisait pas de se servir de ces types améliorateurs, mais qu'il fallait encore leur annexer de bonnes juments, soit de pur sang, soit indigènes, pour réussir dans les *accouplements* et dans les *croisements*.

Dans les unions qui ont pour but d'obtenir des produits de demi-sang, trois quarts de sang, et sept huitièmes de sang, il est bien entendu que les mâles résultant du croisement sont toujours exclus de la génération, et qu'on se servira à chaque croisement d'un étalon de pur sang. M. le duc de Guiche ne repousse pas d'une manière aussi absolue que beaucoup d'hippiatres les accouplements entre les chevaux et les juments d'une même famille. « Je n'hésiterais pas, dit-il, à unir deux individus, fussent-ils frère et sœur, plutôt que de recourir à un sujet d'une autre famille, et dont les qualités ou les formes seraient inférieures ; mais, à mérite égal, je donnerai toujours la préférence à l'étalon étranger à la famille de la jument. » Cette opinion ne s'applique évidemment qu'aux accouplements entre chevaux et juments de pur sang, puisque, dans les croisements, les mâles de demi, de trois quarts, de sept huitièmes de sang même, ne doivent point être employés à la reproduction. « Ce qui a placé l'Angleterre à la tête des nations pour la beauté de ses races de chevaux, dit M. le comte de Beaurepaire, le voici : Comme système, une seule race de croisement agissant seule sur une seule race indigène ; la race de croisement se perpétuant pure par les seuls et plus beaux types, étalons et juments ; la race indigène s'entretenant et se perfectionnant par ses propres éléments avec autant de soin que la race de croisement ; ces deux races se perpétuant distinctes et indépendantes, conservant ainsi l'une à côté de l'autre et dans leur originalité, les deux éléments de ce système pour agir avec sûreté et précision dans le croisement de ces deux races en partant de bases constamment les mêmes. Comme principes : n'admettre à la reproduction, soit de la race de croisement, soit de la race indigène, que des étalons purs, chacun dans leur espèce, et n'étant entachés d'aucun mélange quelconque, établissant la progression ascendante de perfectionnement par la seule action de l'étalon de croisement sur les juments indigènes et sur les juments provenant successivement de ce croisement, jusqu'à arriver, par cette progression, à une beauté presque égale à celle de la race pure, sans que les produits les plus heureux de ce croisement puissent jamais être admis à concourir indifféremment à la reproduction. C'est à ce système et à ce principe, si riches en résultats, que l'Angleterre doit la beauté et la conservation de ses races, cette homogénéité qui distingue ses superbes chevaux, et cette espèce de précision presque mathématique avec laquelle les Anglais peuvent produire dans les individus telle ou telle modification, connaissant les éléments qu'ils emploient, et certains qu'ils sont de les retrouver toujours les mêmes. »

M. de Beaurepaire entre dans quelques détails sur la race indigène des chevaux de charrette de l'Angleterre, et ajoute : « C'est cette race, entretenue avec soin dans sa pureté, perfectionnée par quelques étalons de nos grosses races charretières de la Normandie, qui leur sont analogues et supérieures, qui fait l'une des bases des races anglaises. Le cheval de pur sang avec sa vitesse, son énergie, son fonds, sa beauté, fait l'autre. Le premier, avec sa haute taille, ses formes développées, ses muscles pleins et saillants, son corps près de terre, ses membres forts et larges, et enfin sa nature surabondante, apporte dans le croisement une autre richesse de proportions qui compense, non les imperfections, mais les inconvénients du cheval de pur sang, qui sont une tendance à donner peu de membres et de corps à ses produits ; il en reçoit en échange tout ce qui lui manque de vitesse, d'élégance et de légèreté. Le cheval de pur sang donne, par son premier croisement avec la jument de charrette, un cheval appelé cheval de demi-sang, qui souvent a déjà la beauté, et toujours quelques-unes des qualités du père. Avec la jument de demi-sang, fille de l'étalon de pur sang et de la jument de charrette, on obtient un cheval appelé cheval de premier sang, chez lequel on reconnaît les beautés dominantes du pur sang. Enfin, avec la jument de premier sang, fille d'une jument de demi-sang, on a un cheval appelé cheval de deuxième sang, dont la vitesse et le fonds, la beauté et l'élégance font notre admiration, comme le prix en fait pour nous un impôt onéreux et peu satisfaisant pour notre orgueil national. C'est là où s'arrêtent les Anglais dans la progression des croisements, le cheval de deuxième sang réunissant tous les avantages du croisement des deux races, taille, vitesse, force et beauté, tandis que s'ils poussaient plus loin ce croisement, les produits, inclinant trop vers le régénérateur, perdraient de leur taille, de l'ampleur du corps, de la largeur des membres, et prendraient de plus en plus l'apparence du cheval de course, sans cependant être jamais le cheval de pur sang. »

Lorsque l'on ne possède qu'un nombre restreint de bêtes de race, l'accouplement doit avoir lieu toujours dans le même sang, en alliant les animaux de la plus proche parenté. Si le nombre des têtes de bétail augmente, on choisit toujours les plus beaux sujets, sans égard à la parenté ; s'ils offrent tous la même perfection de forme, l'accouplement doit avoir lieu dans le degré le plus rapproché : de cette manière, on est plus sûr de perpétuer les qualités distinctives de la race, qu'en accouplant des individus d'une parenté plus éloignée. On a prétendu que les descendants des animaux produits par un accouplement en proche parenté dégénéraient, c'est-à-dire, perdaient les qualités distinctives de leur race. Mais cette opinion n'est qu'une hypothèse basée sur des observations vicieuses et incomplètes, que l'expérience n'a jamais confirmées, et qui est en opposition avec un grand nombre de faits positifs. On n'a jamais pu prouver, par une expérience décisive, que l'accouplement en proche parenté ait influé d'une manière défavorable sur la vigueur et la conformation des animaux qui en sont résultés. Les expériences des plus fameux éleveurs de l'Angleterre ont démontré le contraire de la manière la plus positive. Mais pour que l'on puisse pratiquer avec fruit ce genre d'accouplement, dit *accouplement consanguin*, il faut que la famille dont on unit ainsi les membres appartienne à une race *constante* et exempte de défauts prononcés.

12. Race améliorée par elle-même. — Pour améliorer une race par elle-même, il faut choisir dans le troupeau les meilleures bêtes mâles et femelles et les accoupler ensemble ; agir de la même manière pour leurs descendants en accouplant toujours ensemble les individus qui réunissent les qualités les plus éminentes, et joindre à cette méthode un régime convenable. Si l'on voulait, par exemple, former une race de bétail à cornes qui eût une grande valeur pour la boucherie, et chez laquelle la chair et la graisse fussent en plus forte proportion relativement aux os, que chez les races ordinaires, on devrait avant tout choisir un taureau et une vache dont les jambes fussent courtes et fines, et la tête petite. Il faudrait en outre que la vache fût de grande taille. Les sujets qui naîtraient de cet accouplement seraient accouplés eux-mêmes avec des individus chez lesquels ces caractères se remarqueraient d'une manière éminente. Dans le cas où l'on n'en trouverait pas immédiatement qui remplissent ces conditions, on accouplerait les génisses et les veaux avec leurs père et mère, et par la suite les frères avec les sœurs. S'il venait à se présenter un animal étranger, qui se rapprochât davantage du type que l'on a en vue, on l'accouplerait avec celui des sujets que l'on regarderait comme le plus parfait. De cette manière, si l'on a soin d'apporter l'attention la plus scrupuleuse dans le choix des individus, on obtient, après plusieurs générations, une race que l'on peut considérer comme tout à fait nouvelle, puisqu'elle ne ressemble qu'en partie aux animaux dont elle tire son origine. Un changement dans le régime est indispensable pour arriver

plus promptement aux formes et aux caractères que l'on désire obtenir, on ne pourra les conserver dans la race d'une manière constante, que dans le cas où le régime sera approprié à ces nouveaux caractères. Cette méthode est la base de toute amélioration dans les races, et les croisements ne doivent être que des moyens auxiliaires. Dans un cas semblable, on pourrait dire que la race introduite est le *patron* au moyen duquel on abrège et facilite le travail ; mais l'*étoffe* dans laquelle il faut tailler la race que l'on veut former, c'est le régime. Sans sortir du territoire français, on peut apprécier toute l'influence que peut exercer le régime sur les formes des animaux, en modifiant les caractères particuliers des races. Sans parler des changements si remarquables qui se sont opérés dans les races de chevaux, là où l'on a fait entrer les fourrages des prairies artificielles dans leur nourriture, soit partiellement, soit en totalité, on peut observer quels immenses changements s'opèrent dans les formes des chevaux, lorsque, transportés dans leur premier âge, des pâturages de la Franche-Comté dans les fermes de la Brie, ils y sont soumis à un régime entièrement différent de celui de leur pays natal, et nourris avec des fourrages abondants et succulents, fournis par les prairies artificielles ; et lorsque de deux poulains nés de la même race, l'un est transporté dans la Flandre, et l'autre acheté par un éleveur normand, qui le place dans ses herbages, on peut voir si, à l'âge de cinq ans, ces deux animaux ne diffèrent pas à peu près autant entre eux, que deux chevaux nés de races entièrement différentes ; l'un devient un cheval de carrosse élégant et léger ; l'autre un animal énorme, très-peu propre à l'allure du trot, mais constitué pour traîner lentement les plus lourdes charges.

Ces faits nous ont été présentés en quelque sorte par le hasard, ou plutôt ont été l'effet de circonstances entièrement indépendantes de toutes vues d'amélioration dans l'espèce du cheval ; ces circonstances, ayant introduit dans tel canton un procédé agricole ou la culture d'une plante qui pouvait modifier de telle manière la croissance des jeunes chevaux, ont casé dans ce canton la production des formes qui sont l'effet de cette modification ; mais c'est seulement au moyen de la multitude de combinaisons que peut offrir, dans chaque localité, la nourriture produite par les assolements alternes, que l'on peut espérer de créer l'art de former partout les espèces de chevaux qui sont réclamées par les divers services. Aussi, ce même Backewell, si connu parmi nous par l'art admirable avec lequel il a formé des races parfaites de bœufs et de moutons, employait le même instrument qu'il trouvait sous sa main, à créer une race de chevaux de trait encore aujourd'hui fort estimée en Angleterre; et d'autres éleveurs ayant aussi, vers le même temps, employé les mêmes moyens dans d'autres combinaisons, la Grande-Bretagne s'est trouvée riche de plusieurs races très-distinctes, mais parfaitement appropriées, chacune dans son espèce, aux divers besoins de la société, et dont les services ont fourni un des plus puissants moyens de développement aux diverses branches de l'industrie et du commerce dans l'empire britannique. Et c'est seulement lorsque l'art est parvenu à ce point, que l'agriculture peut partout produire les chevaux avec le plus d'avantage, parce que seulement alors il est possible de proportionner le nombre d'animaux produits dans chaque race, à la quantité que demande le commerce, c'est-à-dire que réclament les besoins de la consommation; et si l'on voit encore, dans cet état de choses, un canton se livrer plus spécialement à la production d'une espèce de chevaux, cette délimitation n'est pas tellement restreinte que l'on ne puisse, à volonté, l'étendre ou la resserrer selon que l'exige la facilité des débouchés, parce que les éleveurs possèdent les moyens de modifier, presque à leur gré, les produits de leur industrie.

13. Les chèvres de Cachemire. — Un changement bien remarquable opéré par les soins et le régime est celui qu'on a remarqué dans la toison des chèvres de Cachemire.

On trouve sur un très-grand nombre de quadrupèdes deux sortes de fourrures; l'une, apparente, est généralement longue et forte; l'autre, cachée au fond de la première, est plus courte et plus fine, c'est celle que l'on nomme duvet; on voit cette seconde fourrure croître, ou au moins se développer plus sensiblement à l'entrée de l'hiver chez un grand nombre d'animaux de notre climat, tel que les ours, les loups, les renards, les chamois, les chèvres communes, les lièvres, les lapins, les martres, les fouines, etc. : elle est abondante surtout dans les animaux des pays froids, et c'est elle qui fait le mérite principal des pelleteries du Nord : ces duvets sont tous doux et moelleux, mais ils manquent généralement de longueur et d'élasticité et sont, par ce motif, impropres à la filature. Plusieurs espèces de moutons ont aussi deux sortes de toisons, l'une plus fine et plus courte, l'autre plus longue et plus dure. Cette dernière se nomme *jarre*. On en trouve de remarquables exemples dans les moutons à grande laine, tels que les moutons d'Astracan et de Barbarie, et dans plusieurs autres espèces de moutons de l'Asie et de l'Afrique. « Ces faits et ce souvenir du jarre que l'on voit souvent sur les mérinos, me portèrent à croire, dit M. Polonceau, que cette espèce avait pu, dans l'origine, avoir deux toisons différentes, et que l'accroissement de la toison fine, devenue générale aux dépens de la toison dure, qui avait presque entièrement disparu, avait pu résulter, soit de croisements particuliers, soit des soins apportés pendant une longue suite de générations, dans le choix des animaux destinés à la propagation. Je me livrais avec beaucoup de réserve à ces présomptions, lorsque j'eus l'avantage d'entrer en relation avec M. Cuvier. Ce célèbre naturaliste me déclara qu'il était certain que la laine des mérinos devait être considérée comme une espèce de duvet ou de toison fine intérieure, qui de partielle était devenue générale et unique. Cette déclaration et plusieurs faits analogues, que M. Cuvier voulut bien me communiquer, me confirmèrent dans l'opinion que je m'étais formée sur la possibilité d'accroître le duvet et de diminuer progressivement la proportion du poil ou jarre de divers quadrupèdes, et augmentèrent encore mon désir de chercher à obtenir un changement semblable dans la toison des chèvres de Cachemire. Pénétré de cette idée et persuadé que l'on ne pouvait parvenir au but que je me proposais que par un croisement, je ne tardai pas à me convaincre que, parmi les diverses races de chèvres qui m'étaient connues, celle d'Angora était la seule qui pût remplir mes intentions, parce que les chèvres de cette race sont en effet les seules dont la toison fine et soyeuse participe de plusieurs des qualités du duvet de Cachemire, quoiqu'elle n'en ait ni la finesse ni le moelleux, en même temps qu'elle le surpasse en longueur et en élasticité. J'appris qu'il n'y avait en France qu'un seul troupeau, encore peu nombreux, de chèvres d'Angora, qui avait été envoyé par le roi de Naples à la duchesse de Berry. J'allai le voir en septembre 1822, à Rosny; en examinant ces animaux avec soin, je reconnus qu'ils avaient au fond de leur toison et principalement sur l'épine du dos des poils durs d'un blanc mat, totalement différents des soies fines et brillantes qui forment la masse générale de la toison, ce qui me fit penser que ce jarre était le poil primitif et les soies un véritable duvet devenu général; je n'eus plus de doute à ce sujet quand le berger m'apprit que ces soies se détachaient naturellement au printemps; je m'empressai alors de solliciter de S. A. R. la permission, qu'elle eut la bonté de m'accorder immédiatement, d'envoyer à Rosny deux de mes chèvres de Cachemire, pour les faire couvrir par un bouc d'Angora; une seule fut pleine, mais elle me fit, à la fin d'avril 1823, deux chevreaux mâle et femelle: je vis avec une grande satisfaction dès le commencement de sepembre un duvet très-abondant et fort beau se développer sur ces jeunes animaux; la chevrette avait le poil plus court et le duvet plus long que le chevreau; en sorte que dès la fin de septembre, on vit ce duvet sortir de toutes parts en boucles légères qui donnaient à cette jeune bête un aspect fort agréable et la faisaient admirer de toutes les personnes qui visitaient mon troupeau: le chevreau avait aussi un duvet long et abondant. »

14. TAILLE ET POIDS DE LA RACE. — En 1836 une commission fut nommée par le ministre de l'agriculture et du commerce à l'effet de constater les résultats obtenus à Naz et à Alfort du croisement des béliers de la race de Naz avec des brebis de la race de Rambouillet. La commission avait à examiner les deux questions suivantes: 1° Peut-on, avec l'emploi du bélier superfin de pure race et de petite taille, améliorer la qualité des toisons des grandes races sans abaisser la taille de ces races? 2° Cette amélioration, si on l'obtient, ne produira-t-elle aucune diminution notable sur la quantité de laine produite? Quant à la première de ces questions, la commission reconnut que la taille et le poids des extraits du croisement de *Naz-Rambouillet*, de 1836 et 1837, nés et nourris à Alfort, où la nourriture est très abondante et très-substantielle, avaient plutôt augmenté que diminué, si on les comparait au poids et à la taille des individus du même âge et de la race pure de Rambouillet, et qu'il y avait eu amélioration sous le rapport de la finesse; que ceux nés du même croisement et nourris à Naz, où la nourriture était beaucoup moins abondante et substantielle qu'à Alfort et Rambouillet, étaient loin d'avoir acquis la taille et le poids de ceux nés et nourris à Alfort, mais qu'ils offraient une amélioration de finesse beaucoup plus remarquable. Il résulte évidemment de ces premières observations: 1° que l'abondance de nourriture a eu, à Alfort, une très-grande influence sur le développement de la taille, mais que l'emploi du petit bélier de Naz n'a point été un obstacle à ce développement; 2° qu'à Naz, où la nourriture a été moins abondante, les progrès de l'amélioration, sous le rapport de la finesse, ont été plus remarquables, mais que la taille et le poids des extraits sont restés fort au-dessous de ceux du bétail élevé à Rambouillet. Ce dernier résultat confirme ainsi pleinement ce qu'on savait déjà, c'est-à-dire que des femelles de grande race, transportées dans des pays pauvres en pâturages, ne conservent pas dans leurs extraits la taille élevée que leur race avait acquise dans de plus riches pacages. L'accroissement que prit, à Alfort, le bélier de Naz qui avait servi à la monte des vingt brebis d'expérience, montre, d'un autre côté, que les petites races transportées dans de gras

pâturages ne tardent pas à y acquérir une notable augmentation de taille et de poids. La première question, posée plus haut relativement à la taille des extraits ainsi qu'à l'amélioration de la toison, put donc être considérée comme résolue, en ce sens que l'emploi du petit bélier superfin de race pure, tout en améliorant la toison, n'avait pas l'inconvénient de faire baisser la taille des produits, ainsi que le pensent beaucoup de cultivateurs, mais que l'amélioration de la toison s'obtenait plus facilement et plus promptement dans les pays où la taille se développait le moins. Quant à la seconde question, elle ne put être résolue en ce moment d'une manière positive, la tonte n'étant pas encore faite.

15. Règles générales relatives a l'accouplement. — Pour l'accouplement l'âge le plus convenable est celui où les animaux commencent à manifester fortement et fréquemment le désir de la reproduction. Il est dangereux de laisser les animaux s'accoupler trop jeunes; néanmoins il ne faut pas attendre qu'ils aient acquis leur complet développement, car alors on risquerait de dépasser l'époque de leur plus grande ardeur. Beaucoup d'agriculteurs ne font saillir leurs taureaux qu'à trois ans révolus, prétendant qu'avant cet âge ces animaux ne sont ni assez forts ni assez développés; mais il suffit d'avoir étudié avec quelque soin la nature du bétail, et surtout celle des bêtes à cornes, pour savoir qu'un taureau, passé trois ans, est lourd, paresseux, et moins propre à la génération qu'un taureau d'un an et demi à deux ans, et que c'est à ce dernier âge que ces animaux ont le plus de puissance et de vivacité. La jeunesse est le temps de l'accouplement : car c'est à cette époque que le désir de la reproduction a le plus d'énergie. De jeunes mâles peuvent féconder deux fois plus de femelles que des mâles plus âgés. Les animaux entrent en chaleur à certaines époques de l'année; mais l'éleveur peut changer ces époques, pour la plupart des genres de bestiaux, selon les besoins de la culture. Lorsqu'on veut provoquer la chaleur, il faut donner une nourriture plus copieuse et plus stimulante. Pour la retarder, on laisse passer, sans les satisfaire, les premières manifestations du désir de l'accouplement. Enfin, pour la reproduction de l'espèce, il est urgent de choisir les individus qui offrent au plus haut degré les caractères de la race; il faut en outre que ces individus soient bien conformés, d'un âge convenable, vifs, éveillés, en santé parfaite, vigoureux et manifestant avec énergie le désir de la reproduction.

CHAPITRE V.

ÉLÈVE DES ANIMAUX DOMESTIQUES

1. Périodes de la vie des animaux. — Par ces mots : *Élève des animaux domestiques*, on entend les soins et le régime qu'il convient de leur donner dans les principales périodes de leur existence. Ces périodes sont au nombre de quatre. La première se rapporte à la vie intrà-utérine de l'animal, c'est-à-dire à son existence, depuis le moment où il est conçu dans le sein de sa mère jusqu'à celui où il en sort pour vivre de la vie ordinaire; la deuxième comprend le temps où l'animal tète et dépend encore de sa mère ; la troisième commence au sevrage et finit à l'accouplement; la quatrième est celle où le corps de l'animal a pris tout le développement dont il est susceptible. Avant de dire quelques mots sur chacune de ces périodes, nous croyons devoir donner un tableau présentant la durée moyenne de la *portée*, de la *croissance* et de la *vie* des animaux domestiques.

ESPÈCE.		DURÉE de la croiss.	TERME DE LA GESTATION. le plus faible.	ordinaire	le plus fort.	DURÉE de la vie.
		Mois.	Jours.	Jours.	Jours.	Ans.
Juments		30	287	330	410	20 à 25
Anesses		30	305	380	391	15 à 20
Vaches		36	240	270	321	15 à 20
Bufflesses		36	281	308	335	15 à 20
Brebis		20	146	150	161	10 à 15
Chèvres		30	140	150	160	
Truies		24	109	126	143	10 à 15
Chiennes		20	55	60	63	10 à 15
Chattes		12	48	50	56	10 à 15
Lapines		10	20	28	35	10 à 12
Dindes couvant des œufs de	poules.	10	17	24	28	10 à 12
	cannes		24	27	30	10 à 15
	dindes.		24	26	30	10 à 12
Poules couvant des œufs de	cannes.	8	26	30	34	10 à 12
	poules.		19	21	24	10 à 12
Cannes		8	28	30	32	12 à 14
Oies		10	27	30	33	12 à 14
Pigeonnes		6	16	18	20	12 à 14

Les physiologistes et les naturalistes modernes ne sont ni les seuls ni les premiers qui aient mesuré, soit dans l'homme, soit dans les animaux, soit dans les plantes, la durée de la vie terminée naturellement et non par des maladies ou par d'autres événements quelconques, sur celle du temps de l'accroissement.

L'homme, qui est quatorze ans à croître, peut, dit-on, vivre six ou sept fois autant de temps, c'est-à-dire quatre-vingt-dix ou cent ans; le cheval, dont l'accroissement se fait en quatre années, peut en vivre vingt-cinq ou trente; presque aussitôt que l'éphémère naît, un instant lui suffit pour perpétuer son espèce, et il meurt ensuite; les poissons, qui croissent presque continuellement, ont aussi une très-longue vie, etc. Tous ces faits se concilient, d'ailleurs, avec les idées que nous nous formons des causes mécaniques de la vieillesse et de la mort. Le terme de l'accroissement est l'époque où la force du cœur et la résistance des artères sont en quelque sorte en même raison; les solides l'emportent ensuite continuellement par un surplus ou une augmentation de puissance, et c'est cette résistance supérieure de leur part qui opère insensiblement la destruction de la machine : d'où il semble que l'on a eu raison de conclure que plus son accroissement est prompt, plus est prochaine la condition de sa ruine, c'est-à-dire la conversion du ciment visqueux qui lie les fibres en de vrais éléments terrestres, la coalescence des petits vaisseaux, le dessèchement, l'ossification des ligaments, des cartilages, de l'aorte, etc., changements qui, dans l'animal et dans l'homme morts de vieillesse, sont également évidents et sensibles.

On a prétendu que dans les premiers âges du monde, la vie de l'homme était beaucoup plus longue qu'aujourd'hui; le fait ne paraît nullement démontré. Ce qu'il y a de plus certain et de plus admirable aux yeux du philosophe ou de l'homme qui contemple, c'est la conservation toujours constante d'un certain équilibre dans le nombre des animaux, la fixation invariable de la multiplication de chaque espèce à une quantité plus ou moins grande, la longueur de la vie des uns, dont la multiplication est lente, la brièveté de la vie des autres, dont la multiplication est plus ou moins considérable, selon leur plus ou moins grande utilité, la balance tenue entre la vie de ceux-ci et la mort de ceux-là; enfin, le passage d'une génération, et l'arrivée successive d'une autre qui remplace toujours celle qui périt.

2. Première période. — Avant même d'être au monde, l'animal domestique réclame notre attention et nos soins. Il nous est possible d'influer sur son état futur, sa venue, sa taille, etc.; par le régime auquel nous soumettons sa mère. Il faut que dans sa demeure vivante il ne manque pas de nourriture et que rien

ne puisse blesser sa faible constitution. Pendant la gestation comme pendant l'allaitement, n'épargnez pas à la femelle soit le son, soit les céréales, soit le sarrasin en bouillie peu épaisse. La seconde moitié du temps de la gestation surtout, exige qu'elle soit mieux alimentée qu'à l'ordinaire. On comprend que la nourriture qui suffisait autrefois à la mère devient trop faible lorsqu'elle porte dans son sein un autre animal qui croît et demande aussi à être nourri. Dans la première moitié de la grossesse l'accroissement du nouvel être est peu sensible; dans la seconde, il l'est beaucoup plus. Bien des cultivateurs s'imaginent à tort qu'il faut augmenter la ration de la mère quelques jours seulement avant le part et continuer cette augmentation quelques jours après. Cette croyance a des résultats funestes. Il convient, au contraire, immédiatement avant et après le part, de ne donner à l'animal qu'une nourriture légère, en quantité modérée et composée d'aliments de digestion facile. Au moment de la parturition, la mère se trouve dans un état maladif qui affaiblit sa puissance digestive. D'ailleurs la sécrétion lactée s'opère à cette époque avec assez d'activité sans une addition de nourriture, et le jeune animal aurait, lui aussi, à souffrir de la trop grande abondance et de la trop grande puissance nutritive du lait, son premier aliment. La femelle, pendant la gestation, après le part, et jusqu'à ce qu'elle soit entièrement rétablie, a besoin d'être traitée avec encore plus de douceur et d'affection que dans les circonstances ordinaires. On doit lui épargner les travaux pénibles. Les mauvais traitements qui ravalent l'homme au-dessous des animaux auxquels il les inflige, sont en tout temps pour lui une honte. Dans la période qui nous occupe, ils seraient un crime qui pourrait causer à son auteur un grand préjudice, car des coups portés sur le ventre de la femelle déterminent son avortement. Il faut veiller aussi à ce que, dans leur demeure, les femelles puissent reposer tranquillement et commodément, et, pendant les heures de sommeil, ne soient pas troublées sans motifs, ou inquiétées par les cris ou la pétulance d'autres animaux de la ferme.

3. Deuxième période. — Au moment du *part* ou mise bas, il faut, autant que possible, être présent; mais on doit laisser agir la nature et n'intervenir que si le petit se présente mal. Dans ce cas, on vient en aide à la femelle, en essayant avec les plus grandes précautions de replacer le jeune sujet dans sa position normale. Dès que le part a eu lieu, on abandonne le petit à sa mère qui, mieux que personne, connaît par instinct les soins dont il a besoin. Cette règle est suivie sans exception pour les espèces chevaline, ovine et porcine; mais pour le bétail à cornes

on ne l'observe pas toujours et beaucoup d'éleveurs ont la coutume de placer les veaux dans une étable spéciale, dont ils ne sortent que pour téter. Cependant il est plus naturel et plus convenable de laisser les veaux à côté de leur mère dans un local séparé de l'habitation des autres animaux. La nature enseigne à tous les mammifères à chercher leur nourriture aux mamelles de leur mère jusqu'à ce que le développement des organes de la mastication et de la digestion leur permettent de prendre et de digérer des aliments d'un autre genre. A la mère qui allaite, il faut une nourriture saine et abondante et des aliments favorisant la sécrétion lactée, comme les carôttes, les pommes de terre cuites en petite quantité, les fourrages verts artificiels, les eaux blanches, etc. Si le lait était trop peu abondant, l'accroissement du petit en souffrirait. On doit, comme dans la période précédente, épargner à la mère les fatigues, les mouvements violents, les mauvais traitements et ne pas l'éloigner du petit de la vue duquel ses yeux se repaissent et dont la présence est un besoin pour son affection maternelle.

En même temps que le lait de la femelle diminue, les forces et l'appétit du jeune animal s'accroissent. En tétant il fait souffrir sa mère, qui, chaque jour, cherche davantage à l'éviter; c'est alors le moment de donner au petit une nourriture plus substantielle. Si, avant cette époque, on veut le sevrer, soit pour utiliser le lait de la mère, soit à cause de la maladie ou de la mort de celle-ci, on doit se rapprocher le plus possible du mode suivi par la nature, en donnant des aliments dont la qualité nutritive augmente progressivement. C'est d'abord du lait tiède, puis une bouillie claire de lait et de farine mucilagineuse, ensuite une bouillie plus épaisse et enfin des aliments solides de facile digestion. Le sevrage des animaux dont les femelles ne nous fournissent pas de lait, tels que les chevaux, les moutons, les porcs, s'effectue aisément et sans inconvénients, parce qu'on laisse téter les petits jusqu'à ce qu'ils aient assez de force pour prendre la même nourriture que leur mère. Mais lorsqu'on les sépare de celle-ci, lorsque, comme pour les veaux, le sevrage devance l'époque normale, il faut user de grandes précautions afin d'habituer peu à peu les jeunes animaux au changement d'alimentation, afin de ne point exposer la mère aux dépôts de lait, aux affections morbides du pis, afin que la séparation trop brusque n'affecte pas, de part et d'autre, le moral et que le chagrin n'engendre pas des maladies.

4. Troisième période. — Le sevrage effectué, soumettez le jeune animal à un régime approprié à sa nature et qui permette

à ses forces de se développer librement. Favorisez ses bonnes dispositions et réprimez de bonne heure ses mauvais penchants. Ce qu'il y a de mieux à faire pendant la belle saison, c'est de le lâcher dans un bon pâturage, où il puisse courir, sauter et jouir de la fraîcheur de l'air et de l'influence du soleil. La nourriture à l'étable ne vaut rien pour les jeunes animaux. On est obligé de les tenir enfermés pendant l'hiver; mais pour qu'ils soient beaux et bien portants, il faut avoir, surtout s'il s'agit d'une race de grande taille, des étables vastes et spacieuses, et les laisser courir en liberté, sans les attacher. Proportion gardée, on doit user pour les jeunes bêtes d'un meilleur régime nutritif que pour celles qui ont atteint leur entier développement. Alimenter chichement les animaux à une époque où la croissance est si rapide et où ils exigent le plus de nourriture, serait contraire, non seulement au vœu de la nature, mais encore à l'intérêt bien entendu de l'éleveur. Un peu de foin et de racine avec de la paille suffisent l'hiver au bœuf de trait ou au mouton adulte; mais une semblable nourriture donnée dans cette saison au veau ou au jeune mouton serait insuffisante et ne produirait, si elle n'engendrait pas de maladies, que des animaux chétifs et mal venus. Dans le premier âge, s'établissent les bases de la force et de la taille, en même temps que les germes de la faiblesse de constitution et des maladies et défectuosités qu'elle entraîne. Rien de plus facile à comprendre. Dans la première année, l'accroissement est quatre fois plus rapide que dans la deuxième, et dix fois plus prompt que dans la troisième; et l'accroissement de la première année a lieu en grande partie dans les premiers mois. C'est donc une époque digne de l'intérêt de l'éleveur et sur laquelle il doit concentrer tous ses soins s'il désire avoir des animaux de grande taille et de bonne conformation. La délicatesse du jeune bétail le rend plus sensible que l'animal adulte aux influences et aux variations de la température. Rien ne lui est plus contraire que le vent, le froid et la pluie : aussi est-il très-dangereux de le mener au pâturage dans les mois de mars et d'avril, ou à la fin de l'automne, époques où règnent ordinairement le vent du nord-ouest et une grande humidité Dans les pays où la plus grande partie des troupeaux passent l'été sur les montagnes, on conduit les poulains et les jeunes bêtes à cornes dans des prairies peu élevées, abritées, et dans lesquelles se trouvent des étables. On attend la seconde année pour les mener sur les hauteurs, où on les abandonne aux accidents de la température, sans autre abri que celui qu'ils peuvent trouver sous les arbres qui s'élèvent autour des cabanes des bergers. Comme nous l'avons dit dans le chapitre précédent, il ne faut pas, au risque d'énerver le jeune animal, le livrer trop tôt à la fonction de génération dont généralement il manifeste le désir de très-bonne heure. On ne doit pas laisser s'accoupler les animaux domestiques avant qu'ils n'aient atteint les trois quarts ou au moins les deux tiers de leur taille. Le porc s'accouple à un âge moins avancé que les bêtes à cornes, qui elles-mêmes s'accouplent plus tôt que les chevaux. On ignore encore les lois générales qui régissent la précocité de la floraison des plantes et le penchant à la génération dans le règne animal. On observe seulement que, sous ce rapport, les petites races sont plus précoces que les grandes et perdent aussi plus tôt leur faculté génératrice.

5. Quatrième période. — L'animal, parvenu à son entier accroissement, demande à être nourri et traité conformément à sa nature, sa grosseur et ses besoins. Les règles générales que nous avons tracées aux chapitres de *l'Hygiène* et de *l'Alimentation* doivent lui être appliquées. Nous croyons devoir les rappeler ici en y ajoutant quelques observations nouvelles. Les cultivateurs doivent faire de l'hygiène une étude constante, car c'est par l'application de ses principes qu'ils éviteront ces grandes mortalités qu'on appelle *épizooties*, et ces pertes de tous les jours, qui, bien que peu remarquables, n'en sont pas moins nuisibles. Il faut d'abord qu'ils soient bien convaincus que plus ils laisseront leurs animaux se rapprocher de l'état de nature, moins ils les tourmenteront, les médicamenteront et mieux ces animaux se porteront. Une autre vérité qu'ils ne doivent pas perdre de vue, c'est qu'il existe plus de moyens certains de garantir les animaux de maladie que de moyens certains pour les guérir. Il est des effets généraux qu'il n'est pas permis d'ignorer; car la science de ces effets nous fraie des routes conduisant à la conservation de l'animal, et peut même nous éclairer sur des exceptions et sur des dérogations qui nous échapperaient infailliblement sans elle. Un air humide ramollit, relâche, affaiblit les fibres motrices et s'oppose dès lors aux excrétions. Un air trop chaud raréfie les liqueurs, ouvre les pores à l'excès, et augmente, par conséquent, la transpiration au point de solliciter la dissipation des particules les plus mobiles et les plus tenues des humeurs; c'est ainsi qu'il donne lieu à l'allongement et à l'affaiblissement des solides, à des dessèchements, à des inflammations, etc. Un air trop froid rapproche les particules des fluides, les épaissit, resserre les pores et les extrémités des vaisseaux sécrétoires et chasse les liqueurs de la circonférence au centre, ce qui amène des suites plus ou moins funestes. Un air tempéré, au contraire,

donne aux fibres la force et la tension nécessaire à la liberté, à l'égalité de leur action et au maintien du juste équilibre qui doit régner entre elles et les fluides. Ces vérités prouvent combien il est important d'apporter de l'attention dans le choix du lieu que l'on destine à l'*habitation* des animaux, et dans la construction des bâtiments élevés ou réservés à cet effet. Les écuries ou étables doivent être construites en bons matériaux, tournées à l'orient et exposées le moins possible aux vents du sud et du nord, afin que l'air y soit constamment tempéré. Le sol sur lequel elles seront bâties sera sec et élevé; un terrain bas et humide est très-nuisible à la santé du bétail et cause des fluxions, des rhumatismes, la pourriture, etc. Ces étables seront proportionnées en étendue au nombre d'animaux qu'on y renferme, de façon que ceux-ci puissent y jouir en tout temps d'une certaine liberté, et que leur respiration s'y exerce avec facilité. Leur élévation est ordinairement de 3 mètres 34 à 3 mètres 68, et leur profondeur se calcule à 4 mètres, pour un seul rang d'animaux, et à 6 mètres 68 pour deux rangs; chaque tête occupe de 1 mètre à 1 mètre 17. Les murs doivent être entretenus en bon état, et blanchis au lait de chaux aussi souvent qu'il est nécessaire. Le plafond sera fermé en plein. La porte d'entrée, placée de préférence au nord ou au levant, sera assez large pour que les vaches pleines ne puissent s'y froisser; la porte ne se fermera, pendant le jour, que dans les grandes chaleurs, et par une simple barrière qui empêche les chiens, porcs, etc., de pénétrer. Le sol, plus élevé que celui de la cour, et en pente régulière, afin de favoriser l'écoulement des urines, doit présenter une certaine solidité, à cause du piétinement des animaux. Les fenêtres, en aussi grand nombre que possible, et dans des directions opposées, seront garnies d'un contrevent, que l'on ferme selon la saison, ainsi que d'un châssis de toile qui empêchera le passage des mouches. Des ouvertures ou ventouses, pratiquées dans le plafond, entretiendront un courant d'air propre à diminuer la chaleur intérieure, mais on ne l'établira qu'en l'absence des animaux. On sait que l'obscurité éloigne les mouches, fléau du bétail; pendant qu'on l'obtient par la fermeture des fenêtres, on laisse la porte ouverte pour leur sortie. L'auge, les mangeoires, les râteliers seront tenus dans le plus grand état de propreté, et placés de la manière la plus commode, pour que tous les animaux puissent y prendre facilement et ensemble leur nourriture. On se gardera bien dans ces habitations, ainsi qu'on le fait dans un grand nombre de campagnes, de laisser accumuler les fumiers et les urines, et de former ainsi dans l'étable un foyer de putréfaction, origine d'une infinité de maladies mortelles. En un mot, l'habitation des animaux domestiques doit être saine, aérée, étendue et maintenue dans un état constant de propreté. On doit aussi veiller, comme nous l'avons dit tout à l'heure, à ce que les animaux, dans leur demeure, puissent reposer tranquillement et commodément. En cas d'indisposition, ils doivent pouvoir être éloignés des autres, et renfermés à part dans un lieu tranquille et sain, où l'on puisse aisément leur prodiguer tous les soins nécessaires au rétablissement de leur santé.

Après une habitation salubre, ce qui contribue le plus à maintenir les animaux dans une santé brillante, ce sont les *soins de propreté* sur leur individu, c'est-à-dire les pansements à la main qui favorisent la transpiration insensible et la circulation du sang, préviennent les maladies de peau et les congestions, et entretiennent la vigueur et la souplesse des membres. Ces soins de propreté varient suivant l'espèce des animaux ; mais chacune d'elles en a un égal besoin, depuis le porc ou les oiseaux de basse-cour jusqu'au bœuf de travail et au cheval de luxe. Nous comprenons dans ces soins de propreté, outre les pansements à la main, le bain, le lavage et l'application de corps gras sur les parties cornées des pieds. Nous insisterons ensuite sur un bon régime alimentaire, car rien n'a plus d'influence sur la santé des animaux. En général, les aliments doivent être de bonne qualité et donnés en quantité suffisante pour satisfaire l'appétit, sans produire la satiété, ou engendrer le dégoût ou des indigestions. Cette nourriture sera proportionnée au tempérament, à l'âge, à la taille, à la destination et à l'appétit des animaux, et répartie de façon que chacun d'eux en prenne également et facilement sa part. Elle peut être verte ou sèche, mais dans tous les cas, il ne faut passer de l'une à l'autre que par gradation. On la distribue par portions, à des époques constantes et réglées de la journée pour maintenir les animaux en appétit, pour éviter qu'après un jeûne trop prolongé, ils ne se jettent avec trop d'avidité sur leurs provisions et ne se donnent des indigestions mortelles. Il faut donner à manger trois fois dans la journée, le matin, à midi et le soir, en partageant les rations en quatre ou cinq portions distribuées de quart d'heure en quart d'heure, au fur et à mesure qu'elles sont consommées, si ce n'est à midi, qu'on pourra donner une demi-ration partagée en deux. La variété dans le choix des aliments réveille, provoque et maintient l'appétit. Le sel, donné de temps à autre, aide la digestion, facilite les sécrétions et entretient l'embonpoint. Les feuilles de différents arbres varient utilement la nourriture des animaux. Les feuilles d'amandiers engraissent les moutons; celles de tous les poiriers, pommiers, cerisiers, griotiers, pruniers, groseillers, framboisiers, coignassiers sont également bonnes. On peut les donner fraîches ou sèches. Les émondes de ces arbres, après la taille et avant la sève du mois d'août, séchées à l'ombre dans un endroit sec et préservés de la moisissure, servent pendant l'hiver lorsque les animaux ne peuvent sortir de l'écurie, en même temps que les branches des arbres fruitiers toujours verts, et celle des pins, sapins, et genévriers, branches que l'on ne coupera qu'au moment où le besoin l'exige et que l'on portera immédiatement aux animaux. On ne doit recourir au genévrier que dans un besoin pressant; l'animal, il est vrai, mange avec plaisir les jeunes pousses du printemps; dans l'arrière-saison les feuilles sont trop piquantes, elles le sont encore plus dans l'hiver. Il faut alors les faire tremper dans l'eau pendant vingt-quatre heures pour les ramollir. L'olivier, que l'on taille tous les deux ans, fournit, par ses feuilles, une nourriture succulente aux moutons, dans un temps où les pâturages sont encore peu abondants; et dans l'automne, les bergers ont le plus grand soin de conduire furtivement leurs troupeaux sous les oliviers, pour leur faire dévorer les olives tombées à terre. Ce serait un demi-mal, s'ils ne secouaient pas les branches de l'arbre. Parmi les arbres fruitiers qui perdent leurs feuilles en hiver, le hêtre ou fayard en fournit de bonnes pour tous bestiaux; son fruit engraisse singulièrement les porcs, mais sa grande abondance leur est nuisible. Il ne faut pas négliger toutes les espèces de bruyères et surtout la bruyère en arbre. Dans les provinces où elle croît, les bœufs, les chevaux, les mulets, la mangent avec avidité. Le mouton ne dédaigne pas les feuilles encore vertes de l'aune et du sureau. Les feuilles du frêne ont leur mérite; il est à craindre cependant que des mouches cantharides, attirées par l'espèce de manne qui suinte sur cet arbre, ne restent attachées sur ses feuilles. Il en est ainsi de l'ormeau. Les moutons aiment singulièrement les feuilles et les fruits du marronnier d'Inde. Il n'est guère de racines, si on en excepte les oignons, dont les débris ne soient utiles aux bestiaux quelconques. La pomme de terre mérite la préférence sur toutes les autres. Les betteraves, les panais, et surtout les carottes, crues ou cuites, sont une excellente nourriture pour les bestiaux. Le blé de Turquie fortifie les bœufs, donne du lait aux vaches, engraisse les moutons destinés à la boucherie, et fait acquérir à la volaille cette graisse et cette délicatesse qui la font rechercher. Les feuilles des tiges de sorgho ont le même avantage. On peut même tirer parti du chiendent; les pois, les vesces, les lentilles et les fèves méritent d'être conservés pour l'hiver. Les lottiers, les mélilots, les espèces de pois d'ers, qui croissent spontanément dans les campagnes, sont aussi très-bons. Toutes les espèces de chardons encore jeunes, et notamment le chardon dit des avoines, fournissent un bon fourrage aux vaches et aux ânes. Enfin les feuilles de vignes s'utilisent tant vertes que sèches.

Les aliments *liquides* ne sont pas moins nécessaires à la vie de l'animal que les aliments solides. L'eau est leur boisson ordinaire. La bonne eau est claire, limpide, sans odeur comme sans goût, contenant une certaine quantité d'air, jouissant de la propriété de dissoudre le savon, de bouillir facilement et de cuire les légumes secs. Les mauvaises eaux sont froides, fades, salées ou mélangées à des corps étrangers, tels que des gaz, des sels, des acides, des oxydes métalliques, ou à des parties soit terreuses, soit sulfureuses, etc., plus ou moins nuisibles en état de santé. L'eau trop froide fait diminuer la chaleur de l'estomac; elle empêche la transpiration et devient funeste à l'animal, surtout s'il a très-chaud. L'eau chaude donne de la faiblesse et n'est pas si propre à désaltérer que quand elle est fraîche. Les eaux trop vives suscitent de grandes tranchées, des gonflements considérables. L'eau des grandes rivières est généralement bonne. Celle des ruisseaux et rivières encaissés et ombragés, qui ont peu de largeur et une grande profondeur, ne convient pas toujours. L'eau provenant de la fonte des neiges est privée d'air; on a besoin de la battre pour lui en rendre. Elle provoque assez communément une toux violente et des engorgements dans les glandes maxillaires. L'eau de pluie est très-saine, quand elle n'a pas séjourné dans les citernes. Les eaux de sources et de certains puits sont souvent dangereuses, surtout si elles contiennent de la sélénite, autrement gypse ou pierre à plâtre. Ces eaux sont ordinairement très-limpides, et l'on ne s'en défie pas assez. Les eaux de mares et d'étangs sont presque toujours insalubres, comme aussi les eaux pesantes, croupissantes et inactives seront toujours nuisibles à l'animal. Pour rendre potables les eaux trop froides, il faut les exposer pendant quelques heures à l'action de l'air et du soleil; on peut encore, pour les réchauffer, y jeter un morceau de fer rougi au feu, ou un tison allumé; y délayer du son ou de la farine est aussi un très-bon expédient. On y laisse encore tremper du foin ou de la paille, après les y avoir d'abord agités avec la main, dont la chaleur, si la quantité d'eau n'est pas très-considérable, suffit seule pour la dégourdir. En hiver, l'eau des puits doit être donnée immédiatement après avoir été tirée, et avant qu'elle ait acquis un degré de froid considérable. Dans l'été, au contraire, il est indispensable de la tirer le soir pour le lendemain matin et le matin pour le soir du même jour, à l'effet de lui faire perdre le degré de froid qu'elle a en sortant du puits. Les eaux troubles, bourbeuses et de mauvais goût doivent être filtrées à travers le sable et le charbon pilé. On peut les corriger au moyen de quelques acides, tels que le muriatique ou l'acétique, introduits en très-petite quantité. Les eaux contenant des principes vénéneux ne peuvent en être débarrassées. Les eaux de neige fondue offrent de graves inconvénients. On ne doit en aucune circonstance faire boire les animaux quand ils sont échauffés par un exercice violent, ou les abreuver avec une eau froide trop crue; il faut en tout temps s'opposer à ce qu'ils ne se gorgent pas d'une trop grande quantité de liquide. Il faut faire boire les bestiaux le matin de bonne heure et tard le soir, mais toujours après qu'ils auront mangé.

Un *exercice* modéré est très-propre à entretenir la santé des animaux; mais lorsqu'il s'agit des animaux de travail, il y a d'autres règles à observer. Dans aucun cas le *travail* ne doit être excessif, et il faut toujours le proportionner à l'âge, à la force et à l'état de santé de l'animal. C'est lorsque les animaux travaillent qu'il faut redoubler à leur égard les soins de propreté et les pansements. Leur ration journalière doit aussi être augmentée, et c'est un principe général qu'il faut nourrir fortement les animaux dont on veut tirer de grands services.

CHAPITRE VI.

DE L'ENGRAISSEMENT.

1. Objet de l'engraissement. — Circonstances dans lesquelles il est avantageux au cultivateur. — L'engraissement est un traitement particulier auquel on soumet les animaux destinés à l'alimentation de l'homme, dans le but de rendre leur chair plus abondante, plus savoureuse, plus nourrissante, et de produire de la graisse qui, non seulement est employée aux préparations culinaires, mais encore à une foule d'usages dans les arts et l'industrie. Les corroyeurs recherchent particulièrement la peau des animaux gras, parce qu'elle est plus épaisse et plus fortement im-

prégnée de mucilage et d'albumine que celle des animaux maigres. Dans nos climats, les animaux domestiques soumis à l'engraissement sont les bêtes bovines, ovines et porcines, les oiseaux de basse-cour et assez rarement la chèvre et le lapin. Cette fabrication de chair et de graisse a surtout de l'importance lorsqu'elle s'applique au bœuf qui fournit à lui seul plus de viande et d'engrais que le reste du bétail. Les praticiens évaluent une bête maigre, non point d'après son poids à l'état maigre, mais bien d'après celui qu'elle peut acquérir par l'engraissement. Ils ont une telle habitude de ces évaluations, qu'ils commettent rarement des erreurs excédant 6 pour 100. Le poids qu'ils stipulent dans ce cas, étant déterminé en vue de la boucherie, s'applique à l'animal abattu et pesé séparément des résidus, c'est-à-dire sans les pieds, la tête, la peau, la fressure, etc. Les résidus représentent environ 50 pour 100 du poids de la viande pour les bœufs, et 45 pour 100 pour les moutons ; leur valeur en argent s'élève parfois au quart du prix d'achat de l'animal. Le poids ne s'applique donc uniquement qu'à la viande vendable en boucherie. C'est ce qu'on appelle *poids de nourrisseur*. Comparé avec la consommation utile de l'animal à l'engrais, ce poids offre un rapport constant. Ainsi un bœuf, une vache, un mouton, consomment par jour une nourriture sèche égale à 5 pour 100 du poids de viande vendable que l'animal fournira après l'engraissement terminé. Ainsi encore, un bœuf pesant maigre 300 kil. et susceptible par sa nature d'acquérir le poids de 400 kil. (langage de nourrisseur), exige par chaque jour à l'engrais, 20 kil. de matière sèche pour sa nourriture. Avec cette ration, l'animal augmente quotidiennement son poids d'un kilo. L'accroissement du poids des animaux comprend, sous la dénomination de viande, la chair et la graisse sans distinction, et l'on conçoit que les rapports entre ces deux produits varient suivant que l'animal, arrivé au terme de sa croissance, prend surtout de la graisse, tandis que, durant la croissance, il acquiert plus de viande. Ces rapports varient, du reste, suivant la nature des aliments. Le kilo de viande étant évalué à 1 fr., et 20 kilos de fourrage coûtant aux environs des grandes villes environ 2 fr., il en résulte que le cultivateur qui se livrerait dans ces localités à l'engraissement des bœufs, éprouverait une perte sèche de 1 franc par jour et par animal. Dans ce cas, il faut délaisser l'engraissement pour se livrer à la production du lait qui, dans les grands centres de population se place facilement en nature. Partout ailleurs qu'aux environs des villes importantes, l'engraissement offre de notables avantages, surtout dans les endroits où le fourrage est abondant et où l'on a de la difficulté à le vendre en nature à un prix convenable.

2. INFLUENCE DE LA CONFORMATION SUR L'ENGRAISSEMENT. — M. Grognier, professeur à l'école vétérinaire de Lyon, a donné les signes suivants pour reconnaître les races de bœufs et de moutons les plus aptes à l'engraissement : 1° tête fine et légère, yeux vifs et doux, cornes chez les bœufs lisses et courtes ; 2° encolure courte et peu chargée; 3° dos large et horizontal, corps allongé, poitrine haute; 4° côtes amples et arrondies, flancs pleins, ventre volumineux, forme du corps à peu près cylindrique ; 5° hanches, croupes, fesses et cuisses volumineuses ; 6° extrémités inférieures des membres, aussi courtes, aussi menues que possible ; 7° peau douce, souple, flexible, élastique, se détachant aisément, poils longs, brillants, clairs, moelleux, veines superficielles apparentes. Les bœufs dont les excréments sont liquides sont moins favorables à l'engraissement; ceux qui marquent de la docilité, un grand appétit, de la vivacité, et dont la peau est tendre et non collée sur les côtes, sont les sujets à préférer. Pour les bœufs, la race écossaise sans cornes, a des dispositions particulières à l'engraissement. Elle s'engraisse avec une ration qui suffit à peine aux races mancelle et cotentine, et elle ne leur cède pas pour la production du lait. « En 1852, dit M. Cancalon, cultivateur à Arfeuille (Creuse), nous avons livré à la boucherie de Tours plusieurs vaches écossaises remarquables ; une d'elles surtout excitait l'admiration des connaisseurs et l'emportait de beaucoup, par la qualité de la viande, sur les meilleurs bœufs limousins qui approvisionnent la ville de Tours. Voici les chiffres recueillis par nous à l'abattoir de Tours :

DÉTAILS SUR UNE GÉNISSE DE LA RACE ÉCOSSAISE N'AYANT PAS PORTÉ DE VEAU.

Age			3 ans 6 mois.
Robe			noire.
Race			écossaise.
MENSURATION.	Taille		1m.45
	Circonférence du thorax	circulaire	2 00
		oblique	2 15
	Largeur des hanches		2 56
	Longueur de la hanche à la queue		0 56
	Grosseur de l'avant-bras		0 50
	Longueur de l'animal, de la nuque à la queue		2 15

Poids vifs.		555k.00
Poids des quatre quartiers, cuir et suif.		411 00
Poids des quatre quartiers seuls.		347 00
Proportion des quatre quartiers seuls au poids vif.		62 50
Poids du suif.		32 00
Poids du cuir.		23 00
Poids des issues.	Patins.	6 50
	Tête.	11 50
	Poumons et cœur.	5 50
	Foie et rate.	6 50
	Langue.	2 50
	Sang.	21 00
	Intestins et excréments.	87 50

« La proportion des quatre quartiers, au poids vif, de 62 kilog., 50 pour 100, est aussi élevée que celle de beaucoup de bœufs gras primés dans les concours, et elle est d'autant plus satisfaisante que cette vache a reçu seulement la ration d'entretien de nos vaches laitières sans aucun farineux. Nous ajouterons que les produits obtenus par le croisement du taureau écossais avec nos races jouissent de l'avantage d'un engraissement facile, et les veaux de boucherie qui en proviennent sont d'une qualité bien supérieure à ceux de nos autres races. »

3. Influence de l'age. — Relativement à l'âge des animaux engraissés, l'analyse des documents fournis par les comptes-rendus officiels des concours du gros bétail de boucherie, a permis à M. Delafond de poser les conclusions suivantes : 1° Les bêtes bovines précoces, âgées de 2 à 4 ans, bien engraissées donnent en moyenne un poids vif presque aussi élevé que celui des bêtes âgées de 4 à 10 ans ; 2° les jeunes bœufs de 2 à 4 ans donnent un rendement proportionnel en chair nette des quatre quartiers plus considérable que les bœufs et les vaches au-dessus de cet âge, et un rendement moyen de 6 pour 100 au-dessus du rendement des bœufs les mieux engraissés, tués dans les abattoirs de la capitale ; 3° ces jeunes bœufs, toujours âgés de 2 à 4 ans, donnent également un rendement plus élevé *en chair de première qualité* que les bœufs adultes âgés de 4 à 8 ans ; 4° à l'égard de ce rendement *en chair de première qualité*, les jeunes vaches durhams et devons et les jeunes bœufs durhams donnent le plus fort rendement, mais parmi les bœufs âgés de 4 à 10 ans, les bœufs de Durham et de Salers donnent le rendement le plus élevé, et les cotentins le plus bas ; 5° en ce qui touche le rendement de la chair nette des quatre quartiers pour 100 du poids

vif, les bœufs durhams et les métis de cette race âgés de 2 à 4 ans, les métis durhams, schwitz, manceaux, charolais, cotentins, etc., donnent le rendement le plus supérieur et les durhams purs le plus inférieur; 6° en ce qui touche le rendement en chair nette également des quatre quartiers, les bœufs de 4 à 10 ans limousins, salers et choletais donnent le rendement le plus fort, tandis que les bœufs cotentins et les bourbonnais fournissent le plus faible; les durhams-charolais, cotentins et charolais purs tiennent le milieu entre ces deux extrêmes; 7° la chair des bœufs de 2 à 4 ans est aussi belle et aussi mûre que celle des bœufs plus âgés; 8° le rendement proportionnel en graisse pour 100 de poids vif des jeunes bœufs donne, en moyenne, un chiffre égal à celui des bœufs âgés, et cette graisse est aussi fine, d'un jaune aussi clair, et aussi mûre enfin, que celle des vieux bœufs; 9° le poids du cuir des bœufs améliorés et précoces est généralement moins élevé pour 100 de poids vif que celui des plus beaux bœufs conduits aux marchés de Sceaux et de Poissy, mais il n'existe aucun rapport bien déterminé entre le poids plus ou moins fort du cuir, le rendement en chair et en graisse, et le poids proportionnel des issues; 10° le poids proportionnel des abats des animaux perfectionnés est généralement très-inférieur à celui des plus beaux bœufs abattus à Paris, et ce faible poids est toujours dans un rapport constant avec le rendement le plus élevé en chair nette des quatre quartiers dans les races différentes et chez des animaux de sexe, d'âge et de poids différents, mais ce rapport n'existe point à l'égard du rendement proportionnel de la graisse et le poids proportionnel du cuir. Quel que soit l'âge d'un animal, pourvu qu'il soit sain, il peut être engraissé. Les animaux engraissés à un âge où ils ont pris tout leur développement sont ceux qui fournissent la plus grande quantité de graisse nette. Ceux que l'on engraisse trop jeunes donnent une graisse mucilagineuse. L'âge avancé d'un animal ne forme point un obstacle à l'engraissement si l'animal se trouve en bon état de santé; au contraire, la graisse est plus nette et plus compacte.

4. Influence des aliments. — On parvient à engraisser les animaux en augmentant leur appétit, en les excitant à manger et en leur prodiguant une nourriture succulente et substantielle. Pour aiguiser leur appétit, on leur distribue alternativement et à des intervalles rapprochés, les denrées qui flattent le plus leur goût. On les fait boire trois ou quatre fois le jour. On leur lave de temps en temps la langue avec du vinaigre et du sel, et on leur jette dans la gorge une petite poignée de sel. C'est ainsi qu'on les détermine à manger, sans même avoir faim, au-delà de

ce qui est nécessaire à leur existence. On varie les substances données au bétail pour l'engraisser, de manière à empêcher le dégoût, et on les distribue par petites quantités souvent réitérées, afin d'éviter les indigestions. M. Caffin d'Origny a fait des recherches sur la puissance nutritive des principaux aliments qui servent de base à l'engrais. Ces recherches ont été appliquées spécialement aux bœufs, vaches, moutons, porcs et veaux. Elles ont porté sur plus de 40,000 bêtes, et voici le résultat auquel cet expérimentateur est arrivé : Pour les bœufs, vaches et moutons, 1 kil. de viande est obtenu par 25 kil. de foin sec première qualité ; ou par 30 kil. de luzerne sèche, ou par 36 kil. de trèfle sec, ou par 17 kil. de fourrage en grains, comme pois, vesces, féverolles, ou par 13 kil. d'avoine, ou par 10 kil. d'orge, ou par 7 kil. de tourteaux de lin. Pour les porcs, 1 kil. de viande est produit par 7 kil. d'orge ou par 10 kil d'avoine. Pour les veaux, 1 kil. de viande est produit par 11 kil. de lait pur ou par 17 kil. de lait écrêmé. Ces chiffres, exprimant la puissance productive en viande et en graisse, ne cessent pas d'être vrais quand on donne à un animal, ainsi qu'on doit le faire, plusieurs sortes d'aliments. Alors le produit en viande est exprimé par la combinaison des rapports, suivant la proportion par laquelle chaque aliment concourt à l'engraissement. Les chiffres ci-dessus permettent encore de calculer facilement la durée d'un engrais, lorsqu'on a déterminé le poids que l'animal doit prendre par l'engraissement.

Dans un mémoire lu à l'Académie des sciences et à la société centrale d'agriculture, M. Caffin d'Origny ajoute aux chiffres résultant de ses expériences les considérations suivantes : « Les données de cette note peuvent servir à fixer le cultivateur sur le parti qu'il a à prendre pour l'emploi de ses récoltes : ainsi, par exemple, si un bœuf gras sur pied vaut 1 fr. 20 c. le kil. en moyenne, et que le maigre vaille 1 fr. 10, il y aura du bénéfice à faire l'engrais lorsque le foin vaudra moins de 30 fr. les 100 bottes ; la luzerne, moins de 25 fr. ; le trèfle, moins de 20-83 ; l'orge, moins de 15 fr. les 100 kil. ; le tourteau de lin, moins de 21 fr. 42 c.

« Un bœuf maigre, pesant 300 kilog., coûte, à 1 fr. 10 c. le kilog.	330 fr.
« Le même bœuf pèsera, gras, 400 kil. à 1 fr. 20 c.	480
« Différence.	150 fr.

« Ces 150 fr. représentent la marge offerte au cultivateur pour faire l'engraissement des bœufs, c'est-à-dire le produit en argent, imputable aux diverses nourritures consommées par cet engraissement. L'engraissement des moutons présente encore plus d'avantage, parce que le prix de la viande est plus élevé, et que la différence du prix de cette viande maigre avec la grasse est toujours plus grande que celle des bœufs ; on ne parle pas des fumiers ; ils représentent les frais et soins divers. » M. Caffin d'Origny ajoute à sa note une observation relative aux localités où, par suite du prix de la viande grasse comparé à celui de la viande maigre et à la valeur des aliments, l'engraissement n'aurait d'autre utilité que de produire des fumiers. Il pense que dans ces circonstances défavorables, il y aurait plus d'avantages pour le cultivateur à transformer immédiatement en engrais, par la méthode des composés et les procédés Jauffret, les matières qu'il eût consacrées sans résultat utile à la nourriture des animaux. Enfin il termine par les conclusions suivantes : « 1° Tout le temps employé à nourrir un animal à l'engrais avec une ration insuffisante est temps et argent perdus ; 2° l'on ne doit pas donner à l'animal mis à l'engrais une ration qui n'atteindrait pas 5 p. 100 de son poids de viande vendable ; 3° l'engraissement est d'autant plus profitable, que l'on peut donner sur la ration d'entretien un plus grand excès de nourriture, pourvu que cet aliment soit bien digéré ; d'où il résulte qu'on doit, dans les premiers jours de l'engraissement, ménager cet excès et l'augmenter, par degrés plus ou moins rapides, suivant la force de l'animal ; 4° à poids égal de substance sèche, les aliments, d'ailleurs de bonne qualité, ont des effets très-différents dans l'engraissement des animaux ; sous ce rapport, les tourteaux de graines oléagineuses tiennent le premier rang : ils donnent environ quatre fois plus que le foin et la luzerne, et deux fois plus, au moins, que les graines de légumineuses ; 5° dans l'engraissement des veaux nourris exclusivement avec du lait, la graisse produite dans l'animal est évidemment en rapport avec la quantité de beurre contenu dans le lait. »

Les aliments cuits sont plus propres à favoriser l'engraissement, parce qu'ils sont moins durs, plus digestifs et plus nutritifs. C'est surtout sur les animaux carnivores, comme le porc, qu'ils produisent le plus d'effet. Des expériences nombreuses ont confirmé ce fait. Sur dix porcs, soumis pendant trois mois à l'engraissement, cinq furent nourris avec des aliments crus et cinq avec des aliments cuits ; au bout de trois mois, les cinq premiers avaient augmenté chacun de 53 kilog., et les cinq derniers, de 79 kil.

5. Influence de l'habitation. — Un agronome anglais, M. Andrew Templeton a fait une série de belles expériences dans le but de comparer trois modes d'engraissement : en *pâture* en

étable à stalles et en *hammel* (hangar avec cour attenante où les animaux sont en liberté), et en outre de déterminer l'influence de l'introduction du tourteau dans l'alimentation du bétail. Ces expériences ont été faites sur dix-huit têtes de bétail de pure race galloway. Les galloways sont de petits bœufs noirs, sans cornes. Cette race sobre, rustique, vigoureuse, donne lieu à un immense commerce de bestiaux, et elle est considérée comme ce qu'il y a de mieux en Angleterre pour la qualité de la chair : elle est, sur le marché anglais, ce que les cholets sont sur les marchés de Sceaux et de Poissy. M. Grandvoinnet a rendu compte en ces termes des expériences dont il vient d'être question : « Le 24 avril 1851, M. Andrew Templeton achetait dix-huit têtes de bétail de pure race galloway; ces animaux âgés de trois ans avaient été élevés par le même fermier en Ayrshire, sur les terres de hautes montagnes, à partir de l'âge d'un an, et depuis ils n'avaient jamais été en stabulation, et n'avaient jamais obtenu aucun autre aliment que l'herbe pâturée, si ce n'est en hiver une très-petite quantité de foin grossier. Aussitôt après son arrivée, ce bétail fut mis en pâture dans un champ, et alimenté avec de la paille et des turneps. Gardés de cette manière jusqu'au 17 mai, ces animaux furent amenés dans les cours empaillées de la ferme, et nourris de ray-grass d'Italie, et habitués à consommer des tourteaux de lin et du grain. A ce moment M. Andrew Templeton résolut d'essayer le mérite comparatif des *hammels*, des *stalles*, et enfin du *pâturage*, dans l'engraissement du bétail; en outre il voulut déterminer l'effet d'une petite quantité de tourteaux ajoutée aux autres aliments dans les divers cas précédents. A cet effet, il divisa et pesa le bétail en six lots égaux, de trois animaux chacun, dont deux jeunes bœufs et une génisse (cette dernière étant castrée), tous en apparence dans le même état de santé et d'embonpoint, et ayant été préalablement gardés et nourris absolument de même. Ces six lots furent logés et traités comme suit : Lot 1er. En *hammels*, les animaux recevant chacun 1 kil. 36 de tourteaux par jour; lot 2, en *hammels*, mais sans tourteaux; lot 3, en *stalles* avec 1 kil. 36 de tourteaux; lot 4, en *stalles* sans tourteaux; lot 5, sur *pâture* avec 1 kil. 36 de tourteaux; lot 6, sur *pâture* sans tourteaux. Tous avaient durant l'été une abondante provision de fourrage vert; l'expérimentateur avait le soin de faire distribuer les rations sous ses yeux, de manière à ce que la quantité d'aliments fût, autant que possible, la même, et donnée à des intervalles réguliers; les poids furent exactement évalués aux mêmes dates pour chacun. Les stalles avaient 2 mètres 128 millimètres de largeur et contenaient deux animaux chacune; les mangeoires de chaque stalle étaient alimentées par un passage large de 1 mètre 216 sur le front des animaux. Derrière ceux-ci étaient une rigole recevant le fumier et l'urine. Les hammels étaient au nombre de trois, et avaient 3 mètres 65 en carré pour la partie couverte, qui recevait le long du mur une mangeoire ordinaire. La cour placée devant chaque hangar avait la même surface et contenait une mangeoire de 2 mètres 125 de longueur. Voici les circonstances d'alimentation observées dans chaque mois :

« Dans le mois de juin, le bétail des quatre premiers lots recevait trois rations de ray-grass d'Italie et une de vesces d'hiver; chaque lot recevait la même quantité. Les deux lots sur pâture furent mis en différents champs, mais l'herbe y était égale en quantité et qualité. En juillet, les éléments d'alimentation étaient précisément les mêmes qu'en juin ; seulement, l'herbe et les vesces étaient moins bonnes et, en conséquence, les animaux en stalles et sous les hangars firent moins de viande que dans le mois précédent. Le bétail sur pâture avait de bonne herbe. En août les quatre premiers lots furent nourris de ray-grass d'Italie et de trèfle, au lieu de vesces d'hiver. Le ray-grass était donné en trois portions chaque jour, le trèfle en une ration; tous deux étaient très-bons, succulents. Les trois lots recevant des tourteaux en avaient 1 kil. 36 par tête et par jour, estimés 234 fr. : soit 0 fr. 172 par kilogramme. Les pâtures étaient bonnes, le bétail prit plus d'accroissement dans ce mois que dans tout autre. En septembre, les animaux des quatre premiers lots étaient nourris de ray-grass d'Italie, mais sans autre aliment; la pâture, pour les deux derniers lots, était à peu près aussi bonne que dans le mois d'août; le bétail fit moins de progrès; la quantité de tourteau était la même par jour et par tête. En octobre, le bétail des lots 1, 2, 3 et 4 fut nourri avec deux rations de vert et une de turneps jaunes, avec foin chaque jour. Le ray-grass et la pâture faisant défaut, le bétail ne s'accrut pas, sauf les deux lots 1 et 2. En novembre, vers le 5, le bétail en pâture du lot 5 était mis près de celui engraissé dans les *hammels*, lots 1 et 2; tandis que les animaux du 6ᵉ lot étaient rentrés dans les stalles près des lots 3 et 4. Tout ce bétail reçut alors la même quantité et qualité de turneps, c'est-à-dire 38 kil. 05 de turneps, et 6 kil. 34 de foin en trois rations. L'un des animaux du lot 6 en stalle, perd 12 kil. 684 dans le cours de ce mois, il ne fait plus aucun progrès dans tout le cours de l'expérience; ce qui cause une grande diminution dans le total de ce lot. Aucune raison ne peut être assignée à cette perte, l'animal semblant avoir une aussi bonne santé que les autres. La quantité de tourteau est la même que précédemment. En décembre, tout le bétail recevait 38 kil. 05 de turneps suédois et 6 kil. 34 de foin en trois rations comme précédemment; l'effet des turneps suédois était très-remarquable, par rapport à l'accroissement produit précédemment par les turneps jaunes. La ration de tourteau est encore la même. En janvier 1852, tout le bétail est alimenté comme dans le mois précédent en turneps, foin et tourteaux. Le progrès des animaux est très-remarquable et à peu près égal à celui du mois d'août, sauf, bien entendu, l'animal du lot 6 dont nous avons parlé tout à l'heure. Dans chacun des lots, étaient des génisses castrées, et il est remarquable que, bien qu'elles fussent beaucoup moins lourdes que les bœufs, elles ont donné une plus grande quantité de suif. Ainsi, en moyenne, un bœuf a donné 42 kil. 486 de suif, ou 6,84 pour 100 du poids vivant, au moment où le bœuf est abattu, tandis qu'une vache a donné 9,02 pour 100 du poids vivant, c'est-à-dire 47 kil. 883; le poids moyen des vaches de l'expérience étant de 530 kil. 27. Le rendement général des quatre quartiers est 53,2 pour 100 du poids vif. En résumé, ces expériences prouvent qu'il y aurait avantage à faire l'engrais dans des *hammels*, et que le tourteau consommé est avantageusement payé par la viande formée. Les hammels exigent à peu près les mêmes frais d'établissement que les bouveries à stalles du genre anglais, à moins que l'on ne profite des murs d'autres bâtiments pour y accoler les hangars; alors l'avantage est en faveur des hammels pour le prix de revient. Dans cette espèce d'habitation, l'animal est libre et dans un état convenable pour une vigoureuse santé; on pourrait donc, je crois, compter comme avantage que les animaux ainsi engraissés sont moins sujets aux maladies: on a exagéré, dans les *boxes d'engrais*, un système entièrement opposé; les animaux sont gardés dans un air chaud et humide et une certaine obscurité; on doit ainsi éviter beaucoup de pertes dans l'acte de l'assimilation; mais, malgré l'avantage que beaucoup d'agriculteurs ont trouvé dans l'emploi des boxes, un plus grand nombre les regarde comme un mauvais système. Nous croyons que les deux systèmes ont leur raison d'être; les hammels, pour le commencement de l'engrais, et les *boxes* pour pousser cet engrais au plus haut point. »

6. Résumé des principales règles de l'engraissement. — Il faut d'abord bien choisir les individus qu'on veut soumettre à ce régime; nous avons donné plus haut les signes auxquels on reconnaît les bêtes les plus aptes à prendre la graisse. On ne doit jamais entreprendre l'engraissement d'un animal très-maigre,

quand même il se porterait très-bien et qu'on l'aurait acheté à bas prix. Pour la taille des animaux dont on fait choix, on se règle sur la facilité que l'on a d'acheter des bêtes grandes ou petites. A la campagne, dans les petites villes, les animaux de taille médiocre se débitent plus aisément. Les bouchers des villes importantes, les marchands de bestiaux qui conduisent au loin des bêtes bovines et qui ont à payer par tête un fort droit d'octroi, achètent de préférence les animaux de taille élevée. En général il est sûr et plus avantageux d'engraisser des bêtes de taille moyenne. Les animaux qu'on engraisse absorbent une bien plus forte quantité de nourriture que les autres et il est indispensable qu'ils la digèrent d'une manière parfaite. Cette dernière condition serait manquée si l'on augmentait le volume des aliments en proportion de leur faculté nutritive. Alors les organes des animaux seraient fatigués, au lieu d'engraisser ils tomberaient malades et dépériraient. A une vache de taille moyenne, il faut quotidiennement une nourriture qui, avec le degré nécessaire de puissance nutritive, ait en hiver un volume de 82 centimètres cubes, et en été, avec des fourrages verts et de la paille, de 1 mètre 9 cent. cubes. Un quintal de foin étant réduit par la compression à environ 4 mètres cubes, il en résulterait que, sous le rapport du volume, on aurait besoin pour un animal de cette taille, de 10 à 12 kil. 50 de foin, quantité qui, par sa puissance nutritive lui convient également. Lorsqu'on désire soumettre la même vache à l'engraissement, il faut lui donner le surplus, non pas en foin, mais en aliments ayant sous le même volume une valeur nutritive beaucoup plus grande. Il est convenable de faire subir une préparation aux fourrages, c'est-à-dire de les faire hacher, secouer, tremper, cuire ou fermenter. Il faut varier les aliments, en donner peu à la fois, mais répéter les repas trois ou quatre fois par jour. La quantité de nourriture ne doit jamais être portée au point de dégoûter l'animal. Passez par gradation de l'alimentation ordinaire à la nourriture d'engrais ; avant de donner, par exemple, 20 kil. à un bœuf qui auparavant n'en consommait que 10, il faut lui donner pendant quelque temps 15 kil. En augmentant graduellement sa ration, on laisse à la nature le temps d'augmenter la sécrétion du suc gastrique, de la bile et des autres humeurs qui agissent comme dissolutives sur les aliments, et de donner par conséquent à l'animal la faculté de digérer une plus grande quantité de nourriture. On suit la même marche pour l'engraissement de la volaille, en augmentant chaque jour la dose de la nourriture jusqu'au terme qu'on ne peut dépasser sans inconvénient.

On tuerait l'animal si on lui donnait tout d'un coup la ration qu'il consommera plus tard. On a ordinairement différentes espèces de nourriture pour les diverses périodes de l'engraissement; on passe graduellement des aliments aqueux aux aliments substantiels; mais cette précaution n'est pas indispensable, comme le pensent quelques personnes; on peut tout aussi bien commencer l'engraissement avec du foin et du maïs qu'avec des raves, pourvu qu'on n'en donne pas à l'animal une plus grande quantité qu'il n'en peut digérer. L'augmentation progressive de la nourriture ne peut être indéfinie; car la sécrétion des humeurs digestives est bornée par l'organisme; l'engraissement s'opère rapidement et avec uniformité lorsqu'on a atteint ce terme, et qu'on ne le dépasse pas : l'animal périt ou tombe malade si l'on va au-delà. Dans les trois principales périodes de l'engraissement, l'accroissement total est au poids primitif : 1° comme 18 est à 100; 2° comme 20 est à 100; 3° comme 25 est à 100. Il est rare que cette proportion puisse être dépassée.

Dans la première période de l'engraissement, les animaux font plutôt de la chair que de la graisse, et les aliments ordinaires leur suffisent; mais ensuite, si l'on veut que leurs progrès ne s'arrêtent pas, il faut leur donner des substances nutritives sous un moindre volume. Le fourrage vert, le foin, les pommes de terre, se transforment surtout en viande, tandis que les grains, surtout après la fermentation, les tourteaux, les résidus des brasseries, etc., se convertissent surtout en graisse. Ainsi, lorsqu'on commence à engraisser un animal assez maigre, on augmente graduellement la nourriture qu'il a eue jusqu'alors en y ajoutant quelquefois une boisson préparée avec des matières farineuses. Les huit premiers jours, soir et matin, on prend un seau d'eau chauffée au soleil, on y jette deux picotins de farine d'orge et on la laisse reposer jusqu'à ce que le plus gros de cette farine, qui n'a point été blutée, soit descendu au fond de l'eau; on la donne à boire aux bœufs dans une auge, et on réserve le marc restant pour le leur donner au retour du pâturage. On peut mêler des pommes de terre avec la farine de froment en petite quantité; cela est d'économie et les engraisse bien. En hiver, on leur fait également boire, durant huit jours, matin et soir, de l'eau tiédie contenant une poignée de farine d'orge; on maintient les étables bien chaudes, et on n'épargne pas le bon foin ou les autres fourrages secs; le soir on leur fait avaler des pelotes de farine de seigle, d'orge ou d'avoine, mêlées ou séparées, qu'on aura pétrie avec de l'eau douce, en y mêlant un peu de sel. Ces nourritures substantielles étant seules convenables, on ne donnera ni paille ni orge à manger; mais, au moyen d'un picotin et demi de son sec, délivré soir et matin, et d'une écuellée de seigle, on obtient, dans trois mois de temps, des bœufs en état. Les grosses raves, hachées ou cuites, ajoutent encore aux progrès de l'engraissement, ainsi que les navets et les joncs marins. Pour engraisser les bœufs, seulement au pâturage, il faut que l'herbe en soit de bonne qualité et surtout abondante. On leur fait passer l'hiver dans les herbages avec le secours de quelques bottes de foin seulement, qui leur sont distribuées dehors dans le plus rigoureux de la saison. L'engraissement est complet à la fin du printemps. Les vaches sont mises dans des herbages séparés de ceux des bœufs, mais toujours en société avec un taureau, tant pour les défendre des loups que pour les couvrir quand elles viennent en chaleur; car les vaches n'engraissent que quand elles sont pleines. Lorsqu'il n'y a ni fontaine ni ruisseau dans un herbage, on y pratique des mares dans les endroits où il est facile d'y ramasser et d'y retenir les eaux de pluies; si ces mares sont taries, on mène les bœufs trois fois par jour boire où il y a de l'eau le plus près. Voilà à peu près tous les soins qu'exigent ces animaux après qu'on les a enfermés dans des fossés et des haies. Pour la seconde période de l'engraissement, il faut des aliments plus substantiels; mais lorsqu'il s'agit d'engraisser une bête déjà en chair, il y a plus d'avantage à lui donner tout d'abord la ration entière de l'engraissement. L'emploi des fourrages secs n'est profitable et avantageux que dans les pays où il existe beaucoup de prairies naturelles et où la qualité des fourrages est excellente. Il est possible d'engraisser au vert avec de la luzerne, du trèfle ou autre fourrage ne renfermant pas trop de sucs aqueux, mais ce régime employé seul ne peut amener qu'une médiocre quantité de graisse. L'engraissement au pâturage, dans les contrées où ce pâturage est excellent, a de bons résultats. Les racines alimentaires de toute espèce sont bonnes; mais elles ne doivent pas former plus de la moitié de la nourriture; le reste doit consister en fourrage sec, et autant que possible en une petite portion de grains. Les résidus de brasseries et distilleries sont également convenables, mais il faut les mêler, en forme de soupe, aux fourrages secs, et une partie de ces derniers doit toujours être donnée entière. Les grains et les tourteaux d'huile sont les substances qui contribuent le plus aisément à la formation de la graisse; cependant, pour qu'on ait avantage à en former la partie principale de l'alimentation, il faut que le prix en soit peu élevé et que les bêtes grasses se vendent cher. Le sel, mêlé aux aliments, favorise l'engraissement. On emploie encore, pour activer la formation de la graisse, différentes substances telles que la gentiane, la graine de genièvre, l'antimoine, le soufre, mais elles ne produisent de bons effets que sur des animaux vieux, débiles, lymphatiques, et il vaut mieux s'en abstenir. Quant à la saignée, c'est un moyen dont on ne doit pas abuser ; il n'est utile de l'employer que sur des individus sanguins et à la fin de l'engraissement. La castration influe très-favorablement sur la production de la graisse ; elle rend en outre la chair de l'animal plus tendre et plus savoureuse. Les bêtes à l'engrais doivent être placées de manière qu'elles restent dans la plus grande tranquillité, et que rien ne vienne les troubler. Il faut qu'elles soient tenues dans une certaine obscurité, avec une chaleur modérée, et qu'on ait pour elles des soins de propreté méticuleux. Elles ont besoin d'une litière abondante ; en un mot, elles doivent jouir de tout le confortable possible.

CHAPITRE VII.

DE L'AGE DES ANIMAUX.

1. **Dents des animaux.** — Dans un grand nombre de circonstances, il est très-utile d'avoir des notions sur l'âge des animaux domestiques. Pour la plupart d'entre eux, l'âge se connaît ordinairement par les dents. On appelle *dents,* de petits os enclavés dans la mâchoire, et destinés par la nature à couper, hacher, déchirer et broyer les aliments pour les disposer à la digestion. Les dents sont composées de deux substances différentes : l'une, à laquelle on donne le nom d'*émail*, est d'une dureté telle qu'elle fait feu avec le briquet ; sa couleur est d'un blanc brillant ; l'autre, plus jaune, moins dure, renfermée dans les couches de la première, tient de la nature de l'ivoire ; de là son nom de substance *éburnée*. Une troisième substance, nommée tantôt *corticale,* tantôt *cémenteuse*, et qui semble n'être qu'une espèce de crasse ou tartre jaunâtre recouvrant les dents au dehors, se trouve aussi quelquefois dans le fond de leur cavité, où elle est ordinairement noirâtre; on la regarde comme un émail imparfait. Toute la portion de la dent qui est en dedans des os, constitue la *partie enchâssée ;* elle est terminée par la racine. La *partie libre* est tout extérieure ; elle offre la *table* à l'endroit où s'opère le frottement lors de la mastication. Les *côtés* existent de la racine

à cette table ; le *collet* est le point d'intersection où se fixe la gencive. On divise les dents, d'après leurs usages, en *incisives*, en *molaires* ou *mâchelières*, et en *crochets*. Les premières garnissent la partie antérieure des mâchoires, au nombre de six pour chacune, dont deux *pinces*, deux *mitoyennes* et deux *coins*. Les dents incisives représentent, dans leur ensemble, à chaque mâchoire, un cercle assez régulier chez les jeunes animaux ; les deux antérieures, celles du milieu, sont les pinces; celles qui les touchent de chaque côté, sont les mitoyennes; enfin, les deux dernières, celles qui terminent de chaque côté le demi-cercle, sont les coins. Les *molaires*, divisées en trois *avant* et trois *arrière-molaires*, occupent, dans ce rapport, chacun des côtés de l'une et de l'autre mâchoire. Les *crochets* ou *angulaires*, au nombre de quatre, sont placés entre les incisives et les mâchelières. Quand on s'occupe des dents sous le rapport de leur durée, on en trouve qui sont dites de *lait* ou *caduques;* telles sont les incisives et toutes les premières *avant-molaires;* celles qui leur succèdent immédiatement s'appellent *de remplacement*. Les arrière-molaires, ainsi que les angulaires, qui ne viennent qu'une fois, sont dites *permanentes* ou *persistantes*. Les femelles sont ordinairement privées des *crochets;* lorsqu'elles en ont, ces dents sont très-petites, presque rondes, et ne se trouvent qu'à une des mâchoires; on appelle ces femelles *bréhaignes*. On a longtemps et faussement attribué à cette exception un indice de stérilité. Les animaux qui n'ont qu'un seul doigt à chaque pied et qui forment la classe des *monodactyles*, tels que le cheval, l'âne et le mulet ont quarante dents, dont vingt pour chaque mâchoire, que l'on subdivise en douze molaires, deux crochets, manquant dans la plupart des femelles, et six incisives. Les animaux *bidactyles*, c'est-à-dire qui ont deux doigts à chaque pied, comme le bœuf, le mouton, la chèvre, ont trente-deux dents, dont douze pour la mâchoire supérieure, et vingt pour la mâchoire mobile, subdivisées en douze molaires et huit incisives. Les *quadridactyles*, ou animaux à quatre doigts, se subdivisent en *quadridactyles réguliers*, qui ont quatre doigts à chaque pied, comme le porc, et en *quadridactyles irréguliers*, qui ont cinq doigts à chaque pied de devant et quatre doigts à chaque pied de derrière, comme le chien et le chat. Les animaux de cette classe ont de quarante à quarante-quatre dents, la moitié pour chaque mâchoire, subdivisée en douze à quatorze molaires, deux crochets, six incisives. Cependant le chat n'a que six à sept molaires pour chaque mâchoire.

2. De l'age du cheval. — A peine le poulain commence-t-il à

se former dans l'*utérus* ou la matrice, ce qui arrive vers le dix-huitième jour après la conception, qu'il existe entre les deux tables de la mâchoire postérieure, une gelée d'une consistance séreuse qui paraît n'être contenue que dans une espèce de parchemin. Ce n'est autre chose que les *fossettes* ou *alvéoles* où doivent s'enchâsser les dents, et qui sont alors confondus ensemble. Vers le troisième mois, on découvre aisément un alvéole distinct, celui de la première des dents molaires, du côté des incisives. Cet alvéole est rempli d'un mucus gris-sale, de la grosseur d'une petite noisette. Si l'on examine attentivement cette substance au microscope, on observe, à la partie supérieure qui regarde l'alvéole, de petits points en forme de chapelet, qui ne sont autre chose que le commencement des fibres devant former la dent. Le reste est simplement muqueux. Vers le quatrième mois, la seconde dent molaire se montre par une petite ligne blanchâtre de peu de consistance, avec cette différence cependant que la partie inférieure du mucus est fort épaisse, plus abondante et d'une couleur plus foncée. Vers le septieme mois, on distingue une troisième dent molaire dans l'état de la seconde, mais ici le mucus de la première est d'une consistance plus épaisse. Vers le huitième mois, on observe deux feuillets composés de plusieurs fibres, arrangés les uns à côté des autres, percés toujours dans une direction perpendiculaire à la fossette ou alvéole et repliés en différents sens. Le bord supérieur de ces feuillets se réunit en haut, et leurs fibres deviennent si denses qu'il n'est pas possible de les distinguer, ce qui fait que la dent ressemble à une petite vessie. On observe alors un creux dans ses deux extrémités, et au milieu d'autres feuillets qui se réunissent dans le même ordre que pour la première dent. Vers le dixième mois, les deux autres dents molaires deviennent successivement plus volumineuses; la première dent molaire est prête à sortir de sa fossette, et elle en sort en effet vers la fin de ce mois. La sortie de la seconde a lieu au commencement du onzième mois, et celle de la troisième, vers le douzième, en sorte que le fœtus d'un an a douze dents molaires, six à chaque mâchoire.

Dans les premiers dix mois de la naissance du poulain, toutes les incisives sortent successivement, savoir : les pinces, de six à huit jours, les mitoyennes, de trente à quarante jours; les coins, de six à dix mois. Pour les chevaux, le commencement de l'année date du printemps, saison dans laquelle ils viennent habituellement au monde. Cette époque forme le point de départ auquel, dans l'évaluation de leur âge, il faut toujours remonter. Les incisives perdent leur cavité dans l'espace d'une année à partir de leur sortie. Les quatre pinces tombent à deux ans et demi, les quatre mitoyennes à trois ans et demi, et les coins un an plus tard. Les dents de cheval ou de remplacement leur succèdent dans le même ordre, de sorte qu'à trois ans les pinces, à quatre ans les mitoyennes, à cinq ans les coins, ont leur partie libre entièrement sortie. Dans le courant de la quatrième à la cinquième année, apparaissent les crochets et se termine la sortie de la dernière arrière-molaire, la plus voisine de l'arrière-bouche; mais il y a moins de régularité pour ces dents permanentes que pour les incisives de remplacement; elles retardent même quelquefois de plusieurs mois. Les dents incisives, destinées à opérer la section et la préhension des aliments, s'usent plus ou moins, suivant qu'elles sont plus ou moins dures, ou que les substances sur lesquelles elles agissent sont plus ou moins difficiles à entamer. Les changements qui surviennent à ces dents affectent leur longueur, leur forme, leur direction, leur couleur, ainsi que la disposition des os maxillaires qui les contiennent. La table est la partie attaquée la première, surtout au bord externe; à mesure que ce bord s'use, il prend d'autant plus d'épaisseur et laisse apparaître distincte la substance médiane éburnée, qui était cachée par le repli de la substance émaillée; celle-ci alors a, sur la table, l'apparence d'une couche parallèle aux deux autres, et forme le pourtour saillant de la cavité centrale. Ce degré d'usure, dans la muraille externe, s'effectue dans l'espace de quinze à dix-huit mois; pareille usure a lieu dans à peu près le même laps de temps, à la muraille interne dont le bord se trouve atteint et frotté, lorsque la côte externe est arrivée à son niveau. Ordinairement alors le fond de la cavité est à découvert, et l'on dit que le cheval a *rasé;* mais quelquefois cette cavité beaucoup plus profonde subsiste, bien qu'on aperçoive bien distinctement, à toute la surface de la dent, les traces des deux substances, c'est ce qu'on appelle *bégu*. Pour la connaissance de l'âge, c'est comme si la dent état rasée, son temps d'usure étant entièrement passé. Trois ans suffisent pour que chacune des dents paires de la mâchoire mobile présente un semblable degré d'usure; mais celles de la mâchoire immobile ou supérieure n'y parviennent que dans le double de temps : par conséquent, à six ans pour les pinces; à sept ans, pour les mitoyennes; à huit ans pour les coins d'en bas; à neuf ans, pour les pinces; à dix ans, pour les mitoyennes; et un peu plus tard, c'est-à-dire entre onze et douze ans, pour les coins de la mâchoire immobile. Chaque paire de dents, à chaque mâchoire, rase en même temps et à une année d'intervalle de la paire, sa voisine. Ainsi, à quatre ans, les pinces,

Fig. 1

Fig. 2.

Fig. 3. Six Mois.

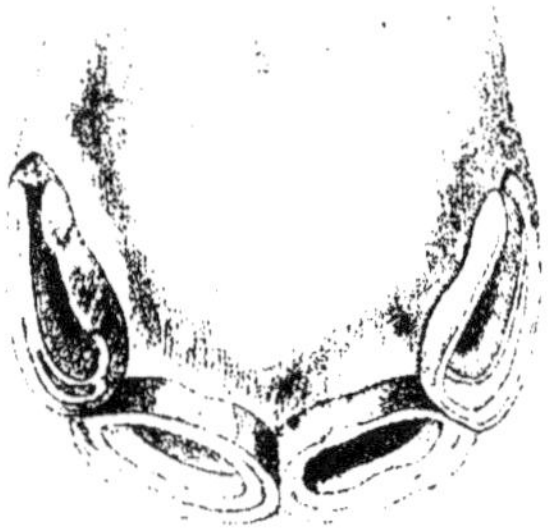

Fig. 6. Trois Ans.

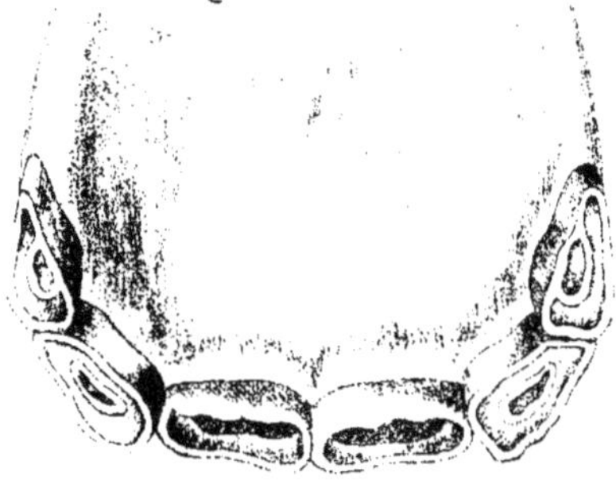

Fig. 9. Six Ans.

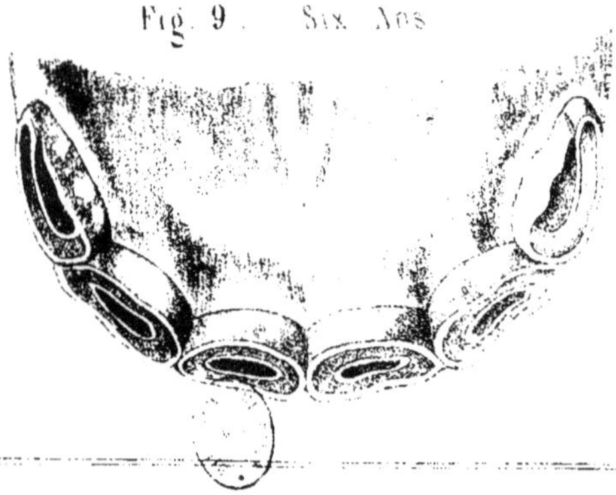

Fi

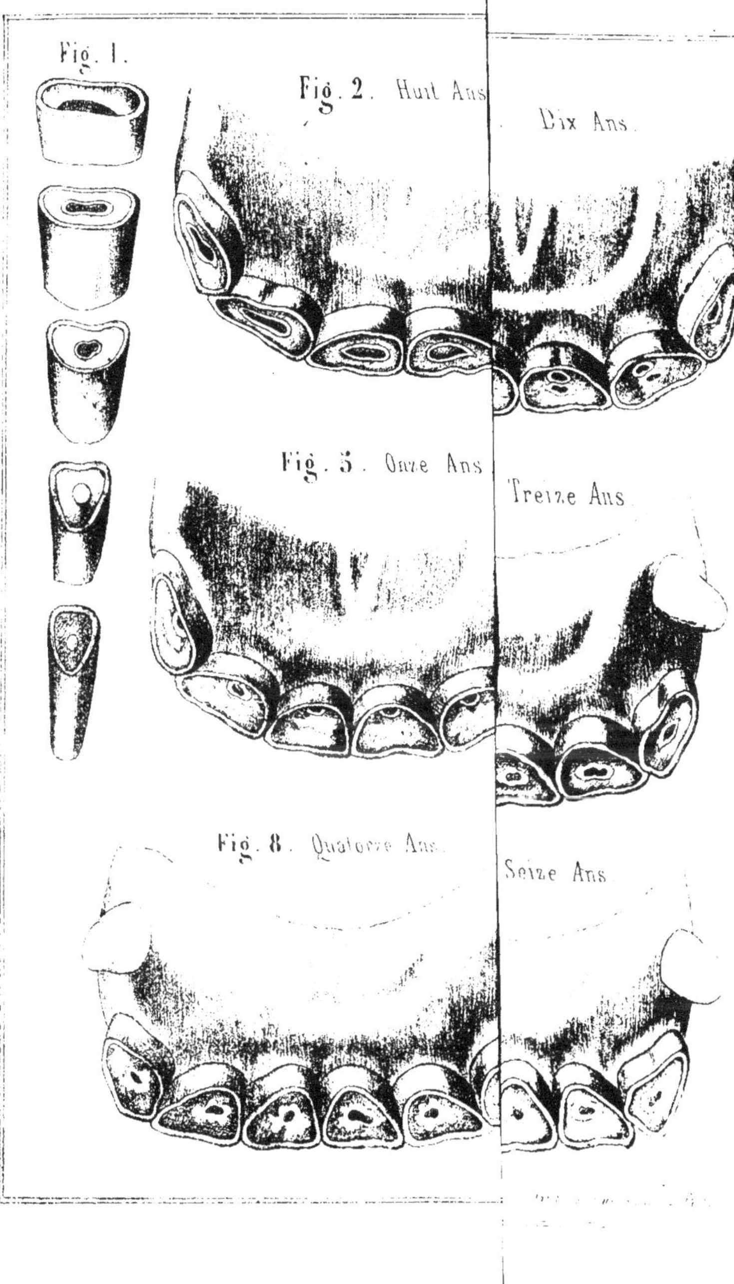

Fig. 1.
Fig. 2. Huit Ans
Dix Ans.
Fig. 5. Onze Ans
Treize Ans
Fig. 8. Quatorze Ans
Seize Ans

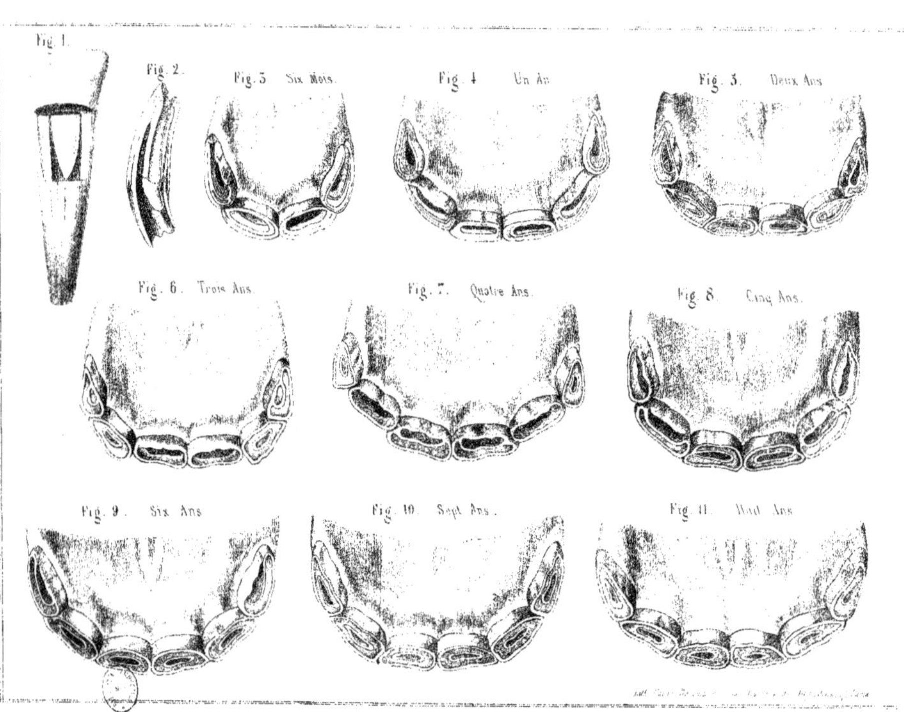
Fig. 1.
Fig. 2.
Fig. 3 Six Mois.
Fig. 4 Un An
Fig. 5. Deux Ans
Fig. 6. Trois Ans.
Fig. 7. Quatre Ans.
Fig. 8. Cinq Ans.
Fig. 9. Six Ans
Fig. 10. Sept Ans.
Fig. 11. Huit Ans

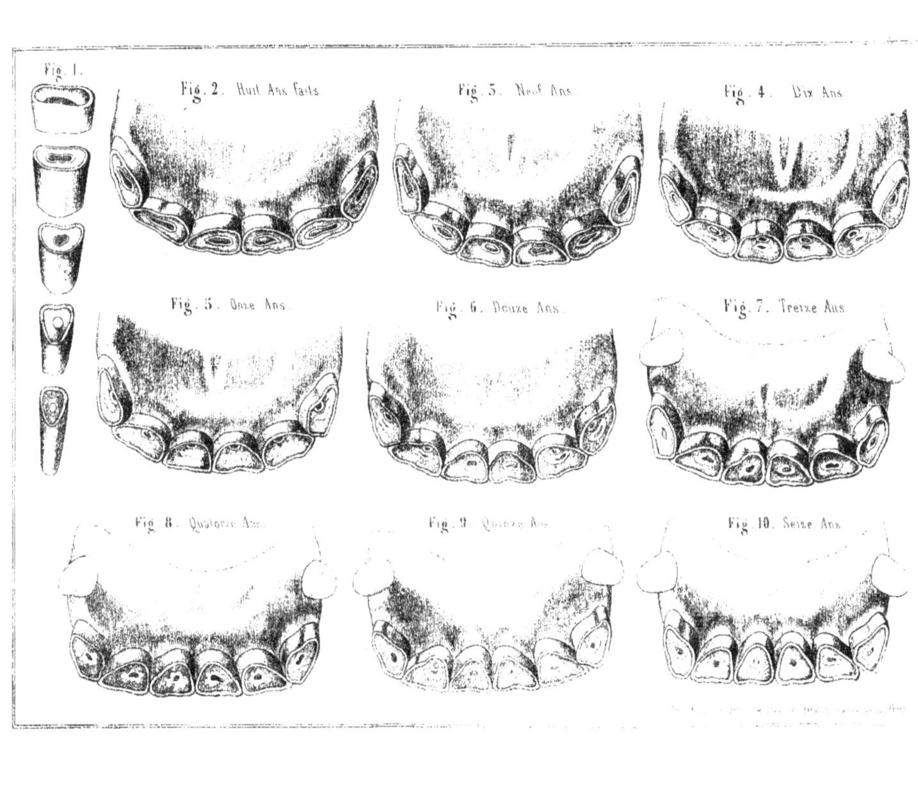

Fig. 1.
Fig. 2. Huit Ans faits
Fig. 3. Neuf Ans
Fig. 4. Dix Ans
Fig. 5. Onze Ans
Fig. 6. Douze Ans
Fig. 7. Treize Ans
Fig. 8. Quatorze Ans
Fig. 9. Quinze Ans
Fig. 10. Seize Ans

servant depuis une année à la mastication, offrent leur bord interne aussi intact que le bord externe des mitoyennes ; à cinq ans, le bord externe des mitoyennes est à peu près dans le même état que le bord interne des pinces et que le bord externe des coins. L'usure est plus tardive dans les pinces que dans les mitoyennes et que dans les coins, parce que la situation de chacune de ces dents, vu la forme arrondie de la mâchoire, les expose moins à l'action de prendre et de couper les aliments.

Quand le milieu de la table des incisives a une couleur noirâtre au lieu d'être jaunâtre, il prend le nom de *germe de fève ;* quand ce germe subsiste après que la cavité a disparu, on dit que le cheval est *faux bégu.* Cette tache, prise pour un trou, expose à juger le cheval plus jeune qu'il ne l'est. Lorsque la cavité a tout à fait disparu dans les incisives, on cesse peu à peu de distinguer l'émail qui entourait cette cavité ; il ne reste plus à la place qu'une trace blanchâtre, qui se rapproche davantage du bord interne que du bord externe. Cet émail central, d'abord ovale, devient triangulaire. A sept ans, ce changement s'opère aux pinces ; à huit ans, aux mitoyennes ; et à neuf ans, aux coins. Ensuite, ce même émail s'arrondit et se rapproche de la muraille interne, ce qu'on remarque à neuf ans dans les pinces, à dix ans dans les mitoyennes, et à onze ans dans les coins. Vers douze ans, l'émail central disparaît à la fois dans toutes les incisives de la mâchoire mobile. Il reste, à la place, une trace blanchâtre non saillante.

Dans la mâchoire immobile, la béguité se constitue moins de la distinction des substances, qui a lieu avant qu'elles soient rasées, que de l'égalité d'épaisseur des deux bords, de la forme moins ovale que ronde que les cavités ainsi que les dents présentent en vieillissant, et de plusieurs autres circonstances. A neuf ans pour les pinces d'en bas, dix ans pour les mitoyennes, et ainsi de suite, chaque dent successivement paraît de plus en plus arrondie ; plus tard, sa forme devient à peu près triangulaire, et enfin, de quinze à vingt ans, elle paraît aplatie dans un sens contraire à ce qu'elle était dans la jeunesse, c'est-à-dire d'un côté à l'autre. La direction des dents incisives change aussi avec l'âge ; elles deviennent de moins en moins courbes, et finissent, entre quinze et vingt ans, par avoir leur table comme dirigée vers l'ouverture de la bouche ; les coins ne portent plus que sur la portion de ceux d'en haut qui est du côté des crochets, et il en résulte une espèce de cran transversal un peu ressemblant à la queue de l'hirondelle, et qui en prend le nom ; on la remarque ordinairement à douze ans, et quelquefois de huit à neuf ans.

Avec les années, la couleur des dents devient, en général, de plus en plus jaune; le tartre dont elles se chargent contribue à leur donner cette couleur. Après la sortie des dents, on remarque un aplatissement aux parties des joues voisines du chanfrein, et plus encore aux bords droits de l'auge, dans la mâchoire mobile. A treize ans, les pinces sont moins larges, plus épaisses; les crochets sont totalement émoussés et arrondis. A quatorze ans, l'angle du bord postérieur des pinces est plus marqué. A quinze ans, l'angle qui s'est formé au bord postérieur des pinces rend leur table triangulaire, et les mitoyennes tendent à prendre cette forme. A seize ans, la triangularité des pinces et des mitoyennes est bien dessinée. A dix-sept ans, la table de toutes les incisives est triangulaire. A dix-huit ans, le rétrécissement des pinces est plus caractérisé; il augmente à dix-neuf ans. A vingt ans, les incisives s'aplatissent entre les mitoyennes, les dents molaires sont usées, et on y remarque trois racines. A vingt-un ans, l'aplatissement des mitoyennes suit celui des incisives; les premières molaires tombent; à vingt-deux et quelquefois vingt-trois ans tombent les secondes; à vingt-quatre, les troisièmes; à vingt-cinq, les quatrièmes: à vingt-six, les cinquièmes. Les sixièmes se maintiennent quelquefois jusqu'à vingt-neuf et trente ans. Il est encore à observer que les dents incisives tombent les dernières, et c'est ordinairement à l'âge de vingt-neuf ou trente ans que les gencives et les alvéoles se rapprochent, deviennent tranchants et remplissent l'office des dents absentes chez les chevaux qui outrepassent ce terme.

Les crochets, venus, en général, à cinq ans, s'usent par le passage des aliments ou le frottement du mors (ceux de la mâchoire mobile principalement); à huit ans, ils commencent à perdre leur pointe, ainsi que leur arête antérieure. On fait paraître un poulain plus âgé qu'il n'est en hâtant la sortie des dents de remplacement, au moyen de l'extraction des dents de lait; par exemple, si l'on enlève les pinces à un an et demi ou deux ans, l'animal paraît bientôt avoir deux ou trois ans, et ainsi de suite pour les autres dents; cette tromperie est des plus funestes. Quand la taille ou la forme ne se prêtent pas à cette fraude du poulain, on attend trois ans et demi ou quatre ans, pour faire disparaître seulement les coins, et donner à penser que cinq ans approchent. Mais l'état des mitoyennes qui viennent alors de paraître et celui des pinces qui s'usent depuis peu font reconnaître la supercherie; d'ailleurs, les dents de remplacement ne paraissent pas au dehors de la gencive. Les dents, quand leur sortie est hâtée, sont plus petites et souvent mal conformées; on en juge par comparaison, lorsqu'il n'y en a eu que quelques-unes d'arrachées; mais cela devient plus difficile quand toutes l'ont été. Il est bon, dans ce cas, de s'assurer si la dernière molaire est sortie ou non; car on la distingue rarement avant cinq ans. C'est presque toujours à la sortie forcée des coins qu'est due l'échancrure de leur bord interne. Pour faire paraître les chevaux plus jeunes qu'ils ne le sont, les maquignons pratiquent dans les dents des cavités artificielles, et en noircissent le fond pour imiter le germe de fève; mais si l'on prend garde aux autres signes de jeunesse, on ne sera pas dupe de cette ruse. Quand l'animal a les incisives très-longues, on les scie avant de les contre-marquer; mais elles ne peuvent plus se toucher lors du rapprochement des mâchoires; elles sont d'ailleurs rondes ou aplaties d'un côté à l'autre, et l'inattention seule peut rendre dupe de cette fourberie, qui se pratique peu souvent. Il est rare que les chevaux sur lesquels toutes ces falsifications ont été pratiquées se laissent toucher la bouche facilement. On doit se défier de ceux qui résistent, ainsi de ceux qui ont la bouche pleine d'écume, soit que cela vienne des chaînettes qu'on met au mors, ou de l'action de substances données à dessein, telles que du pain salé, du son, etc. Il est des chevaux qui usent peu leurs dents, tels sont certains bégus; d'autres les usent très-promptement; cela arrive quand la pousse des dents a été hâtée, ou quand l'animal a été dans des pâturages dont le terrain est siliceux, lorsqu'il tique, ou que, par leur nature, les dents sont moins dures qu'elles ne devraient l'être. Dans ces diverses circonstances, les incisives prennent une forme qui annonce plus d'âge que le cheval n'en a réellement; alors il faut consulter les os maxillaires au niveau de la racine des molaires, et voir s'il y a aplatissement.

3. De l'age des bêtes bovines. — Comme tous les autres ruminants, le bœuf n'a point de dents incisives à la mâchoire supérieure; mais, à leur place, il y a une espèce de bourrelet formé de la peau intérieure de la bouche, qui est fort épaisse en cet endroit; le devant de la mâchoire inférieure est garni de huit dents incisives qui sont de différente longueur, et disposées de manière que celles du milieu sont les plus longues et les plus larges, et que les autres vont toujours en diminuant. Le bœuf n'a point de crochets, c'est-à-dire de dents canines ou angulaires; les premières grosses dents ou dents molaires sont éloignées des dernières dents incisives d'environ 11 centimètres; elles sont au nombre de douze à chaque mâchoire, six de chaque côté. Les premières dents de devant ou du milieu tombent à dix mois, et sont remplacées par deux autres dents plus larges et moins blanches. A

seize mois, les dents de lait, voisines du milieu, tombent et sont remplacées par deux dents mitoyennes. A trois ans, toutes les dents incisives ou du devant sont renouvelées ; elles sont alors égales, longues et assez blanches. A mesure que le bœuf avance en âge, elles s'usent et deviennent inégales et noires.

L'âge des bêtes bovines se reconnaît encore par leurs cornes. Ainsi que le remarque M. Girard, la corne frontale des ruminants offre divers rapprochements avec les poils de l'animal, mais elle en diffère sous quelques rapports. De même que les poils, elle est composée d'une série de cornets fibreux, emboîtés les uns dans les autres, et elle représente, quand elle est détachée, une tige creuse, plus ou moins contournée, et terminée par une pointe arrondie. Au lieu d'être remplie par une substance pulpeuse, la cavité de cette tige est occupée par un prolongement osseux vulgairement appelée la *cheville*, et mieux le *support* de la corne. Dans la bête bovine, dont les poils sont plus généralement unis et droits, la corne frontale est lisse, noire, ou d'un blanc sale, tandis que celle des béliers devient d'autant plus rugueuse, plus contournée que la laine est elle-même plus plissée et plus élastique. La corne frontale n'est pas caduque, c'est-à-dire sujette à tomber comme certains poils ; elle est cependant susceptible de régénération et soumise à différentes variations. Les cornes des taureaux poussent lentement, n'acquièrent qu'une longueur médiocre, sont très-luisantes et plus ou moins arquées. Après la castration, elles prennent un grand développement, et elles perdent le brillant qu'elles avaient avant l'ablation des organes reproducteurs. Elles s'allongent et se contournent d'autant plus que l'animal a été châtré plus jeune. Une marche toute contraire se fait remarquer dans le bélier. Tant que l'animal n'a pas été mutilé, les cornes croissent avec vigueur, surtout lorsque les animaux sont bien nourris ; elles se contournent en spirale et acquièrent une longueur considérable. La castration empêche le développement de ces parties, et elle arrête complétement leur croissance. De même, la castration des jeunes cerfs empêche la formation des bois, et celle des jeunes poulains nuit considérablement au développement de la crinière. Les cornes des bêtes bovines, qui ne se développent qu'après la naissance, portent, pendant toute la première année, une couche épidermique analogue à celle du sabot. Ce feuillet, par lequel la corne fait éruption, rend la surface de la partie terne, inégale et écailleuse. Vers l'âge d'un an à quinze mois, il commence à tomber par lames, par écailles, et laisse apercevoir le cornet sous-jacent, qui est lisse et luisant. Cette destruction s'opère d'abord du côté de l'extrémité libre de la corne, à une certaine distance du bout, et elle gagne progressivement; mais elle ne devient jamais complète du côté de la peau, autour de laquelle subsiste toujours une lame coronaire, véritable périople, dont l'office principal est d'entretenir la souplesse de l'origine de la corne. A l'âge d'environ vingt mois à deux ans (plus tôt dans le taureau que dans la génisse), la corne frontale se trouve débarrassée de la courbe produite par l'épiderme; elle offre alors une surface luisante, parfaitement unie, et elle prend une vigueur particulière. A partir de la deuxième année, la base de la corne des mêmes quadrupèdes devient noueuse et se garnit d'une succession de cercles, dont le nombre augmente d'un par chaque année. Ces cercles prennent naissance autour de la peau, d'où ils s'écartent progressivement, de manière que le cercle le plus ancien, le premier formé, se trouve toujours le plus éloigné du front. Vers la fin de cette deuxième année, il survient une dépression circulaire qui coupe en quelque sorte le cornet bisannuel et en interrompt la continuité avec la peau. Le travail de la troisième année consiste dans la formation d'un cercle suivi d'une dépression, et le même travail a lieu pour chacune des années suivantes. A la quatrième année, il paraît une espèce de bourrelet vers la pointe de la corne. L'année suivante, ce bourrelet s'éloigne de la tête, poussé par un cylindre de corne qui se forme et qui se termine aussi par un autre bourrelet, et ainsi de suite, car tant que l'animal vit, les cornes croissent, et tous les bourrelets que l'on observe sont autant d'anneaux qui indiquent le nombre des années en commençant à compter trois ans par la pointe de la corne, et ensuite un an pour chaque anneau.

4. De l'age des bêtes ovines.—L'âge des bêtes à laine se reconnaît par les dents incisives ou dents de devant de la mâchoire inférieure. Il n'y en a point de correspondante à la mâchoire supérieure. Ces dents sont au nombre de huit, divisées en deux pinces, deux premières mitoyennes, deux secondes mitoyennes et deux coins. Elles paraissent toutes dans la première année de l'animal, qui porte alors le nom d'agneau mâle ou femelle. Elles ont à cette époque peu de largeur et sont pointues. Ce sont les dents de lait. Dans la seconde année, les deux du milieu tombent et sont remplacées par deux nouvelles dents que l'on distingue aisément à cause de leur largeur, qui surpasse de beaucoup celle des six autres, ce sont les dents d'adulte. Durant cette seconde année, le bélier et le mouton portent le nom d'antenois, la brebis celui d'antenoise. Dans la troisième année, deux autres dents pointues, une de chaque côté de celles du mi-

lieu, sont remplacées par deux larges dents; de sorte qu'il y a quatre larges dents au milieu, et deux pointues de chaque côté. Dans la quatrième année, les larges dents sont au nombre de six, et il ne reste que deux dents pointues, une à chaque bout de la rangée. Dans la cinquième année, il n'y a plus de dents pointues, elles sont toutes remplacées par de larges dents. On peut donc, par l'état de ces huit dents, s'assurer de l'âge des bêtes à laine pendant leurs cinq premières années. Ensuite, on l'estime par la forme qu'elles prennent; plus elles sont usées et rasées, plus l'animal est vieux. Enfin elles s'écartent, se cassent, tombent à mesure que les bêtes vieillissent davantage. C'est ordinairement de sept à huit ans que cet effet commence à se produire; mais il y a quelquefois des animaux qui perdent des dents avant l'âge de cinq ou six ans. Il arrive que les dents de moutons deviennent très-longues ou excessivement courtes. La première de ces anomalies se manifeste ordinairement après la sixième année; la seconde s'observe entre dix et quinze ans. Quelques personnes ont cherché à se renseigner sur l'âge des béliers par l'inspection de leurs cornes; mais les observations faites à ce sujet n'ont pas le caractère de la certitude. Cependant on estime que la corne du bélier mérinos croît, dans la première année, de 51 à 54 centimètres; dans la seconde, de 13 à 16 centimètres; dans la troisième, de 8 à 10 centimètres; et, dans la quatrième année, de 5 à 8 centimètres.

5. De l'âge du porc. — Le porc a ordinairement 44 dents, dont moitié à chaque mâchoire, savoir, 6 incisives, 2 crochets ou crocs et 14 molaires. Les incisives inférieures sont dirigées obliquement en avant et tranchantes au bout; les incisives supérieures sont coniques. Les crochets de la machoire supérieure sont plus forts et plus courts que ceux de la mâchoire inférieure; les uns et les autres sortent de la gueule par l'effet de leur croissance, et se recourbent vers le haut; leur face interne est cannelée, ils deviennent quelquefois très-longs; ces crochets sont placés entre les coins et les molaires; ils sont dépourvus de racines proprement dites et croissent pendant toute la vie de l'animal. Les molaires sont simples; les molaires antérieures, petites et étroites, les quatre dernières, garnies de tubercules mousses à leur couronne, disposées par paires. Quand le cochonnet vient au monde, les coins et les crochets de ses deux mâchoires sont déjà sortis; trois ou quatre mois après, il possède toutes ses dents de lait. A six mois, les coins de la mâchoire inférieure tombent, les coins de remplacement apparaissent; on remarque une légère usure des pinces et des mitoyennes caduques. A dix mois les coins de

la mâchoire inférieure s'en vont à leur tour; les coins de remplacement sortent, le crochet de cette mâchoire tombe. A onze mois, les crochets d'adulte remplacent les crochets de lait. De vingt mois à deux ans, a lieu dans les deux mâchoires le remplacement des pinces caduques. De deux ans et demi à trois ans, le même changement s'effectue par les mitoyennes d'en haut et d'en bas. A trois ans, le porc a, comme on dit, la gueule faite; ses pinces sont noirâtres, et leur extrémité est un peu usée. A partir de cette époque, on n'a pas de données exactes sur l'âge du porc qui vit de quinze à vingt ans, mais que l'on tue ordinairement à l'âge de deux ans. Le rasement des dents incisives pourrait fournir à cet égard des renseignements; mais on a négligé de recueillir les observations qui ont pu être faites, et comme il n'y a aucun motif de laisser vieillir les porcs, le moyen de connaître leur âge jusqu'à trois ans paraît suffisant pour la pratique.

6. De l'age du chien. — Quinze jours après que le chien est né, il lui perce quatre dents, une de chaque côté de chacune des deux mâchoires. Quelques jours après, les incisives percent les unes après les autres, en sorte qu'en peu de temps l'animal a toutes ses dents de lait. Les pinces et les mitoyennes tombent de deux à quatre mois, et la gencive cache encore les dents de remplacement. A huit mois, le chien a toutes ses dents d'adulte qui sont au nombre de quarante-deux : vingt pour la mâchoire supérieure; vingt-deux pour l'inférieure. A un an ces dents ont tout leur développement et sont remarquables par leur blancheur. Aux dents incisives on observe de chaque côté du corps de la dent une éminence qui, avec l'éminence résultant de la pointe de la dent, forme à peu près une fleur de lys. Cette pointe s'efface à mesure que l'animal avance en âge, et lorsqu'elle se trouve au niveau de deux éminences placées de chaque côté du corps de la dent et qu'on n'y trouve plus de trace de fleur de lys, on reconnaît que l'animal a atteint sa cinquième année. On a remarqué déjà qu'à quinze mois les pinces inférieures manifestaient un commencement d'usure; qu'à dix-huit mois ou deux ans, elles étaient rasées, et que les mitoyennes inférieures commençaient à s'user; que de deux ans et demi à 3 ans, les mitoyennes inférieures étaient rasées; que les pinces supérieures commençaient à s'user; que les incisives et les crocs commençaient à se ternir; que de trois ans et demi à quatre ans, les pinces supérieures étaient rasées; que les incisives avaient pris une teinte blanc sale, et les crocs une teinte jaunâtre; que de quatre à cinq ans les mitoyennes de la mâchoire supérieure étaient rasées, et que la couleur

jaune envahissait la base des dents. A six ans, les dents s'accroissent et deviennent de plus en plus jaunes jusqu'à l'âge de douze ans. Alors les poils blanchâtres qui paraissent sur le museau, et l'altération de la voix, annoncent la décrépitude de l'animal, dont la vie est, pour l'ordinaire, de quatorze ou quinze ans.

Quelques animaux domestiques vivent fort longtemps. Aristote a observé que les chevaux nourris dans des écuries ont la vie beaucoup moins longue que ceux qui vivent en troupeaux. Athénée et Pline prétendent qu'on en a vu vivre soixante-cinq et même soixante-dix ans. Augustinus Niphus, l'un des commentateurs d'Aristote, parle du cheval de Ferdinand Ier comme d'un cheval septuagénaire. Buffon rapporte l'exemple d'un cheval qui a vécu à Frascati, près de Metz, jusqu'à cinquante ans. On lit dans l'*Histoire de France* de Mézerai qu'un duc de Gascogne montait un cheval de cent ans, encore assez vigoureux. En 1824, on a présenté à la Société d'histoire naturelle de Manchester la tête d'un cheval mort à soixante-deux ans. Ces observations, plus ou moins authentiques, ne sont, en tous cas, que des exceptions semblables à celles qui se produisent dans l'espèce humaine. En général, la vie du cheval en état de domesticité et dans nos climats est de dix-huit à vingt ans, et dépasse rarement trente ans.

LIVRE II.

Considérations particulières aux diverses espèces d'animaux domestiques.

CHAPITRE I.

LE CHEVAL.

1. Origine et description. — Le *Livre de Job* contient un magnifique passage au sujet du cheval : « Vois le cheval guerrier ! dit le Seigneur à Job. As-tu tendu ses muscles, ses flancs robustes? Son âme indomptable ne connaît point la crainte. Vois le feu jaillir de ses narines fumantes. Il se plaît à frapper la terre de son pied superbe, et se réjouit de sa force. La tête levée, il appelle par ses hennissements les combattants éloignés, et brûle de se précipiter au milieu du carnage; il se rit du trépas, couvre son mors d'écume ; et dans ses transports furieux, il enfonce la terre. Comme son cœur s'enfle et s'agite à la vue de l'épée étincelante ! Comme il s'avance fièrement sur la pointe des lances, tandis que ses yeux se fixent sur l'éclat du bouclier et réfléchissent ses éclairs ! Par un orgueil généreux, il étouffe le sentiment de sa douleur, et se rend insensible au trait qui tremble dans ses flancs. Il répond par ses hennissements aux sons éclatants de la trompette, jusqu'à ce qu'il tombe épuisé de blessures ; et son dernier soupir est le seul qu'il ait poussé. » Comme on le voit par cet extrait d'un des livres les plus anciens la domestication du cheval date de loin. « Ni l'histoire sainte, ni l'histoire profane, dit M. Georges Witson, ne nous apprennent en quel pays le cheval fut pour la première fois soumis à la vie domestique, et si l'on s'en servit d'abord pour traîner des fardeaux ou pour porter des cavaliers. Il est probable qu'il fut employé dans ce double but de très-bonne heure et simultanément en différentes parties du monde. Mais ce qui paraît plus difficile à comprendre, c'est la lenteur avec laquelle les procédés et les inventions qui se rattachent à l'art équestre sont parvenus à leur degré actuel de perfection. Pendant longtemps les Grecs policés, aussi bien que les peuples plus grossiers de l'Afrique septentrionale, montèrent à cheval sans selles ni brides, guidant leurs coursiers

à l'aide de la voix ou de la main, ou au moyen d'une légère baguette. Ils touchaient l'animal du côté droit ou du côté gauche de la tête pour le diriger dans le sens opposé ; ils l'arrêtaient en lui touchant le chanfrein et le poussaient en avant en le pressant avec le talon. Il fallait que les chevaux fussent parfaitement dressés pour pouvoir être gouvernés par des moyens aussi simples, dans la violence de la course ou dans le tumulte de la bataille; mais telles sont l'attention, la docilité, la mémoire de cet animal, qu'il serait difficile de dire ce qu'il ne serait pas possible d'obtenir de lui. » Les débris fossiles de chevaux trouvés parmi ceux d'autres animaux anté-diluviens, prouvent que le cheval a existé avant la grande catastrophe et avant l'homme, si toutefois il est vrai qu'on n'ait pas rencontré encore d'homme fossile. Quoi qu'il en soit, on a la certitude qu'après le déluge, le cheval habitait l'ancien continent. On ne le connaissait pas en Amérique, avant que les Espagnols ne l'y transportassent. D'après un grand nombre d'auteurs, la Tartarie, anciennement Scythie, serait le véritable pays originaire du cheval. D'autres croient que le cheval africain est la souche de toutes les races chevalines. Ce qui est certain, c'est qu'aujourd'hui les plus beaux et les meilleurs chevaux, ceux dont le sang est le plus pur, habitent la Tartarie et l'Arabie.

Le cheval est un animal herbivore, rangé par les naturalistes parmi les mammifères ongulés, dont le pied est terminé par un seul doigt. Il est, de tous les animaux domestiques, le plus précieux et le plus utile ; c'est celui pour lequel les soins du vétérinaire sont le plus souvent réclamés, en raison des travaux et des fatigues auxquels on le soumet chaque jour. Il a l'estomac simple et peu volumineux ; ses intestins sont très-développés. Son caractère est paisible, sociable ; ses défenses sont les pieds de derrière. Il a les sens exquis. Ses yeux sont conformés de manière à ce que, tout en paissant, sa vue s'étend très-loin dans la direction horizontale. Pendant la nuit, il distingue aisément les objets; son ouïe est délicate, et ses oreilles grandes et mobiles lui permettent de recueillir les sons avec facilité. Ses narines sont amples, et perçoivent les odeurs de fort loin. Il a une très-grande délicatesse pour la nourriture, et son goût est très-développé. Sa lèvre supérieure, douée d'une grande mobilité, palpe et ramasse les aliments avec une surprenante vivacité : sa peau, d'une extrême sensibilité, se fronce au plus léger contact des insectes incommodes. La voix du cheval se nomme *hennissement*, et le son s'en module d'après ses sensations, ses désirs et ses passions, tels que l'allégresse, le désir inspiré par l'amour sexuel, l'attachement à son maître, la colère, la peur, puis enfin la douleur. Dès le premier âge, le mâle a la voix plus sonore que la femelle. Le nom d'*allures*, chez cet animal, s'approprie aux différents modes de progression, savoir : le pas, le trot et le galop. Il contracte facilement des mouvements défectueux et artificiels. Sa vitesse surpasse celle de tous les animaux terrestres. Dans les parties les plus directement engagées dans l'acte de sa génération, on remarque sa verge, fort grande et renfermée dans un fourreau dirigé en avant. Les mamelles de la femelle sont inguinales et peu volumineuses. Le mâle est très-ardent, les femelles entrent ordinairement en chaleur au printemps et restent en plénitude environ douze mois. Elles ne mettent bas qu'un petit et l'allaitent à peu près pendant le temps qu'a duré la plénitude, mais ce temps est raccourci dans l'état de domesticité. Le poulain naît les yeux ouverts, sans dents, et se soutient assez pour marcher. A cinq ans, on le nomme *cheval*. C'est l'époque de son entier développement. Il vit naturellement de 30 à 40 ans ; mais les services que nous exigeons de lui abrègent bien souvent sa vie. Le cheval, né herbivore, ne se nourrit de substances animales que fort rarement ; il hume et aspire en buvant, et par la nature de sa conformation ne vomit jamais. Il s'attache facilement à l'homme et devient son ami. Il partage ses travaux, ses périls, sa gloire, aime les éloges et les caresses, et se montre très-sensible aux bons comme aux mauvais traitements. Le son de la trompette le transporte ; sa mémoire est longue et sûre. Comme animal de trait, il est nécessaire à l'agriculture, au commerce, à l'industrie, à l'art militaire, aux commodités de la vie, aux jouissances du luxe. Comme animal de selle, ses services ne sont pas moins importants ; il devient la monture des grands et des riches. Il sert au manége, à la chasse, dispute le prix de la course ; loin de nos champs paisibles, dans le tumulte des armes, un grand nombre de nos frères confient au cheval leur existence et l'espoir de leurs succès ; les soins dus à ce noble animal sont une partie de leurs devoirs. Enfin, pour renfermer dans un seul mot les précieuses qualités du cheval, il est, d'après la juste expression de Buffon, la plus belle, la plus noble conquête que l'homme ait faite sur les animaux.

2. Races. — Entre les chevaux les différences sont nombreuses. Les uns sont sveltes, élégants, ont le poil ras, sont vifs, fringants, dociles, ont une grande valeur commerciale. Les autres ont la corpulence et la grosseur du bœuf, les poils grossiers, les allures lourdes et lentes. Les chevaux d'Orient paraissent être la souche des premiers. Les races boulonnaise et flamande ont pu donner naissance aux seconds. Les principales races d'Orient sont : *l'a-*

rabe, la *persane*, la *turque*, la *hongroise*, la *transylvaine* et la *moldave*. Leurs caractères sont communs et différentiels; leur taille est environ de 1 mètre 43 centimètres, et ne varie généralement que de 10 centimètres. Les chevaux d'Orient ont la peau fine, les poils rares, courts et soyeux ; leur couleur est d'un gris pommelé. Ils ont les muscles bien dessinés, les articulations larges, les vaisseaux apparents, le crâne ample, les oreilles longues, les naseaux volumineux et bien dilatés, les yeux grands, l'encolure droite, la croupe saillante, le ventre effacé, la poitrine haute, les épaules sèches et inclinées. Ils se distinguent par les extrémités longues, la finesse des jambes et l'imperceptibilité remarquable de l'ergot et de la châtaigne. Leur sabot est petit et très-dur, leur queue élégante. Ces chevaux vivent très-longtemps, sont doux, sobres et peuvent fournir des courses longues et rapides. — Le *cheval arabe* est celui qui réunit au plus haut degré les qualités des races orientales. On le regarde comme le type des autres. Ainsi que le fait judicieusement remarquer M. Henry Berthoud, on a jusqu'à présent confondu en France, sous la vague dénomination de *chevaux arabes*, les trois familles si distinctes, pour les Orientaux, des chevaux *égyptiens*, *syriens* et *nejdis*. On appelle *Nejd* l'Arabie centrale; ses produits chevalins sont connus en Egypte depuis les conquêtes de Méhémet-Ali. Aucune autre famille ne peut être comparée aux nejdis. Le cheval nejdi a des formes anguleuses. Les principales couleurs de sa robe sont le gris-clair, le gris-sale, le gris-truité, l'alezan brûlé-le bai-clair. Les muscles de ce cheval sont très-apparents. Interstices musculaires parfaitement dessinés, attitude fière. Vu hors de l'écurie, le cheval *nejdi* pose à merveille ; il tient la tête haute, son regard annonce une force vitale très-grande. Il exprime une intelligence supérieure à celle de tous les autres chevaux connus. Tête sèche, ayant la forme d'un carré imparfait ou d'une pyramide renversée; très-petites oreilles, très-grand front, grands yeux, très-larges narines haut placées ; l'extrémité inférieure de la tête peut être contenue dans la main. Encolure droite, le plus généralement, longue crinière très-fine, garrot élevé, croupe d'une brièveté remarquable, jambes sèches, jarrets larges, petit pied, queue attachée très-haut, elle est extrêmement relevée quand le cheval se meut; ventre d'un très-joli volume, grande longévité. Le cheval *nejdi* est jeune encore à vingt-cinq ans; il va jusqu'à cinquante ans. La taille du cheval de l'Arabie centrale est moyenne; beaucoup sont grands. Elevés par les Arabes, sous leur tente, les nejdis sont d'une beauté et d'une intelligence remarquables. Il n'en est pas de même quand ils prennent naissance dans les écuries des Turcs. Ceux-ci, par suite de préjugés absurdes, laissent les poulains manquer de nourriture jusqu'à l'âge de trois ans, et les maintiennent, par cette diète forcée, dans un état de faiblesse fort nuisible au développement de l'élève. En outre, ils les entravent par les quatre membres, dans les écuries, ce qui fausse les aplombs et empêche les formes de prendre leurs développements. Une grande erreur consiste à croire qu'un climat chaud soit nécessaire pour que les nejdis s'élèvent heureusement. Ils s'accommodent à merveille des climats tempérés, et la France, surtout, peut leur être des plus favorables.

Les Egyptiens redoutent beaucoup les sortiléges pour leurs chevaux; aussi faut-il, quand on entre dans une écurie ou qu'on approche d'un nejdi, dire *mach Allah* (grâce à Dieu), afin de prouver qu'on n'a point de mauvais dessein. Cette même crainte leur fait couvrir d'amulettes les poulains et les juments. Plusieurs mois après la naissance d'un cheval, on lui enlève, des ailes du nez, les cartilages, qu'on dit être un os très-nuisible; on incise également le corps clignotant de l'œil. A cinq ou six mois, on sèvre les poulains, que l'on nourrit de lait de chamelle, de viande cuite, de bouillon gras, de farine, de biscuits composés de farine avec des viandes desséchées et réduites en poudre, de raisin sec, de dattes écrasées dans du lait, et d'herbes. Ils aiment beaucoup la chair crue. Le farcin et la morve, ces fléaux de nos haras et de nos écuries, n'atteignent jamais les nejdis de véritable race. Du reste, les connaissances des Egyptiens et des Turcs en hippiatrique sont médiocres et incomplètes; le peu qu'ils ont acquis maintenant, ils le doivent aux Européens qui sont venus se fixer dans leur pays; quant aux Arabes et aux habitants du Nejd, ils sont très-habiles connaisseurs; mais ils cachent ces connaissances avec un profond mystère. L'amour du cheval est passé dans le sang arabe. Ce noble animal est le compagnon d'armes et l'ami du chef de la tente. C'est un des serviteurs de la famille; on étudie ses mœurs, ses besoins, on le chante dans des chansons, on l'exalte dans des causeries. Le prophète n'a-t-il pas dit : « Les biens de ce monde jusqu'au jour du jugement dernier sont pendus aux crins qui sont entre les yeux de vos chevaux! » Et Sidi Aomar, le compagnon de Mahomet, a écrit à son tour : « Aimez les chevaux, soignez-les; ils méritent votre tendresse; traitez-les comme vos enfants et nourrissez-les comme des amis de la famille; vêtissez-les avec soin! Pour l'amour de Dieu, ne les négligez pas, car vous vous en repentiriez *dans cette maison et dans l'autre.* »

Le *cheval persan* est plus haut que l'arabe; il a les formes plus arrondies, la tournure plus gracieuse, les jambes plus fines; mais il a moins d'haleine et court moins facilement. Comme aspect général, ces animaux ont plutôt l'air d'être faits pour aller vite que longtemps : on les dit cependant très-résistants. En résumé, ils semblent avoir une grande puissance, et leur charpente est fortement accusée. Dans ce qu'ils ont de distingué, ils ressemblent au cheval de pur sang anglais. En raison de leur conformation, ces chevaux pourraient être employés dans l'ouest et accouplés avec les fortes juments. Leurs crinières sont arrachées ou plutôt usées par le frottement des ornements dont on les charge, selon la coutume du pays. Suivant les renseignements assez vagues que nous possédons sur l'élevage en Perse, les chevaux de grande taille, comme ceux amenés à Paris en 1857, sont particulièrement élevés dans les provinces qui bordent la mer Caspienne, notamment dans le Khorassan, où se trouve la ville de Meshed, siége d'une foire très-importante. Le *cheval barbe* est plus grêle, plus délicat et plus agréable; il a la tête plus fine, l'encolure plus longue; ses côtes sont amples et ses épaules plates. Sa vigueur est extrême, ses mouvements s'opèrent avec cadence et harmonie. C'est lui qui est le plus répandu en Europe. Le *cheval tartare* est maigre et petit. Son encolure est longue et raide. Il a un dos de mulet, des hanches saillantes, la queue bien fournie et attachée bas. Il supporte de pénibles fatigues et une abstinence prolongée. Le *cheval turc* a une encolure plus longue et plus effilée que tous les autres; sa crinière est plus forte, sa queue est plus touffue. Le *cheval hongrois* a la tête longue, l'auge large, la croupe oblique, la queue mal attachée, la poitrine grande, les jarrets larges. Il doit aux races désignées plus haut sa création et son perfectionnement. Le *cheval transylvain* est plus svelte et plus élégant que le dernier. Ses oreilles sont longues, son encolure est presque ronde, sa crinière soyeuse et peu garnie; il a la poitrine peu large et les jambes bien faites. Le *cheval moldave* est plus fort que le transylvain, mais il a moins d'élégance, quoique ayant beaucoup de rapports avec lui.

L'Europe fournit à son tour diverses races qui offrent quelques ressemblances avec les chevaux d'Orient. Comme nous l'avons dit dans le chapitre sur la *multiplication des animaux domestiques*, le *cheval anglais*, oriental d'origine, fut acclimaté en Angleterre. Il provient de chevaux arabes et de juments barbes. Sa taille est de 1 mètre 56 cent. à 1 mètre 60. Il se distingue par une tête volumineuse, des oreilles longues, une poitrine haute, de longues épaules et des articulations larges. Sa queue est peu abondante. Il est souple et vigoureux. Plus vif dans ses allures que le cheval oriental, il ne court pas aussi longtemps que lui. Le cheval anglo-arabe (*Blood-horses*) sert aux courses. L'Angleterre a encore plusieurs autres races. Ses chevaux de chasse (*hunters saddle-horses*) sont agréables par leur tournure. Ceux de selle et de carrosse (*coach-horses*) sont un mélange de chevaux arabes et d'anciens chevaux anglais. Ses chevaux de trait (*cart-horses*) se distinguent par l'ampleur de leur taille et de leur forme. Les *chevaux de l'Andalousie* ont la tête longue; remarquables par la finesse de leurs crins, ils ont les épaules massives, le poitrail étendu. Leurs jambes courtes reposent sur des pieds étroits. Ils ont une très-belle tenue au manége ; gracieux, souples, élégants, ils sont loin d'égaler en vigueur les chevaux de l'Orient. Les *chevaux de Mecklembourg* sont aujourd'hui très-propagés en France. On les y fait servir aux attelages de luxe. On les reconnaît à leurs formes saillantes et prononcées. Leur tête est carrée, leurs yeux sont grands et beaux, leurs oreilles longues ; leurs jambes courtes se terminent par des sabots bien conformés. Ils sont ordinairement peu souples et sans grâce. Le *cheval danois* passe pour avoir donné origine aux chevaux carrossiers de Normandie. Ses formes sont rondes, sa croupe est mince, son poil est soyeux ; ses pieds sont trop volumineux pour la finesse excessive de ses jambes. Cette race s'éteint en France. La Hollande, la Flandre et la Belgique possèdent des chevaux qu'on reconnaît à leur volume et à leur grossière lourdeur. Ils ont le poitrail large ; leurs gros pieds sont munis d'une corne sans consistance.

Les races françaises se divisent en plusieurs classes. La première comprend les chevaux de trait, qui ont beaucoup de ressemblance avec les chevaux hollandais. La seconde se rapporte aux chevaux d'origine noble qui tiennent de l'espèce d'Orient. La troisième représente la race intermédiaire entre la noble et la commune. On s'en sert pour le service des postes et des diligences. Elle est forte, solide, ample, légère dans ses mouvements. Outre ces différentes races, on voit en France une quantité de chevaux dégénérés, de petite taille, et dont le peu de valeur fait qu'on les néglige ou qu'on les approprie aux plus vulgaires services. Quoique le sol de la France soit très-propice à l'élève du cheval, notre pays est, sous ce rapport, bien en arrière des autres. La consommation, surtout celle du cheval léger, propre à la selle et à la cavalerie, ne peut s'y satisfaire qu'au moyen de l'importation étrangère qui amène chez nous 12 ou 15,000 chevaux par an. Et cependant les riches herbages de la haute et basse Normandie, les landes de la Bretagne, les plaines de la Brenne et du Limousin, certaines parties de l'Auvergne et une foule d'autres localités offrent à l'élève du cheval les conditions les plus favorables.

On reconnaît trois races françaises de trait : la *boulonnaise,* la *poitevine* et la *franc-comtoise.* Le *cheval boulonnais* a la taille de 1 mètre 62 à 63 centimètres. Il est massif, fort et court dans son encolure. Sa peau est épaisse, ses crins sont forts et courts. Il a la tête grosse et les yeux petits. Ces chevaux sortent du Boulonnais à l'âge d'un an et sont vendus aux cultivateurs du pays de Caux, du Vimeux et de la Picardie. La *race poitevine,* aussi fortement constituée, est moins répandue que la précédente à cause de l'usage presque exclusif des femelles dans le Poitou pour la propagation des mulets. Elle a aussi la tête mieux faite. C'est à la Charente-Inférieure et aux marais de Luçon que nous devons la plus grande partie de cette race. Les *chevaux francs-comtois* sont moins forts et ont le corps plus long que ceux des deux premières races. Leur encolure plus légère est moins chargée de crins. L'agriculture et le transport trouvent en eux une rare utilité. Le cheval franc-comtois est de la taille de 1 mètre 55 centimètres; sa tête pyramidale porte des oreilles droites. Il a les hanches très-saillantes et la queue placée haut. Ses pieds sont plats et evasés; sa robe est généralement baie et alezane, quelquefois noire. C'est un bon cheval, robuste, sobre, peu sujet aux maladies. Les races françaises nobles sont au nombre de trois : la *limousine,* la *navarrine,* la *normande.* De tous les chevaux français ce sont les *limousins* qui ont le mieux conservé les caractères des races orientales. Le cheval limousin est dû, dit-on, au cheval arabe pur sang, croisé avec des chevaux de race également distinguée. En effet, on rencontre dans les individus de cette race la tête très-fine, sèche et un peu longue qui rappelle la physionomie du cheval arabe. Le corps est un peu arrondi, quoique svelte, et ses formes tiennent, pour ainsi dire, le milieu entre celles de l'espagnol et de l'arabe. Sa vigueur, sa légèreté, sa souplesse, sa grâce, l'élégance de ses allures, jointe à beaucoup d'haleine et d'énergie, le rendent exclusivement propre à la selle, et, d'un autre côté, son intelligence et son aptitude à recevoir de l'éducation en font un cheval modèle comme cheval d'école ou de manége. Autrefois on élevait ces chevaux non seulement dans le limousin, mais encore dans une partie du Périgord et de l'Auvergne. Contrairement à ce qui a lieu pour les autres chevaux qui peuvent servir quelquefois dès l'âge de trois ou quatre ans, le cheval limousin doit être attendu jusqu'à sept ou huit ans, mais dès lors il peut durer jusqu'à vingt-cinq ou trente ans. Ces chevaux joignent à la force la vitesse et le fond et rendent encore d'excellents services à un âge où les autres chevaux sont usés, manquent d'haleine et de pieds. Jusqu'à un certain point on peut dire des chevaux limousins ce qu'on disait des barbes, ils meurent, mais ne vieillissent pas. Plusieurs causes ont amené la dégradation et la stérilité de cette belle race qui fournissait autrefois les écuries de la cour, les grands seigneurs, les officiers généraux. L'une des principales consiste dans des croisements mal combinés. Aujourd'hui on cherche à réparer le mal en recourant à l'étalon anglais. Déjà la dégénérescence s'est arrêtée, et l'on a obtenu, dans le nombre et le choix des produits, une amélioration sensible. La race *navarrine* est plus rare que la précédente. Elle se produisait autrefois beaucoup dans la Navarre, le Béarn, le Roussillon et le Languedoc. Aujourd'hui, les environs de Tarbes semblent seuls en avoir la propriété. A son origine, elle avait le corps moins allongé, les membres plus courts et les allures moins vives. Le *cheval barbe*, comme le *navarrin*, tient de l'espagnol et de l'arabe, ou plutôt on le prendrait pour une variété du cheval espagnol croisé immédiatement avec du sang oriental. Ces chevaux sont surtout destinés à la remonte de la cavalerie légère. Ils sont vifs, souples, rapides; ils sont, par excellence, des chevaux de hussards.

Nous ne déshonorons pas ces deux races en plaçant auprès d'elles les *chevaux auvergnats*, moins nobles, sans doute, mais précieux pour la cavalerie légère. On les croit dégénérés des chevaux limousins. Leur taille est de 1 mètre 45 à 47 centimètres. On les reconnaît à la petitesse de leur tête, à leurs oreilles courtes, à leur poitrail étroit, à leurs formes moins arrondies que celles des chevaux limousins, à leurs sabots plus petits. Leurs allures rapides manquent d'élégance; l'intelligence, la sobriété et la docilité sont la base de leur caractère. Les auvergnats sont exclusivement des chevaux de selle; ils sont peu sujets aux maladies, ils possèdent toutes les qualités des races de montagnes; ils ont le pied sûr, gravissent aisément les rochers, et, abandonnés à leur instinct, courent sans danger sur les pentes abruptes des précipices. La *race normande* est la première en nombre et celle qu'on soigne de préférence. Deux races seules fixent, en général, l'attention en Normandie: celle du *Cotentin* et du *Bessin*, propre aux carrossiers, et celle du *Mellerault*, appropriée à la selle. La race des deux premières localités a mieux conservé ses qualités primitives normandes. La taille de ce cheval est de 1 mètre 50 à 55 centimètres; sa robe est baie ou alezane; ses formes sont rondes, ses oreilles un peu longues; il a de la largeur dans le poitrail, de la rondeur dans les côtes : son corps est long, sa croupe arrondie. Il porte bien sa queue qui ne manque pas d'élégance. Il a beaucoup de douceur, de docilité, mais un peu de lenteur dans le mouvement. Il ne sort des pâturages que pour être vendu.

La *race de Mellerault* l'emporte sur celle du *Cotentin* et du *Bessin*. Elle se distingue par la carrure de sa tête et une encolure plus perfectionnée ; elle a plus de tranchant dans sa croupe et plus de délié dans ses membres. Les qualités qu'on lui reconnaît lui valent une bonne nourriture et des soins assidus. La forme élégante de ces chevaux leur donne tant de ressemblance avec les chevaux anglais, que les marchands de la Grande-Bretagne les font passer facilement pour une race indigène. « Quoique nés dans un bon pays de culture, les chevaux normands, dit M. Delafont, ne sont pas encore assez nourris aujourd'hui avec du grain. Le cultivateur normand calcule trop sur le prix de revient de ses poulains : à tort il les laisse toute l'année dans ses herbages sans leur donner d'avoine ; c'est à peine si, à l'âge de deux à trois ans, il leur en distribue une faible ration pour les soutenir pendant le travail auquel il commence à les soumettre. Et si nous ajoutons, avec M. Yvart, que « ces chevaux sont nourris et engraissés, « deux et trois mois avant l'époque des foires, dans des écuries « sombres et humides, avec des aliments très-substantiels, tels « que le sainfoin, l'avoine, les farineux et quelquefois le blé « cuit, » on ne sera point étonné que le cheval normand de poste, quoique ayant une bonne conformation et un bon fond, soit mou et faible quand il est amené sur les champs de foire. Les acheteurs de ces chevaux devront donc les ménager longtemps après leur achat, les habituer peu à peu à un travail pénible jusqu'à ce qu'ils aient perdu leur mauvaise graisse et acquis de l'énergie musculaire : mais, faits et habitués à courir et à tirer, ces chevaux, et particulièrement ceux des plaines de Caen et d'Alençon, résistent aux plus longues courses, au travail le plus pénible, et font un excellent service. » Les environs de Brest et les marais de la Vendée produisent des chevaux, qui, eux aussi, ne manquent pas d'attirer l'attention par le rapprochement qu'ils ont avec les chevaux normands. On les emploie, comme ces derniers, aux attelages de luxe.

Outre les races que nous venons d'indiquer, la France en possède d'autres, qui se font remarquer par leur légèreté ; mais celle qui l'emporte sur toutes les autres, c'est la *race bretonne*. D'une moyenne grosseur, et de la taille de 1 mètre 40 à 60 au plus, le cheval breton a la tête carrée et large du haut ; ses joues sont charnues, ses épaules sèches, sa croupe abonde en muscles. Sa robe est grise, baie alezane, quelquefois rouanne ; ses poils sont généralement épais et nourris pendant l'hiver. On admire chez lui des yeux grands et d'une beauté vive. Ses sabots sont sa seule imperfection. Aucune race ne peut lui être comparée pour le train accéléré. C'est un excellent cheval de poste et de diligence. Les *chevaux percherons* ont beaucoup de ressemblance avec les bretons. Ils en diffèrent par la tête et la croupe. Supérieurs en élégance, ils n'ont pas leur valeur. Le service des diligences trouve pourtant dans leur emploi beaucoup d'utilité. Leur taille est de 1 mètre 55 à 60 et leur robe généralement d'un gris pommelé.

Nous n'avons pas épuisé les races de France. Il en est qui sont peu précieuses, mais qui ne laissent pas d'avoir leur importance. En Bretagne, on élève des chevaux dits *doubles bidets bretons* : leurs formes sont saillantes, leur encolure est mince et droite. Ils ont de l'ampleur, portent les jarrets larges; de longues courses n'épuisent pas leur vigueur et leur haleine. Elevés dans ces plaines incultes qui forment ce qu'on appelle le delta du Rhône, les *chevaux de la Camargue* sont petits, mais robustes, agiles et vigoureux. Leur docilité laisse à désirer. Leur taille varie entre 1 mètre 45 et 1 mètre 50. Ils ont la tête carrée et forte, l'encolure légère. On les reconnaît encore à leurs jarrets larges et au gris nuancé de leur robe. Les *chevaux ardennais* se reproduisent aussi dans l'Aisne; ils sont d'une grande ressource pour la selle et la cavalerie. Comme le cheval auvergnat, l'ardennais est peu propre au trait; sa taille, qui ne dépasse guère 1 mètre 50 à 51, et reste souvent au-dessous, est cependant plus élevée que celle des chevaux auvergnats; aussi les ardennais peuvent-ils être employés pour remonter la cavalerie intermédiaire, telle que l'arme des dragons ou de lanciers, ou bien encore les officiers du train des équipages. Leurs yeux sont saillants et leurs épaules plates. Ils ont le poitrail peu étendu, les jarrets petits et de l'élévation dans le garrot. Le cheval ardennais pèche par l'élégance; mais il rachète ce défaut par sa sobriété, la force de ses nerfs et son agilité infatigable. Sous le nom de *bidets normands* et *chevaux d'allure*, on comprend des chevaux de petite taille disséminés dans presque toutes les parties de la Normandie. Les plus connus sont élevés dans le département de la Manche. Dans la Seine-Inférieure, ils sont bais, alezans ou gris, à poitrine profonde, à lombes larges, à encolure grosse sans être courte, à tête large au sommet et à membres solides : élevés sur le littoral du département de la Seine-Inférieure, ils sont vendus pour la cavalerie légère ou utilisés, soit dans le pays, soit dans la Picardie et l'Ile-de-France, tantôt comme bidets d'allure pour la selle, tantôt comme bêtes de labour. Des pays à herbage où on les fait naître, ils sont importés vers l'Est dans les pays à culture où on les élève. Ceux de la Manche sont produits surtout dans les arrondissements de Cherbourg, de Valognes et de Coutances. Ils forment deux groupes : les *bidets* proprement dits et les *postiers normands*, qu'on élève depuis l'arrondissement de Cherbourg jusque dans les départements de l'Orne, de la Sarthe, de la Mayenne, d'Ille-et-Vilaine, mais en plus grand nombre sur les landes des terrains primitifs et des terrains de transition que dans les vallées. Par la forme de leur tête enfoncée au-dessous des yeux, leurs naseaux saillants et leurs hanches souvent effacées, les bidets normands ressemblent au type breton. Comme les doubles bidets d'Ille-et-Vilaine, ils sont généralement bais ou alezans. Agiles, vigoureux, ils ont les membres solides et les pieds durs comme le granit qui les porte. Dans quelques fermes, ils sont nourris une partie de l'année avec l'ajonc pilé. Ils sont toujours d'une grande sobriété. Ceux de la partie sud du département de la Manche sont vendus pour les diligences. Il en est acheté beaucoup pour Paris, où on les emploie par paires, comme les petits ardennais, au service des voitures de place. Une très-bonne race est encore celle des *chevaux bernous* élevés dans ces plaines immenses, couvertes de brandes et parsemées d'étangs, qui forment notamment une partie du département de l'Indre, et s'étendent entre la Sologne et le Berry. Le bernous est un cheval de selle, cheval de chasse et de cavalerie, qui a peu de rivaux pour sa sobriété et qui n'en a pas par son aptitude à supporter la fatigue, les intempéries et les longues abstinences. Le *cheval alsacien* sert principalement à la remonte de la gendarmerie. Malgré leur belle apparence, ces chevaux ne font qu'un service médiocre, parce qu'ils ont le tempérament lymphatique et la vue faible. Ils deviennent souvent aveugles. Le *cheval du Morbihan* forme une race particulière. On l'emploie dans le Morvan comme cheval de bât; mais, partout ailleurs, il pourrait servir aux services agricoles et mener les chariots des paysans. Nés et élevés dans les bois, ces animaux sont sobres, durs à la fatigue et peu sujets aux maladies. Le *cheval flamand*, variété du cheval de gros trait, est employé au halage des bateaux et au tirage des chariots. Sa taille s'élève jusqu'à 1 mètre 75; il a le poitrail et la croupe fort larges, les pieds gros. Il consomme beaucoup de nourriture et dure peu. C'est une race essentiellement lymphatique. Le *cheval comtois*, autre espèce de cheval de trait, tient le milieu, quoiqu'à une assez grande distance, entre le cheval à tirage rapide tel que le porcheron ou le breton, et les chevaux à tirage pesant, tels que le poitevin et le cauchois. Sa taille est de 1 mètre 54 ou 55. Son pied est plus volumineux que celui des chevaux suisses, avec lequel il a quelques rapports, et son sabot est plus évasé : c'est son défaut saillant, aussi n'est-il pas rare de lui voir des eaux aux jambes. Sa véritable et même sa seule destination semble être la culture et le charroi. Le cheval, communément appelé *cheval de débardeur*, est originaire de Rambouillet. Il est reconnu pour sa sobriété, son nerf, sa vigueur. Les paysans l'attellent à leurs carrioles. Il est très-propre à un tirage rapide, mais il ne peut traîner de lourdes charges. La Corse produit des poneys aussi petits que nerveux. Le seul défaut, si c'en est un, du *cheval corse* est l'exiguité de sa taille. Il est excellent comme cheval de selle ; on le fait monter par des jeunes gens ou des enfants. On l'attelle aussi à de petites voitures basses et légères, et il trotte avec une merveilleuse rapidité. Sa vie est longue, et il conserve jusqu'à un âge avancé sa force et sa vigueur.

3. Extérieur du cheval, beautés, défectuosités. — On divise le cheval en tronc et en membres. Le tronc comprend la tête, qui se divise elle-même en plusieurs régions ; l'encolure, le poitrail, l'interars, le passage des sangles, le garrot, le dos, les reins, la croupe, le ventre, les côtes, les flancs, la queue, le périnée, l'anus ou fondement, les testicules et la verge du mâle, la vulve et les mamelles de la femelle. Chaque membre antérieur comprend l'épaule, le bras, l'avant-bras, le coude, l'ars, le genou, la châtaigne, le canon, le boulet, le fanon, le paturon, la couronne et le pied. Les membres postérieurs comprennent la cuisse, la fesse, l'aine, le grasset, la jambe, la châtaigne, le jarret, le canon, et le reste comme dans les membres du devant. La tête doit être *sèche* plutôt qu'empâtée, sa peau fine et souple, ses vaisseaux apparents, et son volume diminuant graduellement vers sa partie inférieure. Il ne faut pas qu'elle soit *décharnée*. On désigne par l'expression de *tête de vieille* l'excès de longueur de cette partie. La *nuque* sera *saillante*, le *toupet* médiocrement garni. Les *oreilles* doivent être bien plantées et non tombantes comme celles du porc, ou trop rapprochées par leurs pointes, comme celles du lièvre. Lorsqu'elles sont trop longues, basses et pendantes, on dit le cheval *oreillard*. Leurs mouvements seront libres et marqués, ils indiquent, en général, le caractère ou les intentions du cheval. Les dirige-t-il promptement en avant, on dit qu'elles sont *hardies ;* cette habitude dénote le courage. Couchées

en arrière, elles annoncent une volonté d'attaque ou de défense; continuellement agitées, elles indiquent l'inquiétude du cheval; et quand leur fixité en avant est remarquable, on doit craindre l'altération ou la perte de la vue. Dans l'animal affecté de surdité, elles sont, en général, basses et sans mouvement comme sans expression. Le cheval a l'ouïe extrêmement fine; il saisit mille vibrations de l'air, trop légères pour faire impression sur l'oreille humaine. Il n'est pas de chasseur qui ne sache que le cheval reconnaît la voix des chiens, dresse les oreilles et témoigne son ardeur et son impatience longtemps avant que son cavalier ait perçu le moindre son. Les *parotides* ou *avives* ne doivent être ni creuses ni trop saillantes. La *gorge* offrira des cartilages faciles à saisir et résistants à la pression des doigts. Si elle est comme empâtée, l'attache de la tête à l'encolure est *mal prise*, ce qui peut influer sur sa position et sur la liberté de ses mouvements : souvent aussi il en résulte une gêne dans la respiration, dont le bruit particulier rend l'animal *corneur* ou *siffleur*. Le *front* doit être aplati plutôt qu'arrondi; lorsqu'il est concave, on le dit *camus;* s'il est bombé, on l'appelle *busqué*. Les sourcils blanchissants indiquent la vieillesse; on dit alors que le cheval a *cilié* ou *est cilié*. Les *salières* doivent être au niveau des parties environnantes. Les *tempes*, dont les poils blanchissent avec l'âge, offrent quelquefois des traces de meurtrissures dont il faut rechercher la cause; elles peuvent provenir soit de la brutalité des hommes, soit de la méchanceté du cheval, soit enfin de quelque maladie. Il importe, par le même motif, d'examiner les éminences osseuses les plus saillantes, telles que la pointe des épaules, des hanches, des jarrets, etc.

Certaines grosseurs aux joues, vers la partie arrondie, signalent l'habitude qu'ont quelques chevaux de laisser accumuler des paquets d'aliments entre les dents molaires et la face interne des joues, ce que l'on appelle *faire magasin* : si la cause en est due à une conformation des molaires, cela peut rendre la mastication difficile et insuffisante. Le *bout du nez* doit être peu volumineux, les *ouvertures nasales* bien dilatées. L'odorat du cheval est d'une sensibilité extrême; il sent l'approche de l'homme à la distance de deux kilomètres; il sent aussi de fort loin le voisinage de l'eau. Les caravanes d'Arabes, de Tartares et de Mongols et les pâtres espagnols dans les landes de Caracas, pendant les chaleurs de l'été, tirent parti de l'odorat exquis de ce quadrupède pour découvrir des lagunes ignorées. Les ânes et les mulets possèdent la même faculté. Pendant les quarante années d'exil qu'ils passèrent dans le désert, les Hébreux eurent souvent recours, pour le même service, à l'instinct de ces animaux. Les chevaux américains grattent du pied la terre pour découvrir l'eau dont leur instinct leur révèle la présence. La couleur de la pituitaire ne doit être ni trop rouge ni trop pâle : une humeur limpide et non épaisse ni muqueuse, en découlera goutte à goutte, dans le travail surtout. Le cheval ne respirant que par le nez, il importe que les ouvertures de cette cavité soient libres et susceptibles de se dilater assez pour donner passage à un volume d'air considérable lorsque l'animal est lancé à fond de train. Les naseaux ouverts sont un trait caractéristique dans le cheval de sang. La bouche doit être fermée; les lèvres n'en seront pas habituellement ouvertes, leurs bords ne seront pas renversés en dehors. L'*auge* doit être plutôt évidée que pleine et empâtée; la *ganache* ne doit pas être assez volumineuse pour gêner les mouvements de la tête sur l'encolure. L'*encolure* doit être fournie à sa base, unie sensiblement avec les parties du corps dont elle se détache et diminuant graduellement de volume jusqu'à l'attache de la tête; il y a des encolures en *cou de cygne* et des encolures renversées et semblables à celles du cerf. On dit que l'*encolure* est *fausse*, quand, au lieu de s'unir insensiblement au corps, elle s'y joint mal et paraît plus volumineuse à son extrémité opposée. On appelle *coup de hache* un évidement qui se remarque quelquefois en avant du garrot, comme si, en effet, une portion des tissus avait été enlevée; mais cela est toujours naturel. Il en est de même de ce qu'on nomme un *coup de lance*, espèce de dépression extérieure à l'encolure, sans lésion de la peau, qui semble n'être qu'un interstice musculaire très-prononcé. La *crinière* doit être bien plantée et médiocrement fournie. La finesse des crins est un indice de race. Le *poitrail* offre un grand intérêt dans ses proportions; sa largeur est toujours nécessaire et doit être en rapport avec la nature du service auquel le cheval est destiné : la forme de son milieu est sujette à varier par le volume de ses muscles et par la proéminence du sternum. Il en est de même des *ars* et des *interars*, quant à leurs proportions. Le *passage des sangles* doit être tel qu'il soit toujours facile de le fixer avec solidité. Le *garrot*, outre son élévation désirée au-dessus de la croupe, ne doit être ni trop décharné, ni trop charnu. Les épaules doivent être légèrement arrondies, les muscles bien saillants et dessinés, sans excès de volume. La maigreur de ces parties est un indice de faiblesse. Les mouvements de l'épaule et du bras doivent être libres et bien apparents. Privées de jeu, ces parties ont l'air d'être comme plaquées et fixées par une cheville à la poitrine. Lorsque cet embarras n'est que l'effet du défaut d'exercice, on dit les épaules *engourdies et froides*. L'*avant-bras* doit avoir ses muscles saillants, bien dessinés et diminuant graduellement jusqu'auprès du genou, où ils deviennent tendineux. Le *coude* doit être surtout considéré sous le rapport des aplombs. Il en est de même du *genou*, qui doit offrir les formes bien prononcées des os qui lui appartiennent et des tendons qui y passent : sa face antérieure sera aplatie et non trop arrondie; il n'y paraîtra aucun engorgement, soit de la peau, soit des tissus placés au-dessous d'elle.

Le *canon*, le *tendon*, le *boulet*, le *paturon* et la *couronne* présentent les mêmes considérations relatives à la finesse de la peau, à la sécheresse des formes, à la saillie des tissus osseux et au détaché des tendons et des ligaments, recommandés comme caractères désirables dans toute l'étendue des extrémités. L'excès de longueur du *paturon* et de la *couronne* constitue le cheval *long-jointé;* le défaut contraire produit le cheval *court-jointé.*

Le *dos*, lorsqu'il est trop concave, est dit *ensellé*; on l'appelle *dos de mulet* ou *de carpe*, quand il est convexe et tranchant. La forme du *rein* doit être en rapport avec celle du dos. Le rein est appelé double lorsque ses côtes sont plus élevées que les apophyses épineuses de son milieu. Les rondeurs des côtes ou leur aplatissement sont différents, à moins qu'il n'en résulte un rétablissement de la poitrine. Le *ventre* et les *flancs* doivent être au niveau des parties environnantes. Lorsque le ventre déborde les côtes, on le compare à celui de la *vache*. La disposition contraire (*ventre de levrette*) offre le ventre comme semblable à celui des chiens levriers. C'est dans un juste milieu qu'existe la configuration la plus heureuse. Quand le flanc est partagé transversalement de la hanche aux côtes par une éminence qui simule une corde, on dit que le flanc est *cordé*. Quelquefois le flanc est trop creux, comme il arrive aux juments qui ont fait des poulains. La *croupe* et les *hanches* sont des parties dont les formes et contours, à part de leurs proportions, offrent des variations très-nombreuses; ces variations ont surtout pour cause la saillie des os sur les muscles ou de ceux-ci sur les os. Dans le premier cas, on dit la croupe *tranchante* ou semblable à celle de *mulet*. Si la saillie est aux hanches, elles apparaissent alors comme deux espèces de cornes; de là le nom de *cornu* que l'on donne au cheval ainsi conformé. Si, au contraire, les muscles de la croupe sont plus élevés que son milieu, on la dit *double*. On l'appelle *coupée* ou *avalée*, lorsqu'elle est très-oblique de son sommet à la queue. Une croupe est *arrondie* lorsque les muscles et les os lui donnent ce caractère, d'avant en arrière, d'un côté à l'autre. Un amas de graisse autour de l'attache de la queue, à l'endroit où se termine la croupe, prend le nom de *cul-de-poule*. La *queue* est exposée plus que les autres parties du corps, à subir diverses altérations. Si on la laisse entière dans ses crins et dans son tronçon, le cheval est dit *à tous crins*. Lorsque le tronçon a été raccourci par la soustraction de quelques-uns des os coccygiens, et que les crins restent encore nombreux et d'inégale longueur, cela constitue la *queue en balai*. On appelle *nicté* le cheval dont les muscles abaisseurs de la queue ont subi l'opération qui annulle leur effet, et si, outre cela, les crins et le tronçon ont été diminués, on dit le cheval *anglaisé*. Lorsqu'on a coupé le tronçon et les crins, mais sans la section des muscles abaisseurs, on dit simplement que le cheval est à *courte queue*. La queue dite en *catogan* est celle qui a été tellement raccourcie, qu'à peine si son tronçon a quelques pouces d'étendue. Si les crins sont très-rares à l'origine du tronçon, on dit que le cheval a une *queue de rat*. La queue peut offrir des indices précieux de l'énergie et de la pureté de la race du cheval. Dans les chevaux de sang, la queue, détachée de la croupe dont elle suit d'abord la direction horizontale, se courbe plus tard en laissant échapper de son tronçon la touffe de ses crins. C'est un signe de la force de contraction des muscles et, par suite, de l'énergie de l'animal. On peut donc avec une presque certitude apprécier la vigueur d'un cheval par le degré de résistance qu'il oppose quand on lui soulève la queue.

Lorsque les *organes de la génération* sont intacts dans le mâle, on dit le cheval *entier*. Le cheval dont les testicules ont été enlevés et la jument privée de ses ovaires sont dits *châtrés*. Pour le cheval, on dit encore, de préférence, qu'il est *hongre* ou *coupé;* quelquefois *bistourné*, suivant l'opération qu'il a subie. Le *périnée* est constitué par la peau fine qui s'étend depuis l'anus ou la vulve jusqu'aux testicules ou mamelles. Le *raphé* est l'espèce de couture ou bourrelet qui règne au milieu du périnée; l'un ou l'autre doivent être peu visibles, à cause du développement que doivent avoir les muscles des fesses dans toute cette partie. Les *cuisses* doivent être libres et les *fesses* pourvues d'une grande force musculaire. Lorsque les muscles des fesses sont volumineux et bien dessinés, surtout à la face postérieure, sans laisser d'intervalle entre eux d'une cuisse à l'autre à leur partie interne, ils annoncent la disposition la plus favorable; on dit alors que le cheval est *bien gigotté*. La cuisse est dite *plate*, lorsque le contraire a lieu, et surtout au côté externe. La *jambe*, près des cuisses et des fesses, doit participer à leur conformation. Le *jarret* doit avoir des formes sèches; ses mouvements seront libres et étendus.

L'excès de longueur du calcanéum produit ce qu'on peut appeler le *jarret trop long*; le défaut opposé est le *jarret trop court*. Le rapprochement trop marqué du jarret et du tibia constitue le *jarret droit*, et le contraire le *jarret trop large*. Le *canon* et le *tendon* du membre postérieur ont une disposition tout autre que dans le membre inférieur : ils sont parallèles depuis le jarret jusqu'au boulet et un peu plus écartés l'un de l'autre. Le bouquet de poils, qui postérieurement termine le boulet, a, comme dans le devant, le nom de *fanon*, et le petit morceau de corne qui est au-dessus, celui d'*ergot*. Le *paturon* et la *couronne* n'ont rien de plus particulier que dans l'extrémité antérieure; il n'en est pas de même du *pied*. La *châtaigne*, qui dans les membres antérieurs existe à la face interne et inférieure de l'avant-bras, se trouve, dans les membres postérieurs, au bas et au-dedans du jarret près du tendon.

4.° La bouche du cheval. — La bouche comprend intérieurement les *lèvres*, les *barres*, la *langue*, le *palais* et quelques-unes des *dents*; au dehors, la *barbe* et le *menton*. Les *lèvres*, pour ne pas nuire à l'effet que doit produire le mors, seront plutôt minces qu'épaisses, médiocrement fendues et habituellement fermées. Les lèvres *flasques* ont l'inconvénient de couler sous le mors de façon à en rendre l'action fort incertaine. Il arrive souvent alors qu'elles sont pincées partiellement, et il en résulte une douleur très-vive et des effets très-désordonnés. Les lèvres sont *trop fendues*, lorsque leur point d'union s'approche beaucoup plus des molaires, que de l'endroit où viennent les crochets. Si, au contraire, l'ouverture des lèvres est trop voisine de ces dernières dents, ou de la place qu'elles devraient occuper dans les juments, la bouche n'est *pas assez fendue*. Les lèvres du cheval sont ses mains ; elles lui servent comme organes du toucher, et comme instrument de préhension, ainsi qu'on peut le voir quand il mange. C'est à l'aide de ses lèvres qu'il ramasse son avoine et qu'il rassemble l'herbe en touffe avant de la mordre. Les lèvres *ouvertes* laissent échapper la salive, perte nuisible à la santé du cheval. Dans les vieux chevaux, les lèvres sont presque toujours séparées, leurs bords se renversent en dehors, elles deviennent ce qu'on appelle *baveuses*. La lèvre postérieure, garnie de durillons, de fentes ou de callosités, fait supposer l'emploi de moyens violents de soumission, dont on doit chercher alors à pénétrer les motifs. Les *barres* sont plus ou moins sensibles, selon que le cheval est plus ou moins nerveux. Lorsque l'os maxillaire présente, dans le milieu de l'espace interdentaire, une crête plus ou moins saillante qu'on distingue très-facilement au toucher, la barre est *tranchante* et d'une sensibilité très-marquée. Quelquefois cette crête est située sur le côté externe des barres. La barre est *arrondie* toutes les fois que cette crête n'existe pas ; elle est *basse*, si l'os est dominé par les parties environnantes. Lorsque la membrane qui recouvre l'os est épaisse, et qu'elle laisse peu sentir la disposition de cet os, la barre est ce qu'on appelle *charnue*. Moins cette membrane est épaisse, plus elle est sensible. Les barres sont souvent *inégales*, c'est-à-dire que celle d'un côté n'a pas les caractères de l'autre, ce qui doit s'apprécier lorsqu'il s'agit d'emboucher un cheval. La *langue* peut être petite ou volumineuse, comme elle peut en avoir simplement l'apparence, mais peu importe si le mors appuie sur les barres. La langue *pendante* hors de la bouche, ce qui produit une déperdition continuelle de salive, et change les effets du mors, est un défaut grave. Lorsqu'elle sort et est continuellement en mouvement, on dit qu'elle est *serpentine*. La langue *coupée* offre des inconvénients pour l'application des mors et pour la santé du cheval, qui ne peut pas bien mâcher ses aliments. La membrane du *palais* est beaucoup plus volumineuse chez les jeunes chevaux que dans les vieux, chez lesquels elle se dessèche, et devient plus adhérente aux os. Lorsque la sensibilité de la membrane du palais est excitée par un léger frottement, le cheval le supporte ordinairement plus impatiemment que la douleur qu'un contact plus dur pourrait produire. Il est faux que le nombre des sillons varie avec l'âge : les sillons changent seulement de forme, ainsi que cela arrive à tous les tissus. Les dents appelées *crochets* nuisent quand elles se trouvent au milieu de l'espace interdentaire ; elles doivent être beaucoup plus rapprochées des dents incisives. La *barbe*, située entre l'auge et la houppe du menton, reçoit l'action du mors au moyen de la gourmette. La bonne conformation de cette partie exige qu'elle soit charnue, poilue et recouverte d'une peau assez épaisse pour la rendre presque insensible à l'action de la gourmette, car si la barbe a trop de saillie, si, dans l'action du mors, la pression de la gourmette cause plus de douleur que celle des canons, l'animal porté par la nature à céder à la sensation la plus forte, redresse la tête, se raidit et va au-devant de l'action des rênes. Quant au *menton*, il n'y a rien de particulier à en dire.

5. Les yeux. — Tous les instruments d'optique qui constituent l'organe du sens de la vue proprement dite sont contenus dans le globe de l'œil, de forme à peu près sphérique, mais légèrement aplati d'avant en arrière chez le cheval. Dans l'homme, c'est le contraire : son diamètre antéro-postérieur est plus grand.

La cavité intérieure est divisée en deux parties inégales par une sorte de cloison percée d'une petite ouverture; il en résulte deux compartiments nommés *chambres*, distinguées en antérieure et postérieure. La vue du cheval est excellente, et, quoiqu'il ne soit pas compris dans la classe des animaux nocturnes, il voit mieux que l'homme dans l'obscurité. La concavité de cette membrane intérieure de l'œil à laquelle les naturalistes ont donné le nom de *choroïde* a dans le cheval un éclat resplendissant comme dans les chats. La couleur de la face antérieure de l'*iris* varie assez dans les l'homme. La nuance des cheveux semble influer sur elle. Les cheveux noirs coïncident ordinairement avec les yeux noirs, tandis qu'ils sont souvent bleus avec les cheveux blonds, etc. Dans le cheval cette partie est ordinairement de couleur brunâtre plus ou moins foncée, suivant la robe, excepté chez celui qui a les yeux dits *vairons*. Dans ce cas, au lieu d'être noire, cette substance est d'un blanc opalin assez vif. Cette couleur n'influe en rien sur la bonté de la vue. La bonté des yeux se reconnaît à la transparence parfaite des parties qui doivent avoir ce caractère, à la régularité des mouvements de l'iris, au centre de laquelle est la *prunelle*, et à l'absence des signes maladifs. Les yeux doivent être bien fendus et aussi grands que possible, mais sans être trop saillants; car le cheval, alors, est *hagard* et souvent *peureux*. Les yeux vifs, animés, pleins de feu, sont d'un bon augure; les yeux petits et enfoncés dans l'orbite s'appellent *yeux couverts* ou *yeux de cochon;* ils annoncent la méchanceté; les yeux naturellement inégaux n'indiquent rien de fâcheux; mais, lorsque c'est la suite de maladies, les conséquences en sont très-graves. Les yeux trop bombés constituent la *myopie*, impuissance de voir de loin. Les chevaux myopes sont très-peureux; on dit vulgairement qu'ils sont *voyants* ou *apercevants*. De la disposition contraire à celle qui produit la courte vue, résulte la *presbytie*. Les objets paraissent alors plus rapprochés qu'ils ne le sont en effet; ce défaut rend, comme la myopie, le cheval peureux. On voit quelquefois flotter autour de la pupille du cheval de petits flocons noirs, irréguliers qu'on a nommés *grains de suie* ou *fongus*. Ces appendices paraissent avoir pour but de concourir à diminuer l'ouverture pupillaire, quand la lumière est extrêmement vive. Dans tous les cas, leur existence ne prouve rien pour ni contre l'intégrité de la vue.

6. CONFORMATION DU PIED. — Le pied du cheval ne comprend que la dernière phalange qui porte sur le sol. Le pourtour supérieur du pied est ce qu'on appelle *bourrelet* à l'intérieur; à l'extérieur, le renflement qui en résulte a le nom de *couronne;* c'est

là où réside le foyer principal de formation de la partie de corne appelée *paroi* ou *muraille*. Le dessous du pied présente un corps particulier, graisseux et de nature molle, appelé *fourchette de chatne*. Cette partie paraît pourvue de peu de sensibilité. La *corne* est un corps solide, susceptible de régénération : l'humidité la gonfle et la ramollit, comme la chaleur et la sécheresse la durcissent et la resserrent, ce qui la fait souvent éclater ou fendre. La corne formée, entretenue et régénérée par le bourrelet et la chair cannelée, constitue dans son ensemble l'*ongle* ou *sabot*; l'ongle se divise en paroi ou muraille, sole ou fourchette. La *paroi* est toute l'étendue apparente extérieure du sabot; elle porte sur la terre par un de ses bords et l'autre s'unit à la couronne. On désigne par les noms de *pince* la portion antérieure de la paroi; de *mamelle*, chacune de ses parties latérales un peu antérieures; de *quartiers* celles qui les touchent en gagnant le derrière; enfin de *talons*, les côtés postérieurs. La *sole* existe à la face plantaire du pied; elle est fixée à la paroi par sa circonférence, et reçoit la fourchette dans une échancrure triangulaire pratiquée à son centre. On désigne sa circonférence et son centre par le nom de *bords*; l'un *externe*, l'autre *interne*, et l'étendue intermédiaire par celui de *glacis*. La sole ne paraît destinée à poser sur le terrain que lorsqu'il s'y prête par sa conformation ou sa consistance. La *fourchette*, dont le nom indique la disposition, est engagée, par son corps terminé en pointe, au centre de la sole; ses divisions ou *branches* se prolongent postérieurement entre chaque talon, et servent à en consolider la portion arrondie, nommée *arc-boutant*. La fourchette, au milieu de ses deux branches, offre une espèce d'échancrure à laquelle on donne le nom de *vide de la fourchette*. Sa corne est épaisse et plus molle que celle de la sole, qui est de nature presque friable. La beauté du pied résulte de ses belles proportions, qu'il est très-difficile de déterminer, quoique Bourgelat ait entrepris de le faire. Selon lui, le pied doit être un peu conique; selon d'autres, il doit ressembler à un cylindre obliquement tronqué plutôt qu'à un cône. Les fibres de la corne à la paroi doivent être droites, luisantes et sans bourrelets circulaires, cannelures longitudinales, fentes ni aspérités aucunes. Il faut que la sole soit légèrement creuse à son glacis; que sa jonction à la paroi soit intime, sans déchirure à son union avec la fourchette; qu'elle ne dépasse pas le niveau de la paroi, et qu'elle ne soit pas trop dépassée par elle. La fourchette sera apparente sans excès, de façon, lors de l'appui sur un sol uni, à n'en être ni trop éloignée, ni trop pressée. Le tissu de sa corne ne présentera pas d'irrégularités, ni de principes de désorganisation. La *bonté* des pieds est ordinairement une conséquence de leur *beauté;* mais elle réside plus spécialement dans la nature, l'union et la consistance particulière des fibres de la corne, qui ne doivent être ni trop molles ni trop dures. La *corne noire* ou *noirâtre* vaut mieux que celle d'une nuance blanche, qui résiste moins à l'action des clous, des fers ou de marche sans fers.

Les défectuosités de pied sont très-nombreuses. Les pieds *trop grands* sont lourds et maladroits. Les pieds *larges* ou *évasés* à leur partie inférieure, le deviennent encore davantage par l'effet de l'humidité habituelle. Les pieds *trop petits* ont le défaut d'offrir une enveloppe trop étroite aux parties intérieures, qui souvent alors sont comprimées douloureusement. Un des principaux défauts de la paroi est l'*encastelure.* Les parties postérieures des pieds, y compris les quartiers, sont alors trop peu développées et sont resserrées en forme ovalaire, au lieu d'être arrondies; l'intervalle qui devrait exister entre les talons est trop rétréci; la fourchette est très-petite et presque sans vitalité. L'encastelure fait boîter, et le cheval qui présente cette défectuosité en perd souvent toute sa valeur. Lorsque le resserrement n'occupe que les talons, le mal est moins fâcheux: mais il suffit pour mettre le cheval hors de service. On trouve des pieds dans lesquels la corne est trop *haute* ou trop *basse:* cela nuit aux aplombs. Le peu d'épaisseur de la corne est un inconvénient. Les *pieds trop longs* ou *trop courts en pince*, trop longs ou trop courts dans les quartiers et dans les talons, ne sont pas propres à la fatigue.

La sole trop développée est trop comprimée lors de l'appui; trop peu développée, elle remplit mal sa destination. La pince presque verticale constitue le pied dit *pinçard* ou *rampin.* Le cheval qui est pinçard ne marche que sur la pince, pour ainsi dire, et traîne, comme en rampant, son pied près du sol dans le transport d'arrière en avant. Il est peu solide sur ses jambes. La sole droite et touchant la terre, ainsi que la fourchette, constitue le *pied plat.* La sole convexe et la pince ordinairement concave constituent le *pied comble.* Les inconvénients de ces deux défectuosités sont faciles à pressentir. Les pieds plats et les pieds combles affectent plus habituellement les extrémités antérieures. Les déjects de la corne en dedans comme en dehors empêchent tout appui égal et certain. Les mauvais pieds font les mauvais aplombs et les mauvais aplombs les mauvais pieds : les chevaux *panards* et *cagneux* nous en fournissent la preuve. On dit que le pied est *gras* ou *mou* lorsque la corne n'est pas assez consistante : alors elle se fend, et il devient très-difficile de fixer solidement les fers.

La corne trop *sèche* ou trop *maigre* s'éclate et rend l'attache des fers assez difficile. La dureté de la corne est un autre inconvénient. La fourchette peut être aussi trop molle ou trop sèche, ou trop grasse ou trop maigre.

7. Robes des chevaux. — On appelle *robe* le poil dont le cheval est couvert. Le nom de la robe varie suivant sa couleur. On dit qu'un cheval a telle robe, comme on dit aussi qu'il a tel poil ou qu'il est sous tel poil. Voici les principales couleurs des robes : *noir,* se divisant en noir clair (mal teint), foncé (franc jayet) ; *blanc,* franc (mat ou de lait), jaunâtre, grisâtre (sale), bleuâtre (porcelaine) ; *alezan* jaunâtre (clair, soupe de lait, café au lait), rougeâtre (cerise) brunâtre (obscur foncé), noirâtre (brûlé) ; *bai* jaunâtre (clair), rougeâtre (sanguin ou cerise), brûnâtre (châtain, brun), mélangé (marron) ; *isabelle* jaunâtre (foncé), blanchâtre (clair) ; *souris,* clair, foncé ; *gris*, blanc (clair), bleuâtre (ardoisé), noir (foncé, sale, tourdille, étourneau) ; *aubert* blanchâtre (clair), nuances de l'alezan (clair), noirâtre (foncé) ; *louvet,* nuances de l'alezan (clair), noirâtre (foncé) ; *rouan,* nuances d'alezan (vineux), noirâtre (foncé) ; *pie,* blanc (blanc), noir (noir), divers (alezan, bai, aubert, etc.). Les robes présentent un grand nombre de particularités, telles que les reflets : l'*argenté,* pour les poils blancs ; le *doré,* le *cuivré,* le *bronzé,* pour les poils alezans et leurs dérivés ; le *miroité,* le *jayet,* reflet brillant qui ne se fait remarquer que sur le noir foncé. L'existence du luisant qui produit les reflets est subordonnée à l'état de la santé. Après les reflets viennent les mélanges de poils : le *pommelé,* le *moucheté* (mille fleurs ou fleur de pêcher) ; les chevaux ainsi vêtus se nomment *auberts* ou *pêchars* ; une robe à mouchetures jaunes est dite *truitée.* Le *zébré,* le *tigré,* le *marbré* ont pour base des raies ou marques noires, ou noirâtres, semblables à leur objet de comparaison. Dans le *zébré,* les raies sont transversales ; dans le *tigré,* ce sont de larges mouchetures ; dans le *marbré,* les taches ou raies sont très-inégales et irrégulières, comme on le remarque dans les marbres veinés. Le *tisonné* simule la trace noire d'un tison. Le *bordé* a des taches à bordures. *Marqué de feu* s'entend de certaines taches d'un roux plus ou moins vif. *Lavé* indique la couleur pâle qu'offrent certaines parties de la robe à l'extrémité des poils. *Rubican* signale la présence d'un certain nombre de poils blancs disséminés sur une robe que ce poil ne contribue pas à former. Un cheval dont la robe n'offre aucune marque blanche naturelle est *zain.* On donne le nom de taches de *ladre* à des espaces d'un rose fade et dénués généralement de poils. On appelle cheval *cap-de-*

maure celui dont la tête est noire et le reste du corps l'une autre couleur, et *nez de renard* celui qui a des marques de feu au nez et aux lèvres. Les taches blanches situées sur le front portent le nom de *marques en tête*, et quand elles sont rondes, on les nomme *pelotes* ou *étoiles*. Quand elles imitent une raie ou une bande, on les appelle *lisses* ou *listes*. Elles reçoivent le nom de *bordées*, quand leur circonférence, au lieu d'être nettement tranchée, présente un mélange de poils blancs et de ceux de la robe. On appelle *belle face* une marque blanche qui, à partir du front jusqu'au bout du nez, tient à peu près la largeur du chanfrein. Si les lèvres du cheval sont blanches, on dit qu'il *boit dans son blanc*.

8. Proportions. — Par *proportions*, on entend l'harmonie qui doit régner entre les parties du corps. Cette harmonie constitue ce que l'on appelle la *beauté* et dénote aussi l'excellence de l'animal. C'est essentiellement dans la disposition de la charpente osseuse que résident les bases des proportions. Bourgelat a choisi la tête du cheval pour unité de mesure; il la subdivise en trois primes, chaque prime en trois secondes, et enfin chaque seconde en vingt-quatre points, afin d'arriver à l'appréciation des parties. Mais la tête de l'animal peut elle-même pécher par un défaut de proportions; il faut alors chercher dans les autres parties du corps l'unité de mesure que la tête aurait donnée, si elle eût été proportionnée. Ainsi la longueur et la hauteur du corps, qui doivent être les mêmes, doivent donner pour produit cinq longueurs de tête. En prenant le cinquième de ces deux dimensions jointes ensemble, on retrouve encore la mesure générale que l'on cherche. C'est au moyen de ces divisions et subdivisions que Bourgelat établit les règles de proportions du cheval, règles dont les exceptions sont nombreuses et fréquentes. Dans un cheval de selle bien proportionné, la hauteur de l'animal, mesurée du sommet du garrot à terre, est de deux têtes et demie; la longueur du corps, prise de la pointe de l'épaule à la pointe de la fesse, est d'une étendue égale. Dès que la tête donnera, en hauteur ou en largeur, à l'animal mesuré, plus de deux fois et demie sa longueur, elle sera trop longue; si elle donne moins, elle sera trop courte. Dans l'un et l'autre cas, il faut abandonner la tête, prendre exactement la hauteur du cheval, diviser cette hauteur en cinq parties égales, prendre deux de ces parties que l'on partage en primes, secondes et points, comme on l'aurait fait pour la tête, et l'on a une mesure générale, telle que la tête bien proportionnée l'eût fournie. Ceci posé, voyons les principales proportions du cheval :

Trois longueurs de tête donnent la hauteur du cheval du sommet de la nuque à terre, pourvu que sa tête soit bien placée. *Deux têtes et demie* égalent la hauteur du corps du sommet du garrot à terre et la longueur mesurée de la pointe de l'épaule à la pointe de la fesse. *Une tête entière* donne la longueur de l'encolure de la partie postérieure de la nuque au sommet du garrot; l'épaisseur et la largeur du corps prise d'un côté à l'autre, et la hauteur du corps du milieu du dos au milieu du ventre. *Une tête* mesurée de la nuque à la commissure des lèvres égalera la largeur de la croupe prise d'un angle à l'autre; la longueur de la croupe de l'angle de la hanche à la pointe de la fesse; la hauteur de la croupe vue latéralement et mesurée du même angle au grasset; la longueur des jambes, du grasset à la partie saillante et latérale du jarret; la hauteur du jarret à terre; la longueur de l'avant-bras, de la pointe du coude au pli du genou; enfin, la hauteur de ce même pli jusqu'à terre. *Deux fois* cette dernière mesure donnent la distance du sommet du garrot à la rotule, et de la hanche à la pointe du coude. *Deux primes*, ou, en d'autres termes, deux tiers de la longueur de la tête doivent donner la largeur du poitrail d'une pointe de l'épaule à l'autre. *Une demi-tête* égale la distance qu'il y a entre la pointe de l'épaule et celle du coude. *Une prime* donne la distance entre le sommet du toupet et une ligne qui passerait par les points les plus saillants des orbites; la largeur de la tête au-dessous des paupières inférieures; la longueur latérale de l'avant-bras de sa naissance antérieure à la pointe du coude. *Deux secondes*, ou deux neuvièmes de la longueur de la tête, donnent la distance des avant-bras d'un ars à l'autre, la largeur latérale de la jambe près du jarret, et l'abaissement du dos par rapport au sommet du garrot. — *Une seconde et demie* doivent égaler la largeur de la couronne des pieds antérieurs mesurés en tous sens; la largeur de la couronne des pieds postérieurs d'un côté à l'autre seulement; la largeur du genou vu de face, et l'épaisseur des jarrets. *Deux secondes et six points* donnent à peu près la largeur du jarret du pli à la pointe. — *Une seconde et seize points* mesurent la largeur du genou vu latéralement et sa longueur.

Quelques exemples feront comprendre la nécessité du rapport proportionnel des différentes parties du corps entre elles. Une tête longue doit augmenter le poids des parties antérieures; dans l'action d'avancer, les membres antérieurs trop chargés se relèveront plus difficilement, la marche sera retardée, les membres postérieurs viendront frapper les antérieurs, et l'animal forgera. Cette défectuosité, considérée dans le cheval de selle, doit avoir de l'influence sur l'embouchure, car l'angle résultant des rênes et du mors étant plus aigu, la pression de ce mors sur les barres doit augmenter. Une tête courte aura des inconvénients contraires. Une encolure trop longue surcharge l'avant-main, attendu le plongement de l'espèce de bras de levier auquel la tête est suspendue. Ce défaut devient plus grave lorsque l'encolure est droite et grêle, parce que les muscles de cette partie manquent alors du développement qui leur est nécessaire pour faire mouvoir la tête avec facilité. Le trop de brièveté de l'encolure existe rarement sans que cette partie soit plus épaisse et sans que la tête de l'animal soit mal attachée. L'encolure ainsi conformée rend le cheval peu souple et peu maniable. Dans le cas où l'encolure courte est en même temps grêle, les muscles de cette partie manquent de force, la tête est portée basse, le cheval bute, pèse sur la bride et se ruine promptement des parties antérieures. La longueur excessive du corps entraîne toujours la faiblesse de l'animal; l'épine est alors plus flexible et les muscles sont obligés à des efforts bien plus grands pour prévenir les effets de cette flexibilité. Le sujet s'épuise donc au travail, surtout très-facilement, si on l'emploie à la selle ou pour porter le bât. Lorsque le corps de l'animal est trop court, sa force est nécessairement plus grande; mais ses réactions sont dures et se font désagréablement sentir au cavalier. Nous pourrions multiplier bien davantage les observations de ce genre; mais les exemples que nous venons de citer doivent suffire pour faire sentir la nécessité des proportions. On ne peut cependant exiger qu'elles soient rigoureusement exactes. Elles doivent même un peu varier, suivant les exercices auxquels on soumet les animaux. Il est nécessaire de se rappeler que les mesures que nous venons de donner d'après Bourgelat, ne sont applicables qu'aux chevaux de selle et de luxe. Celles des chevaux de trait n'ont été indiquées par personne. Mais, sans avoir recours à une mesure, l'œil exercé d'un homme habitué à voir et à juger des chevaux, compare rapidement les différentes parties entre elles et voit sans peine si elles sont en harmonie et dans un aplomb parfait.

Voici l'étendue que doit avoir chaque partie pour un cheval de 5 pieds (1 mètre 624 mill.) : Longueur de la tête, 650 mill.; épaisseur de la tête au niveau des orbites, 217 mill.; du boulet, d'un côté à l'autre, 61 mill.; de l'avant-bras, 117 mill.; du genou, 108 mill.; d'une pointe du bras à l'autre, 433 mill.; espace entre les genoux, 113 mill.; épaisseur du corps, 650 mill.; de la croupe au niveau des hanches, 532 mill.; du boulet, 81 mill.; de l'encolure vers son milieu, 180 mill.; du jarret, espace entre les jarrets, 108 mill. Pour un cheval de 1 mètre 163 mill., les mesures correspondantes sont : 607 mill. — 203 mill. — 77 mill. — 108 mill. — 102 mill. — 406 mill. — 106 mill. — 607 mill. — 487 mill. — 77 mill. — 177 mill. — 102 mill. — La tête adoptée pour commune mesure se fractionne en *primes ;* la tête contient 3 primes ; la prime, 3 *secondes* ; la seconde, 3 *points*. La tête variant de longueur, les primes, les secondes et les points sont également variables. Pour un cheval de 1 mètre 624 mill., une prime répond à 277 mill. ; une seconde, à 72 mill. ; un point, à 2 mill. Pour un cheval de 1 mètre 515 mill., une prime répond à 203 mill. ; une seconde, à 68 mill. ; un point, à 2 mill.

9. Aplombs. — Les aplombs chez les chevaux consistent dans la répartition régulière du corps sur les quatre membres, dans la justesse de la direction de ces membres et dans l'appui des sabots sur le sol par toute leur circonférence. Les aplombs sont de la plus haute importance, puisque d'eux dépend la bonne disposition des extrémités. Telle doit être la direction des membres antérieurs, qu'une ligne verticale tirée du tiers postérieur de la partie supérieure de l'avant-bras, doit partager également ces deux parties, le genou, le canon et le boulet, et qu'une seconde ligne verticale, tirée de la pointe de l'épaule, doit tomber à l'extrémité de la pince. Ces mêmes membres, vus de face, devront avoir le genou, le canon, le boulet et toutes les autres régions inférieures, partagées en deux parties égales par une ligne verticale abaissée du milieu de la partie inférieure de l'avant-bras. Quant aux membres postérieurs, une verticale, abaissée du milieu de la largeur de la pointe du jarret, partagera également la largeur de toutes les régions inférieures ; une seconde verticale abaissée du grasset doit correspondre à l'extrémité de la pince. Voilà les vraies lignes d'aplomb qui assurent la stabilité certaine de l'animal. Ces directions, néanmoins, ne sont que trop souvent interverties, soit dans la totalité du membre, soit dans quelques-unes de ses portions. La verticale qui passe par l'articulation du bras avec l'omoplate, au lieu de répondre à l'extrémité de la pince, la laisse-t-elle en arrière, l'animal est dit *sous lui ;* il porte beaucoup plus sur la pince que sur le reste du pied ; son allure n'est jamais sûre, elle est constamment rétrécie ; l'inclinaison des extrémités préposées pour le soutien de l'avant-main le met toujours sur le penchant de sa chute ; elle accroît le fardeau dont ces extrémités sont chargées ; elle assujettit, elle oblige le cheval à une flexion plus grande et plus laborieuse du genou pour la levée de la jambe ; encore ne bute-t-il pas moins souvent, vu l'énorme difficulté qu'il a de dégager le pied, qui ne peut que heurter souvent les

corps dépassant le niveau du terrain, et le sol même sur lequel il chemine. Il est sans cesse en danger de s'atteindre avec les pieds postérieurs, etc. La pince, au contraire, est-elle en avant de cette même verticale, le poids portera plus sur le talon que sur toute autre partie de la base ; le bras du levier résultant de l'encolure se trouvera plus court, le poids de la tête contre-balancera donc une moins grande partie de celui du corps, et les muscles seront astreints à un travail plus considérable ; la marche sera aussi plus raccourcie, parce que la jambe embrassera d'autant moins de terrain à chaque foulée, qu'elle se trouvera naturellement plus en avant de la verticale dont il s'agit : autrement elle ne se poserait sur le sol qu'en contre-bute, et s'opposerait incontestablement à la progression de la machine. Ce dernier défaut existant dans les parties postérieures, l'animal sera, pour ainsi dire, acculé par cette conformation très-vicieuse; le fardeau écrasera en quelque façon les jarrets, sur lesquels il portera plus sensiblement, et les ruinera bientôt. Ces parties, trop fléchies dans le repos, seront encore, lors de l'action, beaucoup plus bornées dans leur mouvement de détente, attendu que la pointe du jarret aura beaucoup moins de jeu. L'allure, enfin, n'en sera pas moins raccourcie, par la nécessité où sera l'animal de détacher de terre successivement chaque pied postérieur beaucoup plus tôt qu'il ne l'aurait fait, si le jarret eût été moins coudé, attendu qu'alors il aurait pu s'étendre davantage sur le même point du sol. Que si le défaut opposé subsiste, si la pince est trop en arrière de la verticale, les mêmes inconvénients visibles dans un cheval en qui les extrémités postérieures sont trop courtes, seront les résultats de cette difformité qui constitue l'animal dans l'impossibilité de percuter avec la même force et dans le même sens qu'il l'aurait fait, s'il eût été bien proportionné et dans son juste *aplomb*, les extrémités dont il est question ne pouvant ici s'approcher assez de la ligne de direction du centre de gravité, et les détentes ne s'effectuant aussi que de la perpendiculaire en arrière.

En supposant encore que la verticale menée du tiers postérieur de la sommité des avant-bras sur le sol, et la verticale conduite de la pointe du jarret à terre, bien loin de diviser également la largeur des parties inférieures, les laissent plus ou moins sensiblement d'un côté ou d'un autre, c'est-à-dire en dehors ou en dedans : dans la première de ces circonstances, l'animal sera plus stable dans le repos, quoique la masse appuie alors toujours plus sur le quartier de dedans que sur celui de dehors ; mais on peut dire que sa stabilité sera due à une force surnuméraire, inutile et mal appliquée. D'ailleurs, son pas sera pénible, à cause de la contrainte dans laquelle il sera de rejeter le poids à chaque temps sur les extrémités qui doivent le porter. De là résulte une vacillation ou un bercement perpétuel, tel que celui que l'on remarque dans la plupart des chevaux qui *amblent*, à l'exception qu'ici le mouvement a plus de lenteur, tandis que dans les *ambleurs* il n'en est que plus rapide. Dans le cas, enfin, où les extrémités sont hors de la ligne en dedans, l'expérience a suffisamment prouvé que l'animal est ordinairement plus faible, qu'il se coupe, qu'il s'attrape, etc. En ce qui concerne les pièces particulières qui, mal abouties, peuvent fausser l'aplomb, ainsi qu'on le voit dans les chevaux *panards*, *cagneux*, *brassicourts*, et dans ceux qui ont des *genoux de bœuf*, dont les boulets, ou le paturon, ou la couronne se jettent de côté et quittent la ligne, etc., on comprend que le fardeau, tendant perpétuellement à resserrer davantage l'angle contre nature qui résulte de ces positions défectueuses, les muscles, qui font obstacle et qui s'opposent à ce resserrement, sont dans une action continuelle et forcée, et par conséquent en danger de succomber bientôt. Il n'est pas douteux aussi que le fardeau se trouve, dans les abouts, ainsi que dans le pied, porté seulement sur quelques points, au lieu de reposer, comme il le devrait, sur la totalité, ce qui nuit infailliblement à la solidité de l'édifice.

10. Mouvements et allures. — Les qualités que l'on doit rechercher dans le cheval sont la force, la légèreté, le courage, et un tempérament ni trop ardent ni trop tardif. Si à ces qualités se joignent de justes proportions, et l'exemption des vices principaux des membres, il se trouvera, dans toutes ses actions, naturellement uni, la tête ferme et assurée, le devant léger, les hanches affermies, les allures franches, sûres, nullement pénibles et toujours gracieuses; dans ses mouvements hauts et relevés, on verra la correspondance merveilleuse de ses parties entre elles et avec le tout ; ses sauts, qui ne seront pas désordonnés et qui ne tiendront en aucune manière de ce que nous appelons *défense*, seront le produit de sa force et de sa gaîté; il les effectuera toujours en avant et librement. Livré à un homme de cheval, son obéissance sera prompte et entière ; s'il paraît se refuser à ce qu'il lui demandera, ce ne sera qu'en voulant prévenir sa volonté et en se reportant aux premières leçons qu'il en aura reçues. Le cheval vigoureux, mais moins voisin de la perfection, s'annonce d'abord par sa construction, son action fait ensuite connaître son fond. Elle est exécutée avec une sorte d'ensemble, sans mollesse, avec une vivacité qui se soutient longtemps ; elle

est la même au moment où l'on commence et au moment où l'on finit de l'éprouver. La faiblesse est dénotée par diverses actions, selon les causes ou selon les parties où elle réside. Lorsqu'elle tient à la constitution de la machine, tous les mouvements de l'animal s'en ressentent; ils sont bientôt épuisés, et il se déprécie toujours davantage. La légèreté dépend de la conformation et de la justesse des proportions des membres; aussi accompagne-t-elle très-souvent la force. On la reconnaît à l'agilité naturelle qui se montre dans toutes les actions de l'animal. Le cheval pesant est pour l'ordinaire chargé de tête, de cou et d'épaules; ses pieds ont un volume excessif; il est des chevaux bas du devant, ou longs du corps, et qui, par conséquent, ont les reins faibles; d'autres les ont durs et peu flexibles; il en est encore qui, provenant de père et mère mal assortis, tiennent le devant de l'un et le derrière de l'autre, et sont tellement décousus, que ces deux parties sont comme disjointes en eux. Quoi qu'il en soit, leurs mouvements sont directement opposés à ceux qui caractérisent le cheval léger. L'action de leurs membres est toujours lourde et tardive; ils ne sont capables d'aucune des allures qui exigent de la célérité; ils ébranlent, pour ainsi dire, par leur poids, le sol sur lequel ils heurtent et retombent; et l'impossibilité dans laquelle ils sont d'en détacher la masse dont ils le surchargent fait qu'ils ne le quittent jamais entièrement. Le courage n'est autre chose, dans l'animal, qu'une volonté constante d'exécuter et d'obéir; la disposition à la soumission et la franchise en sont donc les premiers témoignages. L'œil des chevaux doués de cette qualité l'annonce aussi. Leur détermination est toujours en avant, ils ne se refusent point à l'étendue, à l'alongement et à l'élévation possibles à leurs membres; leur action n'est jamais limitée, et elle est constamment exécutée avec toute la force et tout le nerf qui leur ont été départis. Le vrai défaut de courage ou la mauvaise volonté réelle réside donc dans l'intérieur de l'animal, et se montre au dehors par tous les signes qui annoncent la malignité, la poltronnerie, l'ardeur superflue, etc. L'œil couvert en est un indice; mais la preuve la moins suspecte est celle que l'on tire de l'opiniâtreté constante de l'animal à se retenir et à borner ses mouvements sous lui, quelque effort que l'on puisse faire pour le solliciter à un développement par le moyen duquel il embrasserait franchement le terrain. Le mouvement d'un cheval de bon tempérament est prompt; celui d'un cheval ardent, toujours pressé; celui d'un cheval paresseux, constamment tardif. Les allures du premier ne sont jamais qu'au degré de célérité auquel on veut les porter; celles du second, dont la vivacité est excessive, ne peuvent être que très-difficilement tempérées, surtout quand il est mu par quelques passions, et son ardeur lui est aussi nuisible qu'elle est fatigante pour l'homme ; celles, enfin, du troisième sont retenues, en ce que chaque action de ses membres est languissante ; il demande à être sans cesse sollicité et poussé ; il ne répond que pour un instant à ces sollicitations et aux différents moyens auxquels on a recours, car il en revient bientôt à tout ce qui caractérise en lui la paresse ; et, insensiblement accoutumé aux excitations répétées, il s'endurcit tellement que son insensibilité prive le cavalier de toutes ressources.

Les allures du cheval sont de deux sortes : naturelles et artificielles. Le pas, le trot et le galop sont compris dans les premières. On compte une quatrième allure naturelle, l'amble ; mais elle est défectueuse, et ne dérive de la nature que dans un petit nombre de chevaux. A l'égard de certains trains rompus et désunis, tels que l'entrepas, qui tient du pas et de l'amble, et l'aubin qui tient du trot et du galop, ils annoncent la faiblesse et la ruine de l'animal, et ne doivent pas être, par conséquent, mis au rang des allures dont il s'agit. Les allures que l'on nomme, en terme de manége, artificielles, ou *airs*, ne sont que l'effet et la suite d'une éducation donnée par des maîtres habiles, et cette éducation ne se suppose que rarement dans un cheval dont on fait choix.

11. Choix du cheval. — Suivant Abd-el-Kader, un cheval de race est celui qui a : 1° trois choses longues : les *oreilles*, l'*encolure*, les *membres antérieurs ;* 2° trois choses courtes : l'*os de la queue*, les *membres postérieurs*, le *dos ;* 3° trois choses larges : le *front*, le *poitrail* et la *croupe*. Il doit avoir le garrot élevé, les flancs évidés dépourvus de chair. Les Arabes tiennent beaucoup à ce que le cheval ait quelques rapports pour les formes avec certains animaux ; suivant eux, la jument doit prendre le courage et la largeur de la tête du sanglier ; la grâce, l'œil et la bouche de la gazelle ; la gaîté et l'intelligence de l'antilope ; l'encolure et la vitesse de l'autruche ; le peu de longueur de la queue de la vipère. La science du cheval, chez les Arabes, est résumée dans un grand nombre de proverbes. En voici quelques-uns, que nous devons principalement au remarquable Traité des chevaux du Sahara, dû à la plume élégante du général Daumas : « Fais manger le poulain d'un an, il ne se fera pas d'entorses ; monte-le de deux à trois ans, jusqu'à ce qu'il soit soumis ; nourris-le bien de trois à quatre. Remonte-le ensuite ; s'il ne convient pas, vends-le sans balancer. Préfère le cheval de montagne au cheval de

plaine, et celui-ci au cheval de marais, qui n'est bon qu'à porter le bât. Un bon cavalier doit connaître la mesure d'orge qui convient à son cheval aussi bien que la mesure de poudre qui convient à son fusil. Quand tu viens d'acheter un cheval, étudie-le avec soin, donne-lui l'orge progressivement, jusqu'à ce que tu sois arrivé à la quantité qu'exige son appétit. Pour préparer un cheval trop gras aux fatigues de la guerre, fais-le maigrir par l'exercice, jamais par la privation de nourriture. Ne fais boire qu'une fois par jour à une ou deux heures de l'après-midi, et ne donne l'orge que le soir au coucher du soleil; c'est une bonne habitude de guerre, et, en outre, c'est le moyen de rendre la chair du cheval ferme et dure. Ne laisse pas ton cheval à côté d'autres chevaux qui mangent l'orge sans qu'il en mange aussi. Ne fais jamais boire après avoir donné l'orge, ce serait tuer ton cheval. Un cavalier ne doit jamais faire courir son cheval en montant ou en descendant, à moins qu'il n'y soit forcé; il doit, au contraire, ralentir le pas. Dans les temps chauds, reculez l'heure de l'abreuvoir et avancez l'heure de la musette; dans les temps froids avancez l'heure de l'abreuvoir, et reculez l'heure de la musette. Le cheval marche avec la nourriture de la veille et non avec celle du jour. Les plus grands ennemis du cheval sont le repos et la graisse. Le plus excellent des chevaux est l'alezan; le plus rapide le bai; le plus énergique le noir; le plus béni celui qui a le front blanc. Qu'aimes-tu mieux, demandait-on au cheval, de la montée ou de la descente? Il répondit : « Que Dieu maudisse leur point de rencontre! » Lorsqu'en marche vous avez un vent très-fort en tête, arrangez-vous, s'il est possible, pour l'éviter à votre cheval, vous lui éviterez des maladies. Le lion et le cheval se disputaient pour savoir celui qui avait la meilleure vue. Le lion vit, pendant une nuit obscure, un poil blanc dans du lait, le cheval un poil noir dans du goudron; les témoins se prononcèrent en faveur de ce dernier. L'homme le plus intelligent peut se tromper, le sabre le plus tranchant peut trahir, et le cheval le plus noble peut broncher. » L'usage auquel on destine un cheval doit en déterminer et en fixer le choix. On demande que le *cheval de manége* ait de la beauté et de la grâce, qu'il soit nerveux, léger, vif et brillant, que ses mouvements soient liants et souples, que sa bouche soit belle, et surtout que ses reins et ses jarrets soient solides, etc. Dans le *cheval de voyage*, on exige une taille raisonnable, un âge fait, tel que celui de six ou sept années, des jambes sûres, des pieds parfaitement conformés, un ongle solide, une grande légèreté de bouche, beaucoup d'allure, une action souple et douce, de la tranquillité, de la franchise; on doit rejeter avec soin l'animal ardent, paresseux, et délicat en ce qui concerne la nourriture. Le *cheval de selle* doit présenter sûreté dans la marche et faculté de vitesse. C'est surtout dans la disposition des os de la colonne vertébrale, dans le degré de résistance des ligaments, dans la force des muscles, dans la liberté des mouvements de chaque membre, dans leur attache solide au tronc, et dans celle de leurs articulations entre elles, que consiste la solidité du cheval de selle. La saillie des éminences du garrot, tant pour la position de la selle que pour le support facile du fardeau, l'arrondissement des côtes, le développement de la poitrine, l'intégrité si essentielle des organes digestifs, le libre exercice des sens, la construction la plus heureuse du pied, la solidité de la corne qui l'entoure: telles sont les principales conditions que doit offrir ce cheval. Ses allures, soit qu'il soit monté, soit qu'il ne le soit pas, doivent être franches, brillantes et distinctes en leurs divers temps. La liberté des membres du devant est une des conditions les plus essentielles; et elle n'est pas moins nécessaire que la vigueur et la force du mouvement dans les extrémités postérieures. Il n'est pas de cheval irréprochable; le plus parfait est celui qui présente les défectuosités les moins graves; celles de l'arrière-main, qui ne nuisent qu'à la vitesse, sont bien moins à craindre que celles des membres antérieurs dans lesquels réside la solidité. Les meilleurs aplombs pour les chevaux de selle sont ceux qui garantissent le mieux la liberté des mouvements. Il importe qu'ils soient plus rigoureusement parfaits dans le devant que dans les membres postérieurs.

Quant au *cheval de chasse*, on désire qu'il ait du fond et de l'haleine, que les épaules en soient plates et très-libres; qu'il ne soit point trop raccourci de corps; que la bouche en soit bonne, qu'elle ne soit point trop sensible; qu'il soit plutôt froid qu'ardent à s'animer, qu'il soit doué de légèreté et de vitesse, etc. La tranquillité, la docilité, l'exacte obéissance, la bonté de la bouche, des allures sûres et douces, une taille médiocre, une franchise à l'épreuve de tous les objets capables d'effrayer et d'émouvoir, sont les qualités que l'on doit rechercher dans les *chevaux de promenade* et dans les chevaux de femme. Quant aux *bidets de poste*, on doit plutôt considérer la bonté de leurs jambes et de leurs pieds que leur physionomie, et que les qualités de leur bouche; il faut nécessairement qu'ils galopent avec aisance, et de manière que la dureté ou la force de leurs reins n'incommode point le cavalier. Trop de sensibilité serait, au surplus, en eux un défaut d'autant plus grave, que l'inquiétude qui résulterait des mouvements désordonnés des jambes des différents courriers qui les montent et de l'approche indiscrète et continuelle des éperons, les rendrait bientôt rétifs et ramingues. Dans le genre des *chevaux de tirage ou de bât*, il en est de plus ou moins fins et de plus ou moins grossiers. Des chevaux bien tournés et bien proportionnés, d'une taille de 1 mètre 621 mill. jusqu'à 1 mètre 711 ou 757 mill., parfaitement relevés du devant, bien traversés, dont les épaules ne seront pas trop chargées, dont le poitrail ne péchera pas par un excès de largeur; dont les jambes, plates et larges, ne seront pas garnies d'une infinité de poils; dont les jarrets seront nets, amples, bien évidés, bien conformés; dont les pieds seront bons; qui auront de la grâce et beaucoup de liberté dans leurs mouvements, qui seront justement appareillés de poil, de taille, de marques, de figure, d'inclination, d'allure et de vigueur, formeront des *chevaux de carrosse* qui auront de la finesse, et qui seront préférables à tous ceux sur lesquels on pourrait jeter les yeux, lorsqu'on souhaitera des chevaux beaux, brillants et d'un très-bon service. Les autres chevaux de tirage seront plus ou moins communs selon leur structure, leur épaisseur, la largeur de leur poitrail, la grosseur de leurs épaules plus ou moins charnues, leur pesanteur, l'abondance et la longueur des poils de leur jambe, etc. Il en sera ainsi des différents chevaux de bât et de somme qui doivent avoir aussi beaucoup de reins, et ce n'est véritablement qu'au moyen d'une attention scrupuleuse à toutes ces distinctions qu'on peut approprier le choix de l'animal à l'emploi qu'on en peut faire.

12. Examen du cheval dans l'action. Lorsqu'on veut acheter un cheval, le trot en main est communément l'allure ou la première épreuve à laquelle on le soumet après l'avoir examiné et en avoir considéré toutes les parties. Cette action ne peut être ici unie et soutenue telle qu'elle le serait dans un cheval instruit, exercé, et qui serait sous l'homme; mais on exige qu'elle soit ferme et prompte; que la manœuvre des membres soit libre sans cependant que l'action des épaules et des bras soit trop élevée, car, toute séduisante que soit cette allure, elle occasionne bientôt la ruine des jambes et des pieds; que l'animal montre de la légèreté; que le derrière chasse le devant avec franchise; que la tête soit haute naturellement, sans le secours trompeur de la main du palefrenier qui le fait trotter et de la branche demésurément longue du filet, par le moyen de laquelle on relève frauduleusement cette partie; que les reins soient droits; que les mouvements de l'avant et de l'arrière-main soient uniformes; que l'animal ne se berce point, c'est-à-dire que la croupe ne balance pas alternativement à chaque temps; qu'il embrasse dans une

juste proportion le terrain; qu'il trotte devant lui sans forger, sans s'entre-tailler, sans s'attraper, sans billarder ou sans jeter ses jambes antérieures en dehors : elles ne doivent pas, en effet, s'écarter de la ligne du corps; il faut, au contraire, que les jambes posterieures les dérobent à l'œil de l'acheteur placé directement derrière le cheval, pour s'assurer de toutes ces différentes conditions, et d'une multitude d'autres points relatifs à tout ce que nous avons observé jusqu'ici. Néanmoins, cette position, à laquelle on se borne ordinairement, n'est pas l'unique et n'est pas même celle qui peut permettre de juger parfaitement du véritable accord du mouvement des membres entre eux. Il est essentiel de rechercher s'il y a égalité dans l'action de chaque jambe. Comment y parvenir, si l'on ne se met à portée d'en saisir les différences en voyant le cheval de profil? Dès lors, chaque membre agissant à découvert, il est facile d'en comparer l'élévation, la progression et la vitesse. Ce n'est même que par cette voie qu'on peut apercevoir un défaut presque imperceptible de justesse, qui naît assez souvent plutôt de la faiblesse de l'un de ses membres que d'un mal réel, et qui n'en est pas moins la cause d'une claudication légère, qui échappe toujours quand on ne considère l'animal que de face, ainsi qu'il est d'usage. Les yeux, dans cette situation, seraient encore plus aisément frappés de l'irrégularité ou de l'inégalité des mouvements dans l'allure du pas, puisque ces mêmes mouvements sont moins rapides. Le cheval lève-t-il une jambe de devant, on verra si cette action est faite avec hardiesse et avec facilité, si le genou est suffisamment plié, si cette même jambe parvient à une élévation convenable, si, lorsqu'elle y est parvenue, elle s'y soutient un certain espace de temps; si dans la foulée, son appui sur le sol est ferme, si l'action de chaque membre est en raison de celui qui lui correspond; en un mot l'animal, étant répréhensible dans quelques points de sa marche, ses défauts seraient bien plus tôt aperçus. C'est aussi l'allure du pas qu'il faut principalement exiger d'abord d'un cheval que l'on fait monter devant soi. On se mettrait plus sûrement à l'abri de la fraude en le montant soi-même, puisque la sensation personnelle se joindrait alors aux différentes remarques que l'on aurait pu faire, soit dans la station, soit quand l'animal a été trotté et conduit en main, soit quand il a été et qu'on l'a vu sous l'homme. En pareil cas, jamais on ne doit débuter par des aides propres à l'animer et à le rechercher. On l'observe attentivement au moment du départ; on examine si ce premier mouvement est opéré librement, de bonne volonté et sans aucune actiondésordonnée de la tête. On l'éloigne peu à peu du lieu où le marchand le met en montre; s'il témoigne de l'ardeur, on l'apaise; on ne lui demande rien, on ne le tient point, on le laisse marcher et cheminer quelque temps à son gré, et l'on voit insensiblement ensuite, en le renfermant et même en l'attaquant par degrés, s'il demeure placé, s'il aura de la franchise, de l'appui, s'il est libre, à toutes mains, etc. Le cheval qui tend le nez à l'encolure est généralement lourd et difficile à conduire. Celui dont l'encolure est très-relevée, rejetée même en arrière dans le genre du cerf et du chameau, est ordinairement léger et vite; mais, mal conduits, les cheveaux de ce genre sont exposés à s'emporter, à se défendre, et à donner des coups de tête en arrière, qui peuvent blesser gravement. Il existe aussi des chevaux dont l'encolure est tellement convexe en avant, que les branches du mors viennent s'appuyer dessus, et s'opposent ainsi à tout effet certain. Le cheval qui *s'encapuchonne* porte la tête tellement en arrière, que le menton ou les branches du mors s'appuient quelquefois sur le poitrail. L'encolure appelée ***rouée*** ou ***cou de cygne*** favorise singulièrement ce défaut, qui expose à buter et à se heurter contre tous les obstacles. Une grande sensibilité de la bouche rend encore moins dirigeable le cheval qui porte au vent. Le défaut de s'encapuchonner s'aggrave par excès de longueur de l'encolure, par son volume ainsi que par celui de la tête, par le poids de l'avant-main, par la faiblesse de cette partie soit dans ses mouvements, soit dans sa construction. L'insensibilité des barres augmente les désavantages de ces deux défectuosités.

13. — Alimentation. Le régime suivant met promptement un cheval en état: quatre repas par jour; à cinq heures du matin, seigle; à onze heures, pommes de terre cuites et encore chaudes ou carottes; à quatre heures, avoine; à neuf heures du soir, graine de lin avec orge ou son; avec cela, bon foin, trèfle, luzerne secs, eau blanchie de son ou de farine à discrétion. Voici les mélanges usités en Angleterre pour la nourriture des chevaux :

	1er repas. kil.	2e repas. kil.	3e repas. kil.	4e repas. kil.
1° Substances farineuses, grains moulus ou concassés, féveroles, pois, blé, orge ou avoine.	2, 3	2, 3	4, 5	2, 3
2° Son.	» »	» »	» »	3, 1
3° Pommes de terre cuites et broyées.	2, 3	2, 3	» »	» »
4° Dreche fraîche.	2, 6	» »	» »	» »
5° Foin coupé au hache-paille. .	3, 1	3, 6	4, 5	3, 6
6° Paille coupée au hache-paille.	3, 2	4, 4	4, 5	3, 6
7° Orge maltée moulue en tourteaux.	» »	0, 9	» »	0, 9
	13, 5	13, 5	13, 5	13, 5

A chaque mélange on ajoute 28 grammes de sel. Les chevaux de labour qu'on nourrit au sec à l'écurie, doivent recevoir par jour 6 à 7 kil. de foin, 1 déc. d'avoine pesant 4 à 5 kil., et 1 kil. 1/2 de paille de seigle et de trèfle hachés; les chevaux de carrosse, la même quantité de paille de seigle et de trèfle hachés, 1 déc. d'avoine et 5 kil. 1/2 de foin; les chevaux de selle, 1 déc. d'avoine et 4 kil. 1/2 de foin; enfin les chevaux de voituriers, 8 kil. de foin, et 2 à 3 déc. d'avoine, lorsqu'ils charrient par jour 7 à 8 quintaux métriques à la distance de 16 kil. Si ces animaux ne sont assujettis qu'à des travaux peu pénibles, ou ne sont pas occupés continuellement, on peut les nourrir simplement avec du fourrage vert et sec, de l'herbe, du trèfle, du foin, de la paille, de la balle, en leur donnant pendant l'hiver un supplément de racines. Le son n'est pas compté aux chevaux, parce qu'il passe vite et ne nourrit pas. Il ne faut pas les nourrir d'avoine seule; c'est une nourriture trop substantielle et trop chaude, qui dans ce cas engendre des maladies. Les chevaux maigres demandent à être nourris d'une manière plus solide que les gras : le repos est aussi nécessaire pour remettre les chevaux en embonpoint, parce que le travail dissipe la plus grande partie de la réparation produite en eux par la nourriture; aussi, les chevaux qui travaillent beaucoup mangent bien plus que les autres. Les chevaux de manége demandent peu de nourriture, parce que leur travail est médiocre et ne leur occasionne pas de grandes fatigues. On doit proportionner le foin au tempérament du cheval et en donner moins à un cheval gras qu'à un cheval maigre; la trop grande quantité est nuisible, surtout aux chevaux fins. Le foin est plus ou moins bon, suivant le terrain qui le produit. Celui des prés bas est très-inférieur en qualité à celui des prés élevés. La gerbe fraîchement battue entretient mieux les chevaux et leur donne une meilleure graisse que le foin, qui les rend lourds et pesants. Le foin convient pourtant fort bien aux chevaux à intestins étroits. La paille, que, du reste, il ne faut jamais donner seule, ne les fait pas aussi bien profiter, à moins qu'ils n'aient le flanc altéré, elles les engraisse bien moins que le foin. C'est pourquoi il faut donner plutôt du foin que de la paille à un cheval que l'on veut rendre gras, à moins qu'il ne soit poussif; car le foin nourrit et provoque à boire plus que ne fait la paille. C'est aussi pourquoi l'on donne aux chevaux chargés d'encolure plutôt du foin que de la paille, parce que la paille fait augmenter le volume de la chair. Si l'on donne de l'orge au cheval, il faut qu'elle soit pure, compacte, pesante et saine; il faut en outre qu'elle ait été récoltée depuis longtemps.

La luzerne ne doit pas lui être donnée en abondance : il est prudent de la mélanger. La luzerne mouillée ou donnée avant l'épanouissement de ses fleurs provoque de fréquentes indigestions. Mêlée avec de la paille hachée, elle convient surtout aux juments, dont elle augmente le lait. Les rations de sainfoin doivent être données avec discrétion. Le trèfle a la propriété d'engraisser promptement le cheval; mais il présente les mêmes dangers que la luzerne, et, comme elle, il doit être employé avec précaution.

Le tempérament, l'âge des chevaux et une foule d'autres circonstances établissent des différences dans la manière de les nourrir. Un poulain, dont on n'exige aucun travail et qui n'est pas exposé à l'injure du temps n'a pas besoin d'une nourriture aussi solide que le cheval qui travaille; dès que le poulain est sevré, on le nourrit avec du bon foin, de la farine d'orge et de l'avoine, le tout en très-petite quantité. Le jeune cheval doit avoir une nourriture plus abondante que le vieux. Les chevaux sanguins et colériques doivent être nourris modérément, les colériques surtout qui toujours ont le sang fougueux. Il ne faut pas à ces derniers de nourriture échauffante, et il est fort utile de leur faire boire très-souvent de l'eau blanche. Les aliments légers conviennent surtout aux chevaux frappés de mélancolie. Lorsqu'on est réduit à remplacer une denrée par une autre, les substitutions peuvent se faire ainsi : le foin est remplacé par le double de paille, et la paille par moitié de foin. Le foin nouveau, lorsqu'on est obligé d'en nourrir les chevaux, ne doit être admis que pour les cinq sixièmes. Au surplus, le foin de la première récolte leur est toujours plus convenable. Le regain ne convient qu'aux chevaux de vil prix ou aux bêtes de somme; aux bœufs, aux vaches, etc. Cependant, il est possible d'en tirer un excellent parti en le mêlant à la paille de la manière suivante. On fait hacher, au moyen du hache-paille rotateur, de la paille, en quantité égale à la masse de regain que l'on pense faucher, et l'on met en réserve les balles de blé, d'avoine, et quelquefois d'orge que l'on fait autant que possible purger de poussière. L'herbe étant fauchée, on la retourne une fois, et lorsqu'elle est fanée, on porte dans le pré la paille hachée et la balle d'avoine, et on la stratifie par couches avec l'herbe. Si le temps le permet, on retourne une fois; dans le cas contraire, on laisse le foin se faire en meules, ou on le rentre pour le stratifier dans la grange et l'étendre autant de fois que la nécessité le demande. Par cette précaution la paille devient molle, douce, savoureuse et contracte un bon goût de foin qui la fait rechercher avec avidité par tout le bétail.

Si le temps est fâcheux, on rentre au premier moment favorable, puis on met en tas à couvert, en posant par couches herbe et paille; mais l'herbe est au préalable mélangée avec des balles de blé ou d'avoine, afin d'absorber l'humidité en plus grande abondance. La meule est dépilée, remuée et étendue à la grange au premier temps sec; en suivant cette petite opération avec attention, on évite la moisissure et l'échauffement, et la paille qu'on mélange augmente non seulement la quantité du fourrage, mais sa valeur nutritive. Pour conserver en meule et en plein air on place sur la terre une couche de ramée ou de petits fagots d'épine. Les substitutions, en général, ne doivent jamais être de plus de moitié pour chaque espèce de denrées formant la ration, excepté pour le son. Quand on le substitue à l'avoine, c'est dans la proportion du double. Il doit être de froment. Pour la substitution par le fourrage vert, le poids équivalant à la ration est de 40 kil. de vert, de quelque manière qu'on le distribue aux chevaux. La luzerne et le sainfoin peuvent, à égalité de poids, remplacer le foin. A l'égard du trèfle, on ne doit jamais le donner seul, mais toujours mélangé à d'autres fourrages dans la proportion d'un tiers au plus. L'orge, la vesce, la gesse, la bisaille, les féveroles, les fèves, le maïs, l'épeautre, les pois, le seigle peuvent se mélanger avec l'avoine, mais ne doivent jamais dépasser la proportion de moitié. Quant au fenugrec, au sarrasin, au chénevis et au froment, substances propres à échauffer, on n'en peut admettre plus d'un sixième dans la ration. Le repas ne doit jamais être suivi immédiatement du travail, accéléré surtout; car l'animal ne vivant que de ce qu'il digère, et ne digérant bien que ce que peut élaborer son estomac, jamais ses forces ne doivent être distraites lors de leur première action sur les aliments. L'emploi des fourrages nouvellement récoltés demande aussi des précautions; car leur saveur et leur odeur engagent les animaux à s'en rassasier avec une dangereuse voracité. Si le foin est trop frais, il faut, pour calmer l'appétit, donner la paille auparavant, et de préférence encore mélanger l'un et l'autre exactement. Quant à l'avoine nouvelle, on peut en diminuer la ration de moitié et la mélanger avec l'orge ou le seigle qu'on donne à manger séparément, avec l'attention, dans tous les cas, de bien faire étendre le grain dans la mangeoire pour qu'il ne soit pas dévoré avec trop de précipitation. Lorsque les fourrages sont trop anciens ou d'une qualité inférieure, il est utile de les mouiller avec de l'eau salée. Quand on donne aux chevaux des céréales coupées sur pied, si l'on veut éviter les fourbures, on doit laisser fort peu d'épis mêlés aux tiges. Lorsqu'on veut remplacer par l'orge et la paille hachée le foin et l'avoine, il faut mêler avec la paille hachée une certaine quantité d'orge, et mettre, après avoir fait boire les chevaux, un certain intervalle pour donner l'orge pure.

La *nourriture au vert* est ou nuisible ou salutaire, suivant les situations diverses dans lesquelles se trouvent les chevaux : elle ne saurait donc devenir un régime général. Les aliments verts relâchent les tissus par la quantité d'eau qu'ils leur fournissent, augmentent les déjections, ce qui les fait regarder comme purgatifs; favorisent le transport des sucs nutritifs, et par conséquent l'engraissement. Mais ces résultats ne s'obtiennent que dans les chevaux qui sont en bonne disposition; tels sont les jeunes chevaux que la nourriture a échauffés, et qui ne sauraient arriver à leur entier développement, parce qu'ils ne jettent pas leur gourme et ne font pas aisément leur dentition, ceux qui ont été nourris par des aliments trop excitants, ceux qui ont été touchés du feu; puis enfin ceux qui ont éprouvé des maladies dangereuses, surtout disposant à l'inflammation. Les chevaux que l'on ne doit pas mettre au vert sont tous ceux qui se trouvent bien du régime sec et auxquels un changement serait nuisible; presque tous ceux qui ont passé l'âge de sept ans, ceux qui ont souffert longtemps de l'humidité, qui sont corneurs, qui ont la poitrine embarrassée, état qui se manifeste par la pâleur habituelle des membranes du nez; ceux qui ont de la mollesse dans le tempérament, qui sont sujets aux crevasses, aux flux par les naseaux, aux engorgements sous le ventre et aux extrémités; et enfin, ceux qui, sans être échauffés, sont devenus fort maigres. Lorsque le vert opère bien, on voit ordinairement, au bout de la première semaine, cesser l'espèce de purgation qu'il provoque d'abord; plus tard le poil se polit, le pansage obtient beaucoup de crasse, l'embonpoint commence à paraître, et l'animal, à qui la gaîté revient de plus en plus, se trouve le plus souvent en état de quitter le vert après trente ou quarante jours. La durée de ce régime est plus ou moins longue, selon qu'on en obtient plus ou moins vite les effets qu'on en attend. Il doit au moins durer vingt jours et ne doit jamais en dépasser soixante. Si le cheval tombe en dépérissement, s'il reste dévoyé et qu'il se dégoûte, on discontinue le vert. Après sept, dix ou quinze jours de cette nourriture, la saignée est nuisible s'il n'y a pas trop grande abondance de sang dans les animaux. Elle devient souvent mortelle, quand on ne l'opère pas dans un temps convenable. Les effets du vert varient selon la qualité des plantes et leur degré de maturité; ajoutons que la taille de l'animal est un autre point à consulter pour fixer la quantité que chaque cheval peut manger journellement lorsqu'on donne le vert à l'écurie. Si ce sont des graminées, par exemple, et qu'elles touchent à leur maturité, 20 ou 25 kil. sont quelquefois plus que suffisants; mais il est bien préférable de les donner plus jeunes et plus aqueuses; alors la dose pour un cheval par vingt-quatre heures, en y comprenant les légumineuses et autres, va depuis 30 jusqu'à 40 kil.; terme moyen, 40 kil. On voit cependant des animaux qui mangent dans le même espace de temps jusqu'à 75 kil. et plus. Lorsque le cheval commence à s'habituer au vert, on peut lui en donner à satiété, mais sans mettre d'intervalle entre les distributions; alors il n'en prendra pas trop. Ce n'est que lorsque l'herbe est coupée depuis huit ou dix heures qu'elle doit lui être présentée. Il ne faut pas l'amonceler, ni l'exposer au soleil qui la fane et à la pluie qui la rend aqueuse et indigeste. Ensuite, on en donne peu à la fois et souvent; car les chevaux s'en dégoûtent quand elle a été échauffée par leur haleine. Afin d'empêcher que le vert ne relâche trop et n'affaiblisse les animaux, on peut leur conserver, pendant son usage, la totalité ou une portion de la ration d'avoine. Cela devient surtout nécessaire lorsqu'on approche du moment où le cheval doit quitter ce mode d'alimentation; en agissant ainsi, on ne s'expose pas aux dangers d'une transition trop subite. Pour ménager cette transition, on mouille quelquefois le fourrage, les premiers jours après la cessation du vert, comme on emploie aussi le son mouillé ou mélangé avec de l'eau, surtout pour les chevaux les plus délicats. Personne n'ignore que le son, qui n'est autre chose que l'écorce du blé écrasé par la meule, est d'un usage très-familier dans la médecine vétérinaire et dans le régime qu'elle prescrit; il forme un aliment très-rafraîchissant et d'une très-facile digestion. Quand les chevaux cessent le vert, il faut se bien garder de considérer leur embonpoint et leur vigueur comme un motif d'exiger d'eux beaucoup de travail; on doit, au contraire, les ménager. Pendant la prise du vert à l'écurie, le pansage doit être fait scrupuleusement. Les chevaux au vert ont besoin d'être exercés chaque jour, mais sans fatigue : plus ce régime engendre de faiblesse, et plus il est indispensable de multiplier les soins de propreté, tant sur les animaux qu'autour d'eux, afin de diminuer, autant que possible, l'influence toujours débilitante de l'état contraire.

Le *vert en liberté* s'accorde mieux avec le vœu de la nature : l'animal choisit les plantes qui lui conviennent, il en mange à son loisir, se donne constamment de l'exercice, n'est dérangé en rien dans ses goûts et reprend quelquefois certain aplomb que le sol des écuries et la gêne ont pu lui faire perdre. On doit remarquer pourtant que le vert en liberté produit souvent de graves inconvénients attribués aux changements précipités de la température, à la pluie, à la grêle, à la fraîcheur des nuits et aux piqûres d'insectes. C'est ordinairement dans les mois de mai et de juin qu'on donne le vert en liberté; il faut alors que les prairies ne soient ni trop hautes ni trop basses, qu'il y ait peu de mauvaises plantes, qu'on y rencontre quelques arbres pour donner de l'ombre aux chevaux ; qu'ils puissent y être abreuvés sans danger, et que leur nombre soit proportionné à l'étendue du terrain. Ensuite on n'abandonnera dans ces pâturages, autant que faire se pourra, que les chevaux à tous crins et ceux qui ne risquent pas de se fatiguer sur leurs pieds de devant. Les grands chevaux dépérissent ordinairement à ce vert; ils ne peuvent en manger une quantité suffisante. On n'y mettra pas non plus les chevaux poussifs ou courts d'haleine. Le *vert sous les hangars* réunit les avantages du vert à l'écurie et du vert en liberté, sans leurs inconvénients. On établit dans les prairies des hangars avec des râteliers où l'on met l'herbe, en laissant les animaux libres de se promener et de paître dans des terrains qu'on leur abandonne à cet effet. On établit même dans ces terrains des compartiments afin d'y ménager l'herbe, qui repousse d'un côté pendant qu'elle est mangée de l'autre; mais il ne faut pas la laisser croître trop haut, car les chevaux ne la recherchent pas alors autant que quand elle s'élève peu au-dessus de terre : ils la piétinent même et la perdent. Afin d'éviter ces dégâts on peut la faucher à quelque distance de terre pour la donner au râtelier; on abandonne ensuite la prairie à la pâture.

L'eau donnée comme *boisson* au cheval doit toujours être très-pure. De ce que certains chevaux battent l'eau avec leurs pieds quand on les abreuve dans les rivières, ou se couchent et paraissent aimer l'eau trouble, il s'en est suivi, dans les campagnes, l'usage de leur donner de l'eau croupie et puante. C'est là une déplorable pratique, qui dispose les animaux à la fatale influence des épizooties. Les chevaux boivent deux fois en vingt-quatre heures, généralement avant qu'on leur donne l'avoine. Dans les grandes chaleurs, on peut les abreuver une troisième fois vers midi. L'habitude de les laisser boire très-peu est mauvaise ; celle de les faire courir après avoir bu ne vaut pas mieux. Il est certains chevaux que la fatigue et le dégoût empêchent de s'abreuver; on réveille en eux le désir de boire par quelques poignées de foin.

15. Habitation. — L'habitation du cheval est l'*écurie*. Les écuries doivent être dans une exposition favorable, recevoir un air pur, ne point renfermer d'humidité et présenter une tempé-

rature presque toujours égale à celle de l'extérieur. Le sol sur lequel elles sont bâties doit être élevé et sec. Le contraire les rendrait malsaines et engendrerait chez les chevaux des fluxions et des refroidissements. Une écurie sera bien disposée lorsque les courants d'air s'y opéreront dans toute la latitude et la hauteur du local. Si elle est isolée dans la campagne, le voisinage des arbres devient utile pour diminuer la chaleur du soleil et des vents dont l'action est néanmoins nécessaire contre l'humidité. Les écuries sont simples ou doubles : les chevaux ne forment qu'un rang dans les premières ; dans les secondes, on les place sur deux. Chaque cheval a rigoureusement besoin d'un espace de 4 mètres, depuis le râtelier jusqu'aux extrémités postérieures, 2 mètres et plus sont nécessaires, en outre, pour donner une circulation libre derrière les chevaux. C'est de la bonne disposition du sol que dépendent la salubrité et la conservation des aplombs et des pieds. Les voûtes sont préférables aux plafonds. Elles maintiennent l'écurie plus chaude en hiver, plus fraîche en été ; et, d'ailleurs, dans les cas d'incendie, elles s'opposent aux progrès funestes du feu. Une écurie est ordinairement pavée, mais lorsque le sol se compose de larges madriers en chêne, on la nettoie plus facilement, et la disposition transversale de ces madriers empêche les chevaux de glisser et de faire des chutes dangereuses. On ne doit jamais faire usage de dalles; le pavé se dégrade trop vite, et l'urine croupissant dans les trous où l'animal met la pince de ses pieds postérieurs, engendre une dangereuse insalubrité. Il est fort utile de pratiquer une pente légère, depuis le devant de l'auge jusqu'au chemin tracé derrière les chevaux. Cette pente aboutissant à un ruisseau facilite l'écoulement de toutes les eaux, et relevant la partie antérieure, le soulage et lui donne une position plus agréable à l'œil. Dans les écuries de luxe, le sol est souvent surmonté de briques placées de champ. Les auges qui sont toujours faites en bois ou en pierre servent à attacher le cheval, et contiennent sa nourriture et quelquefois sa boisson. Celles en pierre demandent à être arrondies dans les angles pour éviter des blessures dangereuses chez les chevaux trop vifs qui pourraient venir s'y heurter. La largeur d'une auge est de 30 centimètres environ : sa profondeur est de 40 centimètres. Le râtelier, placé au-dessus, reçoit le foin, la paille, etc. ; ses fuseaux sont ronds, mobiles et espacés de 8 centimètres. Un balayage fréquent est nécessaire pour la propreté des écuries. Il n'est pas moins convenable de les laver. Lorsqu'elles deviennent malsaines, on les assainit en établissant des courants d'air suffisants, et au moyen de flammes allumées à l'intérieur et de la combustion de la poudre à canon. Si l'on veut y détruire les miasmes contagieux qu'y engendrent la morve, le farcin, etc., on emploie les fumigations d'acide sulfurique, après avoir bouché toutes les ouvertures et fait sortir les animaux de l'écurie; les vapeurs qui s'échappent de ce mélange neutralisent sans peine tout principe malfaisant. Il existe encore d'autres moyens d'assainissement, tels que le grattage des murs et du mobilier, le blanchîment des murs à la chaux; enfin le lavage avec une lessive alcaline ou avec de l'eau pure des auges et des râteliers. L'emploi du soufre peut être substitué aux matières ci-dessus. Pour assainir tout ce qui s'est trouvé en contact avec des chevaux infectés, il faut faire l'usage d'un lessivage composé d'une solution de chlorure de chaux. On doit découdre tout ce qui est cousu, laver les couvertures et les harnais, et les frotter avec une brosse en racine imbibée de la préparation. Les objets, une fois lessivés, sont trempés dans l'eau naturelle; on les fait sécher, et l'opération se termine en frottant les cuirs d'huile de pied de bœuf pour les rendre à leur premier état de souplesse. Tout effet de pansage doit être détruit. Ceux à qui sont confiés les soins des chevaux malades, devront faire subir à leurs vêtements le même lessivage. Pour purifier une écurie, il faut enlever les fumiers et la nettoyer à fond. Des balais, des fourches, des pelles, des civières ou des brouettes sont d'une absolue nécessité pour dégager ce lieu de toutes les ordures dont le séjour serait nuisible aux animaux. Les murs, les mangeoires, les râteliers, en un mot toutes les parties de l'écurie, doivent être brossés et lavés fortement. On emploie le même procédé pour les effets mobiliers, tels que fourches, coffre à avoine, cordes, baquets, etc. Après l'application de ces moyens divers, on ouvre toutes les issues pour faciliter l'évaporation de l'humidité, et bientôt après des chevaux sains peuvent habiter l'écurie sans danger. La place de deux chevaux use à peu près une bouteille de chlorure.

16. Pansement. — De toutes les excrétions, la plus importante est celle, qui, sur toute l'étendue extérieure du corps, s'opère par es pores innombrables dont la peau du cheval est criblée. Cette excrétion se nomme *transpiration insensible*, et les exhalaisons qu'elle produit sont si nombreuses qu'elles surpassent à elles seules la quantité de toutes les autres évacuations prises ensemble. Cette transpiration maintient la peau dans un état de souplesse dont elle a besoin; elle rend le poil uni et lui donne la vie, pour ainsi dire. Par elle, les humeurs vitales se dégagent de toute superfluité et s'établissent dans une proportion d'où découle la santé. Tout corps qui a une transpiration aisée est rarement

atteint de maladie. Plus l'excrétion est pénible, plus les fluides, manquant de force expansive, sont chassés sous la forme d'une vapeur humide qui prend corps facilement, et engendre une crasse ou poussière blanchâtre qui envahit toute la superficie de la peau. Si cette crasse n'en est pas promptement enlevée, elle prête un nouveau concours pour gêner de plus en plus la transpiration, et les vapeurs impures, interceptées dans leur émanation, refluent au centre en produisant l'effet mortel des poisons. Panser les chevaux de la main est donc un soin qu'on ne peut négliger; la vie de l'animal en dépend. Les instruments indispensables à ce pansement sont l'*étrille*, l'*époussette*, la *brosse ronde*, la *brosse longue*, le *bouchon de paille* ou *de foin*, l'*éponge*, le *peigne*, le *cure-pieds*, le *couteau de chaleur*, etc. Parmi ces instruments, un surtout exige quelques observations. L'*étrille*, armée de pointes, doit être toujours dans une main bien exercée pour ne point blesser l'animal. Ses pointes, toutes au niveau l'une de l'autre, ne doivent pas être assez aiguës pour piquer, et c'est la sensibilité du cheval qui doit en déterminer la longueur. Il faut qu'elles atteignent la peau sans la déchirer. Leur tranchant doit être fin et droit. Il faut scrupuleusement enlever toute paille, barbe ou faux-joint susceptible d'accrocher les crins de l'animal et de porter atteinte à ce qu'il a de plus beau. La première attention de celui qui a le soin des chevaux sera, en entrant dans l'écurie, de nettoyer les auges avec un bouchon de paille et de distribuer l'avoine ou le son selon l'ordonnance. N'aurait-il pour l'instant aucune nourriture à présenter à l'animal, il n'en devrait pas moins tout nettoyer autour de lui, l'auge pouvant porter le cheval au dégoût par le séjour des restes d'aliments qui déjà ont été mâchés en partie. Aussitôt que l'animal a mangé, il faut remuer la litière avec une fourche en bois et non en fer. On la relève ensuite en la dégageant de toutes les parties mouillées ou gâtées et on nettoie à fond la place qu'occupe le cheval. Cette opération faite, on le conduit hors de l'écurie si le temps et la saison le permettent, et on l'attache, à l'aide d'une longe, à un anneau de fer scellé dans la muraille. On prend ensuite l'étrille de la main droite, on saisit de la main gauche la queue de l'animal et on promène l'étrille sur le milieu et le côté de la croupe, à rebrousse-poil, en allant et venant avec vitesse et légèreté sur toutes les parties de ce même côté. Il faut avoir un soin extrême de ménager celles qui sont trop sensibles et qui sont occupées par la racine des crins. L'étrille ne doit jamais atteindre le tronçon de la queue, les parties tranchantes de l'encolure, l'épine et le fourreau. Les jambes demandent à être traitées avec le plus de légèreté. L'étrille ayant pour but d'enlever la crasse provenant de l'évaporation, quelques coups de cet instrument suffisent pour en enlever une certaine quantité. De plus, il ne faut point négliger de frapper de temps en temps l'étrille sur le pavé, le mur ou les piliers pour dégager les rangs de ses pointes. Le cheval, une fois soigné sur le coté droit, on étrille la partie gauche. On change alors l'étrille de main et la queue du cheval se saisit de la main droite. Un bon palefrenier doit être *ambidextre*, c'est-à-dire également adroit des deux mains.

De l'étrille on passe à l'*époussette*. On nomme ainsi un morceau de gros drap ou de serge d'une étendue convenable qui sert à enlever les corpuscules que l'étrille a détachés de la peau, mais qu'elle a laissés sur sa surface. On frappe légèrement le corps de l'animal avec cette étoffe qu'on tient par un des bouts; c'est avec elle qu'on frotte et qu'on nettoie la tête, l'intérieur et l'extérieur des oreilles, l'auge, l'intervalle qui sépare les avant-bras, celui qui sépare les cuisses et enfin toutes les parties du corps qui n'ont pas été atteintes par l'étrille. Pour compléter l'action de l'étrille, on prend dans la main droite la *brosse ronde*, et l'étrille à son tour passe dans la gauche. Alors on procède aux soins de la tête en prenant toutes les précautions qu'exigent les yeux de l'animal. La brosse se promène sur toute la partie droite du corps, à poil et à contre-poil, jusqu'à ce que les crins soient bien unis et dans leur direction naturelle. On brosse aussi le plus près qu'on peut la racine de ces mêmes crins, et les dents de l'étrille pour la dégager de la crasse qu'elle contient.

Après avoir brossé avec soin toutes les parties du corps, on passe sur les jambes et sur toutes les articulations un *bouchon de paille* légèrement humecté pour rendre le poil uni. L'époussette peut également être employée à cet usage. Cette opération faite, on se dispose à laver les jambes. On se munit d'une *brosse longue* et d'une *éponge* que l'on plonge dans un seau d'eau. Si l'on commence par les jambes de devant, on presse avec cette éponge et à plusieurs reprises les différentes faces du genou; l'eau qui s'en échappe alors va baigner les parties inférieures de la jambe que l'on brosse avec vivacité de haut en bas et de bas en haut, jusqu'au moment où l'eau devient claire. Le canon, le tendon, le boulet, le paturon et le fanon sont lavés de la même manière. La partie postérieure du paturon où le fanon fait sa chute doit être nettoyée avec le plus grand soin. C'est là que la crasse séjourne le plus souvent par suite de l'obstruction des pores, et cette crasse produit le plus souvent des maladies. On emploie le même procédé pour les jambes de derrière. Ensuite on peigne et lave les crins. On renouvelle l'eau, on rince à plusieurs fois l'éponge et on la passe légèrement sur les yeux, les joues et une partie du chanfrein de l'animal; on mouille ensuite le toupet à plusieurs reprises et on le peigne avec un *peigne de corne.*

La toilette de la crinière vient ensuite. On la mouille depuis la nuque jusqu'au garrot et on en démêle et peigne les crins avec soin. On les renverse du côté opposé à celui où ils doivent flotter, on baigne fortement leurs racines en les démêlant dans le sens où on les a fait incliner. On leur rend ensuite leur pente naturelle et on les abandonne après les avoir peignés et lavés une dernière fois. Les crins de la queue ne doivent point être traités avec moins de soin. On doit les laver et les peigner également jusqu'à ce que l'on ait enlevé toute leur saleté. On se sert avantageusement de l'huile d'olive pour les débrouiller et du savon noir pour leur enlever la crasse. Quand on fait la queue, on l'empoigne dès le tronçon et on coule, en l'empoignant toujours, la main jusqu'en bas et jusqu'à l'endroit où on se propose de couper les crins. Cette même main doit descendre en suivant une ligne à plomb, et sans se porter ni à droite ni à gauche; lorsqu'elle est parvenue au lieu convenable, on serre la queue exactement et on la retourne, de sorte que l'extrémité des crins se présente au palefrenier, qui coupe toute cette même extrémité excédante. La hauteur de la queue est ordinairement fixée à la hauteur du fanon. A l'égard de la crinière, il ne faut la couper que de la largeur du doigt à la place même où est le dessus de la têtière du licou. On coupe aussi les grands poils des lèvres, ceux qui poussent au menton, à la barbe et qui assiégent les abords des naseaux. On extirpe ceux qui paraissent au-dessous de la paupière inférieure. C'est à petits coups de ciseaux qu'on coupe le plus près qu'on peut, en dedans et en dehors, les poils des oreilles. On fait aussi le poil aux jambes qui en sont trop garnies; on l'arrache en l'étageant pour qu'il ne paraisse pas qu'on en ait ôté. Enfin, le pansement s'achève en mettant en état de propreté les fesses, le fondement, les testicules et le fourreau. Ce sont surtout ces parties de l'animal qui nécessitent le plus grand soin. Pour laver le fourreau, on trempe l'éponge dans une eau bien claire et on l'introduit de son mieux dans cette partie, presque toujours embarrassée par une humeur fétide qui souvent empêche l'animal d'uriner. Le pansement terminé, l'*époussette* fait les dernières fonctions, en séchant toutes les parties encore mouillées. En hiver on doit moins user d'eau qu'en été; mais on doit se garder d'imiter ceux qui par paresse ou insouciance mouillent tout le corps du cheval pour ne pas faire emploi de l'étrille. La crasse alors se réduit en une espèce de croûte, qui ferme les issues des pores et empêche ou diminue beaucoup la transpiration. Lorsque le cheval est en sueur, on saisit le *couteau de chaleur* avec les deux mains, de manière à appuyer le tranchant sur les parties qu'on veut racler. On va de l'encolure au garrot, on promène ensuite l'instrument sur les épaules, les bras, les avant-bras, les jambes et l'entre-deux de ces parties; on le passe ensuite sur le dos et les reins. Le couteau s'étend ensuite le long du ventre et de la poitrine depuis le fourreau jusqu'au poitrail, et après on abat entièrement l'eau, en agissant de la même manière sur toutes les autres parties du corps. Puis on bouchonne avec force le cheval, on le couvre avec précaution et on l'attache, la croupe du côté de la mangeoire. Le cheval rentre ensuite dans l'écurie où on étend sur son corps une couverture. Il est préférable qu'elle soit de toile. La laine hérisse et mange le poil. Il reste encore la cure des pieds que l'on dégage de tous corps étrangers qui auraient pris siége entre l'ongle et le fer, ou dans la cavité du pied. Cette cavité doit être fournie d'une certaine quantité de terre glaise, pour y entretenir l'humidité. On fait bien de graisser le sabot autour de la couronne, avec l'onguent de pied.

17. Soins du cheval en voyage. — Quelque temps avant d'entreprendre la route, on met le cheval en haleine en le faisant promener deux ou trois heures par jour pour le disposer insensiblement à fournir avec aisance le chemin qu'il doit faire. Les premières journées doivent être courtes, sauf à les augmenter peu à peu, ainsi que la dose du fourrage et du grain; car ceux qui, dans l'espérance de fortifier l'animal, lui prodiguent tout d'un coup l'avoine, manquent presque toujours leur but; l'animal s'en dégoûte; le refus qu'il en fait le prive du moyen de maintenir sa vigueur; ses forces diminuent et s'abattent. Ou l'on fait sa journée entière d'une seule traite, ou on la partage entre le matin et le soir. Le premier de ces partis semble préférable. Le temps le plus propre à l'exercice est, en effet, celui où la digestion est achevée et qui précède le repas. Lorsque la marche et la fatigue succèdent immédiatement à la nourriture, la digestion est le plus souvent troublée, et n'est jamais aussi parfaite que si le corps eût joui d'une certaine tranquillité; d'ailleurs, le cheval qui finit et qui achève sa journée de bonne heure, a plus de temps pour se rafraîchir et se reposer. Quand on se propose de cheminer le matin et le soir, on doit s'arranger de manière que l'animal exécute dans la première de ces parties du jour le tiers de la marche qu'il a à faire. Il est encore très-essen-

tiel d'éviter les heures des grandes chaleurs pendant l'été; la combinaison d'un air trop chaud avec un mouvement continuel enflamme le sang, force la transpiration, et épuise l'animal.

A mesure que l'on approche du lieu où l'on a projeté de s'arrêter, l'allure doit être ralentie; un cheval qui a chaud en arrivant peut être saisi d'un refroidissement subit, dont les suites sont des inflammations plus ou moins graves, des fièvres, des morfondures, des fourbures, etc. Si cette sage précaution est demeurée inutile, et si l'animal est en sueur, on le promènera, on le tiendra à une action douce et lente pour donner à cette sueur le temps de se dissiper sans danger; car le froid n'est jamais à craindre tant que le corps est en action. On pourrait encore le débrider, le desseller, abattre l'eau avec le couteau de chaleur, l'épousseter, le bouchonner, laver, avec une éponge imbibée d'une eau limpide, ses yeux, ses naseaux, ses lèvres, le fondement, le fourreau, ces parties étant pour l'ordinaire chargées d'une quantité de poussière confondue avec la sueur. On le couvre ensuite avec de la paille fraîche, qu'on assujettit par le moyen d'un surfaix ou d'une couverture lorsqu'on est à portée d'en avoir une; toutes ces opérations, qui ont pour objet de parer à la constriction des pores et de prévenir la suppression de la transpiration, doivent avoir lieu dans l'écurie ou dans un lieu quelconque tempéré et à l'abri de tout air vif qui contrarierait ces vues. On souffle ensuite quelques gorgées de vin dans la bouche et dans les naseaux, et bien loin de bouchonner les jambes selon la coutume pernicieuse des valets d'écurie, qui dès lors attirent et font affluer les humeurs sur ces parties, on les lave avec de l'eau fraîche, qui ne peut que fortifier les membres. On ne débride pas ordinairement les chevaux qui ne sont que légèrement échauffés, on les dégourme, on les attache par les rênes de la bride aux fuseaux du râtelier; on fait absolument place nette devant eux, soit dans le râtelier, soit dans l'auge. On les laisse ainsi pendant une heure et au-delà sans manger, après avoir néanmoins desserré les sangles, ôté la croupière, débouclé le poitrail et glissé une certaine quantité de paille fraîche sous les panneaux de la selle. Il est nombre de personnes qui les débrident sur-le-champ, et qui leur font délivrer aussitôt une ration d'avoine, mais il est bien plus convenable de donner aux humeurs agitées le temps de se calmer, l'estomac n'en sépare que mieux les sucs utiles du grain.

Après un repos suffisant, on donne une certaine quantité de foin : on abreuve l'animal lorsqu'il en a mangé la plus grande partie, ou plus tôt, si l'on s'aperçoit que la soif éteigne en lui l'appétit de ce fourrage, et quelque temps après, on lui donne l'avoine ; mais il est très-important d'examiner toujours le genre et la qualité de ces différentes nourritures. Les pieds exigent une attention sérieuse et constante. On doit les visiter en partant et en arrivant. Il faut, avec le cure-pied, les débarrasser soigneusement des pierres, des graviers et de la terre qui pourraient y séjourner ; on doit remplir leur cavité de terre glaise ou de crottin mouillé et oindre la couronne avec du cambouis ou de l'onguent de pied ; quand ces parties sont douloureuses, chaudes et que le cheval feint et ne les appuie pas franchement sur le terrain, il faut nécessairement le déferrer pour en examiner l'état. Le soir, il doit être attaché de manière qu'il puisse se coucher aisément. La longe, ou les longes de son licou doivent pour cet effet avoir une longueur proportionnée ; cette longueur étant excessive, il pourrait s'enchevêtrer pendant la nuit. Le mors de bride doit être lavé chaque fois qu'on l'ôte ; lorsqu'on y laisse croupir la salive en écume, elle contracte une fétidité qui précipite l'animal dans le plus grand dégoût. Quant à la selle, ses panneaux, imbus et mouillés de sueur, doivent être exposés au soleil pour y sécher, et il faut, avant de seller de nouveau le cheval, les battre avec une gaule, à l'effet d'en rompre la dureté et de leur ôter une raideur capable de le blesser ; toute contusion, toute écorchure, toute plaie sur le corps, et dans le lieu surtout où porte et repose la selle, quelque peu dangereuses qu'elles puissent être en elles-mêmes, mettent le cheval hors de service pour la route. Dès qu'on ne peut se dispenser d'être extrêmement difficile sur le choix des eaux dont on abreuve l'animal, relativement à leur nature et à leurs qualités, la question de savoir s'il convient mieux de le faire boire en chemin que d'attendre d'être arrivé au gîte, doit être bientôt décidée. Ceux qui inclinent pour le premier de ces usages allèguent que, si l'animal est en sueur en atteignant l'hôtellerie, on est un temps considérable sans pouvoir lui présenter la boisson, que la soif l'empêche de manger, et qu'une heure ou deux étant écoulées, on est obligé de le faire repartir sans qu'il ait pu prendre le moindre aliment liquide et solide ; mais si l'on se conforme au régime que nous avons indiqué ci-dessus, on n'éprouvera certainement pas un pareil inconvénient ; et d'ailleurs, quels seront les moyens de juger sainement des eaux que l'on rencontrera en cheminant ? L'inspection seule ne peut en donner que de très-faibles notions. La prudence exige donc qu'on n'abreuve jamais les chevaux de la première eau que l'on découvre ; il vaut incontestablement mieux différer jusqu'à ce que l'on soit parvenu au lieu où l'on s'est proposé de s'arrêter ; les habitants, instruits par l'expérience des eaux plus ou moins salubres, dissiperont toute inquiétude, et l'on ne sera nullement exposé au danger d'abreuver l'animal d'un fluide mortel, tel que celui que roulent de petites rivières et de petits torrents, dans lesquels nul cheval ne boit qu'il ne soit atteint de fortes tranchées, et même d'autres maladies plus ou moins aiguës. Quoique l'action de l'animal qui marche soit modérée, et n'imprime au dehors aucune marque de chaleur excessive, néanmoins, une répétition continuelle de mouvements suscite toujours une agitation intérieure pendant laquelle une boisson surtout très-froide et qui surprend, peut devenir extrêmement pernicieuse. Enfin, le repos, la bonne litière, le soulagement des pieds, et surtout des talons, par l'extraction de deux lames de chaque côté, la terre glaise renouvelée tous les jours deux fois sur la sole, l'onguent de pied autour de la couronne, de fréquentes lotions d'eau fraîche acidulée par le vinaigre sur les jambes, ou d'une lessive de cendres de sarments, ou de vinaigre dans lequel on aura délayé de la fiente de vache, si elles sont très-fatiguées, des lavements émollients, du son mouillé au lieu d'avoine, de l'eau blanche, l'ouverture de la jugulaire trois ou quatre jours après que l'animal s'est reposé : tels sont, à la suite d'un voyage plus ou moins pénible, les moyens de rétablir entièrement le cheval.

18. De la ferrure. — « Si, dans l'homme, dit le docteur Girou de Buzareingues, l'importance de l'intégrité des organes est subordonnée à leur emploi et à l'utilité que chaque individu en retire pour ses besoins, de sorte que la finesse de la vue chez le peintre, celle de l'oreille chez le musicien, l'agilité des doigts du pianiste, la force des membres du maçon ou du portefaix sont de première nécessité, de même il est fort important pour nous de trouver, dans les animaux à notre service, la perfection des organes qui nous les rendent utiles, et c'est à l'amélioration de ces organes que doivent tendre nos efforts, surtout lorsqu'il s'agit de les perpétuer dans les races. Mais, quoi que nous fassions, il y a des influences générales ou locales qui contrarient nos désirs. et, ne fût-ce qu'exceptionnellement, nous trouverons toujours des individus qui s'y seront soustraits. Pour les animaux propres à plusieurs usages, on choisit celui auquel ils conviennent le mieux, et, à défaut de leur destination première, ils en trouvent une autre qui peut la remplacer. Ainsi, on peut livrer à la boucherie le bœuf impropre au travail, ou la vache qui n'est pas bonne laitière ; il en est de même de la brebis dont la laine est grossière et dont la stérilité est reconnue. La prévoyance d'une fin

prématurée peut aussi faire livrer à l'engrais des animaux de diverses espèces, jeunes encore. Ces ressources manquent pour le cheval, dont l'éducation est cependant difficile, longue et coûteuse. Si le cheval ne peut marcher, il n'est propre à rien. Aussi, pour nous, l'organe le plus important de cet animal est le pied, c'est à sa perfection qu'on doit s'attacher, et, lorsqu'on a pu la trouver, on doit chercher à obvier aux défauts de cette pièce importante de l'organisation chevaline. » La ferrure prémunit le pied du cheval contre tout choc, frottement ou contact qui pourrait l'offenser. Si le pied est régulier et élégant dans sa conformation, elle le maintient dans cet état. S'il est défectueux, elle y remédie. Le *fer,* espèce de semelle retenue par des clous sous les pieds du cheval, est une bande plate, de largeur plus ou moins étendue, diminuée sur son épaisseur et de la figure d'un croissant allongé. Le fer se divise en deux parties : la première s'appelle inférieure et repose sur le sol; l'autre, qu'on nomme supérieure, prend le dessin du sabot et en fait le contour. Il a deux *rives,* l'une en dehors, l'autre en dedans. Elles se réunissent en circonscrivant son enceinte intérieure et extérieure. La *pince* désigne le sommet extérieur de la courbe, le sommet intérieur s'appelle *voûte.* On nomme *branches* les parties postérieures qui vont vers le sommet. Les *éponges* composent l'extrémité de chaque branche qui répond au talon. On désigne par *étampures* des trous qui, d'ordinaire, sont au nombre de huit. Ils percent le fer pour qu'il puisse recevoir les clous. Ces étampures sont faites de façon à recevoir en partie la tête du clou. Les *crampons* désignent des crochets produits par l'extrémité de l'éponge et qui empêchent le cheval de glisser. On appelle *pinçons* une espèce de griffe qui assure le fer et garantit la corne. L'*ajusture* est une espèce de concavité à la face supérieure du fer. Elle l'empêche d'appuyer sur la sole et fait trouver sur le terrain un appui moins fatigant. Le fer a des proportions plus ou moins favorables au pied du cheval : trop long, il le fatigue et l'écrase et dispose l'animal à se déferrer; trop court, il le fait glisser. Il faut prendre un terme moyen. Pour les pieds antérieurs, la longueur du fer a quatre fois celle de la pince mesurée de la rive antérieure, plus une fois son épaisseur. L'épaisseur du fer a le quart de la longueur de la pince. Quant aux pieds postérieurs, c'est leur forme particulière qui détermine celle du fer. Il doit avoir plus d'épaisseur et de largeur en pince qu'en talon. A la pince on tire un pinçon qui sert à garantir la corne de cette partie. Assez souvent, on lève un crampon à l'éponge extérieure. Ce petit crampon, désigné sous le nom de *mouche,* empêche le pied de prendre une tournure vicieuse et le cheval de se couper. Ces crampons sont surtout utiles aux chevaux de tirage dans les pays montueux. La forme du fer varie d'après celle du pied. Les chevaux ruinés dans les membres de devant ont besoin du fer *à pince prolongée.* Cette forme s'applique aussi aux chevaux rampins pour les membres de derrière. Le fer *à la Florentine* ne s'emploie que pour les mulets et les chevaux de bât. Le fer *à pince tronquée* sert aux pieds postérieurs des chevaux qui forgent. Le fer *à éponge tronquée* est favorable aux talons susceptibles et délicats. Le fer *à éponges réunies* donne au cheval un point d'appui qui facilite sa marche sur un terrain dur. Le fer *couvert* a la lame plus large que le fer ordinaire. Le fer *mi-couvert* est le terme moyen entre le fer couvert et le fer ordinaire. Il est favorable aux pieds plats et les garantit du heurt sur le pavé ou les corps résistants. Le fer *à une branche ouverte* ne protège qu'un côté du pied. Le fer *à branches couvertes* garantit les oignons. Le fer *à planches* ou *éponges réunies* consolide la faiblesse des talons et s'emploie avec avantage lorsqu'un des quartiers est bas ou lorsqu'il existe un oignon bien prononcé. Le fer *à demi-branche* a la branche interne plus épaisse et plus étroite que l'autre; plus épaisse, parce que, comme on ne peut y fixer des clous, sans cela la branche se fausserait; plus étroite, pour qu'elle n'excède pas la corne en dehors. Le fer *à étampures irrégulières* s'applique au pied dont la corne, détériorée en certains endroits, ne pourrait supporter l'approche des clous que dans ce cas on place ailleurs. Si la corne est trop mauvaise, le nombre de clous doit être diminué. Alors des pinçons les remplacent et consolident le fer. On fait usage de crampons en acier, deux au talon et un à la pince pour les terrains glissants. Le fer *à bosses* rétablit les aplombs et est d'un grand soulagement pour les chevaux longs ou bas-jointés. Ce fer est préférable à celui qui porte des crampons.

Les *clous* fixent le fer sous le pied du cheval et l'empêchent de faire un faux pas sur un sol glissant. On les appelle alors *clous à glace.* Leur tête est plus pointue et a plus de longueur que celle des autres. On distingue, dans un clou, la tête, la lame et la pointe. C'est le fer qui détermine les proportions des clous. La tête des clous entre en partie dans l'étampure avec le plus d'exactitude possible. On ne fera jamais usage des clous ayant une paille ou une fente; car en se logeant dans la corne, ils pourraient se diviser et atteindre les parties vives. Leur extraction est souvent fort difficile et dangereuse. Voici comment on prépare le pied du cheval pour y adapter le fer. La corne se coupe avec un instrument appelé *boutoir.* C'est ce qu'on nomme *parer le pied.* On enfonce les clous dans la paroi. Cela s'appelle *brocher les clous.* On les rive ensuite en les courbant et les coupant à leur sortie, ce qui les fixe avec solidité. Pour enfoncer les clous dans la corne et les faire sortir sans que le cheval en soit blessé, on les ajuste d'avance en les redressant. On les affile ensuite et on les courbe légèrement pour qu'ils ne pénètrent pas dans le pied. On ne saurait prendre trop de précautions en les enfonçant dans l'étampure. Ils ne doivent jamais prendre que la quantité de corne suffisante et n'atteindre que la profondeur voulue. Les talons surtout redoutent la plus légère méprise. En parant le pied, l'instrument se pose à plat pour couper la corne avec égalité. Gardez-vous de creuser la sole et la fourchette, ménagez les talons; appliquez le moins souvent possible le fer chaud sur la corne, jamais tant qu'il est rouge. Après avoir dégagé le pied des rivets et de la corne excédante, on y fixe le fer d'une façon conforme à la configuration du sabot, sans diminuer en dedans ni empiéter en dehors. Sans cette précaution, le cheval se déferre et se blesse parfois dangereusement. Le débordement du fer en dehors ne doit être que d'environ une fois son épaisseur; il doit être juste en pince et en dedans. L'instrument ne doit retrancher que fort peu de la sole et de la fourchette ainsi que de la paroi. Dans le cas contraire, l'ongle serait facilement blessé par le choc du pavé et se déchirerait si le fer venait à s'en détacher. Il faut aussi avoir un soin extrême de ne point évider les talons; car alors le pied se resserrerait péniblement dans sa partie postérieure. Ce n'est point sur l'épaisseur qu'a conservée un fer qu'on doit se régler pour l'intervalle à mettre entre une ferrure et une autre, mais plutôt sur la longueur que le pied peut avoir acquise; car si l'ongle, enfermé d'abord dans un fer conforme, prend, fixé toujours dans ce même fer, un accroissement considérable, ses articulations se fatiguent extrêmement et précipitent la ruine du cheval. C'est tous les mois à peu près qu'on doit dégager le pied de la corne inutile en faisant servir de nouveau le fer s'il est encore bon. Les quatre pieds doivent subir la même opération, pour que l'animal puisse toujours garder son aplomb. On ne passera jamais la râpe sur l'enduit extérieur de la corne. On dessécherait le pied, ce qui entraînerait de graves accidents.

Il faut parer avec ménagement les *pieds trop grands* ou *volumineux.* Le fer doit être ordinaire, léger, maigre. Il doit garnir très-peu le dehors du pied et être très-juste en dedans. — On emploie un fer un peu plus couvert et un peu plus mince pour les *pieds larges et évasés,* qu'on ne pare presque pas à la sole et à la fourchette. Les clous doivent être choisis à lame déliée, parce que dans ces pieds la muraille est plus mince que dans ceux qui ont une bonne conformation. — On enlève peu de corne à la sole des *pieds trop petits.* On ménage la fourchette. Un fer ordinaire et sans ajusture est convenable. Il faut qu'il garnisse un peu autour du pied, excepté du côté interne. On fera bien d'humecter la corne de quelque corps gras en exposant d'avance le pied à l'action de l'humidité. — On retranche beaucoup de la pince, mais peu des talons dans les *pieds trop longs en pince.* On fait usage du fer ordinaire, garni légèrement vers les talons et très-juste en pince. — Il faut parer beaucoup les quartiers et les talons des *pieds trop courts en pince.* On amincira les éponges du fer en les rendant un peu courtes. Il ne faut jamais faire usage de crampons. — On abattra principalement les talons des *pieds à talons trop hauts.* Les étampures du fer seront plus portées vers eux et lui-même sera un peu garni en pince pour aider à l'accroissement de cette partie. — On ne doit jamais toucher aux talons des *pieds à talons trop bas,* on en parera la pince et légèrement les quartiers. Les étampures du fer porteront de préférence vers la pince qu'on tiendra courte pour le soulagement des parties postérieures. — On abattra beaucoup, mais à plat, les quartiers et les talons des *pieds encastelés* et *à talons serrés.* — On n'attaquera jamais la fourchette. On fera usage d'un fer à éponges tronquées ou raccourcies en passant fréquemment un corps gras sur le pied du cheval. Les éponges seront réunies si l'animal doit marcher sur le pavé. — Comme il est des pieds qui pèchent par la conformation de la corne, on diminuera beaucoup la hauteur des quartiers et des talons dans les *pieds rampins*; mais on ménagera la pince à l'aide d'un fer à pince un peu prolongée et à éponges un peu moins épaisses que dans le fer ordinaire. Plusieurs ferrures successives donneront aux talons leur hauteur convenable. — Les *pieds plats* et *combles* demandent qu'on ne touche qu'à la circonférence de la paroi et très-peu à la sole et aux talons. Le fer sera plus ou moins couvert selon le défaut qu'on veut déguiser. Il devra être à éponges réunies pour des talons bas et faibles. M. Girou de Buzareingues conseille pour remédier à l'inconvénient des pieds plats l'emploi du *gutta-percha* : « Je possède, dit-il, un assez beau cheval qui, à plusieurs reprises, a été obligé de garder le repos, à cause des bleimes qui sont la conséquence naturelle de la mauvaise conformation de ses pieds. Depuis six semaines cet animal tenait l'écurie, et toutes les tentatives faites pour le rendre à un travail même très-modéré ramenaient une claudication plus forte. Après avoir tracé sur un papier la grandeur et la forme des deux fers des pieds de devant, les seuls mal conformés, je me suis servi de ce patron pour faire tailler, sur une lame de *gutta-percha* d'un demi-centimètre d'épaisseur, la forme des deux fers; puis, après avoir appliqué cette substance sur les sabots des deux pieds j'ai fait clouer les fers dessus, de manière que le *gutta-percha* se trouvât intercalé entre le sabot et le fer. Le même jour, j'ai fait sortir mon cheval : il marchait d'abord avec crainte, sans cependant boîter; mais, au bout de deux jours, toute appréhension avait cessé, et depuis plus de deux mois je n'ai cessé de l'atteler tous les jours et de lui faire faire d'assez longues courses, qui n'ont pas été plus fatigantes pour lui que pour son compagnon. Il est aisé de se rendre compte de ce résultat. Le cheval a le sabot hygrométrique, et c'est lorsqu'il est élevé dans de gras pâturages que cette partie cornée tend à s'étaler, comme on peut l'observer sur les chevaux de la plaine de Caen; tandis qu'au contraire, en contact avec des terrains secs, la corne se dessèche, acquiert plus de dureté, et alors le limbe du sabot diminue d'étendue, comme le cheval, l'âne, le zèbre nous en offrent l'exemple, et le pied se trouve voûté dans le centre. Le *gutta-percha* a l'avantage de donner de la hauteur au sabot, de l'éloigner du sol, de le préserver de l'humidité et d'empêcher une trop forte pression du fer, et cependant il ne cède pas sous le poids du cheval, car la même lame a pu supporter trois ferrures sans s'être notablement aplatie; c'est donc cette substance qui jusqu'ici a été la plus propre à corriger les inconvénients du vice de conformation dont je viens de parler. » — On retranchera dans le côté externe du pied beaucoup plus que dans l'autre dans les *pieds panards,* mais pas de façon à les rendre égaux. Si le défaut est léger, c'est un fer ordinaire qui convient. S'il est sensible, on fait usage d'un fer avec une bosse sur le milieu de l'éponge interne. —Les *pieds cagneux* exigent des soins opposés à ceux que nous venons de citer; il faut retrancher du côté interne et mettre la bosse sur le milieu de l'éponge interne. — Quant aux *pieds gras* ou *mous,* il faut faire attention que les clous n'échauffent pas la corne; ils doivent être à lame légère comme le fer où on les fixera. — Pour les *pieds dérobés,* on enlèvera toute la mauvaise corne ; on fera usage d'un fer étampé et de clous assez longs et déliés. — Les chevaux qui *se couchent en vache* doivent être parés également partout, à l'exception de la partie interne où le talon aura un peu plus de hauteur que de l'autre pour faciliter l'entrée de l'éponge de fer. —Le cheval qui *se coupe* a besoin d'un fer de forme ordinaire, mais qui soit juste au côté interne; si le défaut est très-sensible, on en examine la place et on y tient alors le fer un peu moins large et sans étampures. —Enfin, pour les chevaux qui *forgent*, c'est-à-dire qui avec la pince du pied postérieur heurtent la voûte du pied de devant, on doit employer un fer à bec pour rendre libre le jeu des épaules qu'on fortifie avec des frictions d'eau-de-vie. Les fers de devant et de derrière sont façonnés de manière à précipiter le lever des premiers et à ralentir celui des seconds.

18. Les haras. — Le mot *haras*, qui en allemand signifie *écurie de maître*, exprime en français la réunion, en un lieu, des animaux reproducteurs et de leurs produits. Il y a des *haras sauvages, demi-sauvages* et *domestiques*. Dans les *haras sauvages*, les chevaux et les poulains vivent dans toute la liberté de la nature; mais, ainsi que les vastes terrains où ils pâturent, ils appartiennent à de grands propriétaires, qui, en les entretenant, utilisent des forêts improductives, des montagnes presque stériles, des plaines incultes; ces établissements se trouvent non seulement en Asie et en Amérique, mais encore en Hongrie, en Moldavie, en Pologne, en Transylvanie : vastes contrées où l'agriculture occupe peu d'espace, où la population est rare, où des magnats possèdent d'immenses territoires. Leur produit est un nombre annuel de poulains qu'on dresse avec peine, mais dont l'énergie et la force de résistance contre la faim et les intempéries sont remarquables. — Dans les grandes terres des seigneurs, en Allemagne, on trouve les *haras demi-sauvages*, comme ils l'étaient en France, sous le régime de la féodalité. Les animaux, quoiqu'y passant presque tous en liberté la plus grande partie de leur vie, sont, beaucoup plus que dans les haras sauvages, sous la domination de l'homme. Ce ne sont pas seulement des poulains qu'on en extrait, pour les soumettre à la domesticité, mais encore tous les individus qui les composent. Sous l'influence de l'air, de la lumière et de la liberté, endurcis contre les intempéries, mais ayant trouvé des abris quand elles étaient trop forte, ils n'ont pas éprouvé ces disettes excessives qui souvent règnent dans les haras sauvages; et comme dans tous les temps on a la facilité de les faire rentrer dans les écuries, on peut écarter du troupeau les causes d'épizooties et même traiter les maladies ordinaires. Ils sont habitués à la vue de l'homme, et se prêtent avec assez de docilité à tous les services auxquels ils sont destinés. — On réunit dans les *haras domestiques* des chevaux entiers, des juments poulinières et leur produit, dans la vue de multiplier surtout et d'améliorer l'espèce. Ce qui se pratique en grand dans ces établissements créés en France en 1718, supprimés en

1790 et rétablis en 1806 par Napoléon, s'exécute en petit dans les exploitations rurales, excepté qu'on y élève les chevaux non seulement pour en obtenir du croît, mais pour les employer aux travaux agricoles, tandis que dans les haras publics, au contraire, les chevaux de race ne travaillent pas et le croît est le seul profit qu'on en retire. Les avantages de ces haras sont contestés sous le point de vue des dépenses considérables qu'ils occasionnent et de leur faible rapport. Le même reproche est adressé aux dépôts d'étalons dans lesquels des étalons appartenant à l'Etat sont entretenus pour être répartis, pendant le temps de la monte, dans les localités abondantes en poulinières. La surveillance des haras et dépôts est confiée à des inspecteurs généraux, dont chacun est attaché à l'un des arrondissements dans lequel il doit faire des tournées habituelles. Les principaux haras en France sont ceux du Pin (Orne), et de Pompadour (Corrèze); ce dernier est renommé pour ses belles poulinières pur sang et demi-sang. Les dépôts d'étalons sont établis à Abbeville, à Angers, à Arles, à Aurillac, à Braisnes, à Blois, à Cluny, à Jussey, à Lamballe, à Langonnet, à Libourne, à Moutier-en-Der, à Napoléon-Vendée, à Pau, à Rodez, à Rosières, à Saint-Lô, à Saint-Maixent, à Strasbourg, à Tarbes et à Villeneuve-sur-Lot.

19. L'ÉTALON ET LA JUMENT. — Presque tous les auteurs qui ont écrit sur les haras ont fait un très-long chapitre pour indiquer la conformation et les qualités que doivent avoir les étalons et les juments destinés à la reproduction; ils veulent des animaux parfaits et par conséquent impossibles à trouver. Choisir les individus qui approchent le plus de la perfection est le soin auquel on doit s'attacher. Qu'ils soient, tant par les formes que par les qualités, le plus près possible de la souche pure. Une construction solide, des muscles bien prononcés et non empâtés ou cachés sous l'épaisseur de la peau; des naseaux ouverts, des yeux clairs et vifs, des mouvements énergiques, souples et faciles, le poil fin, les crins doux et peu abondants doivent distinguer particulièrement les reproducteurs. La robe peut encore servir d'indice sur le tempérament des animaux et guider dans le choix qu'on en veut faire. La taille des étalons doit être pour les chevaux de selle de 1 mètre 54 à 59 cent., et, pour les chevaux de carrosse et de tirage, d'environ 1 mètre 62 cent. et au-delà, les uns et les autres mesurés à la chaîne. L'âge auquel l'étalon peut être de service est pour les chevaux fins celui de six ans, et pour les chevaux de carrosse et de trait, celui de quatre ans ou quatre ans et demi, ces derniers étant ordinairement hors de service plus tôt que les autres. Des étalons trop jeunes et qui n'auraient

pas acquis leurs forces ne donneraient que des produits faibles et mal constitués. Les poils qu'on adopte de préférence pour les étalons sont un beau noir; toutes les nuances de bai, à l'exception du bai-brun fesses lavées ; le poil alezan, à l'exception de l'alezan poil de vache ; et si l'on admet quelques étalons dont les robes sont mélangées, ce ne sont que les poils isabelle et louvet, pourvu que les crins et les extrémités soient noirs, et ceux qui ne salissent point les races, comme les gris de toute espèce, unis à des poils simples : toutes balzanes, toutes marques blanches, tout chanfrein blanc seront proscrits. « Les organes de la génération, dit M. Delafond, devront surtout fixer l'attention. Les testicules seront gros, non douloureux et devront monter et descendre avec facilité dans leurs enveloppes ou bourses, le lien ou le cordon qui les suspend devra être bien sain, et l'anneau situé dans le fond de l'aine par où ce lien passe, non dilaté. Il sera important d'approcher l'étalon d'une jument pour voir le membre entrer en érection et pouvoir ainsi juger de sa longueur, de son volume et de sa bonne conformation. L'attention se portera principalement sur l'orifice du canal de l'urètre, qui devra être peu proéminent et bien ouvert. Enfin il n'est point inutile, lorsqu'on achète un étalon de prix ou de noble race, de s'assurer s'il a déjà donné des produits. » Les étalons doivent être tenus dans l'écurie toute l'année, et être toujours nourris au sec ; une nourriture molle les affaiblirait. Dans les pâturages, ils s'entretueraient, s'énerveraient; ils couvriraient toutes les juments indistinctement, et l'on ne pourrait disposer des races. Ils doivent aussi être entretenus dans un exercice modéré, nécessaire à leur conservation hors du temps de la monte, exercice qu'il ne faut pas confondre avec ce qui pourrait être appelé *travail*. La nourriture qu'on leur donnera sera proportionnée à ce même exercice, sauf à les nourrir plus largement pendant la saillie ; mais le foin ne doit, en aucune manière, leur être prodigué, la plupart d'entre eux devenant poussifs lorsqu'ils ont passé un certain âge, surtout quand ils mangent naturellement beaucoup.

Ce serait travailler vainement à la perfection des haras, que de laisser couvrir indifféremment, par des étalons, toutes sortes de juments. Les belles juments forment la base de l'élevage, et sans elles les meilleurs étalons ne produisent rien de bon. Les juments seront d'une taille plutôt grande que médiocre ; elles auront de la beauté et de la noblesse dans l'avant-main ; elles seront bien ouvertes, et elles n'auront pas le défaut, très-ordinaire en elles, d'être basses du devant ; elles auront le coffre vaste et le flanc large, parce qu'une jument plate, qui a peu de corps, ne donne jamais des poulains étoffés. La base de la queue sera relevée, et la vulve longue, large et sans cicatrice. Les mamelles devront être grosses, rondes et fermes. Elles ne pécheront point par trop de graisse ; on exclura les mauvaises nourrices. On bannira irrévocablement toute jument chatouilleuse, qui rue et frappe son poulain au moment où il se présente pour se saisir du mamelon. On n'agréera que des juments ayant tous leurs crins. Le repos et la tranquillité dans les pâturages assurent à ces animaux une certaine quantité de lait ; l'agitation continuelle que leur occasionnent les mouches, surtout quand ils ne peuvent s'en défendre, en diminue visiblement l'abondance. La stérilité bien prouvée est une nouvelle raison de rejeter une jument ; mais il faut être certain que son infécondité provient d'elle-même, et non de l'étalon ou des étalons qui l'ont servie. En général, les juments trop grasses, trop jeunes ou trop vieilles ne retiennent point ; il en est aussi quelques-unes dont la matrice est mal conformée ; on ne peut en espérer aucun produit. Quant à celles qui sont dépourvues de tempérament, elles ne souffrent jamais l'étalon. Il est, enfin, des juments qui ne sauraient porter leur poulain à terme ; elles ne sont donc, en aucune manière, propres à la monte. Quoique les juments soient, comme les femelles de toutes les espèces, beaucoup plus précoces que les mâles, on ne leur permettra l'usage de l'étalon que lorsqu'elles auront atteint quatre ans s'il s'agit de juments épaisses, et cinq, s'il s'agit de juments fines et légères. Leurs poils ou leurs robes doivent être conformes à celles des étalons, et elles doivent être choisies saines, sans aucun des maux qui, comme nous l'avons observé, peuvent passer naturellement à leurs produits. L'expérience a prouvé que les juments qui mangent le vert dans le temps qu'elles sont admises à l'étalon retiennent plus facilement que celles qui sont au foin et à l'avoine dans une écurie ; elle démontre encore que celle qui a toujours été nourrie au sec, et que l'on tient aux mêmes aliments après l'accouplement, ne peut, en général, fournir un poulain d'une certaine étoffe, et n'a jamais, d'ailleurs, une certaine quantité de lait. Le même inconvénient subsiste si elle est conduite dans les pâturages en suite de la saillie, soit que son estomac ait besoin d'être accoutumé à l'herbe, soit qu'il soit nécessaire qu'elle devienne peu à peu insensible aux injures des mouches et du temps, pour que son poulain profite. Les juments qui donnent les meilleurs produits sont donc celles qui pâturent le plus et sont le moins longtemps établées ; aussi ne doivent-elles être enfermées que lorsqu'il n'y a plus d'herbe, et que les pluies froides surviennent, encore ne les renferme-t-on que pendant la nuit; on les fait sortir pendant le jour, pourvu qu'il ne pleuve pas; quoique les pâturages soient alors très-peu nourrissants, ils conviennent néanmoins à des bêtes accoutumées à être dehors, d'autant plus que, dans l'écurie, on supplée au défaut de l'herbe par les aliments secs. On ne doit pas cependant oublier que la gelée des rosées leur est funeste, et que la pâture de l'herbe qui en est blanchie est une des causes de l'avortement.

20. La monte. — Le temps de la *monte*, c'est-à-dire le temps où l'on doit faire *monter*, ou *couvrir*, ou *saillir*, ou *sauter*, ou *servir* les juments en chaleur, est depuis le commencement d'avril jusqu'à la fin de juin. Pendant le temps de la monte, on augmentera l'avoine aux étalons; il sera même à propos de leur donner une mesure d'orge très-bonne et très-nette, avant qu'ils couvrent et après qu'ils auront couvert. On observera encore de ne les jamais abreuver, soit le matin ou le soir, avant la saillie, et on en usera de même à l'égard des juments. On ne doit faire saillir les juments que dans le plus frais de la journée; quand même l'étalon aurait de la vigueur, on ne lui demande qu'un *saut* par jour, et s'il pèche du côté de la force et même de l'âge, il ne couvrira qu'une fois tous les deux jours. Quand il s'agit de la *monte à la main*, le plus ordinairement usitée, on choisit, pour le lieu de la saillie, un endroit garni de verdure, éloigné d'environ cent pas de l'écurie, et dont le terrain est uni, sec et solide; on plante un ou deux piliers dans ce même lieu, pour y attacher solidement la jument avec un licou. Une partie de ce terrain doit être encore inégale à l'effet de faciliter le saut à l'étalon. Il est d'une importance extrême de faire servir plus d'une fois les juments qui ont un désir réel de s'accoupler, comme de ne pas admettre indifféremment celles en qui ce désir est faible, ou n'est qu'apparent: sans cette attention, on emploierait très-inutilement les forces des étalons. Les signes de chaleur de la jument se tirent de son hennissement continuel, de son désir de s'approcher du premier cheval qu'elle aperçoit, du gonflement de la partie inférieure de la vulve, de l'émission ou de la stillation d'une liqueur gluante et blanchâtre. Les juments qu'on amène à l'étalon étant ferrées par derrière comme du devant, on les entravera dans la crainte qu'elles ne ruent et ne blessent le cheval. La jument ainsi préparée et dans l'attente, on conduira l'étalon, tenu par deux hommes qui lui feront décrire un ou plusieurs cercles autour de la cavale; lorsqu'il sera en état, on l'admettra à l'action, et on la lui facilitera en dirigeant adroitement son membre, et en tenant l'animal le plus ferme

qu'il sera possible, par les deux pieds du devant. Les mouvements redoublés et précipités de sa croupe, ainsi que du tronçon de sa queue, les efforts qu'il fera pour s'introduire plus avant, sont des signes d'éjaculation de sa part, auxquels on doit être très-attentif, plusieurs étalons sortant souvent de dessus la jument sans l'avoir couverte de manière à produire. On doit, au surplus, à l'égard de ceux qui n'ont jamais sailli, choisir pour leur première monte, des juments douces, faciles, et ayant déjà pouliné. Il est prudent de n'admettre au congrès que ceux qui peuvent y être nécessaires pour ne pas troubler l'étalon. On doit tenir la queue de la jument relevée de manière qu'aucun crin en puisse blesser l'étalon. Il faut aussi faire très-attention que parfois les chevaux trop vigoureux opèrent avec tant d'action qu'ils enfilent le rectum au lieu de la vulve. Ces sortes de coups sont toujours mortels. La promptitude de l'étalon, la tranquillité de la jument sont un présage de la conception. On ne doit jamais retirer de force l'étalon de dessus la jument. Ce point, auquel on fait trop peu d'attention, est l'unique moyen de conserver longtemps les jarrets de l'animal sains et nets. Lorsque la saillie est terminée, on étable l'étalon ; on le bouchonne exactement, s'il a chaud ; on abat la sueur avec le couteau de chaleur, s'il est en nage ; on lui remet sa couverture et on le laisse seul et tranquille. Il est encore une autre manière de faire servir les cavales que l'on appelle *monte en liberté* : on lâche l'étalon dans un pâturage bien fermé, avec la quantité de juments que l'on veut qu'il couvre. On le laisse choisir lui-même celles qui ont besoin de lui et les satisfaire à son gré. De cette façon les cavales retiennent plus sûrement ; mais l'étalon se fatigue et se ruine beaucoup plus vite. Après le temps de la monte, on remet les étalons à leur régime ordinaire.

21. La gestation et le part. — Dès que les cavales ont donné des signes qu'elles ont conçu, on doit empêcher qu'aucuns poulains ou autres petits chevaux entiers ne les approchent. Les marques équivoques de la plénitude sont : 1° la facilité avec laquelle la jument s'engraisse dans l'hiver et le volume qu'acquiert son flanc ; 2° deux mois avant le part, la tension, la dureté, la grosseur des mamelles et l'avalement des flancs et de la croupe. Quant aux signes univoques, ils se tirent du mouvement du poulain dans le ventre de la mère, mouvement que des yeux attentifs peuvent saisir quelquefois, surtout au septième ou huitième mois. Il est plus sûr de s'en assurer par la voie du tact. Faites trotter quelques moments la cavale, remettez-la ensuite à l'écurie ; présentez-lui à manger sur-le-champ. Plaçant alors

votre main sous le ventre, si elle est pleine, vous sentirez et reconnaîtrez le poulain. L'usage de faire saillir les juments neuf jours après qu'elles ont pouliné est pernicieux ; la fatigue de porter et de nourrir à la fois les rend nécessairement vieilles avant le temps. Les juments portent ordinairement onze mois et quelques jours. Dès que le fœtus est parvenu au juste volume qu'il doit acquérir, la matrice se trouve extrêmement distendue ; elle se contracte et cherche, en quelque façon, à se débarrasser du corps qu'elle renferme ; d'un autre côté, le poulain se trouvant contraint et gêné, s'agite, se livre à divers mouvements pour rompre les membranes qui l'environnent, et se frayer une issue hors de l'étroite cavité qui le contient. C'est ainsi que commence le travail du part.

Le *part naturel* est celui dans lequel le poulain se présente dans la position où il doit être ; le *difficile* ou *laborieux* est celui dans lequel, quoiqu'il se présente bien, il a une peine extrême à sortir ; enfin, dans le *part contre nature,* le poulain présente mal la partie qui doit s'offrir à l'ouverture de l'utérus, ou en présente tout autre. Le part naturel n'exige aucun secours ; pour les autres, on a besoin de l'assistance d'un vétérinaire. Dès que la jument a mis bas, le poulain a l'instinct de se saisir du mamelon, qui lui offre un lait clair et séreux pour le purger de la matière dont ses intestins sont remplis. Après le part, il est important de tenir la jument huit ou dix jours dans l'écurie ; on l'y nourrira abondamment ; on lui donnera le meilleur foin, du son de froment, de l'orge grossièrement moulue, et sa boisson sera de l'eau blanche légèrement tiède; lorsque cet espace de temps sera écoulé, on pourra la conduire avec son petit au pâturage, qui d'abord ne doit pas être trop éloigné.

22. Éducation du poulain et du cheval. — Le temps de sevrer les poulains n'a pas encore été uniformément déterminé : les uns le fixent à trois mois, d'autres à cinq, à six ou à sept pour le plus tard, et d'autres encore à onze ou douze. Quant à l'idée que l'on se forme sur la formation accélérée du cheval, dans le cas où il n'abandonne le mamelon que onze ou douze mois après sa naissance, cela dépend essentiellement du climat, de l'air, des aliments, du terrain ainsi que de la race. Il n'est pas douteux que le petit, errant avec sa mère dans les champs ou dans les forêts, ne renoncerait à la mamelle que lorsque la jument ne voudrait plus l'admettre à la succion; mais si, parce que l'homme a su les mettre l'un et l'autre sous son entière dépendance, il a le droit de les gouverner à son gré, il n'en doit pas moins considérer qu'il importe de ne ravir à l'animal un ali-

ment proportionné à la faiblesse de son estomac, que lorsque ce viscère a acquis une sorte d'habitude, et est devenu capable d'en digérer de plus solides. Sevrer un poulain, c'est le séparer de sa mère, et substituer des aliments solides à la nourriture fluide à laquelle la nature l'a d'abord habitué. Ce changement subit occasionnerait inévitablement une révolution, s'il ne se faisait avec précaution et avec prudence. On lui donne d'abord du son deux fois par jour, et une très-petite quantité de foin fin et choisi, sauf à l'augmenter à mesure qu'il acquiert de l'âge; du reste, on ne l'attache point; son écurie doit être garnie d'une bonne litière, que l'on renouvelle souvent; on ne le panse point, et on ne lui permet pas de sortir, à moins qu'il ne témoigne aucune inquiétude et aucun désir de retrouver et de rejoindre sa mère : alors, et seulement dans le beau temps, on peut le conduire aux pâturages, mais il est essentiel de ne jamais le laisser paître à jeun; si on ne lui donne le son et si on ne le fait boire une heure au moins avant de le mettre à l'herbe, il sera atteint de tranchées violentes, et c'est ainsi que dans plusieurs départements, on perd chaque jour des élèves. Non seulement les poulains forts d'une année peuvent être abandonnés tous les jours dans les prairies, mais il serait bon de les y laisser coucher, s'il était possible, durant l'été et jusqu'à la fin d'octobre. Il est des poulains extrêmement hauts sur jambes et qui se les ruinent en quelque manière, ou qui sont contraints de tourner leurs pieds en dehors pour pouvoir atteindre l'herbe. Il n'est d'autre moyen de parer à cet inconvénient que celui de leur fournir le vert dans l'écurie. Rien ne contribue plus à la beauté de la queue que l'action de la tondre dès que l'animal a atteint environ dix-huit mois.

Le poulain, parvenu à son second hiver, sera rappelé dans l'écurie; on l'y nourrira de foin, de son et d'avoine moulue. Lorsqu'on retirera les poulains de l'herbe pour les tenir constamment à une nourriture sèche, on observera que ce changement d'aliment peut causer de funestes révolutions; on ne leur donnera, pendant quelques jours, que de la paille de froment très-fine et du son, et on les mettra insensiblement ensuite au foin et à l'avoine. Il est bon, surtout dans les commencements, que le grain ait été mouillé avant de le leur faire manger. On ne les pansera point d'abord, on se contentera de les bouchonner, et quand on aura, par ce moyen, enlevé la crasse la plus grossière, on pourra se servir légèrement de l'étrille et de la brosse. Dans ce même temps, on doit accoutumer le poulain à la docilité et à l'obéissance; on y parviendra par la patience, les caresses et la douceur; peu à peu on l'habituera à recevoir un bridon dans la bouche et à souffrir qu'on lui lève les pieds. Ce dernier point est d'autant plus important, qu'outre le désagrément d'avoir un cheval qui se refuse à la ferrure, les efforts qu'il fait pour s'y soustraire sont suivis, surtout dans les parties de derrière, d'une foule de maux, sans parler de la difficulté que trouve le maréchal, à parer le pied convenablement, et à lui ajuster un fer convenable. On doit donc manier très-fréquemment les jambes du poulain, lui lever les pieds, les conduire insensiblement à une certaine hauteur, et frapper ensuite dessous comme si l'on y brochait un clou avec le brochoir ; on se comportera de même avec les poulains destinés au carrosse et au trait ; on leur mettra les harnais ainsi qu'on doit mettre la selle aux autres.

Les caresses, si nécessaires pour rendre le jeune animal paisible et familier lui donnent souvent des habitudes vicieuses ; celle de mordre en est une qu'il contracte d'autant plus aisément qu'à cet âge il est très-enclin à badiner ; il est donc essentiel de ne pas lui en fournir l'occasion en présentant souvent la main à sa bouche, en lui prenant les lèvres, les naseaux et les parties voisines, ces différentes actions ne pouvant que l'y inciter ; et si, quoiqu'on s'en abstienne, il témoigne un penchant véritable à ce défaut, on ne pourra se dispenser de l'en détourner par des châtiments légers et infligés avec prudence.

La séparation des sexes et des âges est une règle qu'on doit exactement observer. En les confondant, ces jeunes animaux s'épuiseraient de bonne heure, et les moins développés courraient le risque d'être maltraités par les plus forts. Lorsque les poulains sont destinés à la selle ou au trait, il faut songer à les faire castrer à l'époque la plus favorable. Une habitude des plus funestes est celle qui fixe cette époque au moment où le poulain a acquis tout son développement. Considérant seulement l'influence des organes de la génération dans l'exercice des fonctions, on a pensé que l'œuvre de la nature devait être terminée avant de se permettre cette opération. Certes, il est loin de toute espèce de doute que ces organes ne jouent un très-grand rôle dans le développement du cheval, et leur extraction doit être considérée comme tout à fait contre nature. C'est donc un mal, mais un mal devenu nécessaire, d'après la destination réservée à la plupart des chevaux. En France, on est dans l'usage de castrer le cheval à l'âge de quatre ou cinq ans, au moment où cet animal, livré au commerce, doit être soumis au travail. Quelque facile et sûre que l'art vétérinaire ait rendu cette opération, elle ne produit pas moins une révolution considérable qui attaque le moral et le physique du cheval au moment où il aurait le plus besoin de force et de courage. De là l'espèce d'abâtardissement remarqué dans nos chevaux hongres, leur ruine plus prompte, et souvent les vices de méchanceté qui ne devraient jamais se rencontrer dans un animal essentiellement doux et obéissant. La castration ne saurait être faite trop tôt, c'est-à-dire aussitôt que les testicules apparaissent à l'extérieur. Alors l'opération n'a aucune suite dangereuse; et, sauf les soins à apporter aux premiers moments qui la suivent, pourvu qu'une nourriture saine et abondante soit administrée, le poulain se formera sans jamais éprouver de désirs et sans avoir à regretter des jouissances dont il n'a pas eu le pressentiment.

Lorsque le cheval est formé et parvenu à son accroissement, le régime qu'on lui fait observer doit différer de celui qu'on prescrit au cheval avancé en âge, soit par rapport au service dont celui-ci cesse peu à peu d'être capable, soit par rapport au choix des substances qui peuvent fortifier son estomac souvent débilité, et de celles qui peuvent fournir une plus grande abondance de sucs nutritifs, etc. Le *cheval sanguin*, dont l'habitude du corps est spongieuse et lâche, sera nourri modérément. Le *cheval colérique*, dont les fibres ténues ont une grande rigidité, et en qui la marche du sang est impétueuse, ne sera point soumis à des exercices longs et violents, à des mouvements trop pénibles; on modérera, ainsi que nous l'avons dit, les effets du grain par un mélange d'aliments tempérés; on l'abreuvera d'eau blanche; on n'usera jamais de rigueur envers lui; il est toujours dangereux de l'irriter. Le *cheval triste et mélancolique* ne doit point être fixé à des aliments propres à entretenir la ténacité et l'épaississement de son sang; les moins substantiels et ceux qui peuvent agiter la masse, aidés d'ailleurs de boissons humectantes et délayantes, sont les seuls qui lui conviennent, ainsi qu'un exercice successivement augmenté. Le travail est nécessaire au *cheval phlegmatique* naturellement engourdi, lent et paresseux. Il s'agit de hâter en lui la circulation, d'accroître la force et la tension des parties, de dissiper une sérosité trop abondante; et une nourriture capable de pareils résultats est celle qui est à préférer, etc. Nous ne saurions parcourir ici toutes les différences plus ou moins sensibles qu'un praticien attentif doit rechercher dans les divers individus; mais nous dirons que, si l'art a été jusqu'à ce jour si fort au-dessous de lui-même, c'est par le défaut d'observation, défaut auquel la pratique la plus multipliée et la plus étendue ne saurait suppléer si elle n'est accompagnée d'aucunes lumières. Le régime qu'ont fait observer aux chevaux paraît, en général, varier trop peu, et n'admettre que de trop légères exceptions. On ne consulte ni la force, annoncée par le courage, par la facilité de s'accoutumer aux plus grands travaux et de les accomplir, par la vigueur avec laquelle le corps résiste à de certaines affections, par la quantité d'aliments pris et rendus sans la moindre incommodité, etc. ; ni la faiblesse prouvée par des effets totalement contraires, ni les habitudes contractées, ni les dispositions maladives dont on pourrait juger par les événements passés, ni les torts que ces mêmes événements ont pu faire à la machine, ni les traces inévitables qu'ils y ont laissées et qui peuvent dégénérer en d'autres maux, ni les résultats des divers médicaments donnés dans différentes circonstances, et même des mélanges qui forment la nourriture ordinaire de l'animal, etc. Ce sont pourtant des points qui demanderaient une sérieuse attention.

Autant il importe de promener le jeune cheval, de l'habituer et de le soumettre à des travaux proportionnés à son tempérament plus ou moins robuste, autant on doit craindre de le livrer à un exercice violent et supérieur à celui dont il est capable : dès lors il serait bientôt épuisé, quelque attention que l'on eût de mesurer sur cet exercice outré la quantité des aliments propres à réparer ses pertes, parce que des mouvements forcés et répétés non seulement consument les forces motrices, mais usent et débilitent les organes à la faveur desquels ces mêmes mouvements sont exécutés. La maigreur, le retroussement, et souvent l'altération du flanc, le ternissement du poil, le flageolement des jambes, leur courbure en forme d'arc, leur éloignement de tout aplomb, la faiblesse de leurs articulations, la lenteur, la mollesse et la difficulté de leur action sont les symptômes de cet excès trop longtemps continué, et qui, lorsqu'il est subit, c'est-à-dire dans des chevaux surmenés, est assez fréquemment suivi de la fortraiture, de la fourbure, de la courbature, de la morfondure, de la fièvre, etc. Au travail doit succéder le repos ; il est le remède à la lassitude, et doit être en raison des efforts qui l'ont précédé, pour suppléer, par la concentration de la quantité des sucs utiles et digérés qui constituent la vigueur de la machine, à la dissipation plus ou moins grande qui en a occasionné l'exténuation. Au repos aussi doit succéder le travail ou l'exercice ; car une cessation perpétuelle de mouvement et un régime absolument oisif et sédentaire rendent les fibres musculaires inaptes à toute action, épaississent la masse, ralentissent le cours de toutes les humeurs, les pervertissent, et produisent tous les effets diamétralement contraires aux effets salutaires d'un exercice modéré : aussi voyons-nous des chevaux, pour ainsi dire abandonnés dans des écuries, et ne fournissant à aucune espèce de service, affectés de tous les maux qui doivent être les résultats de ces différentes altérations dans l'économie animale : tels sont les refroidissements d'épaules, l'enflure des jambes, la pesanteur, la paresse, l'obésité, le gras-fondu, la fourbure, diverses sortes de maladies cutanées, etc. Cette intermission de toutes les sensations, cette inaction involontaire, commune à l'homme et aux animaux, et que l'on a appelée *sommeil*, est encore plus propre à la réparation des forces que le repos dont nous venons de parler. L'exercice des sens, lors même de la plus grande tranquillité, sollicite toujours quelque déperdition; les objets, les odeurs, les sons ou le bruit affectent plus ou moins, et provoquent dans les solides certains mouvements qui, quoique insensibles, n'influent pas moins sur la marche des fluides, et c'est vraisemblablement par cette raison qu'un sommeil inquiet et troublé, tel que celui pendant lequel l'animal, même en santé, rêve, s'agite et hennit, est peu réparateur et fatigue souvent même plutôt qu'il ne calme. Mais le sommeil doux et paisible rend la vigueur et l'agilité; il dispose de nouveau toutes les parties à l'exercice de leurs fonctions; il favorise la digestion, la transpiration et la nutrition, puisqu'il condense le suc nourricier, et que, dans cet état, ce suc se lie plus intimement aux parties qui doivent être nourries, etc. Il est vrai que, par sa nature, le cheval n'est pas aussi enclin à dormir que l'homme et d'autres animaux, que quatre heures de sommeil suffisent ordinairement à certains chevaux, qu'il en est plusieurs auxquels il en faut moins, que les uns dorment couchés et les autres debout; mais si le sommeil de l'homme a plus de durée que celui de l'animal, on doit faire attention aussi que les instants que l'homme consacre à dormir sont employés par le cheval à manger, et à se réconforter. Le moment du réveil est marqué dans tous les deux par les mêmes actions : le bâillement et l'extension des membres, dont la longueur des fibres exige que l'animal y rappelle les esprits et y accélère automatiquement le cours du sang au moyen de contractions répétées

On vient à bout des chevaux vicieux et méchants par la privation de nourriture et de sommeil et par les châtiments combinés avec les récompenses. Nous avons donné, en parlant des animaux en général, quelques détails à ce sujet. L'habitude de mordre ne peut se guérir. Cependant l'historien Burckhardt prétend que les soldats égyptiens y parviennent par un procédé infaillible. Ils font rôtir un gigot de mouton, l'enlèvent du feu tout chaud, et le présentent à l'animal vicieux : celui-ci le mord aussitôt, ses dents restent engagées dans la viande brûlante, et la douleur qu'il éprouve le rend soigneux à l'avenir de ne mordre que sa nourriture légitime. Dans son *Histoire anecdotique du chien et du cheval*, M. Georges Witson rapporte que c'est une chose commune au Mexique de dompter les chevaux les plus méchants par un procédé fort simple, mais en même temps fort singulier, qui consiste à mettre les naseaux du cheval sous l'aisselle d'un homme. La bête la plus réfractaire devient traitable du moment où on lui a fait aspirer l'odeur du corps humain. Ce fait étrange se trouve confirmé par un usage des Indiens des Montagnes-Rocheuses. Quand l'un d'eux attrape un cheval sauvage, la première chose qu'il fait est de poser la main sur les yeux de l'animal qui se débat, et de respirer dans ses naseaux; à partir de ce moment, le cheval peut être considéré comme complétement soumis. M. Ellis, de Cambridge, fut curieux d'essayer l'efficacité de ce procédé sur des chevaux anglais. Il choisit pour sujet de son expérience une pouliche âgée de moins d'un an, sevrée depuis trois mois, et qui, depuis cette époque, n'était pas sortie de l'écurie; ajoutons que l'expérience eut lieu dans des conditions très-défavorables, car la pouliche, qui était tout à fait sauvage, se trouvait en plein air, entourée de plusieurs étrangers, et le propriétaire, ainsi que l'expérimentateur, cherchaient beaucoup moins à s'instruire qu'à s'amuser. Ce ne fut pas sans peine que M. Ellis parvint à couvrir les yeux de l'animal rétif et effrayé. Ce premier point enfin obtenu, il lui *souffla* dans les narines, mais sans produire aucun effet sensible. Il *respira* alors dans ses narines, et aussitôt la pouliche cessa de se débattre, se tint tranquille et trembla. Elle fut dès lors parfaitement traitable. Un des assistants ayant respiré aussi dans ses naseaux, elle parut recevoir ces inspirations avec plaisir, et tendait le nez en avant, comme pour inviter à recommencer. On la fit sortir encore le lendemain matin : elle était d'une douceur parfaite, et ne semblait s'effrayer de rien.

23. Emploi et produit du cheval. — Le cheval est utile à l'homme par son croît et son travail. Les chevaux mâles s'emploient à la monte ou au trait; les étalons peuvent être employés uniquement à la saillie, ou en outre au travail; les juments peuvent servir à l'un ou à l'autre de ces usages. Les chevaux que l'on destine uniquement au travail sont entiers ou hongres. Les chevaux entiers sont bien supérieurs aux chevaux hongres sous le rapport de la vigueur et de la beauté des formes; mais ils sont souvent très-vifs, difficiles à dompter, demandent un attelage solide, et des conducteurs actifs et vigoureux. Ces chevaux étant im-

propres au service de la cavalerie, et leur emploi pour le labour, la voiture ou la selle étant toujours accompagné d'inconvénients plus ou moins graves, on châtre presque tous les jeunes mâles, et l'on sacrifie une partie de leur beauté et de leur vigueur pour les rendre plus dociles et plus faciles à conduire. Un cheval ne doit être continuellement employé au travail que lorsque son corps a pris tout son développement. Moins on se presse de le faire travailler, plus il acquiert de forces et plus longtemps on pourra s'en servir. Les chevaux doivent être attelés de manière à ne pas être gênés dans le déploiement et l'exercice de leurs forces. Les *chevaux de roulage, de labour, etc.*, doivent tous être très-forts; les meilleurs sont les boulonnais et les flamands. Ils doivent, autant que possible, ne pas être employés avant leur sixième année. Voici leurs principaux caractères : taille, 1 mètre 63 cent. et au-dessus, parfaitement d'aplomb, pas trop longs de corps; formes dégagées, mais bien fournies; les épaules suffisamment larges pour l'appui du collier, mais pas trop chargées; le corps plein, les côtes bien tournées, les extrémités solides, le canon un peu fort, mais pas trop long-jointé, et surtout les pieds excellents. Il faut, en outre, qu'ils réunissent autant que possible les qualités du cheval de selle, qu'ils trottent et galopent avec aisance, que leurs allures soient égales, et qu'enfin ils ne soient point ombrageux. Les chevaux de trait doivent être accouplés par taille, par âge, par force, par tempérament, et, si cela se peut, par robe. Un cheval de moyenne force, bien constitué et nourri convenablement, peut traîner au pas, sur une route ordinaire, en marchant sept à huit heures par jour, un poids de 5 à 600 kil. On appelle *limonier* le cheval qui, placé dans les brancards, est destiné en même temps à diriger la voiture et à la maintenir en équilibre. Ce cheval, fatiguant nécessairement plus que ceux qui ne font que tirer, doit être choisi parmi les plus forts et les plus solides. Le *cheval de bât* peut être plus ou moins commun; sa qualité essentielle consiste dans la force du dos, du rein et des membres, et tout cheval qui, par sa conformation, se rapprochera du mulet, pourra être utilement employé au service du bât.

Il est des chevaux de toute taille et de toute grosseur. Il y a même des chevaux géants et des chevaux nains. On voit chez les Tatars Usbecks de forts poneys appelés *phouldars*, dont la taille est de moins d'un mètre, tandis que certains chevaux atteignent et dépassent 2 mètres; mais ce sont là de rares exceptions. Dans quelques cantons arriérés en agriculture, on conserve encore l'opinion qui considère les chevaux de petite taille et d'une construction légère, comme préférables pour les travaux de culture.

Taureau Brahmine.

Taureau.

Bœuf.

Vaches.

Ce préjugé a complétement disparu devant l'expérience, partout où l'art de cultiver la terre a fait quelques progrès; et si l'on parcourt l'Angleterre, l'Ecosse, la Belgique, la Flandre, et les départements de la France où l'industrie agricole est le plus avancée, on reconnaîtra que tous les cultivateurs n'hésitent pas dans la préférence qu'ils donnent aux chevaux étoffés et de grande taille, pour tous les travaux de la culture. Là où les fermiers n'ont que de petits chevaux, ils disent que de gros animaux tasseraient et piétineraient trop la terre; mais ils ne voient pas qu'avec une paire de chevaux forts, ils remplaceraient quatre animaux de petite taille, et souvent davantage, et que ces derniers, s'ils ont moins de poids, ayant aussi les pieds moins larges, enfoncent dans la terre humide tout autant que les gros, en sorte que l'avantage, sous ce rapport, reste du côté de la diminution du nombre. Il est même une considération qui met dans la balance un poids énorme en faveur des gros et grands chevaux dans l'agriculture : c'est qu'en diminuant le nombre des attelages, on diminue, dans la même proportion, le nombre des hommes que l'on y emploie, et par conséquent les dépenses d'exploitation. Une charrue perfectionnée qui amoindrit d'un tiers ou d'un quart la force nécessaire au tirage, ne développe que la moitié des avantages qu'elle peut présenter, si l'on est encore forcé d'y atteler quatre chevaux, parce qu'alors il faut encore employer deux hommes à la manœuvrer; et ce n'est qu'au moyen des améliorations introduites, en Angleterre et en Ecosse, dans les races de chevaux de traits que l'on a pu y apprécier tout l'avantage des charrues sans avant-train, qui peuvent labourer toute espèce de sols, même les plus tenaces, avec une seule paire de ces puissants animaux que fournissent aujourd'hui les races de chevaux de trait créées dans ces pays.

CHAPITRE II.

L'ANE ET LE MULET.

1. **Réhabilitation de l'ane.** — « Si la chèvre est la vache de la pauvre femme, dit le comte Français (de Nantes), l'âne est la monture du pauvre homme, et il ne fait jamais de dommage. Cependant les habitants de la campagne ne cessent de le frapper, en alléguant que cette bête est la bête du bon Dieu, et

qu'elle n'a été créée et mise au monde que pour travailler et pour souffrir; et quand vous leur demandez pourquoi ils la frappent si brutalement, ils vous répondent : C'est l'usage. Dégrader de sa noblesse originelle une race entière d'animaux, l'accabler de coups et de misère et lui reprocher les vices que nous lui avons donnés en la tenant dans une servitude avilissante, c'est là sans doute une chose odieuse, et que l'on peut observer ailleurs que chez les ânes ; mais offrir en spectacle ceux qu'on a dégradés et mutilés, les livrer à la risée publique, aux railleries et aux coups d'une multitude effrénée, est une infamie plus grande encore Voyez, vous dit-on, combien ces bêtes sont abjectes, indociles, exténuées, rogneuses ! J'en conviens ; mais qui les a faites ainsi, si ce n'est vous-mêmes? Sortez du lieu où vous les tenez en esclavage, allez dans leur patrie originelle, examinez l'âne du désert livré à l'état naturel, ou retenu dans les liens d'une domesticité honorable et soigneuse ; voyez sa taille élevée, sa tête haute, son poil doux et luisant, ses yeux pleins de feu, ses allures vives et pourtant assurées ; son attitude fière et non dépourvue d'une certaine grâce, voilà l'âne de la nature. Osez actuellement lui comparer votre baudet, tel que votre avarice et votre dureté nous l'ont fait. Les guerriers arabes font leurs tournées et leurs patrouilles montés sur des ânes, et ils ne se servent de chevaux qu'à la guerre, ou les jours de parade. On compte jusqu'à 40,000 de ces serviteurs dans la seule ville du Caire; ils y servent pour parcourir la ville, comme les carrosses de place en Europe. Les plus belles Circassiennes, revêtues de leur voile, ne dédaignent pas ces montures. Quoiqu'ils aient les jambes infiniment plus courtes que les dromadaires, ils trottent aussi vite qu'eux. Dans les îles de Malte et de Sardaigne, où l'on a conservé et élevé avec soin des races pures, l'âne est souvent le rival heureux du cheval. On connaît de réputation les ânes d'Arcadie; les poètes n'ont pas cru déplacées les fleurs qu'ils ont jetées sur eux. Dans l'île de Maduré, où la transmigration des âmes est reçue comme dogme, on rend à l'âne une sorte de culte. La croyance religieuse de ces insulaires est que les âmes des héros morts au service de leur patrie vont animer les corps de ces quadrupèdes. Les théologiens du pays n'ont pu imaginer pour les âmes des grands hommes de plus nobles asiles que des corps d'ânes. Ce qui, dans la préoccupation de nos esprits, porte un véritable préjudice à l'âne, c'est que nous ne voulons jamais le considérer tout simplement comme un âne. Nous sommes toujours, et à notre insu, portés à le comparer au cheval. » L'âne en liberté tourne toujours la croupe au vent; cette remarque

que firent les Égyptiens et tous les autres peuples de l'antiquité lui valut primitivement l'honneur d'être le symbole du vent. De nos jours les paysans espagnols de la province d'Alcarria, qui vannent leur blé pendant la nuit, lâchent un âne et remarquent comment il se place pour paître. Cet âne est pour eux une girouette vivante, qui leur indique à coup sûr de quel côté vient le vent, quelque faible qu'il soit. Symbole du vent, l'âne devint aussi, chez les Égyptiens, le symbole du souffle, de la respiration, et enfin de la vie. L'âne, symbole de la vie, devint même quelquefois la représentation matérielle de ce celui qui la donne, de Dieu. Au mépris du quatrième article de la loi, des hérésiarques de Jérusalem adoraient la divinité sous la forme d'un âne. Dans le sanctuaire de Thèbes, l'âne symbole, de la Divinité, portait le nom d'Alhiboruin d'où l'on a fait Aliboron. Si nous en croyons Pindare, les Hyperboréens immolaient des hécatombes d'ânes à la divinité suprême. Enfin, du culte de l'âne considéré comme symbole de la Divinité dérive la fête de l'âne qu'on célébrait encore en France au commencement du treizième siècle. C'est l'âne que Jésus a choisi comme monture pour faire son entrée à Jérusalem. L'ânesse se montre d'une tendresse extrême pour ses petits. Dans l'incendie d'une ferme, une ânesse, que l'on avait arrachée de son écurie embrasée, se jeta au milieu des flammes et reparut en tenant dans ses dents son ânon, qui lui dut aussi l'existence. L'âne vit presque de rien et il sert tout le jour. Le paysan qui a sa vache et son âne se trouve ainsi placé entre sa nourrice et sa monture. L'âne porte l'engrais de son étable et la litière qu'il a fécondée sur le champ du pauvre homme; il en rapporte les récoltes diverses dans ses granges; il va et vient sans cesse, porte le grain au moulin, les fruits au marché, le bois à la maison, ainsi que les glanées durant la moisson, les paquets de foin durant la fenaison, le chaume des jachères, les joncs des marais et les mauvaises herbes qui croissent le long des chemins. Soit que vous lui mettiez la selle, le bât, les crochets, les hottes, les paniers, les échelles, il ne se refuse à rien, si ce n'est au mors, contre lequel il a une grande répugnance. Lorsqu'il est en route, il ne vous demande d'autre grâce que celle de le laisser brouter chemin faisant quelques sommités de chardons, quelques boutures de saule, quelques bourgeons d'ormes ou de peupliers, ou bien de boire une gorgée dans l'eau trouble qu'il fait jaillir sous ses pieds; et si vous lui permettez de se rouler un instant sur le gazon, vous aurez contribué au premier de ses plaisirs, à la plus suave des voluptés qui lui soit permise dans ce bas monde. Voilà comme il passe son temps à la campagne. Mais à la ville d'autres devoirs l'appellent. Dès les premiers jours de mai, vous voyez de grand matin le pavé de Paris couvert d'ânesses, pharmaciennes agrégées, qui vont frapper à la porte de tous les malades. Le lait d'ânesse, en effet, est léger, salutaire. Il contient beaucoup de sucre, assez de crême, et beaucoup de matière caséeuse. Il prolongea la vie de François Ier qui se mourait d'une fièvre de langueur. Ce prince fit venir de Constantinople un médecin juif qui passait pour le plus habile docteur de son temps, et ce médecin prescrivit à son malade, pour tout remède, l'usage du lait d'ânesse. Depuis lors, la Faculté continua à recommander aux personnes délicates ce médicament aussi doux qu'agréable.

2. Description, races, caractères. — L'âne appartient à la classe des solipèdes. Il est plus petit que le cheval; ses oreilles sont plus longues et plus larges, ses lèvres plus épaisses, sa tête plus grosse à proportion du reste du corps; il a la queue plus longue, mais garnie de poils seulement à son extrémité; sa jambe est fine, sa peau très-dure, sa voix extrêmement forte et désagréable à l'oreille; enfin, il diffère du cheval sous une infinité d'autres rapports dans le détail desquels nous ne pouvons entrer. On trouve parmi les ânes, comme parmi les chevaux, différentes races, et si elles sont beaucoup moins bien connues que celles de ces derniers, c'est qu'on ne les a pas observées avec la même attention; ce qu'il y a de bien certain, c'est que ces animaux sont originaires des pays chauds; aussi en trouve-t-on très-peu en Angleterre, en Danemarck, en Suède, en Hollande, en Pologne; tandis qu'ils sont très-nombreux en Perse, en Arabie, en Espagne, en France et en Italie; l'âne, en effet, est d'autant plus vigoureux et plus gros, que le pays est plus chaud; c'est aussi du climat que dépendent ses forces, la couleur de son poil, la durée de sa vie, sa précocité plus ou moins grande relativement à la génération, sa vieillesse plus ou moins retardée, et ses maladies. En général, l'âne élevé dans la plaine a beaucoup de force, de vigueur et une belle taille. Son allure très-douce le fait généralement préférer pour la selle à celui qui, né dans un pays humide et marécageux, est naturellement plus épais, plus lourd, plus lent et plus sujet à être malade. Les ânes de la montagne se distinguent par leur agilité, la petitesse de leur taille et la force de leurs jambes; ils sont destinés à la charrue et à porter toute espèce de fardeaux. Chez nous les ânes du Poitou sont les plus estimés; on les recherche surtout comme étalons, à cause de leur grande taille, de leur beau corsage et de leur structure régulière; ceux du Languedoc et de la

Provence sont également très-beaux. Les ânes n'ont pas tous la même hauteur, mais pour être réputé bien fait, un âne d'une taille moyenne, mesuré à l'endroit des jambes de devant, doit avoir 1 mètre 12 centimètres de hauteur, et 1 mètre 45 centimètres de longueur depuis le sommet de la tête jusqu'à l'anus. Les ânes sont aussi différents de poils ; la couleur la plus commune est le gris de souris. Il y en a de gris argenté ou luisant, de gris mêlé de taches obscures; on en voit de blancs, de pies, de bruns, de noirs et de roux. La plupart ont aussi un cercle blanc ou blanchâtre autour des yeux, et le bord extérieur de ce cercle est le plus souvent d'une couleur roussâtre, qui se détache et s'éteint peu à peu à mesure qu'elle s'éloigne du cercle blanc. Les ânes bruns et ceux qui sont roux ont du noir sur les oreilles comme les gris, mais le milieu de la face extérieure est de couleur moins foncée que le reste du corps. Dans sa première jeunesse, l'âne est gai et même assez joli ; quoique couvert alors de longs poils, il a de la légèreté et de la gentillesse ; mais il perd bientôt toutes ces qualités, soit par l'effet de l'âge, le peu de soin qu'on en prend ordinairement, la mauvaise éducation qu'il reçoit, les aliments qu'on lui donne, soit par les mauvais traitements qu'on lui fait éprouver; alors il devient indocile, paresseux et têtu ; il n'est ardent que pour l'accouplement. L'ânesse, comme la plupart des autres femelles, a pour sa progéniture le plus grand attachement, et l'âne, comme les autres animaux domestiques, s'attache à son maître, qu'il sent et distingue de tous les autres hommes. Il reconnaît aussi les lieux qu'il a coutume d'habiter et les chemins qu'il a fréquentés ; l'âne est susceptible d'éducation ; on en voit même d'assez bien dressés pour faire spectacle. Il a les yeux bons, l'odorat excellent, l'ouïe très-fine. Lorsqu'on le surcharge, il le marque en inclinant la tête et baissant les oreilles; lorsqu'on le tourmente trop, il ouvre la bouche et retire ses lèvres en haut, ce qui lui donne un air méchant ; il se défend aussi comme le cheval, du pied et de la dent ; comme lui, il marche, trotte, galope ; mais tous ses mouvements sont petits et beaucoup plus lents ; quoiqu'il puisse courir d'abord avec assez de vitesse, il ne peut fournir qu'une petite carrière pendant un court espace de temps, et quelque allure qu'il prenne, si on le presse, il est bientôt rendu.

3. Alimentation et emploi de l'ane. — L'âne est généralement lent. Son allure est douce, et il n'y a aucun animal dont le pied soit plus sûr dans les sentiers les plus étroits, les plus glissants, sur les bords même des précipices ; il est dur au travail,

patient et tranquille; il est, en outre, d'une grande sobriété; il n'est pas délicat non plus sur sa nourriture, qui est la même que celle du cheval et du bœuf; il ne lui en faut qu'une petite quantité; il se rassasie indifféremment de ronces, d'orties, de chardons, que dédaignent les autres animaux. Si on veut le mettre en appétit, on n'a qu'à lui donner un peu de paille hachée, c'est pour lui une nourriture par excellence; néanmoins il aime beaucoup le son, le foin, l'avoine, et il se gorge volontiers d'herbes fraîches. Comme le cheval, l'âne aime l'eau claire et pure, et refuse celle à laquelle il n'est pas habitué, mais il boit partout lorsqu'il est pressé par la soif. Il boit aussi en humant comme le cheval et le bœuf, bat l'eau et la trouble comme eux en y trempant quelquefois aussi son nez et une partie de la tête; il se roule sur le gazon, sur les chardons, dans la poussière, mais jamais dans l'eau ni dans la boue, qu'il a soin d'éviter. Quoique de tous les quadrupèdes l'âne soit celui dont on s'est peut-être le moins occupé, on ne peut cependant lui refuser d'être un des animaux domestiques les plus utiles pour l'agriculture et le commerce. Sa lenteur et sa patience le rendent propre à des ouvrages auxquels on ne pourrait employer des chevaux; il est, en outre, d'une très-grande facilité à nourrir, et, sous ce rapport, comme sous un grand nombre d'autres, il devient une grande ressource pour les gens de la campagne qui ne peuvent avoir un cheval; l'âne, en effet, les soulage dans la plupart de leurs travaux. Ils s'en servent pour semer, pour recueillir, porter d'énormes fardeaux, traîner des charrettes, des voitures; enfin, ils en font leur principale monture, et dans les pays où le terrain est léger, ils le mettent à la charrue.

4. Multiplication de l'ane. — Quels que soient les avantages que les cultivateurs retirent de l'âne et quoiqu'il y ait pour eux une grande importance à le multiplier, le plus ordinairement, ils ne prennent à cet effet aucune précaution. Si le hasard fait qu'un âne et une ânesse en chaleur se rencontrent, ils s'accouplent, et de cet accouplement naît un ânon plus ou moins bien fait, plus ou moins fort; mais quand on veut obtenir de belles espèces, il est nécessaire de choisir un bel âne-étalon et de lui faire saillir des ânesses, afin de conserver des individus propres à le remplacer.

Un âne bien fait, a la taille moyenne, la tête élevée et légère de grands yeux bleus très-vifs, les naseaux amples et bien ouverts, l'encolure un peu longue, le garrot élevé, la poitrine large, le corps étoffé, les reins charnus, les jambes hautes, la queue courte, le poil court, lisse, luisant, doux au toucher, et d'une couleur gris foncé tirant sur le noir. L'ânesse destinée à la monte doit être d'une taille avantageuse et avoir la croupe large. En général, l'âne-étalon dure plus longtemps que le cheval-étalon, et plus il avance en âge, plus il paraît ardent. A deux ans, il est en état d'engendrer, mais l'âge qui convient le mieux pour sa propagation est depuis trois jusqu'à dix. L'ânesse est encore plus précoce; mais sa production la plus belle est depuis sept ans jusqu'à dix. Le temps de l'accouplement est depuis environ la fin d'avril jusqu'à la fin de mai. En tout autre temps, la monte est sans succès. On ne la permettra à l'étalon que tous les deux jours, afin de le ménager. L'acte s'exécute sous la directon d'un gardien, ou en laissant l'étalon en liberté dans un enclos avec les ânesses qu'il doit couvrir. Quand il a couvert celle qui lui convient le mieux, on le ramène à l'écurie et on l'y laisse jusqu'au surlendemain. Lorsque l'ânesse, comme la vache et la jument, rejette une partie de la liqueur que le mâle lui a fournie pendant l'accouplement, on n'usera pas d'autres moyens que de laisser agir la nature, et on attendra simplement le résultat de la monte. Une fois fécondée, la chaleur de l'ânesse cesse bientôt et elle refuse de voir l'âne-étalon. Le foin, la luzerne, le son, l'orge cassé en petits morceaux, les herbes fraîches, sont de très-bons aliments pour l'ânesse qui est pleine, pourvu toutefois qu'ils soient de très-bonne qualité. Il ne faut point trop la surcharger, surtout dans les derniers mois, elle risquerait d'avorter. Par la même raison, on doit éviter de lui donner des coups sur le ventre, et ne l'envoyer au pré le matin que lorsque le soleil aura dissipé la gelée blanche. Le douzième mois, l'ânesse met bas un petit qui présente la tête la première. Sept jours après la mise bas, la chaleur se renouvelle dans l'ânesse qui peut ainsi continuellement engendrer et nourrir. Mais alors pour réparer ses forces, on lui donne pendant quatre ou cinq jours de l'eau tiède contenant une bonne poignée de farine de froment, et du foin de bonne qualité. On ne l'enverra aux champs que dans de bons pâturages et on aura soin de la bouchonner et de l'étriller tous les jours, en ne la surchargeant pas de travail et la garantissant du froid, de la gelée et de la pluie. Au bout de six mois on peut sevrer l'ânon, surtout si la mère est pleine. L'âge de trente mois est le temps de la castration, de même que l'époque de dresser l'animal, selon la destination qu'on lui réserve. A trois ans et demi, l'accroissement des travaux exige que l'âne soit ferré, mais les fers doivent être minces et légers.

5. Le mulet et le bardeau. — On donne le nom de *mulet* et de *mule* au produit de l'accouplement de l'âne avec la jument ou

du cheval avec l'ânesse. Dans ce dernier cas, l'animal mixte est ordinairement appelé *bardeau*. Dans lá monte pour la production du mulet, on présente communément au baudet une ânesse; on substitue à l'ânesse une jument bien en chaleur, et ainsi de même dans toutes les circonstances d'accouplement non naturel. On substitue toujours à la femelle de l'animal une femelle de l'espèce dont on veut tirer le fruit. Le temps de la monte commence en mars, se continue jusqu'à la mi-juin, et pendant toute cette période, chaque baudet adulte couvre jusqu'à six femelles par jour et reçoit après chaque saillie une poignée d'avoine, dont on remplace, dans les grandes chaleurs, une ration par une portion de pain d'orge et, à la fin de la journée, 2 à 3 kil. de foin. Pour produire de bons mulets, on se sert des ânes les plus gros et les mieux corsés, et on leur fait sauter des juments espagnoles ou, préférablement encore, des juments flamandes, fortes, trapues, écrasées. C'est la capacité du coffre, la largeur du bassin, qui fait la belle mule; une jument de 17 cent. donne une mule de 22 à 27 cent. Les grandes juments, à hautes jambes, celles qui sont légères de corps ou qui ont le dos relevé, sont généralement improductives dans l'accouplement avec le baudet, et l'on n'a pu encore en découvrir la cause. Les juments les plus fortes et les plus vives produisent des mulets propres aux travaux pénibles; celles qui le sont moins engendrent les mulets convenables pour la monture. Les juments peuvent faire successivement des mulets et des poulains. Quoique les mulets se montrent souvent très-lascifs et que les mules donnent quelquefois des signes manifestes de chaleur, on regarde les uns et les autres comme stériles. Cette infécondité est attribuée à ce que la liqueur séminale de ces animaux est dépourvue d'animalcules spermatiques. On ne pourrait cependant conclure de ce fait que l'infécondité du mulet mâle; car les exemples de la fécondité de la mule ne sont pas rares dans les pays chauds, et l'on cite à l'appui, entre autres, un poulain produit en Espagne par une mule avec un cheval. Il avait la tête, le dos, les sabots et la queue comme la mule, les oreilles plus courtes, mais cependant plus longues que celles du cheval, les yeux petits, les orbites très-saillantes et les salières creuses. Il hennissait à chaque instant comme un cheval. Le vrai mulet, provenu d'un âne et d'une jument, ressemble beaucoup à son père par la forme du corps, la longueur des oreilles et la petitesse de la crinière; mais il ressemble plus à sa mère par la grandeur; comme l'âne, il a une queue longue, qui n'a de crins qu'à son extrémité et une croix sur le dos; l'avant-main bien placée; l'encolure assez belle et bien formée; les côtes arrondies; la croupe effilée et pendante; la tête plus grosse et plus courte que le cheval et les oreilles plus longues; les jambes rondes, sèches et un peu grosses. Le *bardeau*, qui paraît tenir de l'ânesse, sa mère, les dimensions de son corps, est plus petit et a l'encolure plus mince que le mulet proprement dit; son dos, en forme de dos de carpe, est aussi plus tranchant que celui de ce dernier; sa croupe est plus pointue, plus avalée; quant à sa tête, elle n'est pas à proportion aussi grosse que celle de l'âne, mais ses oreilles sont plus courtes; sa queue est garnie de crins à peu près comme celle du cheval; les jambes sont assez fournies. Le bardeau étant lourd, paresseux et mal fait, les cultivateurs sont peu disposés à en multiplier la race. Les mulets sont plus forts que les mules. Leur vie se prolonge jusqu'à trente ans, surtout dans les pays froids. Ils sont rusés et souvent ne veulent obéir qu'à celui qui a coutume de les gouverner. Les Provençaux ont un proverbe qui ne donne pas une favorable idée du naturel de la plupart des mulets et qui peut se traduire ainsi : « La meilleure mule a tué son maître. » Généralement ces animaux participent aux qualités de ceux de qui ils viennent. Ils ont la force des chevaux et la dureté des ânes. Les jeunes mulets s'élèvent absolument de la même manière que les poulains, à cela près qu'ils sont moins délicats; aussi prennent-ils promptement de la force et de l'accroissement, pour peu qu'on les soigne et nourrisse bien. Le muleton se soutient sur ses jambes plus tôt que le poulain et l'ânon; il est naturellement sevré par la jument dès l'âge de 6 à 7 mois. C'est du Poitou, formant aujourd'hui les trois départements de la Vienne, des Deux-Sèvres et de la Vendée que sortent la plupart des mulets qu'emploient le midi de la France et l'Espagne. Le prix de ces animaux est, en général, plus élevé que celui des chevaux, et il n'est pas rare de les voir dépasser 1,200 fr. Les mules de choix spécialement réservées pour la selle sont encore plus chères. Leur allure est plus douce que celle des chevaux, et à l'époque où les voitures étaient plus rares, les grandes dames et les prélats se servaient également de mules et de haquenées.

En résumé, le mulet est un animal éminemment utile qui semble ne point porter docilement et longtemps de gros fardeaux. La place du bœuf est dans les marais, celle du cheval dans les plaines, le mulet est nécessaire dans les montagnes. Sobre comme le chameau, il supporte les privations avec une résignation courageuse. Il a un cœur de fer et n'est jamais malade. Animal malheureux! on en use, on en abuse. On lui donne des défauts, on le craint et on l'évite. Il est vrai que la domesticité ne l'a point vaincu et que l'esclavage ne l'a point abâtardi : fier, libre et encore un peu sauvage, il porte toujours la cachet de son indépendance originaire. On ne sait à quelle époque ont apparu les premiers mulets; il est probable qu'ils ne furent pas, dans le principe, les fruits de l'industrie humaine, et quoi qu'on en ait dit, les ânes et les juments peuvent bien s'unir, en vivant à l'état sauvage.

CHAPITRE III.

BÊTES BOVINES

1. Utilité de l'élève du bétail. — Selon M. Grognier, il est à déplorer qu'on engraisse si peu de bêtes bovines en France. « Il résulte de cette pénurie, dit-il, que, pour notre exiguë consommation en viande de boucherie, nous sommes obligés d'avoir recours à l'étranger. Il serait facile de prouver que si l'agriculture en Angleterre est si supérieure à la nôtre, c'est parce qu'on y engraisse plus de bétail et qu'on y consomme plus de viande. En effet, pour avoir ces grands moyens d'engraissement, il a fallu étendre dans ce pays la culture des fourrages : de là, plus d'alternations de récoltes, de meilleurs assolements, la suppression des jachères. Recevant plus d'engrais, les terres emblavées ont donné 10 à 12 pour un au lieu de 5 ou 6 comme elles le font en France. C'est ainsi que tout s'enchaîne dans l'économie rurale. » On ne peut nier les rapports qui lient cette économie à celle de l'industrie manufacturière. Nous engraissons peu, voilà pourquoi celles de nos manufactures qui emploient des cuirs et des suifs sont forcées d'acheter de l'étranger de si grandes masses de ces matières premières. D'un autre côté, l'extension de cette pratique ne donnerait-elle pas lieu à la formation d'un grand nombre de fabriques éminemment utiles, dont les résidus sont de puissants moyens d'engraissement? Telles sont les distilleries, féculeries, sucreries de betteraves, etc.

« Multipliez et perfectionnez les bestiaux, dit à son tour aux cultivateurs un homme qui sait mettre la science à la portée de l'habitant des campagnes et lui parler comme à un ami, multipliez et perfectionnez les bestiaux. Multipliez-les, parce que plus vous aurez de bestiaux, plus vous produirez de fumier; plus vous féconderez la terre, et plus la terre sera généreuse. Perfectionnez-les, parce que, au moyen du croisement judicieux, on réussit admirablement, de nos jours, à diriger l'action de la nature, à développer chez les animaux les parties qui donnent le meilleur produit, et à diminuer celles qui sont inutiles; ainsi crée-t-on pour la boucherie des animaux presque sans os et dans lesquels tout est viande succulente, tranches grasses, cuisses, aloyaux, côtes couvertes et morceaux recherchés des gastronomes. Multipliez donc et perfectionnez vos bestiaux, c'est-à-dire augmentez-en la quantité et la qualité. Pour élever des bestiaux, il faut les nourrir. Faites de la nourriture; toute la question du bétail est renfermée dans la production des fourrages pour l'été, des racines pour l'hiver; ce doit être votre première, votre plus grande préoccupation; c'est une question de vie ou de mort pour votre exploitation. Ne vous inquiétez pas des blés et des seigles : faites force fourrages, et vous pourrez avoir force bestiaux, puis force fumier; alors vous cultiverez les céréales dans une bonne limite et vous triplerez vos revenus. Assainissez, labourez profondément, marnez vos prairies artificielles; fumez-les plutôt que les blés, vous aurez moins de grains, mais vous travaillerez pour l'avenir, vous placerez, pour ainsi dire, à la caisse d'epargne; vos fourrages fumeront plus tard vos grains; la moitié de vos terres vous rapportera un jour plus que le tout aujourd'hui, et vous aurez, en outre, d'abondants fourrages et de magnifiques bestiaux, que les bouchers viendront se disputer dans vos étables. Si vous n'êtes pas dans des conditions où l'élevage soit avantageux, n'élevez pas, mais au moins engraissez. Direz-vous que les bouchers ne veulent pas venir chez vous? Engraissez bien, et vous verrez venir les bouchers. Direz-vous que vous êtes trop loin des grands centres de consommation? mais, d'où venez-vous? De quel siècle êtes-vous donc? N'entendez-vous pas le sifflet de la locomotive? Les chemins de fer sillonnent la France et vont jusqu'au fond de vos provinces! Allons, sortez de la vieille routine; confiez vos bêtes grasses au train qui roule vers la capitale; elles arriveront en quelques heures, sans que la fatigue du voyage leur coûte une once de graisse; les marchés d'approvisionnement de la capitale les attendent pour fournir à la nourriture d'un million de bouches. »

Bien pénétrés des immenses avantages de l'élève et de l'engraissement du bétail, les Anglais n'emploient guère à la culture et au tirage que des chevaux et des mulets, et réservent uniquement pour la laiterie et la boucherie leurs magnifiques races bovines. En Angleterre, la moyenne du poids net des bœufs de boucherie est de 277 kil.; en France, elle est seulement de 175 kil. Pour les veaux, les moutons et les agneaux, la proportion est la même. L'Angleterre possède 11,409,000 têtes bovines. La France, bien supérieure en territoire et en population, n'en compte que 9,736,538. Malgré leur énorme consommation de viande, les Anglais n'achètent pas de bétail, tandis que, comme nous le disions plus haut, nous sommes obligés d'avoir recours à l'étranger. Et pourtant, notre consommation est très-exiguë. Chez nous les habitants des villes consomment en moyenne 30 kil. de viande par an et ceux des campagnes 10 kil., tandis que chaque Anglais en absorbe annuellement 110 kil. Aussi le manque de bétail est-il considéré comme la principale cause parmi nous du déficit des subsistances et des souffrances des classes laborieuses.

2. Description du bœuf. — De tous les animaux à cornes, le bœuf, comme le remarque Joseph Robinet, dans son excellent *Manuel du Bouvier*, est le plus aisé à nourrir et celui qui rapporte le plus. Il rend à la terre tout autant qu'il en tire et même il améliore le fonds sur lequel il vit : il engraisse son pâturage, au lieu que le cheval et la plupart des autres animaux amaigrissent en peu d'années les meilleures prairies. Les animaux qui ont des dents incisives aux deux mâchoires, comme le cheval, l'âne, etc., broutent plus aisément l'herbe courte que ceux qui manquent de dents incisives à la mâchoire supérieure; et si le mouton et la chèvre la coupent de très-près, c'est parce qu'ils les ont petites et que leurs lèvres sont minces; mais le bœuf, dont les lèvres sont épaisses, ne peut brouter que l'herbe longue, et c'est par cette raison qu'il ne fait aucun tort au pâturage sur lequel il vit. Comme il ne peut pincer que l'extrémité des jeunes herbes, il n'en ébranle point la racine et n'en retarde que peu l'accroissement; au lieu que le mouton et la chèvre les coupent de si près, qu'ils détruisent la tige et gâtent la racine. D'ailleurs, le cheval choisit l'herbe la plus fine, et laisse grener et se multiplier la grande herbe, dont les tiges sont dures; au lieu que le bœuf coupe ces grosses tiges et détruit peu à peu l'herbe la plus grossière, ce qui fait qu'au bout de quelques années, la prairie sur laquelle le cheval a vécu n'est plus qu'un mauvais pré, tandis que celle que le bœuf a broutée devient un pâturage fin. Le bœuf ne convient pas autant que le cheval, l'âne, le mulet et le chameau pour porter les fardeaux; mais la grosseur de son cou et la largeur de

ses épaules indiquent assez qu'il est propre à tirer et à porter le joug. C'est aussi de cette manière qu'il tire le plus avantageusement, et il est singulier que cet usage ne soit pas général, et que dans des provinces entières on l'oblige à tirer par les cornes. La seule raison qu'on en puisse donner, c'est que, quand il est attelé par les cornes, on le conduit plus aisément. Il a la tête très-forte, et il ne laisse pas de tirer assez bien de cette manière, mais avec beaucoup moins d'avantage que quand il tire par les épaules. Il semble avoir été fait exprès pour la charrue; la masse de son corps, la lenteur de ses mouvements, le peu de hauteur de ses jambes, tout, jusqu'à sa tranquillité et sa patience dans le travail, semble concourir à le rendre propre à la culture des champs, et plus capable qu'aucun autre de vaincre la résistance constante et toujours nouvelle que la terre oppose à ses efforts. Le cheval, quoique peut-être aussi fort que le bœuf, est moins propre à cet ouvrage; il est trop élevé sur ses jambes, ses mouvements sont trop grands, trop brusques, et d'ailleurs il s'impatiente et se rebute trop aisément : on lui ôte même toute la légèreté, toute la souplesse de ses mouvements, toute la grâce de son attitude et de sa démarche, lorsqu'on le réduit à ce travail pesant, pour lequel il faut plus de constance que d'ardeur, plus de masse que de vitesse et plus de poids que de ressort.

Les animaux les plus pesants et les plus paresseux ne sont pas ceux qui dorment le plus profondément ni le plus longtemps. Le bœuf dort, mais d'un sommeil court et léger; il se réveille au moindre bruit; il se couche ordinairement sur le côté gauche, et le rein de ce côté est toujours plus gros et plus chargé de graisse que le rognon du côté droit. Le cheval mange nuit et jour, lentement, mais presque continuellement; le bœuf, au contraire, mange vite et prend en assez peu de temps, dans une heure, toute la nourriture qu'il lui faut; après quoi il cesse de manger et se couche pour ruminer. La rumination est un mouvement naturel de l'estomac, de la bouche et des autres parties, qui succède à une autre action des mêmes parties; en sorte que, par le moyen de ces deux actions, l'aliment mangé à la hâte est de nouveau reporté à la bouche, où il est remâché, puis avalé une seconde fois, et cela au bien et à l'avantage de l'animal. Si le bœuf est le plus estimé d'entre les animaux à cornes par les services qu'il nous rend pendant sa vie, il ne l'est pas moins après sa mort. La chair du bœuf est d'un usage familier et utile chez presque toutes les nations du monde; elle nourrit beaucoup, produit un aliment solide et resserrant pour le ventre. La chair du taureau, au contraire, est très-sèche, d'une saveur désagréable et de difficile digestion. La vache donne le plus souvent une chair de mauvaise qualité, dure et sans suc, principalement lorsqu'elle est trop vieille. Mais on fait grand cas du veau de lait, dont la chair est très-agréable et très-salubre; elle relâche le ventre, convient aux personnes faibles, sédentaires et affectées de la poitrine. Tout le monde sait que le produit de la vache est un bien qui croît et qui se renouvelle à chaque instant, que son lait est l'aliment des enfants, la crême et le beurre l'assaisonnement de nos mets, et le fromage la nourriture la plus ordinaire des habitants de la campagne. Outre ces avantages, on sait que ces animaux nous fournissent, après leur mort, leurs peaux, leurs cornes, etc., qui servent à une infinité d'ouvrages.

3. Races. — La race bovine, à laquelle on demande du *travail*, du *lait* et de la *viande*, peut se diviser naturellement en trois sous-races perfectionnées : *race de travail, race à lait, race à viande*. Il existe en France des races de bœufs presque toutes travailleuses. Les races anglaises de Durham et d'Hereford, au contraire, ne sont bonnes qu'à produire de la viande; on peut les boursoufler de graisse dès l'âge de trente à trente-six mois, tandis que ce n'est jamais avant quatre ou cinq ans qu'on engraisse les espèces françaises; avec les races anglaises, un éleveur peut, dans le même temps, livrer deux fois plus de viande à la consommation, mais ces races sont impropres au travail, leurs os sont petits, leurs jambes très-courtes, leurs muscles énervés; il serait donc très-dangereux de mêler leur sang à nos espèces de travail; on les rendrait apathiques et lourdes, et nous regretterions nos belles races saintongeoise, bordelaise, charolaise, cholettaise, bretonne, auvergnate, qui, depuis trente mois jusqu'à cinq ou sept ans, rendent tant de services à l'agriculteur. Si vous labourez avec les bœufs, ayez de bonnes races de travail; mais à côté d'elles, élevez de vraies, de pures races à viande; vous les façonnerez au gré du boucher, vous diminuerez le volume des os, des crosses, des gîtes, du collier, de la tête; vous augmenterez, au contraire, les culottes et les morceaux les plus recherchés, comme les tranches au petit os, les gites à la noix, les pièces rondes, les tranches grasses, les aloyaux, les côtes couvertes et toutes ces parties succulentes qui, bien servies et bien assaisonnées, font l'honneur d'une table et l'enthousiasme de joyeux convives. Les Anglais, sous ce rapport, sont presque parvenus à la perfection. Leur but constant, et qu'ils ont à peu près atteint, a été d'obtenir des animaux, qui, à part la tête et les jambes, présentent l'aspect d'un carré sur toutes les faces : devant, derrière, de profil, à vol d'oiseau, et dont la longueur égale deux fois la largeur. Dans les

RACES DE TRAVAIL on compte : — 1° Le *zébu* ou bœuf à bosse de l'Inde, peu connu en France ; — 2° la *race écossaise sans cornes*, originaire d'Asie, introduite chez nous sous le consulat, mais presque entièrement emportée par l'épizootie de 1815. C'est une race très-douce, travailleuse, et en même temps bonne laitière ; — 3° la *race helvétique de Schwitz*, qui joint les qualités de la précédente à une rare beauté de formes, et à une force extraordinaire ; — 4° la *race auvergnate de Salers*, éminemment travailleuse, douce, intelligente, donnant du lait en petite quantité, mais très-riche en caseum ; — 5° les *races d'Aubrac et de Ségalas*, bonnes pour le travail et l'engraissement. La race d'Aubrac est originaire du Cantal ; la race dite de Ségalas parce qu'on l'élève sur des montagnes de peu de hauteur, où le seigle est la seule céréale cultivée, est bien caractérisée dans le Rouergue ; — 6° les *races du Quercy et du Limousin* : la première plus vigoureuse que robuste, travaille avec ardeur, mais peu de temps de suite. Les bœufs du Limousin sont plus forts que ceux du Quercy ; ces deux races s'engraissent difficilement ; — 7° la *race charolaise*, aussi bonne pour le labour que pour la laiterie ; — 8° la *race comtoise*, plus propre au travail qu'à l'engraissement et à la laiterie ; — 9° la *race camargue*. Ces bœufs, presque sauvages, sont vigoureux pour le travail, mais farouches et dangereux. Leur chair est mauvaise.

Parmi les RACES LAITIÈRES ET D'ENGRAISSEMENT on remarque : 1° Les *races anglaises*, à *longues*, *moyennes*, *courtes cornes* et *sans cornes*. La race à *longues cornes* est la première que Bakewell commença à perfectionner ; elle est grossière et peu susceptible d'amélioration. Celle à *moyennes cornes*, qui comprend les jolies espèces de *Hereford, Devon, Sussex*, est supérieure à la précédente. Les bœufs *Hereford* prennent graisse jeunes, et donnent d'excellente viande ; ils sont beaucoup plus gros que leurs femelles ; ils ont été introduits en France, dans le Nivernais, en 1820. Les bœufs *Devon* ne prennent pas graisse aussi vite, sont hauts sur leurs jambes et bons travailleurs. La race à *courtes cornes*, ou de *Durham*, la plus belle, la plus recherchée, est celle qui donne le plus de profit à l'éleveur ; les bœufs atteignent un poids énorme, leur chair est excellente, et ils sont aptes à l'engraissement de très-bonne heure. On dit que cette race est formée d'animaux venus de Hollande ; elle était race à lait et à viande ; mais depuis que les frères Colling l'ont perfectionnée, elle a perdu ses qualités lactifères. Le Durham est aujourd'hui l'animal le plus accompli que l'on connaisse. MM. de Torcy et de Béhague l'ont introduit en France et ont acquis ainsi des droits éternels à la reconnaissance de nos agriculteurs. La race *sans cornes* appartient à l'Écosse; elle est très-estimée, parce qu'elle est très-rustique; elle prend graisse facilement et vit constamment dans les montagnes. Parmi les *races à lait*, celle de *Ayrshire* est la plus estimée en Angleterre. Ces vaches ont la couleur des vaches flamandes, et la taille des bretonnes, mais elles s'engraissent plus facilement que ces dernières; petites, très-sobres, elles donnent beaucoup de lait. Leurs cornes sont courtes. L'île de Jersey possède aussi une race essentiellement laitière qu'un agronome de mérite a récemment acclimatée dans le département d'Ille-et-Vilaine. Les éleveurs anglais ont presque tous la précaution de diviser leurs *races à viande* en deux, la *petite* et la *grande*. Ils engraissent la première pour la vendre pendant l'été, parce que, dans cette saison, la viande se conservant moins longtemps, les bouchers n'en veulent pas une grande provision; la grande race est destinée à être vendue pendant l'hiver et nourrie en conséquence. — 2° Les *races suisses de Fribourg et d'Hasti*. Les races suisses donnent toutes une grande quantité de lait. La race de *Fribourg* est fort grande. Les vaches ont des mamelles énormes et produisent 24 et 30 litres par jour, mais c'est un lait abondant en sérosité, pauvre en *caseum* et surtout en *butyrum*, et il est le produit d'une quantité considérable de fourrages. La race d'Hasti, qui habite les sommités des Alpes, près de la région des neiges éternelles, est très-petite et pèse à peine 225 à 250 kil.; elle n'est guère propre à l'engraissement, mais elle vit de peu et donne beaucoup de lait. — 3° Les *races italiennes, sardes et savoisiennes*. Ces races sont petites, ont de la force, de la vivacité; leur chair est assez délicate; elles donnent peu de lait, mais il est estimé. — 4° La *race hollandaise*, très-répandue dans le nord et l'ouest de la France, est maigre, peu propre aux rudes travaux, mais fournissant une chair abondante et 15 à 18 litres de lait par jour, lait qui, du reste, comme celui des vaches suisses, donne peu de beurre et de fromage. — 5° La *race normande*, dans laquelle on remarque les bœufs du Cotentin et du pays d'Auge, magnifiques animaux très-recherchés pour la boucherie. — 6° Les *races de Gascogne*, également fort belles, aussi estimées pour la boucherie que la précédente, donnant un meilleur suif et ayant l'avantage d'être très-propres au travail. — 7° Les *races nivernaise, morvandaise* et *bourbonnaise*, de taille moyenne. Ces bœufs sont bons pour le trait, mais méchants et capricieux, fournissant une viande un peu dure, mais succulente. — 8° La *race cholette*, élevée dans l'Anjou, dont la chair, très-appréciée, alimente Paris pendant une partie de l'été. — 9° Les *races allemandes* de Podolie, Hongrie, Va-

1. Cheval de race. — 2. Tête de cheval de race. — 3. Étalon.

1. Cheval de race. — 2. Cheval de trait. — 3. Chevaux de labour.

lachie, etc. Les bœufs de Franconie sont importés en France en assez grande quantité, ceux de la Bavière rhénane alimentent tous nos départements du nord-est.

4. — RÈGLES POUR LE TRAVAIL DES BŒUFS. — La douceur et les bons traitements sont le moyen le plus sûr de dresser un bœuf; s'il est d'un caractère difficile et méchant, on emploie pour le réduire la patience et le jeûne; on le laisse attelé, ou attaché 24 à 36 heures à une charrette pesamment chargée, ou à un arbre; s'il se jette à terre, on lui passe des entraves, et on le force d'y rester sans manger, jusqu'à ce qu'il s'adoucisse. Dès l'âge de trois ans, c'est-à-dire après la castration, on habitue peu à peu les bœufs à porter le joug et le collier; on commence par leur lier souvent les cornes, puis on les met au joug, en les accouplant tantôt à droite, tantôt à gauche, avec d'autres bœufs déjà dressés. On ne leur imposera d'abord qu'un travail léger, et on ne leur ménagera ni la nourriture, ni les soins nécessités par la fatigue qu'ils éprouvent. La même méthode s'applique aux vaches qu'on emploie à traîner la charrue ou des fardeaux; il n'y a de différence que pour le plus ou moins de force. On attelle les bœufs avec un joug ou avec un collier; le premier usage est plus suivi que le second, et cependant il semble moins bon sous plus d'un rapport; d'abord le tirage du poitrail gêne moins la marche de l'animal, tandis que l'immobilité qu'impose le joug ralentit son allure, et peut devenir aussi un obstacle au développement de sa taille et de sa vigueur On les dirige au moyen d'un long bâton pointu, nommé *aiguillon*, et on parvient même à les rendre attentifs à la voix, par un nom qu'on leur donne, et auquel ils s'habituent. Il ne faut pas trop presser leur allure, qui est naturellement peu vive. La préférence à accorder aux bœufs sur les chevaux pour les attelages, reconnue dans certaines contrées, est contestée dans d'autres. Néanmoins, le résultat des observations les plus générales démontre l'avantage de l'emploi des bœufs, sous le triple rapport de l'économie de la nourriture, du ferrage et du harnais, de leur constitution robuste qui les rend peu sujets aux maladies, et enfin de la ressource que présentent ces animaux par l'engraissement et le produit de la vente, quand ils ne sont plus propres au travail. Les chevaux ne doivent leur être préférés que pour les travaux qui demandent des allures vives et animées.

Dans les saisons tempérées, les bœufs peuvent travailler depuis 9 heures du matin jusqu'à 5 du soir, mais dans les grandes chaleurs, on partage leur service qui commence plus tôt, et se termine plus tard, en leur laissant quelques heures de repos dans le milieu du jour. L'usage des fers est indispensable pour ces animaux, dans les contrées montagneuses et pierreuses. Une incommodité plus fatigante pour les bœufs, que le travail même, ce sont les mouches et les insectes qui se fixent sur leur corps, et qu'il est urgent d'éloigner au moyen de branchages épais attachés sur leur tête, et dont le mouvement les garantit en partie. On fait aussi usage d'une grande toile, qui a de plus, l'avantage de les préserver de la chaleur trop vive, du froid, et des injures de l'air. Un bouvier doit être diligent, doux et patient pour gouverner les animaux fantasques et vigoureux, dont on ne devra confier qu'un certain nombre à ses soins, si l'on veut qu'il s'acquitte exactement de toutes les parties de son service qui a pour objet la propreté, la nourriture et la santé des bestiaux. Il faut que, tous les matins, il les étrille, les bouchonne, ensuite, et chaque fois qu'ils sont en sueur, qu'il leur lave souvent la queue avec de l'eau tiède, et la bouche, l'été, avec du vin et du vinaigre légèrement salés; qu'il les abreuve plusieurs fois par jour, surtout pendant les chaleurs; qu'il leur nettoie les pieds après le travail, et tienne leurs harnais en bon état. Il doit, en outre, savoir reconnaître les symptômes des diverses maladies, et prendre toutes précautions pour les éviter.

5. Alimentation. — Dans notre premier livre nous avons donné les règles de l'alimentation et de l'engraissement des animaux domestiques, règles qui s'appliquent essentiellement aux bêtes à cornes. Ce point est tellement important, que nous ne craindrons pas de corroborer ce que nous avons déjà dit par quelques observations nouvelles. Un auteur allemand a établi que la ration d'entretien chez les bêtes à cornes exige, pour 50 kilogrammes de poids vivant, 830 grammes de foin ou l'équivalent en toute autre nourriture. Pour que les mêmes animaux soient complétement rassasiés, il leur faut, dit-il, un 30e de leur poids de nourriture, ou 1 kilogramme 660 milligrammes par 50 kilogrammes de poids vivant, ou encore une quantité de nourriture égale à 3 1/3 pour 100. Si 1 2/3 sont nécessaires pour l'entretien de la vie, il s'ensuit que la moitié de la ration complète est nourriture d'entretien, et que l'autre moitié est ration de production ou d'accroissement. C'est cette dernière qui donne la chair et la graisse des bêtes à l'engrais, la croissance chez les jeunes animaux, le lait et l'entretien du veau chez la vache. D'après le même auteur, la ration de production donne, chez les bêtes de graisse, 1 kil. de poids par 10 kil. de fourrages, et, chez les laitières, 1 kil. de lait par 1 kil. de nourriture.

D'autres auteurs ont évalué à 2,000 grammes par quintal de

poids vivant la nourriture nécessaire à l'entretien de la vie pendant 24 heures : ce qui établirait une ration de 12,000 grammes pour un bœuf de 600 kil. Cette donnée ne s'éloigne pas sensiblement des précédentes. De nos jours, dit un savant agronome que nous avons déjà cité, on ne jette plus une botte de fourrage aux bestiaux avec une fourche, comme on jetterait un os à un chien; fi donc ! on prépare les aliments, on les assaisonne, on les fait cuire, on les sert avec la sauce; en un mot, on fait la cuisine aux bêtes, tout comme on la fait aux hommes. Ces gastronomes paissants, broutants, ruminants, beuglants, hennissants, brayants ou bêlants, s'accommodent fort bien du nouveau régime : ils aiment le chaud, ils aiment le froid, tout comme vous aimeriez un déjeûner froid à la fourchette ou un dîner chaud avec potage ; ils sont même très-friands de bonne cuisine, ils ne veulent plus s'en passer une fois qu'ils la connaissent; il leur faut du fourrage haché menu comme chair à pâté, des tourteaux, des racines lavées et hachées, des pois broyés et en purée, des féveroles concassées; les grains qu'on leur donne doivent être écrasés ou en farine, le tout doit être mêlé convenablement comme un potage à la julienne, assaisonné d'eau salée, enfin, cuit ou fermenté; alors, ils ne connaissent ni mortification ni abstinence ; les baudets même, mangeant comme des bœufs, veulent démentir le proverbe qui dit : « Ventre affamé n'a pas d'oreilles. » Ces différentes préparations d'aliments occasionnent évidemment une augmentation de travail ; on ne les emploie donc que parce qu'elles réalisent, d'un autre côté, une grande économie, soit sur le temps que dure l'engraissement du bétail, soit sur le prix ou sur la quantité du fourrage qu'on lui donne. Ainsi on a constaté et prouvé que la même quantité de paille qui donne 900 grammes de viande lorsqu'elle est sèche et non hachée, en donne 3 kil. 270 gr. lorsqu'elle est hachée et fermentée. Un fait d'une telle importance, lorsqu'il est signalé, ne doit-il pas décider tous les cultivateurs à se procurer un hache-paille et à faire cuire ou fermenter les aliments, suivant le système qui leur conviendra le mieux? Il est facile de remarquer que dans le fumier des animaux il se trouve un grand nombre de grains d'avoine non broyés par les dents, et qui ne sont pas altérés du tout par la digestion. Cette quantité varie du 6e au 20e, d'après certaines expériences. En concassant l'avoine, il ne se trouve plus de grains entiers dans le crottin; d'où il est facile de conclure qu'en broyant l'avoine, les chevaux prennent du 6e au 20e de nourriture en sus.

Voici des exemples du régime que des agriculteurs distingués ont adopté pour leurs bestiaux. L'un d'eux, dans le comté d'Essex, en Angleterre, nourrit tous ses animaux avec un mélange de paille hachée, de racines, de tourteaux, de féveroles concassées, le tout cuit à la vapeur avec du sel dans la proportion de 57 grammes par jour et par tête de gros bétail. Les chevaux de culture seuls reçoivent un peu de foin sec. Les proportions des différents aliments varient suivant qu'on veut faire croître ou engraisser l'animal; dans le premier cas, au mélange de paille hachée et de racines, on ajoute des féveroles, de l'avoine, des vesces, des pois concassés ou en farine; dans le second cas, le tourteau de lin et la farine de graine de lin sont donnés de préférence. Une méthode qui réussit très-bien consiste à arroser le fourrage, vert ou sec, suivant la saison, avec de l'eau bouillante dans laquelle on a laissé une demi-heure de la farine de graine de lin, de pois ou de vesces; on mélange bien le tout et on laisse fermenter quelques heures avant de le donner. La ration est de 5 ou 600 grammes par tête de gros bétail. Tous les animaux restent à l'étable toute l'année, les moutons seuls sortent le jour pendant la belle saison; on leur donne du tourteau avant de les faire sortir, pour les empêcher d'enfler.

En Écosse, on donne aux bœufs du turneps cuit, des tourteaux venant de France, des féveroles, de l'avoine, du ray-grass haché, des navets lavés et hachés. Les bœufs à l'engrais reçoivent un demi-kilogramme de tourteaux de lin bouillis une demi-heure et mélangés à 6 kil. de paille et de foin hachés, 1 kil. de farine de féveroles, 1 kil. d'avoine ou d'orge broyée, le tout mélangé. A midi, chaque bête consomme ainsi de 7 kil. 500 gr. à 8 kil.; elle reçoit de plus, le matin et le soir, de 3 à 4 kil. de turneps bouillis. La fermentation est un moyen de rendre les aliments plus appétissants et d'obtenir sans frais de combustible les effets de la cuisson. Voici comment on procède : on met dans une cuve un mélange de paille hachée et de racines coupées en tranches, on humecte le tout d'eau pure ou salée, on le couvre et on le laisse fermenter de 48 à 72 heures, suivant la température du local. Quand il y a pénurie de fourrage et que la paille joue un grand rôle dans l'alimentation des bestiaux, ce procédé peut rendre d'énormes services. M. Moll, le savant professeur d'agriculture du Conservatoire des Arts-et-Métiers, a fait consommer à des bœufs des siliques de colza préparées par le procédé de la fermentation, de la manière suivante : il arrosait les couches alternatives de siliques et de racines coupées (betteraves ou navets), avec de l'eau dans laquelle il avait fait tremper et délayer du tourteau de colza et dissoudre du sel. La quantité d'eau ainsi répandue était d'un tiers du poids des siliques; le mélange, laissé pendant 72 heures, s'échauffait à 30 ou 35 degrés; les bœufs, après l'avoir refusé d'abord, le mangèrent bientôt avec avidité; le matin et le soir, ils recevaient un peu de foin, un peu plus des deux tiers de la ration totale des racines saupoudrées de farine et de tourteaux, et de la paille entière à discrétion. Avec un tel système, M. Moll réalise une économie de 62 centimes et demi par tête et par jour sur le prix de revient de la ration ordinaire d'un bœuf; encore, dans son calcul, ne compte-t-il que 8 fr. les 100 kil. de foin, et donne-t-il une valeur de 3 fr. les 100 kil. aux siliques, dont l'importance est tellement insignifiante qu'on les brûle souvent aux champs avec la paille de colza. En Allemagne, beaucoup d'agriculteurs ont abandonné la cuisson pour la fermentation ; grâce à cette économie de combustible, tous les frais de main-d'œuvre pour hacher, préparer, distribuer et faire les litières, reviennent à 6 centimes par jour et par bête; c'est donc une bien faible dépense à côté des grands avantages que procure ce système. La cuisson, et probablement aussi la fermentation, peuvent encore, sinon rendre leur qualité aux fourrages avariés, au moins atténuer les mauvais effets de leur altération. Que le cultivateur sorte donc de la routine et fasse des essais ! Les tourteaux que l'Angleterre consomme si abondamment et avec lesquels elle obtient de si beaux animaux, viennent presque tous de notre pauvre France qui, faute de savoir ou de vouloir les employer, les livre à vil prix aux fermiers d'outre-Manche.

6. Habitation. — Nous avons ici la même remarque à faire qu'au début du paragraphe précédent. A ce que nous avons consigné aux *considérations générales*, nous ajouterons seulement quelques mots relatifs à l'emploi de la marne comme litière. Voici le résultat de la pratique de M. Etienne Millet, élève diplômé de Grand-Jouan, à Pont, commune de Gavillé (Indre-et-Loire), dont les animaux se composaient de quatre chevaux, deux de trait et deux de selle, quatre bœufs de labour et trois vaches : «La marne que j'emploie, dit-il, est siliceuse, et contient environ de 72 à 75 pour 100 de carbonate de chaux. Je pense que toutes les marnes ne sont pas aussi bonnes que la mienne pour liter les animaux. Une marne alumineuse ferait, mêlée à l'urine, une bouillie bien plus collante et plus compacte qui, en s'attachant aux animaux, pourrait peut-être nuire à leur santé : je n'ai aucune expérience à ce sujet ; cependant je pense que de la marne argileuse, une fois bien sèche, pourrait encore être employée en litière sans inconvénient. Voici comment j'emploie la marne en litière : lorsqu'elle est tirée de la carrière, elle est apportée sous un hangar à l'abri

de la pluie et à proximité des étables. Mes animaux rentrent à l'écurie, après l'attelée du matin, en hiver à midi, et en été à dix heures et demie ; mes hommes, lorsqu'ils ont donné à manger à leurs bêtes, vont eux-mêmes prendre leur repas ; aussitôt après, ils se mettent à *flamboyer* (terme tourangeau) leurs animaux, c'est-à-dire à leur faire la litière. Munis de pelles et de brouettes, ils vont à l'étable et enlèvent la marne sur laquelle les animaux ont passé la nuit ; ils la transportent sur le tas de fumier en y montant au moyen d'un madrier large et solide qui, d'un bout, est appuyé sur le haut du tas, et de l'autre par terre ; il doit être assez long pour que la pente soit douce. Afin que le roulage sur le fumier soit plus facile, on a le soin d'y placer des planches sur lesquelles la roue de la brouette circule facilement. Le fumier étant sorti de l'étable, on apporte d'autre marne qu'on prend sous le hangar, et qui sera, le lendemain, convertie en fumier et enlevée comme je viens de le dire. La quantité de marne à employer pour chaque animal varie suivant son poids ; cependant trois brouettes de marne, contenant chacune 95 décimètres cubes environ, sont suffisantes pour quatre bœufs de labour de moyenne force. La marne apportée dans l'étable est étendue sous les animaux depuis le milieu de leur corps jusqu'à 50 centimètres derrière eux ; pour les vaches, il faut plutôt la mettre derrière que sous l'animal même. Les avantages du procédé sont les suivants : 1° on peut appliquer à la nourriture des animaux la paille qui aurait été affectée à la litière, la paille surabondante est vendue ; 2° le prix de revient du fumier de marne est moins élevé que celui de la paille ; 3° point d'exhalaisons ammoniacales dans les étables ; 4° absorption et conservation entière des urines. Les eaux pluviales ne pénétrant point ou fort peu le tas de fumier de marne déposé dans la cour, les principes fertilisants n'en sont point enlevés, comme cela n'arrive que trop au fumier de paille ; 5° animaux plus propres et, je crois, plus sainement couchés, attendu l'absorption plus prompte et plus complète des urines ; 6° fumier ne diminuant pas ou fort peu en volume ; 7° en fumant les terres, on a l'avantage de les marner en même temps. Les inconvénients sont : 1° travail un peu plus pénible pour enlever le fumier de l'écurie ; 2° fumier plus difficile à transporter dans les champs en ce qu'il est plus lourd. Ces petits inconvénients sont largement compensés par les avantages que je viens de signaler. »

7. MULTIPLICATION. — Un bon taureau doit être gros, en bonne chair ; il a la tête courte, les cornes grosses et régulières, le front large, le regard fixe et assuré, les oreilles longues et bien garnies, le mufle grand et carré, le nez court, le cou gros, musculeux et

épais, les épaules et la poitrine larges et libres, les jambes courtes et fortes, les reins puissants, le dos non courbé, la cuisse ample et charnue, le jarret dégagé, le poil soyeux, touffu et lustré, les organes générateurs volumineux, la queue grande et velue; plein de fierté, d'ardeur, mais doux et facile à l'homme; il n'est jamais méchant et sournois. De trois ans à huit, il est propre à la régénération; après ce temps, il ne convient plus que pour l'engraissement. Des soins, un traitement doux, une nourriture abondante, tantôt à l'étable où il s'habitue à l'homme, et tantôt dans les pâturages où il se fortifie, donneront un résultat avantageux. Si, nonobstant ces précautions, l'animal est méchant et dangereux, il faut le réformer. La saillie en liberté est la meilleure. Le taureau s'attache seulement aux vaches en chaleur, jusqu'au moment où elles sont fécondées. La saillie à la ferme se fait à la main. Un taureau peut suffire à vingt, jusqu'à quarante vaches, mais il ne faut lui en livrer qu'une par jour. Indépendamment du service de générateur, le taureau peut, comme le bœuf, être employé aux divers travaux de l'agriculture. La génisse est à deux ans en état de recevoir le taureau; un an plus tard on la trouverait encore plus propre à la génération. Les signes de chaleur se manifestent dans la vache, par l'agitation et l'inquiétude, le battement des flancs, les mugissements prolongés, la grosseur de la vulve qui laisse échapper une liqueur blanchâtre, enfin des mouvements brusques et des sauts qu'elle exécute aussi bien sur les autres vaches que sur le taureau. L'écoulement par la vulve est quelquefois le seul signe de chaleur qu'on peut provoquer par une nourriture légèrement échauffante et non pas trop active; une addition d'avoine suffit dans ce cas. Le mois de juin est le temps le plus propice pour la monte et celle qui s'opère dans les prairies est la plus efficace. La vache retient presque toujours dès la première fois; quelquefois seulement le retour au taureau devient nécessaire; mais il refuse quand l'effet de la monte est réalisé, bien que la femelle manifeste encore quelques signes de chaleur. Le temps de la gestation est de neuf mois; au bout du sixième on cesse de traire le lait qui perd de sa qualité, et on augmente les soins et la nourriture, sans toutefois pousser l'animal jusqu'à l'engraissement. L'exercice, le pâturage, favorisent la gestation. Au moment du part, les soins doivent redoubler et l'on ne doit pas perdre l'animal de vue, afin de pouvoir lui donner les secours nécessaires. Le moment du vêlage s'annonce par des signes extérieurs; le pis grossit, le flanc et la croupe s'affaissent, la vache gémit et s'agite; le vagin se tend, la vulve se dilate et laisse échapper un liquide blanchâtre; quelquefois le veau ne se présente pas naturellement, il devient nécessaire de le repousser dans la matrice et de lui donner une direction convenable. On donne à la mère une boisson excitante ou rafraîchissante selon les cas où elle manque de force ; ou bien, si elle est irritée par des efforts violents, et après qu'elle a mis bas, un tonique composé soit de vin, soit d'une autre liqueur fermentée, facilite la sortie du délivre qu'il serait nuisible de laisser dans l'intérieur et qu'on aura soin d'écarter après sa sortie ; on voit des vaches qui le mangent sans qu'elles en soient incommodées. La matrice sort quelquefois avec le veau ; il faut alors la replacer exactement en y jetant un peu de sel ou de poivre dont l'effet empêchera une nouvelle sortie

Dès que le veau est à l'air, il est léché et essuyé par sa mère qu'on excitera au besoin par quelques poignées de son ou de sel répandues sur le nouveau-né. Les premières précautions étant remplies, il n'y a plus qu'à la laisser reposer et lui fournir à sa portée un breuvage d'eau mêlée de farine d'orge ou de son, et du fourrage vert et frais successivement augmenté. Dans le cas assez rare où la vache ferait deux veaux, à moins qu'elle ne soit forte et bien constituée, on ne lui en laissera qu'un à nourrir et l'autre sera élevé artificiellement avec de la farine d'orge délayée dans du lait jusqu'au moment où il sera livré au boucher. Si le veau est destiné à la boucherie, on se décidera, suivant la valeur de sa chair et le prix du lait, à le sevrer plus tôt ou plus tard ou à le livrer à l'engraissement. Lorsque la chair du veau est d'un faible rapport relativement à son prix ou que le laitage a une grande valeur, ainsi que cela a lieu dans le voisinage des villes, on doit négliger l'engraissement. Le sevrage des veaux ne doit pas se faire brusquement, afin de les préparer graduellement à un nouveau régime et à leur séparation de la mère. Dans ce cas on les nourrit avec du lait et de la bouillie, des farineux et ensuite avec du foin. Quelques mois plus tard on les conduit dans de bons pâturages, en évitant que le froid ne les fasse souffrir, mais il serait encore mieux, pour développer leur croissance, de les conserver à l'étable en les nourrissant de fourrages verts et secs et de recoupe, et de ne les envoyer au pâturage que pendant l'été de la seconde année. La castration des veaux se pratique pendant qu'ils tètent préférablement à l'époque du sevrage. Cette opération leur donne un caractère plus conforme à leur destination d'animaux agricoles, au point de vue des travaux du labourage, de l'engraissement et de la boucherie. Pratiquée sur les vaches, elle facilite leur engraissement et rend leur viande meilleure et plus copieuse. Dans le choix entre le pâturage et la nourriture à l'étable, on se décide selon les ressources et la qualité des pâturages, de la température et du genre des terrains.

« Les veaux livrés à la boucherie de Paris, dit M. Caffin d'Orsigny, sont de deux sortes; les uns sont dits *veaux gras*, et les autres *veaux maigres*. Ces deux sortes de viandes sont produites par le même aliment, le lait; seulement on l'écrème pour faire le veau maigre, et on ne l'écrème pas pour faire le veau gras. L'engrais a pour l'un et pour l'autre la même durée, trois mois environ. Le lait écrêmé, fourni aux veaux, contient encore environ le dixième de sa crème. On distingue dans les marchés, sous le nom de *gournayeux*, les veaux maigres nourris avec le lait écrêmé. Cette dénomination vient d'une ancienne habitude prise à Gournay de faire du beurre avec la crême, et de nourrir les veaux avec le lait écrêmé. Les veaux pèsent en moyenne, en naissant, environ 20 kil. Leur consommation quotidienne de lait varie avec leur développement, et on ne les vend ordinairement qu'à l'âge de trois mois; ils ont consommé, en moyenne, 15 litres, 25 de lait par jour, ce qui fait 1,372 litres en trois mois. A cette époque, le veau maigre pèse environ 100 kil., et le veau gras 140. Il est à remarquer que cette différence de poids provient uniquement de la graisse qui se trouve en plus dans le veau gras.. Il est à remarquer encore que cette différence représente à peu de chose près le beurre qui existe en plus dans l'aliment du veau gras, lequel beurre représente environ 3 kil. 66 par 100 kil. de lait. »

8. Mesurage des bœufs. — Nous ne reviendrons pas sur l'engraissement des bêtes à cornes, dont nous avons suffisamment parlé dans notre livre premier; nous nous bornerons à indiquer ici le moyen de connaître exactement l'augmentation de poids progressivement éprouvé par l'animal, ce qui est essentiel, car il ne faut continuer l'engraissement que tant que le bœuf en paie les frais. Pour apprécier les progrès de l'engraissement, on se sert d'une balance dont un bras est dix fois plus long que l'autre. Mais un instrument beaucoup plus simple est celui qu'on appelle la *ceinture de Dombasle*. Il est fondé sur ce principe que le poids de viande nette est constamment dans un certain rapport avec le périmètre du thorax et consiste à mesurer cette partie du corps de l'animal à l'aide d'une ficelle divisée par des nœuds. Le nœud qui indique la première division de la mesure est fixé à 1 mètre 82 cent. de l'extrémité. Cette longueur est celle de la circonférence d'un bœuf de 175 kil. de viande nette. Les nœuds suivants sont placés à des distances correspondant à 25 kil. de viande.

	m.	mill.
Le premier nœud étant placé à	1	820
La première division, ou la distance entre le premier et le second nœud, est de.	»	073
La 2e division, de.	»	072
La 3e.	»	071
La 4e.	»	069
La 5e.	»	065
La 6e.	»	061
La 7e.	»	059
	2	290

Par conséquent, la mesure d'un bœuf de 175 kil. étant 1 m. 82 cent., celle d'un bœuf de 350 kil. sera de 2 m. 29 cent., et l'échelle est divisée pour la longueur de la mesure par 25 kil. de viande, comme suit :

		m.	mill.
Mesure d'un bœuf de.	175 kil.	1	820
—	200	1	893
—	225	1	965
—	250	2	036
—	275	2	105
—	300	2	170
—	325	2	231
—	350	2	290

Lorsqu'on veut procéder au mesurage d'un bœuf, celui qui opère se place près de l'épaule gauche de l'animal, et, tenant d'une main l'extrémité non divisée de la mesure sur le garrot du bœuf, il passe l'autre extrémité entre les deux jambes du bœuf, par exemple derrière la jambe gauche, et en avant de la jambe droite. Un aide placé de l'autre côté du bœuf prend cette dernière extrémité de la mesure en avant de la jambe droite, et, la faisant remonter sur le plat de l'épaule droite, la donne au premier, qui réunit les deux extrémités sur le garrot, entre les parties les plus élevées des deux omoplates. Du côté où la mesure passe en arrière d'une des deux jambes, elle doit remonter immédiatement derrière l'épaule; du côté où elle passe en avant, elle remonte sur le plat de l'épaule. L'opérateur, après avoir rapproché de l'extrémité non divisée de la mesure le point qui veut s'y joindre, en serrant très-modérément, remarque ce point en le serrant des deux doigts de la main droite; et, lâchant l'autre extrémité, il tire à lui la mesure, et compte le nombre de divisions et de fraction des divisions qui forment la mesure du bœuf;

car chaque division peut facilement se partager à l'œil en trois ou quatre parties, et même davantage. L'opération n'est exacte qu'autant que l'animal est bien placé ; il faut qu'une de ses jambes ne soit pas plus avancée que l'autre, et que sa tête soit placée dans sa position ordinaire, c'est-à-dire ni trop basse ni trop élevée.

9. Concours de Poissy. — En février 1844 s'est ouvert à Poissy le premier concours d'animaux de boucherie, dont les bases et le but servent de règle encore aujourd'hui, à quelques détails d'exécution près. Dans l'intérêt des consommateurs et dans celui de l'agriculture, on a voulu développer en France la production des animaux destinés à la boucherie, et plus particulièrement celles des races qui, par la perfection de leurs formes ou leur développement précoce, fournissent plus abondamment à la consommation. Des sommes importantes et des médailles ont été successivement mises à la disposition des jurys, pour être distribuées en primes aux propriétaires des animaux nés et élevés en France, qui seraient reconnus plus parfaits de conformation et de graisse, c'est-à-dire les mieux préparés par la boucherie. En 1857 seulement, les animaux étrangers ont été admis et tous les types anglais se sont trouvés représentés. Depuis 1844, dit M. A. Jourdier, l'élève des jeunes animaux de boucherie a fait de véritables progrès. Il a fallu pour cela renoncer dès 1847 à classer les sujets d'après leur poids. Après avoir abandonné ce premier mode, on en a fait autant du classement par races en 1851 pour prendre celui des régions et de l'âge, qui s'est vu augmenté enfin en 1854 de la division spéciale des *jeunes*. Réaliser la valeur de la viande en peu d'années, faire pour ainsi dire *deux récoltes* de cette viande au lieu d'une, tel est le problème vers la solution duquel on marche avec succès. Les races précoces se casent bien dans notre agriculture, et pour la race ovine, par exemple, cela permettra de faire certaines qualités de laines à plus bas prix, et par conséquent de soutenir la concurrence avec l'étranger. Les concours d'animaux de boucherie existant en France au nombre de six par année, ont une importance et une portée considérable. Tout ne se passe pas en vaine parade. Dès 1845, les animaux primés furent suivis dans les abattoirs ; des travaux sérieux de rendement comparatifs furent établis, et l'ensemble de ces documents recueillis par le ministère compétent forme de véritables archives où chacun peut puiser des enseignements précieux. On y trouve non seulement l'état des rendements et des rapports d'appréciation détaillés et bien faits, mais encore de très-bons renseignements sur l'hygiène et l'alimentation des animaux récompensés, des

détails sur la composition, la qualité et la quantité des rations qui sont, pour les engraisseurs actuels et pour ceux qui voudraient entrer en lice, d'un intérêt tout à fait direct et élevé. Depuis la fondation du concours de Poissy, il s'en est établi successivement à Lyon, à Bordeaux, à Lille, à Nîmes et enfin en 1852 à Nantes. Revenant au concours de Poissy, il importe de démontrer par des chiffres quelle a été son importance réelle au point de vue des animaux présentés dans la période de douze années qui constitue la durée de son existence depuis 1844 jusqu'à 1856 exclusivement, l'année 1848 seule présentant une lacune. Dans le résumé suivant, on verra en même temps le chiffre des prix mis par l'administration à la disposition des jurys :

Concours de Poissy de 1844 *à* 1856.

	Animaux présentés.	Prix offerts.
Espèce bovine (adultes)	1,314	242,400 fr.
Veaux	121	5,400
Espèce ovine	5,880	76,900
Espèce porcine	210	9,150
Total général	7,525	333,800

Il convient de faire remarquer que tous les animaux dénommés ci-dessus n'ont pas été admis dès l'origine, ce qui contribue à diminuer d'autant les totaux : ainsi, les veaux et les porcs n'ont été reçus qu'à partir de 1851 seulement. Les bœufs, pour lesquels on n'offrait en 1844 que 8,200 fr. de prix, n'ont figuré d'abord qu'au nombre de 30, mais depuis 1849, époque à partir de laquelle les primes ont été plus que doublées au total, ce chiffre s'est successivement accru jusqu'à 198 et plus. Prenant en bloc les cinq concours régionaux dont nous avons indiqué la date d'origine, nous trouvons les résultats suivants :

	Animaux présentés.	Prix offerts.
Espèce bovine (adultes)	1,165	204,140 fr.
Veaux	49	750
Espèce ovine	4,609	45,750
Espèce porcine	380	10,431
Total général	7,203	261,061 fr.

Si nous rapprochons les totaux de ces deux catégories de concours nous trouvons les chiffres suivants :

	Animaux présentés.	Prix offerts.
Depuis la fondation du concours de Poissy.	7,525	333,800
Dans les divers concours régionaux.	7,203	261,061
Totaux. . . .	14,728 têtes.	594,861

10. **Vaches laitières. — Système Guénon.** — Moins belle que la vache de reproduction, la vache laitière a le corps grand et maigre, la tête moyenne, les cornes écartées, grandes et polies, le front ouvert, le regard doux, le fanon pendant, la croupe légèrement saillante, la queue haute et longue, les jambes fines, les tétines amples, mais peu charnues, les veines mammaires prononcées; enfin la peau douce et bien garnie. Son caractère est doux, sociable et soumis. On obtient ordinairement d'une vache, de mille à deux mille litres de lait par an, suivant qu'elle est plus ou moins forte, l'abondance ou la médiocrité de sa nourriture et les soins qu'elle reçoit. Si le produit décroît au-dessous de mille litres de lait, on doit s'en défaire, mais on ne peut toujours compter sur deux mille litres. « Il existe en France, dit M. Emile Lefèvre, plus de cinq millions et demi de vaches : leur produit journalier moyen par tête n'excède probablement pas deux litres de lait à 20 centimes (Royer). La richesse créée annuellement par la production du lait est donc de 1,100,000 fr. par jour, et de 401,500,000 fr. par an. Or, une bonne laitière devant donner 20 litres par jour au lieu de 2, la seule substitution de bonnes vaches à celles que la nation nourrit aujourd'hui, décuplerait le produit, c'est-à-dire le porterait à plus de 4 milliards : ce serait la création d'un produit net annuel de 3 milliards et demi, plus du double de notre énorme budget. Ceci est-il trop beau ? Eh bien ! rabattons, j'y consens pour un instant, nos espérances au chiffre qu'avait posé M. Royer, à 500 millions d'augmentation annuelle, ce ne sera plus qu'un tiers du budget au lieu du double ; mais la somme en vaudra encore la peine, et il faut le dire, ceci n'est pas seulement une prévision, mais un fait accompli. » Les signes qui caractérisent les facultés laitières sont les mêmes chez les mâles et chez les femelles; seulement ils sont moins développés chez les mâles. Ces signes sont indépendants de la couleur du poil et de la forme des animaux. Ils sont aussi apparents chez les jeunes élèves que sur les adultes, puisque l'animal vient au monde avec ces signes, à l'aide desquels chacun peut immédiatement reconnaître sa bonne ou mauvaise nature. Ces signes, Guénon les appelle *écussons*. « Les signes distinctifs, dit-il, qui sont l'objet de ma découverte, s'appellent

écussons et *épis*. Ils existent et sont visibles sur tous les animaux de l'espèce bovine sans exception; ils sont situés à la partie postérieure de chaque individu ; mais ils ne se distinguent très-bien qu'autant que l'on fait avancer la bête de quelques pas. Le mouvement qu'elle fait en marchant développe et met en évidence les parties inférieures, qui ne sont pas visibles lorsque la bête est au repos. » Dès le premier jour de la naissance de l'animal, l'écusson est apparent ; le poil qui le forme est cotonneux, et, dans ses points de rencontre avec le poil de la robe, il est long et soyeux. Il se distingue moins facilement quelques jours après la naissance de l'individu qu'à l'âge d'un mois et demi ou deux mois, parce que, à cette époque, le poil follet tombe, l'écusson reste à nu, et laisse alors apparaître plus distinctement les signes qui sont l'indice de qualités ou de défauts, lesquels accompagnent la bête pendant le cours de sa vie. A partir de la naissance de l'individu, l'écusson se développe et s'élargit dans les mêmes proportions que dans le reste du corps, et est toujours le guide qui doit servir à constater la valeur de l'élève que l'on voudra conserver. Ainsi, désormais, dans les campagnes, on séparera sans peine le bon bétail du mauvais, et l'on discernera avec certitude les sujets qui, dans l'avenir, donneront une quantité au moins deux fois plus grande de lait et de beurre. Ceux-ci seront conservés, et les autres livrés à la boucherie dès le plus jeune âge.

Si la production du lait double et triple, celle du beurre doublera et triplera ; l'économie ménagère et la santé publique y auront grandement gagné. Placez-vous derrière les vaches, et si elles ont la queue écartée de côté, vous pourrez embrasser d'un coup d'œil ce qu'il faut pour reconnaître leurs qualités lactifères. Remarquez d'abord que le pis est entouré d'un poil qui va en remontant. Cette disposition empiète à droite et à gauche sur la partie intérieure de chaque cuisse, et partout où le poil montant atteint celui qui recouvre toute la bête et qui va en descendant, leur rencontre dessine une ligne bien sensible, tant à cause du reflet différent occasionné par le jeu de la lumière sur le poil d'une part et le contrepoil de l'autre, que, par suite d'une sorte d'épi résultant de la juxtaposition des deux directions contraires, cette ligne, symétriquement reproduite sur chaque cuisse, circonscrit un espace qui, à peu près à moitié chemin de la vulve, devient bien plus étroit et s'élève jusque vers l'origine de la queue. Cet espace, occupé tant sur le pis que sur l'intérieur des cuisses par du poil montant, Guénon le nomme *écusson*. La forme que cet écusson affecte indique le produit journalier du lait; plus elle occupe une grande surface, plus le produit est grand, et réciproquement. Avant de quitter cette vache (n° 1), examinez deux ovales placés sur le pis et au-dessus des mamelles; ils sont formés par du poil descendant, ils indiquent la durée du lait. Tel est le type de la meilleure laitière. Si la bête est de grande taille et dans les circonstances les plus favorables d'habitation et de nourriture, elle pourra fournir jusqu'à vingt litres de lait par jour, et elle conservera son lait jusqu'au moment de véler. Examinez sa voisine (n° 9), son écusson est très-étroit, et ne s'étend pas au-delà du pis; il s'avance jusqu'au fond des cuisses; il n'y a pas d'ovale sur le pis. De la même taille et dans les mêmes circonstances que le n° 1, cette vache donnera quatre litres de lait par jour, et tarira presque aussitôt qu'elle redeviendra pleine. Si la première atteint, dans son année, six mille litres, celle-ci, bien qu'elle mange autant, n'atteindra pas cinq cents litres. Ainsi, en général, la surface de l'écusson se distingue par son poil montant, diamétralement opposé à celui qui recouvre les autres parties de la peau de la bête. Le poil de l'écusson diffère par sa nuance; elle est plus mate que celle du poil qui recouvre le reste du corps. L'écusson prend son point de départ au milieu des quatre trayons, d'où une partie de son poil s'élance et s'étend sous le ventre dans la direction du nombril, tandis que l'autre partie s'élève en dedans et un peu au-dessus des jarrets, déborde jusqu'au milieu de la face postérieure des cuisses, en montant sur le pis et se prolongeant jusqu'au niveau de l'extrémité supérieure de la vulve, dans certaines classes. La surface ou l'étendue que l'écusson embrasse dénote la capacité lactifère; la forme ou le dessin qu'il trace indique la classe; l'étendue de la surface indique l'ordre auquel l'individu appartient. La finesse de son poil et la couleur de son épiderme indiquent la quantité et la qualité du lait. Guénon a distingué huit formes principales d'écussons. De là huit classes qu'il a créées, dont voici les dénominations : 1re classe : *Flandrines;* — 2e classe : *Lisières;* — 3e classe : *Courbelignes;* — 4e classe : *Bicornes;* — 5e classe : *Poitevines;* — 6e classe : *Équerrines;* — 7e classe : *Limousines;* — 8e classe : *Carrésines*. Chaque classe est divisée en six ordres : le 1er, très-bon; le 2e, bon; le 3e, passable; le 4e, médiocre; le 5e, mauvais; le 6e très-mauvais. Pour plus de simplicité, les six ordres peuvent se réduire à trois : bon, médiocre, mauvais. Nous ne nous occuperons que de deux ou quatre altérations de chaque classe, les derniers ordres donnant un trop faible produit pour que la vache puisse être conservée.

1re CLASSE : *Flandrines* (n° 1). Guénon a donné aux vaches de la 1re classe le nom de *flandrines*, parce que ces vaches sont les meilleures de nos provinces, et que la race de Flandre, remarquable entre toutes les races par l'ensemble de ses bonnes qualités, possède, ordinairement du moins, les signes caratéristiques qui distinguent cette première classe. Les vaches flandrines sont les plus productives et les plus abondantes en lait ; elles se rencontrent dans toutes les races ; mais elles sont plus rares dans certaines provinces. Les vaches de premier ordre de haute taille donnent, dans leur force de lait, *vingt-quatre* litres par jour, du moins jusqu'à l'époque où elles sont pleines de nouveau. A partir de ce moment, la quantité de lait diminue peu à peu; mais elles le maintiennent pendant toute la durée de la gestation. Elle ne tarissent pas, si on continue à les traire. On reconnaît les vaches de cette classe et de cet ordre à la forme de leur écusson, puis en ce qu'elles ont le pis fin et souple, couvert d'un léger duvet qui remonte à partir du milieu des quatre trayons, dans toute l'étendue de la partie postérieure; le poil montant prend aussi en dedans et au-dessus des deux jarrets, se prolonge le long des cuisses et déborde, tant à droite qu'à gauche, sur les points marqués AA, en se resserrant jusqu'aux points BB, dont chacun est éloigné de dix centimètres environ de chaque côté de la vulve; elles ont ordinairement, au-dessus des trayons de derrière, deux ovales formés par le poil descendant, et marqués EE. Chacun de ces ovales a environ 3 centimètres de largeur et 8 ou 9 centimètres de hauteur. Ils se distinguent par la couleur du poil, plus blanc que celui de l'écusson. Le premier ordre de cette classe a en outre l'intérieur et le fond des cuisses, jusqu'à la vulve, d'une couleur jaunâtre ou nankin, que Guénon appelle *couleur indienne*, parsemée de plusieurs taches rousses; en grattant l'épiderme dans cette partie, on détache des pellicules d'où tombe une poussière un peu semblable à du menu son, et qui constitue un des caractères distinctifs dénotant, avec la quantité, la qualité butyreuse du lait. Cette dernière remarque s'applique non seulement à cette classe, mais aussi à toutes les autres. — ALTÉRATIONS. Si, les deux ovales persistant sur le pis, il se trouvait au-dessous de la vulve et y tenant, un demi-ovale de poil descendant (2e ordre), le produit journalier baisserait de deux litres, ou un dixième, et le lait se perdrait un mois plus tôt. Un seul ovale sur le pis, et le demi-ovale sous la vulve (3e ordre) annoncent une nouvelle diminution de deux litres et d'un autre mois. Point d'ovale sur le pis et le demi-ovale sous la vulve, plus grand et bifurqué par en bas (4e ordre), nouveau dixième et nouveau mois de moins. Dans cette classe et dans toutes les autres,

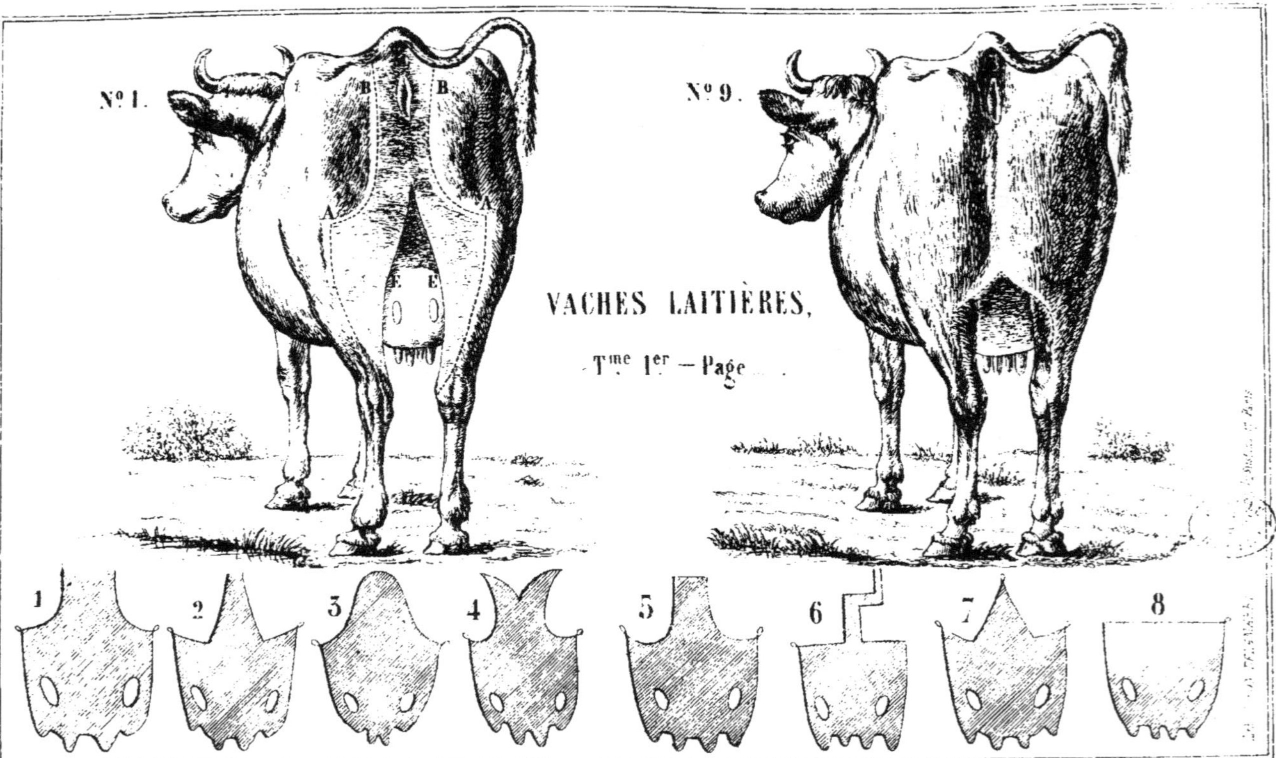

VACHES LAITIÈRES,

T.me 1.er — Page

Chevaux Arabes.

... Grands Augustins 17, Paris

toutes ces altérations sont accompagnées d'une diminution de surface dans l'écusson. Toute autre altération doit faire rejeter la vache comme trop mauvaise laitière.

2e CLASSE : *Lisières* (n° 2). La forme de l'écusson est bien différente de celle de la classe précédente. La portion ascendante est dessinée par un poil montant en forme de lisière, s'élevant verticalement, et se terminant sous la queue sans aucune interruption. Les vaches de haute taille du premier ordre de cette classe donnent *vingt-deux* litres de lait par jour, et continuent à en donner jusqu'à ce qu'elles soient pleines de huit mois. Elles donneraient même jusqu'au vélage si on continuait à les traire. Dans le premier ordre des vaches lisières, comme dans le premier ordre des flandrines, la couleur de l'écusson est d'une teinte jaunâtre ou indienne, depuis le fond des cuisses jusque sous la queue.—Un seul ovale sur le pis, et à côté de la vulve un seul petit épi de 4 à 5 centimètres de long et moitié d'un centimètre de large (2e ordre), diminution de 2 litres ou un 10e et d'un mois. Un ovale sur le pis et 2 petits épis, l'un à droite, l'autre à gauche de la vache (3e ordre), encore 2 litres et un mois de moins. Quand il n'y a plus d'ovale sur le pis, rejeter la vache.

3e CLASSE : *Courbelignes* (n° 3). Cette dénomination a été donnée aux vaches parce que le dessin de leur écusson, qui imite un losange, est formé par une ligne courbe, qui part de droite et de gauche, et se réunit en montant. Cet écusson, formé par le contre-poil, a vers le haut quelque ressemblance avec un cœur. On trouve de ces vaches dans toutes les races. Celles du premier ordre donnent, dans leur force de lait, *vingt-deux* litres par jour, et maintiennent leur produit avec une diminution graduelle, jusqu'à ce qu'elles soient pleines de six mois. La peau de l'écusson est recouverte des mêmes pellicules épidermiques safranées, et du même poil fin que celui des vaches des premiers ordres des classes précédentes.—La première altération (2e ordre) consiste dans la diminution de l'écusson, l'absence d'un ovale sur le pis, et l'apparition d'un petit épi à côté de la vulve. La seconde (3e ordre), plus d'ovale sur le pis, deux petits épis à côté de la vulve. Rejeter toute autre altération.

4e CLASSE : *Bicornes* (n° 4). L'auteur appelle ainsi les vaches de la 5e classe, parce que leur écusson est bifurqué et représente deux cornes montantes ; celle de gauche est plus longue que celle du côté droit. On trouve cette classe dans toutes nos races françaises. Les vaches du premier ordre donnent *vingt-deux* litres par jour, et le maintiennent, avec une réduction graduelle, jusqu'à ce qu'elles soient pleines de huit mois. Le poil de l'écusson du premier ordre de cette classe a la finesse des premiers ordres des classes précédentes; le pis couvert d'un duvet fin, et les pellicules qui s'en détachent, d'une couleur safranée dans tout l'intérieur des cuisses.—Un seul ovale sur le pis et un petit épi à côté de la vulve (2e ordre), 2 litres par jour et un mois de moins. Plus d'ovale sur le pis et un petit épi de chaque côté de la vulve (3e ordre), encore 2 litres et un mois de moins. Rejeter toute autre altération.

5e CLASSE : *Poitevines* ou *Pot-de-vines* (n° 5). Guénon a donné à ces vaches le nom de poitevines, non pas qu'il ait voulu désigner par là des vaches du Poitou, mais parce que la forme de leur écusson représente, selon lui, une espèce de dame-jeanne ou de pot de vin. Le produit et les altérations sont les mêmes que dans la 4e classe. Le poil de l'écusson du premier ordre est semblable.

6e CLASSE : *Equerrines* (n° 6). Le nom, dit l'auteur, indique la forme de l'écusson, qui en effet dessine une équerre ou une baïonnette par le haut. Mêmes observations que pour les poitevines relativement au produit et à l'écusson du premier ordre.—La première altération (2e ordre) consiste dans la disparition d'un des ovales; la seconde (3e ordre), en ce que les deux ovales ont disparu et qu'on voit au-dessus de la vulve un petit épi vertical peu apparent. Rejeter toute autre altération.

7e CLASSE : *Limousines*. Il ne faut pas croire qu'il n'y ait que les vaches du Limousin qui appartiennent à cette classe; on en trouve dans toutes les races, avec leurs ordres et toutes les marques différentielles. L'écusson des vaches limousines, en remontant, affecte la forme d'une flèche. Les vaches du premier ordre de cette classe produisent, quand elles donnent le plus de lait, *dix-huit* litres par jour, et elles continuent à en donner avec une réduction graduelle dans la quantité, jusqu'à ce qu'elles soient pleines de huit mois. La peau de l'écusson est de même couleur que dans les classes précédentes ; le pis est souple et couvert d'un poil doux et soyeux; l'écusson part aussi du milieu des quatre trayons, s'étend au-dedans et au-dessus des jarrets, remonte et déborde sur les cuisses.— Même altération que pour la 6e classe, sauf que le deuxième ordre a deux petits épis près de la vulve.

8e CLASSE : *Carrésines*. Les vaches du premier ordre de cette classe donnent *seize* litres de lait par jour, et le maintiennent avec une réduction graduelle, jusqu'à ce qu'elles soient pleines de huit mois. L'écusson de cette classe diffère de celui des autres classes par sa forme carrée. Les pellicules qui s'en détachent ressemblent à une poussière de couleur jaunâtre; le poil est court, fin et soyeux; l'écusson a son point de départ au milieu des quatre trayons. Le produit en lait dont il est question dans la description que nous venons de faire, est censé provenir d'une vache de première taille, peu importe la race, et aussitôt après qu'elle a vélé; car, quinze jours ou trois semaines après avoir fait le veau, le lait continue à décroître chez la bête, jusqu'à ce qu'elle n'en donne plus du tout. Il est aussi bon de noter que l'importance des écussons se trouve souvent atténuée ou favorisée par différents épis qui s'y rencontrent assez généralement, et qui en réduisent ou en augmentent la valeur, suivant leur forme, leur nature, la place qu'ils occupent et l'étendue qu'ils embrassent. Guénon appelle *épis* des touffes de poils disposés en sens inverse du poil de l'écusson. Les épis sont de deux espèces, les uns de poils *montants*, les autres de poils *descendants*. Ceux de poils montants ne sont autres que des traces en forme de sillons qui tranchent sur le poil descendant; ils dessinent des figures plus ou moins allongées, ou développées à droite et à gauche. Ceux des poils descendants forment des dessins variés dans le poil montant de l'écusson; ils affectent plusieurs formes, et notamment la forme ovale; ils se trouvent le plus ordinairement situés à la partie inférieure du pis, un peu au-dessus des trayons postérieurs. Excepté les épis ovales, tous ceux qui empiètent sur l'écusson en atténuent plus ou moins la valeur. L'auteur signale plus particulièrement une espèce d'épi formé de poils montants; il est situé à droite et à gauche, et il sert à discerner les vaches franches des vaches bâtardes. Guénon appelle vaches bâtardes celles qui perdent leur lait aussitôt qu'elles sont en état de gestation. Les vaches bâtardes se rencontrent dans toutes les classes et tous les ordres; l'épi bâtard a la forme d'un œuf; il est composé d'un poil gros, clair, lustré et plus brillant que le poil de l'écusson. Plus cet épi est grand, plus le lait se perd promptement.

La présence de cet épi dans l'écusson est le seul point de comparaison qui fasse distinguer la vache bâtarde de la vache franche dans la classe flandrine. Dans les courbelignes, dans les lisières, dans les bicornes, dans les poitevines, il y a deux épis bâtards, un de chaque côté; dans les équerrines, il n'y a qu'un épi bâtard qui est placé à droite; on le reconnaît à sa forme ovale et à son poil hérissé. Dans les limousines et dans les carrésines, l'épi bâtard est encore situé à droite et à gauche. En résumé, toute vache portant sur le pis deux ovales, garde son lait huit mois après être devenue pleine de nouveau, et donne le plus haut produit journalier de la classe. Toute vache n'ayant qu'un seul ovale garde son lait un mois de moins, et son produit journalier est de un dixième à un sixième au-dessous du maximum de sa classe. Tout épi formé par du contre-poil et de plus d'un mètre de large sur 5 ou 6 de long, qu'il soit ovale ou en amande, dès qu'il est placé ailleurs que sur le pis, indique la disparition du lait à une époque assez rapprochée d'une nouvelle gestation. Quelquefois, au lieu d'un ovale ou d'une amande, l'épi ne forme qu'une trace allongée; mais, sous cette forme, il ne se rencontre jamais avec un écusson indiquant un produit élevé, excepté chez les flandrines. Il faut donc rejeter toute vache qui porte un et surtout deux épis ovales, en amande ou allongés ailleurs que sur le pis; car, si grand que puisse être le produit journalier, ce produit cessera promptement après que la vache sera devenue pleine de nouveau. Plus l'épi est pointu, plus est prompte la disparition du lait. Chaque forme d'écusson diminue de surface à proportion que le produit en lait diminue; mais, en outre, le corps de la figure peut être échancré d'un seul côté ou des deux côtés. Cette échancrure, quelle que soit sa forme, est produite par une portion de poil descendant qui empiète, à l'intérieur de la cuisse, sur le poil montant de l'écusson; elle ne se rencontre jamais sur des vaches gardant leur lait au-dessus de cinq mois, ou de quatre mois si elle existe des deux côtés. Il est donc prudent de rejeter les vaches dont l'écusson est ainsi altéré. Il est remarquable que cette altération ne se rencontre pas chez les lisières, ni chez les limousines. Les formes des écussons ne sont pas des figures géométriques ni rigoureuses comme celles des dessins; l'aspect général est suffisant. Les chiffres donnés, comme ceux de la reproduction du lait, ne sont pas non plus des quantités rigoureuses; car la nourriture, l'état de santé, l'éloignement de la mise bas, etc., influent sur le produit; mais ils sont d'une exactitude suffisante pour indiquer les proportions du produit journalier ou annuel, de classe à classe, toutes autres circonstances égales. Lorsque la peau de l'écusson est jaunâtre, lorsque des pellicules de même couleur et ressemblant à du son s'en détachent, c'est le signe d'un lait très-gras. La peau du pis est alors de la même nuance, bien qu'elle puisse être tachée de noir et qu'il s'en détache aussi du son. Le poil du pis est fin et fourré ainsi que celui de la gravure, et surtout celui des épis s'il y en a; mais si la peau du pis et celle du panache étaient d'une pâleur mate ou d'une teinte rougeâtre, s'il y avait absence de son ou qu'il fût rougeâtre, si le poil qui recouvre le pis était rare et grossier, si celui des épis était hérissé, alors, quelle que soit la quantité du produit, soyez assuré que le lait est maigre et séreux. Ajoutez, comme signes généraux favorables : en première ligne, la grosseur de ces deux vaisseaux qui, sous le ventre, s'étendent du pis à la hauteur du nombril, et surtout leur disposition comme tordue et bifurquée vers le pis; puis, un nombre pair de mamelles ou mamelons. Les signes sont bien plus apparents et plus faciles à saisir à l'époque de la mise bas; le pis et toutes les parties adjacentes étant gonflées, les épis s'élargissent et le contre-poil est plus apparent, tandis qu'à une époque plus éloignée, le pis étant devenu flasque, il peut être nécessaire de l'étendre avec la main pour voir s'il porte des ovales. Cependant il ne faut pas un œil bien exercé pour reconnaître les premiers ordres de chaque classe, même sur des génisses de trois mois; immense avantage qui permet de chosir à coup sûr ses élèves; et comme, chaque année, on nourrit environ un million huit cent mille veaux dont plus de moitié, soit un million, sont des génisses, il suffirait de cinq à six ans pour renouveler toutes nos vaches et les remplacer par tout ce qu'il y aurait de plus productif. La découverte de Guénon serait assez belle si elle s'arrêtait ici; mais il a constaté qu'il y avait une différence dans le produit journalier suivant la taille des vaches; et de plus il a, après avoir divisé les vaches en trois tailles, reconnu quelle était la différence de production suivant les classes et ordres de la méthode; or, il résulte des calculs auxquels M. Emile Lefèvre a soumis les faits constatés par Guénon, qu'il y a avantage absolu, sous le point de vue du lait, à propager la petite taille.

Chaque classe de vache a aussi sa classe de taureau, divisée en trois ordres, au lieu de six. Indépendamment des signes caractéristiques des qualités lactifères, les taureaux reproducteurs doivent réunir toutes les conditions essentielles qui, dans chaque localité, constituent les types de la race pure. Ces conditions sont : 1° la couleur de robe préférée dans le pays; 2° une taille proportionnée à la race qu'ils sont chargés de régénérer, une construction et une charpente régulièrement établies; 3° être de premier ordre ; 4° être apte à l'engraissement; 5° être propre au travail; 6° avoir le caractère doux et patient. Les vices de conformation, comme les bonnes qualités, se transmettent généralement par voie de génération. Si l'on ne tient pas compte de ce fait capital, on n'arrivera pas à une prompte amélioration.

Tel est le magnifique système de Guénon, système que la classification indéfinie de la méthode, les formules trop minutieuses pour être précises, les vingt classes et les quatre cent quatre-vingts ordres indiqués d'abord par l'auteur avaient empêché d'être compris et vulgarisé, s'il n'avait été élucidé et simplifié par des hommes d'un mérite supérieur, tels que l'auteur d'un beau travail publié dans l'*Illustration*, et M. Emile Lefèvre, auxquels nous avons eu recours pour la rédaction de cet article et pour la gravure des écussons. « La production du lait en France, dit M. Cordier du Calvados, est évaluée à 500 millions de fr. par an. On en peut doubler la quantité en bien peu d'années ; il suffit de se servir de l'état actuel de la science et de la pratique. La quantité de lait fournie par une vache est extrêmement variable; elle dépend de sa nature, de son âge, de l'époque de l'année, de la quantité réelle d'aliments consommés, de la qualité et de la nature de ses aliments. Sans entrer ici dans des détails de statistique qui prendraient trop de place, nous dirons seulement que, selon M. Magne, professeur d'agriculture à l'École d'Alfort, une bonne vache qui consomme en nourriture appropriée l'équivalent de 14 à 15 kilogrammes de foin, peut donner quinze à dix-huit litres de lait pendant quinze ou seize mois, et même vingt ou vingt-cinq litres après son vélage; tandis qu'une mauvaise vache, avec la même quantité d'aliments et les mêmes soins, ne fournit à peine que six litres, qu'elle perd très-peu de temps après le sevrage de son veau. Sur les 10 millions de têtes de bétail de la race bovine en France, et sur les cinq millions cinq cent mille vaches, il n'y en a guère que quatre millions qui soient vouées chaque année à la reproduction ; sur cent vaches, vingt-trois environ sont improductives ou impropres au service de la laiterie. Il y a à peu près la moitié des vaches donnant des quantités de lait bien inférieures à celles qu'une moyenne qu'on pourrait obtenir donnerait certainement. Dans l'état actuel des choses, chaque vache donne en moyenne 2 litres 49 centilit. par jour, ou 908 litres par année, ce qui, à 10 cent. le litre, donne un rendement moyen de 90 fr., y compris le lait consommé par les veaux; ce qui, pour toutes les vaches, donne au moins un revenu annuel de 500 millions de francs environ. On a calculé que la quantité de lait représentant la consommation générale à Paris doit être le produit d'environ quarante-huit mille vaches à raison de 10 litres par jour pour les vaches des nourrisseurs de Paris et de 6 litres pour les vaches des nourrisseurs des environs de la capitale. Le calcul est fait pour l'année entière. Comment expliquer ce fait que les types exceptionnels de nos meilleures races flamande, artésienne, cotentine, bressane, charolaise, donnent une lactation abondante et de longue durée, et que cependant, après la répartition moyenne opérée et après le calcul fait sur l'année entière, on ne trouve comme produit définitif et comme rendement de chaque vache en France, que 2 litres 49 centilitres? Cela s'explique par un fait malheureusement trop vrai, c'est que tous les cultivateurs, *par tous les moyens possibles, recherchent avant tout, à l'aide des signes généralement reconnus, la quantité du lait*, tandis que le véritable point de vue pour obtenir le plus grand produit en lait est dans *la durée de la lactation*. Les différences sont grandes; les signes lactifères qu'on peut reconnaître dès le plus jeune âge indiquent une durée de la lactation de douze ou quinze mois, tandis que les signes anti-lactifères faciles à constater, indiquent que la vache, donnât-elle même un lait abondant, ne le gardera pas, qu'elle le perdra très-peu de temps après le sevrage de son veau, ou bien peu de temps après avoir été fécondée de nouveau. Il faut à tout prix faire cesser cet état de pénurie. Voici le résultat d'une observation profondément vraie. J'ai vu chaque jour, dans les fermes de France et dans les divers pays que j'ai parcourus, élever de jeunes veaux, de jeunes génisses surtout, représentant, après l'examen le plus rapide, des conditions d'avenir souvent médiocres ou mauvaises; d'un autre côté, je me suis rendu dans les abattoirs de Paris et des grandes villes, et j'ai cent fois constaté douloureusement *avec quelle profusion tombent sous le couteau du boucher, à deux ou trois mois, les animaux portant les signes incontestables, généraux et locaux les plus lactifères*. Cela s'explique malheureusement; près des grands centres de populations, le lait se vend plus cher que dans les campagnes. Les nourrisseurs ont donc en général des vaches très-lactifères; leur nourriture à l'étable est trop coûteuse pour qu'il en soit autrement. Les produits de ces vaches sont en général remarquables; elles ont pour la plupart beaucoup de lait et nourrissent très-abondamment leurs veaux, qui deviennent une ressource importante d'alimentation et une viande de luxe pour la boucherie; mais n'est-ce pas une imprévoyance et une barbarie coupable que de détruire, sans distinction, sans qu'il y ait au reste plus de perte ni de profit pour le boucher, ces jeunes animaux que l'observation même la plus rapide devrait signaler et protéger? Que d'avenir perdu, que de richesses détruites! Vous détruisez là des animaux que vous achetez au poids et qui feraient la fortune de l'agriculture. Il faut que ce mal cesse. *Il suffira de le signaler et d'indiquer la puissance du remède* que les comices agricoles pourraient y appliquer. Le mal, c'est la destruction des animaux très-jeunes indiquant cependant des signes généraux ou locaux éminemment lactifères; le mal, c'est l'ignorance du fermier, élevant ou achetant, sans distinction et au hasard, des animaux qui, dans l'avenir, seront médiocres ou mauvais, et ne produiront pas le revenu rémunérateur annoncé par les *signes certains anti-lactifères* que nous avons indiqués. Le remède, le voici : Avec le concours des comices agricoles et de l'administration, il faut organiser des commissions pour la recherche et l'acquisition, dans les abattoirs et dans les marchés, du bétail lactifère dont la destruction est barbare et coupable ; c'est un moyen progressif tout agricole et de bienfaisance qu'il est bien aisé de pratiquer. Que des hommes spéciaux, des vétérinaires, par exemple, soient chargés d'acheter, dans les abattoirs et dans les marchés, les veaux et les génisses destinés à la boucherie, portant les signes incontestablement lactifères ; que ces animaux, sauvés de la destruction, soient placés dans les lieux de dépôt, et que tous les mois, par exemple, les jours de marché, de concours ou de foire, ils soient vendus publiquement, ou que la vente en soit annoncée par les moyens mis en usage pour la vente des chevaux dans les haras ; en un mot, rechercher dans les abattoirs et dans les marchés, protéger et revendre aux agriculteurs ces animaux triés et présentant des garanties d'avenir, voilà le but que l'on doit se proposer. »

CHAPITRE IV.

BÊTES OVINES.

1. Races.—On appelle *bêtes ovines*, l'ensemble des animaux de l'espèce du mouton ; on les désigne aussi sous les noms de bêtes à laine et de bétail blanc. Le mâle est appelé *bélier* ; quand il est châtré, on le nomme *mouton* ; la femelle reçoit le nom de *brebis*, et son petit, nouvellement né, celui d'*agneau* ou d'*agnelle*, suivant le sexe ; à l'âge d'un an jusqu'à deux, ils portent celui d'*antenois* et d'*antenoise*. Le genre mouton renferme un grand nombre d'espèces, et chaque espèce un grand nombre de races ou variétés ; nous ne parlerons que de celles qui sont élevées dans les diverses contrées de l'Europe, et qui se divisent en deux classes : l'une dont la laine est *lisse*, l'autre dont la laine est *crépue*. Les premiers sont les *moutons de plaine*, ayant une grande taille et la toison grossière ; les seconds sont les *moutons de montagne*, et portant une laine épaisse, dure et frisée. Du croisement de ces deux races est sorti le *mouton commun*, dont la taille tient le milieu entre les deux autres, et dont la toison est médiocrement longue et peu frisée. Le mérinos, ou mouton d'Espagne, forme

une espèce particulière qui se distingue par l'abondance et la finesse de sa toison, pleine d'une matière huileuse qu'on appelle suint et qui exhale une odeur forte. Tout le corps de l'animal en est couvert, si l'on excepte les aisselles, le plat des cuisses et une partie de la face. Cette race a successivement chassé les anciens moutons d'un assez grand nombre de pays, où elle a procuré de grands avantages aux cultivateurs qui se sont occupés de son élève. Le mérinos est très-fort quand il est acclimaté. Il a besoin de plus de nourriture que les bêtes à laine commune ; mais on le vend plus cher, et il est moins difficile sur le choix des aliments. Quant à la qualité de sa chair et de celle de toutes les races des moutons, elle dépend partout de la qualité des pâturages et de la nourriture. Celle du mérinos est généralement préférable à toute autre. « De toutes les races de bêtes à laine, dit M. Morière, le savant professeur d'agriculture, les plus parfaites à la fois sous le rapport des formes, de l'aptitude à l'engraissement et de la précocité, ce sont les races anglaises. Celles qui ont été introduites dans le Calvados, soit pour être substituées à la race du pays, soit pour obtenir des croisements avec cette race, sont plus particulièrement les *Dishley*, les *South-Down* et quelques *New-Kent*. La race Dishley, que nous devons à Bakewell, est remarquable par sa carrure, le développement de la partie antérieure du corps, la largeur des reins, l'ampleur des quartiers, la rotondité des côtés, sa taille près de terre et la petitesse relative des os et de la tête. A ces qualités physiques et comme en découlant naturellement se joignent une vigoureuse santé, une grande puissance d'assimilation, un développement rapide et une grande aptitude à prendre promptement la graisse, ce qui est bien loin de signifier, comme trop de personnes le croient, que ces animaux engraissent avec peu de chose.

« A côté de ces qualités se trouvent bien quelques défauts, la laine est souvent grosse dans son genre, peu homogène sur les diverses parties du corps de l'animal, les toisons ne sont pas toujours assez fermées ni assez abondantes. La viande laisse également à désirer dans sa qualité ; elle est loin d'avoir cette saveur à laquelle les gigots d'Aunay, de Vassy et de Condé ont habitué notre palais. En croisant le Dishley avec le mouton du pays, les défauts que nous venons de signaler disparaissent presque complétement sans que les qualités du Dishley aient été altérées, surtout si l'on a soin de ne pas aller au-delà d'un premier ou tout au plus d'un second croisement. Les Dishley, bien entendu, ne peuvent réussir que dans les terres de qualité supérieure ou moyenne ; il serait imprudent de chercher à les acclimater sur des sols de qualité inférieure. Les herbages du Pays-d'Auge et du Bessin leur conviendraient parfaitement. Le *South-Down* est une race précieuse pour les localités maigres et les pâturages élevés où l'herbe est rare, comme ceux des dunes, des bruyères, etc. A force d'appareillements judicieux, les Anglais sont parvenus à lui donner une perfection de forme qui soutient la comparaison avec les Dishley; douée d'une forte constitution et d'une grande puissance d'assimilation, elle prend la graisse avec une rare perfection. Les South-Down ont sur les Dishley l'avantage de pouvoir se soutenir dans les positions maigres; ils permettent, en Angleterre, de réaliser une rente sur de pauvres terrains qui sans eux n'auraient aucune valeur. Les caractères bien distinctifs du South-Down sont d'être à la fois propres à utiliser des pâturages misérables et à fournir à la boucherie une viande excellente, de facile et rapide engraissement. Il convient aussi particulièrement pour le parcage. Une troisième race également très-estimée en Angleterre et créée par sir Richard Goord de Coleshil est celle de *New-Kent*; ses toisons sont plus fines, plus égales, plus fermes que celles des Dishley dont elle a d'ailleurs toutes les qualités. Nous devons à M. Poutrel, de Bavent, un des hommes qui se soient appliqués avec le plus d'intelligence et de persévérance à l'introduction des races anglaises dans le Calvados, de précieux renseignements sur les résultats qu'il a obtenus des Dishley et des South-Down. « J'ai conduit, dit-il, au marché de Caen trois moutons Dishley de deux ans que j'avais fait castrer jeunes, leur forme ne me convenant pas pour en faire des reproducteurs; je les ai vendus le premier 125 fr., le second 110 et le troisième 85, ensemble 320 fr. J'estime qu'on vendrait facilement les moutons castrés ayant atteint l'âge de deux ans 70 à 80 fr. au moins. Je possède en ce moment beaucoup de brebis qui ont un et deux agneaux. Je n'aurais qu'à les sevrer et dans quinze jours je pourrais vendre les mères pour la boucherie; elles sont grasses. Le Dishley peut fournir à deux ans 80 à 90 kil. au moins de viande nette. Les toisons varient nécessairement de poids; un mouton castré donnera de 14 à 18 kil. 1/2 de laine, tandis qu'une brebis portière en fournira beaucoup moins. Cette année mes toisons rendent en moyenne 12 kil. 1/2 de laine que j'ai vendue l'an dernier en suint 1 fr. 10 le demi-kilogramme. Le croisement du Dishley avec la race normande produit un effet admirable : j'en ai fait l'essai cette année. Nos races acquièrent par ce croisement une meilleure conformation, de la force, plus de laine et une plus grande précocité à l'engraissement. Et tout cela s'obtient à peu de frais, car un bélier peut saillir facilement 80 à 90 brebis, et en supposant qu'il coûte 150 ou 160 fr., la saillie ne revient qu'à 2 fr. et l'animal vous reste pour l'année suivante. Le Dishley n'est certes pas aussi délicat que le mérinos; il engraisse là où le mérinos ne pourra même pas vivre; puis, vous le savez, une pâture un peu humide serait la perte du mérinos et même du mouton normand, tandis que le Dishley résiste très-bien à l'humidité; j'ai vu des troupeaux de Dishley en très-bon état de santé dans les vallées très-humides du Yorkshire. Il est bien entendu qu'à un mouton du poids de 50 kil. il faut plus de nourriture qu'à celui qui ne pèse que 20 kil.; mais je soutiens que le Dishley est moins difficile sur le choix de la nourriture que le mérinos et même le mouton normand. La race South-Down est très-bonne et estimée en Angleterre; c'est une sorte de mouton rustique, assez sobre, mais qui a l'inconvénient d'être très-sauvage. Un troupeau de cette race serait fort difficile à tenir; au moindre bruit ils sautent de tous côtés; puis ils ne deviennent jamais aussi gros que les Dishley. J'en ai présentement 10; on m'en demande quelquefois. Vous désirez savoir combien je vends mes béliers et mes brebis Dishley; les agneaux mâles, livrables en août, se vendent 80 fr., les femelles 60 fr. » L'Ecosse possède le *Blackface*, qui a les qualités du *South-Down*, est encore plus rustique, et se reconnaît aux extrémités entièrement noires; le *Cheviot-Ewe*, joli, rustique, et aussi prompt à s'engraisser que le Dishley; l'*Arnold-Breed*, petite race de fantaisie que les grands seigneurs anglais et écossais admettent de préférence dans leurs parcs, à cause de sa douceur et de sa beauté. La qualité de la laine préoccupe peu les fermiers anglais; c'est, au contraire, le principal souci des cultivateurs français. Ceux-ci feraient bien de s'attacher un peu plus à l'engraissement des moutons. Leur confiance dans le produit des laines est peut-être une fausse sécurité. En effet, le produit de la laine décroît chaque jour, il n'est même maintenu actuellement que par un droit protecteur de 22 pour 100. Que les douanes viennent à être abolies, et la laine deviendra bientôt un produit très-accessoire. Les laines fines d'Australie et du cap de Bonne-Espérance inondent les marchés, et se vendent à si bas prix, que la concurrence ne serait plus possible si les moutons n'offraient d'autres produits à nos agriculteurs. Il serait donc très-prudent d'introduire en France les races anglaises. En croisant les New-Kent avec les mérinos, on obtient des animaux dont l'engraissement peut être précoce et dont la laine est assez bonne pour avoir de la valeur dans le commerce. Dans un travail paru en 1852, M. J. Morière a fait connaître tous les avantages que présente la race de la *Charmoise* créée par les soins, la persévérance et les sacrifices d'un homme de bien regrettable mémoire, Malingié-Noüel, que l'on peut considérer comme le Bakewell français. Maintenant la race ovine de la Charmoise est appréciée par tous les cultivateurs qui l'ont essayée : aux concours de Poissy et de Versailles, les premières primes lui ont été attribuées, et, chose remarquable, les Anglais qui avaient fourni à M. Malingié les New-Kent qui sont un des éléments de sa race, ont acheté des moutons de la Charmoise pour les importer chez eux. C'est que M. Malingié a résolu le problème difficile d'une augmentation considérable dans la viande de boucherie, sans qu'il y ait pour cela une trop grande dépréciation dans la qualité et la quantité de la laine. Les jeunes animaux de la Charmoise âgés de 15 à 18 mois, et qu'on tondait pour la première fois, ont donné de 4 à 6 kil. de laine. Un jeune bélier, de taille moyenne, a fourni une toison de 7 kil. Les Charmoises fournissent une laine de peigne très-estimée des manufacturiers ; en 1853, M. Malingié l'a vendue en suint 1 fr. 40 c. le demi-kilogramme, à un fabricant d'Angers. Là où les animaux du pays se nourrissent difficilement, les Charmoises pâturent toujours, et en allaitant se maintiennent dans un état de graisse satisfaisant, tandis que dans les autres races, même dans les South-Down, les mères maigrissent lorsqu'elles nourrissent leurs petits. Un mouton Charmoise, à l'âge de 13 ou 14 mois, donne de 27 à 30 kil. de chair nette.

M. J. Morière donne aux cultivateurs, notamment à ceux de Normandie, les excellents conseils suivants : 1° le cultivateur a grand intérêt à ne pas négliger l'élève du mouton ; 2° il est indispensable de croiser la race du pays avec une autre race qui lui donne une meilleure conformation et plus de précocité pour l'engraissement ; 3° les Dishley et leurs dérivés conviennent aux pâturages de bonne qualité ; 4° les South-Down peuvent réussir dans tous les terrains ; 5° la race qui paraît promettre les meilleurs résultats est celle de la Charmoise. Les béliers de race pure Charmoise se vendent dans le Calvados de 120 à 150 fr. Il existe en France quatre bergeries impériales destinées à l'amélioration de la race ovine : celle de *Rambouillet*, fondée en 1788, perd le premier rang, qu'elle avait longtemps occupé. Ses béliers se sont vendus, en moyenne, 285 fr. en 1853. Tandis que le commissaire-priseur retirait des animaux mis à prix 250 fr., faute d'une enchère de 5 fr., de petits cultivateurs vendaient les leurs, à la porte du parc, 700 fr. et 900 fr.; trente-quatre béliers étaient vendus à des Américains aux prix *minimum* de 500 fr., et *maximum* de 2,000 fr. La bergerie de *Gevrolles* (Côte-d'Or) a été fondée, en 1846, pour améliorer la race soyeuse de *Mauchamp*. En la croisant avec les mérinos de Rambouillet, on a obtenu une charmante race, dite *de Gevrolles*, qui a même été perfectionnée pour la boucherie. Lavée à dos, comme dans toute l'Angleterre, chaque toison pèse 2 kil. 500 grammes; les béliers pèsent de 75 à 80 kil. à quinze mois, et atteignent 120 kil. à deux ans. Sur 20 béliers de croisement Mauchamp-mérinos mis en vente à la bergerie de Gevrolles, 14 ont été vendus au prix moyen de 128 fr., tandis que sur 20 mérinos purs, 8 seulement ont été vendus au prix moyen de 125 fr. La bergerie d'*Alfort*, près Paris, et celle de *Montcavrel* (Pas-de-Calais) sont entrées dans la bonne voie. La première a admis le Dishley et le South-Down, la seconde y a ajouté le New-Kent. Ces trois races sont entretenues avec le plus grand soin à la bergerie impériale de Montcavrel. Elles fournissent à nos éléveurs de précieux produits qui, dans un temps plus ou moins éloigné, auront complétement renouvelé la race ovine de notre pays. Aucun des élèves de la bergerie ne subit la castration : ils sont tous destinés à la reproduction, et les ventes annuelles se maintiennent sur un prix qui varie entre 600, 800 et 1,000 fr. On opère encore à la bergerie de Montcavrel le croisement de la race Dishley avec le mérinos Mauchamp. Cette nouvelle race, que l'on doit à M. Graux, fermier de la terre de Mauchamp, dans le département de l'Aisne, date de 1828. Le mérinos Mauchamp porte une laine droite, lisse et soyeuse, semblable par sa forme à la laine longue anglaise, mais infiniment plus douce et plus fine. M. Dutertre-Yvart, le premier directeur de la bergerie de Montcavrel, et M. Florent Dutertre, son fils, directeur actuel (1857), ont obtenu des résultats très-satisfaisants de ce croisement qui leur a donné de fort beaux élèves. Cent cinquante hectares dépendent de la bergerie et suffisent à la nourriture des animaux; ils sont cultivés en blé, orge, avoine, et en cultures sarclées, telles que turneps, rutabagas, betteraves et fèves.

Pour plus de clarté, nous réduirons à 8 types principaux les races de moutons élevées en France : 1° Race mérinos, la plus répandue, introduite par Daubenton en 1776, à Montbard, vulgarisée par Louis XVI, qui créa en 1786 l'établissement de Rambouillet, et par le Directoire et Napoléon, qui en firent des importations considérables. Cette race s'est divisée en deux types, celui de *Rambouillet*, où l'on s'efforce de réunir la qualité de la laine à la quantité et à une taille propre à la boucherie; celui de *Naz*, où l'on ne s'attache qu'à la finesse et à l'égalité de la toison. Le premier type est commun en Normandie, en Beauce, en Brie, en Picardie; le second est plus répandu en Champagne. — 2° Race du Roussillon, comme la précédente, originaire d'Espagne, mais modifiée par notre climat. Taille plus petite que celle du mérinos, longueur 82 centim., poids de la viande nette, 15 à 18 kil.; laine fine, tassée, mèche frisée, de 2 à 3 centim. de longueur, toison pesant en suint 1 kil. 1/2 ou 2 kil.; animaux d'une santé robuste, habitués, comme les moutons espagnols, à voyager de la plaine à la montagne. Les races du *Languedoc* et de la *Provence*, proviennent de celle-ci et n'en sont que des variétés. — 3° Race du Berri : Taille, 89 centim. à 1 mètre; cou allongé, tête sans cornes, lainée sur le sommet jusqu'aux yeux, museau et pieds bruns. Elle se partage en deux variétés: la *race de la plaine*, engraissant assez bien, chair délicate, donnant à la boucherie 12 à 15 kilos, toison fine tassée et frisée approchant de la laine du Roussillon; et la race dite *de Crevant*, de plus haute taille que celle de la plaine, engraissant plus aisément et donnant plus de viande, mais ayant la laine moins fine. — 4° Race de Sologne : Longueur 82 à 90 cent.; tête fine, menue, effilée, quelquefois courte, souvent sans cornes; laine grossière et peu tassée, mèche tortillée au sommet, très-sobre, chair très-fine, pesant 11 à 13 kilos, s'engraissant aisément, surtout lorsqu'elle quitte son pauvre pays pour de plus gras pâturages. — 5° Race des montagnes du centre, plus connue des bouchers sous le nom de *moutons de faux*, haute taille, laine très-grossière, tête noire ou tachée de noir, jambes courtes, chair excellente. — 6° Race du Poitou : Taille élevée, 1 m. 2 ou 3 cent. de longueur, tête blanche, dénudée, lèvres épaisses, jambes hautes. Nourrie dans des pâturages humides et abondants, elle s'engraisse aisément et donne 20 à 25 kilos de bonne viande. C'est un type recherché pour la boucherie. — 7° Race d'Artois : Répandue en Normandie et en Picardie. Taille haute, tête grosse, sans cornes, dépourvue de laine, oreilles larges et courtes, laine grossière, peu frisée, se rapprochant plutôt des laines à carde que des laines à peigne. Viande nette, 20 à 30 kil., moins estimée que la précédente. Exige une alimentation abondante et substantielle, ne peut, par conséquent, être élevée dans les pays où l'agriculture ne serait pas assez riche pour lui fournir une nourriture aussi copieuse l'hiver que l'été. La *race des Ardennes*, variété de celle-ci, en diffère par sa taille plus petite et par sa chair fine et succulente. — 8° Race flamande : La plus grande des races françaises; 1 m. 30 à 1 m. 60 de long; viande nette, 30 à 40 kilos, blanchâtre, longue, peu succulente; toison grossière, à mèches longues, pendantes, pointues à l'extrémité. Exige encore plus de nourriture que la précédente et ne peut être élevée que dans les riches pays de plaine.

« Le temps où l'on cultivait le mouton pour la laine exclusivement, dit M. J. Moriès, ce temps est passé; il faut de toute nécessité avoir des animaux qui s'engraissent promptement, sans toutefois que la qualité de leur laine soit trop amoindrie, et pour cela il est indispensable d'infuser le sang anglais dans la race du pays, ou d'adopter la race toute faite de la Charmoise. Que les cultivateurs n'hésitent donc pas plus longtemps à adopter des améliorations incontestables. »

2. Conditions actuelles de l'élève des bêtes a laine. — Un décret du 19 janvier 1856 a réduit les droits à l'importation des laines. Le prix de la laine, en 1789, était, en France, de 2 fr. 25 à 3 fr. 60 la livre première qualité : le prix s'éleva jusqu'en 1803; il était alors de 2 fr. 70 dans le pays de Champagne, de Picardie; de 8 fr. en Bourgogne et dans le Berri. A partir de cette époque, la laine tendit à diminuer jusqu'en 1811; alors, on ne la paya plus que 3 fr. 75. Dans la Beauce, dans la Brie, où, par le croisement des mérinos, on était arrivé à un degré de finesse et de longueur plus avantageux pour l'industrie, on la paya 12 fr. 75. De 1814 à 1815, la laine reprit de la valeur : celle du Berri s'éleva à 5 fr. La laine extra-fine de la Beauce, de la Brie, fut payée 15 fr. Puis de nouveau il y eut une baisse très-sensible sur le prix de la laine, jusqu'en 1823, époque où l'on ne paya plus la laine du Berri que 2 fr. 75, et l'extra-fine de la Beauce et de la Brie 8 fr. 50. Le prix de la laine reprit alors son mouvement ascensionnel; il était arrivé, en 1834, aux chiffres de 4 fr. 25 le Berri, 11 fr. 50 la Beauce et la Brie. De nouveau les prix diminuèrent, et, en 1850, le Berri ne fut payé que 2 fr. 65; la Beauce et la Brie 7 fr. 50. Le perfectionnement apporté dans les machines à filer rendit moins nécessaires, pour la fabrication des tissus, les laines extra-fines : les machines jusqu'à un certain point purent suppléer à la finesse de la laine. L'importation des laines de 1831 à 1835 alla en augmentant; en 1801, on en importa pour une somme de 6,489,000 fr.; en 1835, pour une somme de 44,768,000 fr. Jusqu'en 1841, il y eut des fluctuations; alors le chiffre de la valeur des laines importées s'éleva à 58,685,000 fr.; en 1845, à 71,145,000 fr.; en 1848, il tomba à 1,986,300 fr.; en 1850, il se releva à 65,481,000 fr. Aujourd'hui l'Australie entre dans le mouvement commercial européen. L'Australie, riche de mines d'or, où un berger a trouvé un bloc de quartz aurifère dont on a pu retirer 35 kilog. d'or, c'est-à-dire 125,000 fr.; l'Australie si productive de toutes choses, qui abonde en troupeaux, en pâtu-

rages, envoie à Londres ses laines. Ces laines, longues, fines, soyeuses, de première qualité, conviennent admirablement aux articles nouveautés, aux satins laine. Elles n'ont d'ailleurs que très-peu de déchets : pour la carde, 28 à 28 pour 100 ; pour le peigné, de 8 à 10 pour 100. L'Australie peut avoir des troupeaux sans nombre, ses pâturages sont sans limites. Si l'industrie préfère la toison de l'alpaga, le duvet des chèvres de cachemire, l'alpaga, la chèvre du cachemire peuvent y être élevés, multipliés, sans entraves. Il n'y a guère qu'à compter les frais de récolte et de transport. En 1830, l'Australie envoya à Londres comme pour essais 7,000 balles, — la balle pèse environ 136 kil. — Cette quantité s'est successivement élevée, et en 1849, elle fut de 150,000 balles. On peut donc calculer qu'avant dix ans, l'Angleterre recevra chaque année de ses colonies de l'Australie 400,000 balles, c'est-à-dire 250 millions de kil. de laine !

La France manque de laines ; celles d'Espagne, détériorées, ne conviennent plus à sa fabrication. Les mérinos se sont abâtardis en Espagne pour se relever dans d'autres contrées. A l'exposition universelle agricole de 1855, on n'a pu voir sans admiration ces magnifiques moutons autrichiens, élevés spécialement en vue de la production de la laine ; en 1851, on en comptait plus de 25 millions dans les diverses provinces de cet empire. Aujourd'hui un seul propriétaire, le prince Esterhazy, possède, dans ses domaines de Hongrie, environ 160,000 bêtes ovines, dont le produit en laine s'élève en moyenne, à 120,000 kil. Tous les moutons autrichiens sont mérinos, et par conséquent étrangers à cette contrée ; ils sont tous d'origine espagnole et proviennent des plus belles races, et leur amélioration a été continuée jusqu'à ce jour par l'introduction de béliers tirés des troupeaux les plus renommés de la Saxe et de la Silésie. Si la race mérinos est étrangère à l'Allemagne, elle ne l'est pas moins à l'Espagne, ainsi que l'indique le nom de mouton *mérinos*, qui signifie mouton *d'outremer*. Au 14e siècle, les Espagnols importèrent d'Afrique de magnifiques béliers qu'ils accouplèrent avec les plus belles brebis du pays, et qui produisirent la race de ce nom. Ils tiraient un si beau revenu des laines de cette race, qu'il fut défendu sous des peines sévères d'en laisser sortir du royaume ; ce ne fut que par la violation de cette loi, et pour ainsi dire par contrebande, que les autres pays d'Europe purent s'en procurer. Ce ne fut qu'a la fin du siècle dernier que la race mérinos fut introduite en Autriche ; les premiers individus provenaient des troupeaux les plus remarquables de l'Espagne ; ils furent destinés aux bergeries impériales de Holitsch et de Mannersdorf, ainsi que l'indique une

Bœuf anglais angraissé.

Ane et Anesse.

Cochons.

note publiée par ordre du ministère de l'intérieur de Vienne; les mérinos qui passèrent aux mains des particuliers étaient des individus choisis dans ces bergeries; ils se multiplièrent bientôt dans les provinces, et surtout dans la Hongrie, la Moravie et la Silésie. Ces mérinos étaient si recherchés que les premiers animaux reproducteurs sortis des bergeries de Holitsch furent payés des prix véritablement fabuleux; en 1811, un bélier fut élevé aux enchères à la somme de 30,000 fr., et l'année suivante, un autre coûta 28,000 fr. La race mérinos a atteint, en Autriche, à peu près le plus haut degré de la perfection, et pendant ce temps-là elle a dégénéré en Espagne. Comme nous le disions plus haut, les laines de ce dernier pays ne conviennent plus à notre fabrication. Notre consommation en laines est de 200 millions de fr.; notre production atteint à peine 120 millions; c'est donc 80 millions que nous jetons annuellement à l'étranger. Faut-il, comme l'Angleterre, aller demander à l'Australie les quantités qui nous manquent?

L'Afrique, berceau des troupeaux mérinos de la France et de l'Espagne, dont les laines sont de beaucoup supérieures à celles de l'Australie, peut suffire à tous les besoins de notre manufacture. Déjà de sérieux essais ont été faits en Algérie; il est à désirer que cette grave question attire l'attention des hommes spéciaux qui ont étudié l'influence des diverses espèces de sol sur la production animale et l'hygiène appliquée au climat. « Nous manquons de viande et de laine, c'est incontestable, dit M. Auguste Jourdier; il faut songer à en faire davantage, voilà tout. Le sol ne nous fait pas défaut, il ne s'agit que de savoir mieux s'en servir. Maintenant que le producteur est averti, il n'a plus qu'à se mettre à l'œuvre en adoptant sans hésiter les améliorations qui ont conduit ses concurrents à l'apogée de la fortune. Avec nos quarante millions de bêtes à laines au moins, en y comprenant celles de l'Algérie, il n'est pas possible que nous restions davantage dans l'état d'infériorité relative où nous sommes. Depuis longtemps déjà, chacun est préparé à la révolution qui va s'accomplir; pour quelques-uns même, elle est terminée, et de ce nombre sont ceux qui ont marché avec nos bergeries de l'Etat et avec ceux qui les dirigent. Malgré les efforts d'adversaires peu éclairés, la production de la laine extra-fine a été abandonnée et l'on s'est adonné à l'élevage des bêtes qui donnent de la viande et de la *botte*, comme on dit, c'est-à-dire beaucoup de laine. C'est en effet dans cette voie que chacun doit désormais entrer. Déjà un assez grand nombre de nos bons éleveurs ont prouvé le parti qu'on pouvait retirer de cette méthode toute française, la seule qui doive dominer et qui soit bien appropriée à notre situation. Les Gilbert, les Cugnol, les Pluchet, les Lefèvre, les Godin, les Maître et tant d'autres, ont, chacun à leur manière et suivant leur situation, résolu efficacement le problème de l'industrie moutonnière portée à son plus haut degré de production ; il n'y a plus qu'à les imiter, et bientôt nous verrons sans crainte l'arrivée des laines étrangères. A côté de ces deux grands moyens généraux d'amélioration bien entendue, la taille d'un mouton, la *branche*, la qualité et la quantité de la laine ou la *botte*, s'en présente naturellement un troisième qui a bien son rôle à jouer aussi : c'est la précocité. Quand on a des animaux à laine fine comme tous les types métis qui sortent plus ou moins directement de Rambouillet, il est évident que, la rente qu'on obtient chaque année par la tonte étant importante, on n'a pas intérêt à abréger les jours de l'animal qui la donne : ici donc la précocité n'a guère à intervenir, si ce n'est pour permettre une entrée en jouissance plus prompte ; mais, quand il s'agit de races communes dont le produit annuel est peu élevé, la précocité est ce qu'il y a de mieux à invoquer: c'est ce que les Anglais ont si bien compris, eux qui ne peuvent avoir que des moutons à laine commune à cause de leur climat. Nous voilà donc en possession de trois leviers puissants dont il ne nous reste plus qu'à nous servir sur une plus vaste échelle que nous ne l'avons fait jusqu'à présent pour relever notre situation agricole à ce point de vue. Nous avons cela chez nous, grâce aux importations prévoyantes qui ont été faites par l'Etat et par un grand nombre de particuliers : sachons donc nous en servir. Les concours officiels, actuellement si bien organisés, nous mettent à même de le faire avec connaissance de cause; il n'y a plus de raisons pour hésiter devant l'évidence des faits. Les trois principaux moyens dont nous venons de parler ne sont pas les seuls auxquels on doive avoir recours, ils entraînent forcément avec eux des améliorations qui semblent être de détail et qui, en réalité, ont une importance très-grande, au contraire, en ce sens qu'ils font corps avec les précédents; c'est ainsi que tout s'enchaîne quand on entre dans la voie du progrès. Chacun a pu voir à l'Exposition universelle cette variété considérable d'appareils, d'instruments ou de machines, s'appliquant les uns à la préparation des aliments du bétail, les autres à leur traitement hygiénique : eh bien ! il n'est pas une ferme en Angleterre où on ne la retrouve plus ou moins complétement en fonction; c'est là un des accessoires indispensables dont nous parlions plus haut; il prouve, en s'appuyant ainsi sur l'exemple d'une nation entière, qu'il nous faut absolument renoncer à nourrir les troupeaux à la bergerie comme on le fait encore aujourd'hui à peu près partout en France. Les aliments cuits, hachés, concassés, fermentés, etc., sont positivement indispensables au succès de toute bonne spéculation. Il faut songer également à renoncer aux *à peu près* d'une comptabilité de tête qui ne permet de se rendre compte de rien, à la tonte en suint, aux pâturages mal utilisés, à l'emploi de bergers ignorants et superstitieux ; il y aurait ici toute une grosse question à traiter, car le personnel des bergers est, en France, tout ce qu'il y a de plus vicieux et de plus dangereux à plusieurs égards. La production du mouton est celle qui offre, étant bien comprise et bien conduite, le plus de chances de bénéfices aux cultivateurs ; chaque bête peut et doit rapporter de 2 à 10 centimes par jour. C'est de plus un animal qui conduit à l'amélioration du sol. Le propriétaire de moutons est et restera toujours, quand même on supprimerait les droits, dans les meilleures conditions économiques que l'on puisse désirer. En effet, jamais l'écoulement d'un produit ne fut plus assuré. Le capital, c'est-à-dire la viande, se place constamment avec une extrême facilité, et de longtemps on n'aura beaucoup à craindre de la concurrence à ce point de vue. L'Australie, par exemple, peut bien nous envoyer ses laines, mais ce sera tout, tant que de meilleurs procédés de conservation des viandes ne seront pas trouvés, et encore resterait-il la grosse question des frais de transport qui nous protégerait naturellement. Quant à la rente, c'est-à-dire à la laine, il n'y a pas apparence qu'elle soit de si tôt délaissée ; au contraire, son emploi devient de plus en plus fréquent. En effet, d'après un de nos économistes les plus distingués, M. Léonce de Lavergne, alors qu'en 1819 nous importions seulement 4 millions 1/2 de kilos de laine, aujourd'hui, c'est-à-dire en 1855, nous en recevons 35 millions de kilos ; et cependant les prix sont loin d'être avilis. » Le gros bétail ne peut réussir d'une manière complète que dans les localités agricoles les plus riches. Avec des soins on peut encore le faire prospérer dans les terres de qualité moyenne ; mais il s'abâtardit et dépérit sur les sols maigres et arides. Les bêtes ovines au contraire, par les diverses variétés qu'elles nous offrent, peuvent être admises à la fois sur les terres les plus riches et les plus ingrates. Ce sont même les seuls animaux au moyen desquels on puisse tirer parti de ces dernières.

« Depuis une vingtaine d'années, dit encore M. Morière, les troupeaux de moutons sont allés en diminuant dans une partie du département, surtout dans la plaine de Caen ; ce résultat doit être attribué en grande partie à la suppression des jachères et à la culture du colza. Est-ce à dire qu'à mesure qu'on perfectionnera le mode d'exploitation du sol, on doive par cela même diminuer et faire disparaître l'élevage du mouton? Nous ne le croyons pas. Quels que soient l'assolement et le mode de culture adoptés, il sera toujours possible au cultivateur intelligent d'entretenir sur chaque ferme un certain nombre de moutons; on n'élèvera pour cela ni moins de chevaux ni moins de bêtes bovines et l'on possédera l'un des principaux éléments de fertilité du sol, puisque le fumier de mouton occupe le premier rang parmi les engrais de la ferme. En effet, pour fumer un hectare de terre aussi complétement qu'avec 30 mille kilog. de fumier de ferme, il faut 10,800 kilog. d'excréments de mouton, 16,200 d'excréments mixtes de cheval, 19,020 d'excréments mixtes de porc, 21,810 d'excréments solides de cheval, 20,250 d'excréments mixtes de vache et 35,500 d'excréments solides de vache. Ajoutons que, dans beaucoup de localités où la terre est trop meuble, le piétinement opéré par le mouton pendant le pacage redonne au sol la consistance qui lui manque, en même temps que ses excréments le fertilisent, surtout si l'on a soin de répandre du plâtre en poudre avant le parcage, dans la proportion de 2 à 300 kilog. par hectare. »

Pour terminer ce paragraphe, nous dirons que l'avis de M. Jourdier d'abandonner la production de laine extra-fine n'est pas partagé par tous les hommes compétents. L'un de ces derniers, M. le général baron Girod de l'Ain, propriétaire du troupeau de Naz, a publié à ce sujet une remarquable brochure qu'il termine par les conclusions suivantes : — 1° L'amélioration des laines en France, à laquelle le sol et le climat ne s'opposent nullement, doit être conseillée et encouragée, si ce n'est dans toute l'étendue du territoire, au moins dans plus *des deux tiers* de nos départements, où le peu d'abondance des pâturages ne permet d'élever que des animaux de petite taille, lesquels sont, d'ailleurs, les plus propres à la production des laines surfines. — 2° Ne fût-ce que comme *machines à fumier*, on est bien forcé d'avoir des moutons, et, si l'on ne peut les entretenir *avec profit*, il faut, du moins, s'efforcer de ne le faire qu'avec *le moins de perte* possible, les moyens à employer étant, d'ailleurs, *les mêmes pour gagner le plus* que *pour perdre le moins*. — 3° Si nous ne pouvons lutter avec l'étranger *pour l'économie de la production*, nous devons, au moins, tâcher de nous défendre par *la qualité des produits*, et l'on risque de perdre cette *qualité*, si l'on vise trop exclusivement *à la quantité*. — 4° Le moyen le plus efficace d'encourager, en France, le perfectionnement, ce serait de conseiller et de favoriser, autant que possible, la fondation de *lavoirs à façon*, où les laines pourraient être *triées, lavées* et *vendues qualité par qualité*, au lieu d'être, comme aujourd'hui, vendues *à l'état de suint*. — 5° Nos fabriques de draps éprouvant de plus en plus le besoin des laines les *plus fines*, les *plus douces*, les *plus soyeuses*, et étant obligées de les tirer du dehors à très-grands frais, l'agriculture n'aurait pas à craindre de ne pas trouver le placement de ce qu'elle pourrait produire en laines de cette sorte, et qu'elle serait même fondée à espérer de voir les nombreuses et importantes manufactures d'Angleterre et de Belgique venir les lui demander, si elle en produisait en suffisante quantité. C'est donc au cultivateur, selon les conditions où il est placé, à choisir les animaux qui donnent de la viande et de la botte, ou les animaux à laine fine.

3. Multiplication des bêtes a laine. — Les bêtes à laine sont propres à l'accouplement dès l'âge de 18 mois jusqu'à 7 ou 8 ans. La gestation dure vingt et une semaines, et rarement il naît plus d'un agneau à la fois. Il est avantageux de combiner l'époque de l'agnelage avec celle de la saison qui peut offrir aux brebis la ressource d'une pâture suffisante, et la facilité de fournir à ces animaux et à leur produit tous les soins qu'ils réclament. On choisit donc ordinairement le mois de juillet pour consommer l'accouplement; l'agnelage a lieu en janvier, et rien ne s'oppose à cette époque à ce qu'on puisse surveiller les mères à la bergerie et les soigner convenablement. La chaleur de la brebis ne se manifeste pas par des signes bien sensibles. Le croisement des races contribue beaucoup à la modification des formes. Ainsi, si l'on compare un troupeau arrivé récemment d'Espagne avec un troupeau mérinos acclimaté et perfectionné depuis un certain nombre d'années, on trouvera que la hauteur des béliers mérinos varie de 65 à 80 centimètres; la longueur, de 97 à 130 centimètres et la grosseur, de 108 à 135 centimètres: la hauteur prise de terre au garrot, la longueur du sommet de la tête à la naissance de la queue, et la grosseur dans la plus grande rondeur du ventre, le matin à jeûn; les dimensions les plus fortes sont celles des bêtes anciennement importées; et les mérinos qui arrivent d'Espagne sont en général petits. Le beau bélier espagnol de race pure a l'œil extrêmement vif et tous les mouvements prompts; sa marche est libre et cadencée comme celle du cheval de cette contrée. Sa tête est large, aplatie, carrée; son front, au lieu d'être busqué et tranchant, comme dans nos races françaises, est en ligne droite, arrondi sur les côtés et très-évasé; ses oreilles sont très-courtes, ses cornes très-épaisses et longues, très-rugueuses, contournées en spirale redoublée; son chignon

est large et épais; son cou est court, ses épaules rondes, son dos cylindrique, son poitrail large, son fanon descendant très-bas, sa croupe large et arrondie, tous ses membres gros et courts. Son corps trapu est couvert d'une laine très-fine courte, serrée, tassée, imprégnée d'un suint beaucoup plus abondant que dans les autres races ; elle s'étend sur toutes les parties du corps, depuis les yeux jusqu'aux ongles; la poussière qui s'attache au suint dont la toison est remplie forme une sorte de croûte rembrunie, sous laquelle on trouve une laine blanche, frisée, dont les brins sont d'autant plus serrés qu'elle est plus fine, et que recouvre une peau presque couleur de rose. On doit éviter que le bélier n'ait sur la peau la plus légère tache noire, l'expérience ayant démontré que les taches se transmettaient, et que quelquefois même il en provient des agneaux tout noirs. Comme en général on a intérêt à faire naître les agneaux tous à peu près dans la même saison, on tient les béliers à l'écart jusqu'à une certaine époque, qui varie suivant le climat, l'état du troupeau et les moyens de les nourrir. Du midi au nord de la France, l'état de la chaleur naturelle est du mois de juin au mois d'octobre. Le béliers mérinos se sont vendus à Rambouillet, de 1797 à 1808, au prix moyen de 72, 64, 80, 333, 412, 243, 365, 473, 394, 444 et 605 fr. Les Anglais paient souvent des sommes considérables pour l'achat des béliers renommés par la beauté et la finesse de leur laine. Ils sont très-persuadés que c'est aux soins qu'ils se donnent depuis trois siècles pour le perfectionnement de leurs races, qu'ils doivent en partie la force et la puissance qu'elles ont acquises, Leurs laines améliorées dès les règnes de Henri VIII et d'Elisabeth, par l'introduction des mérinos, dont la différence de climat, de pâturages, de régime a ensuite altéré les toisons, dans ce sens que si elles ont perdu quelque chose en finesse, elles ont beaucoup gagné en longueur; leurs laines, disons-nous, passent pour les plus belles de l'Europe, après celles des mérinos, et ont de plus l'avantage d'être également propres à la carde et au peigne. C'est par les croisements des races, le choix toujours sévère des plus beaux béliers et des plus belles brebis pour la multiplication et l'importation périodique de nouveaux béliers tirés de la côte d'Afrique, que les Anglais soutiennent la supériorité de leurs laines. Les Hollandais ont, à peu près dans le même temps, relevé leurs races indigènes par des croisements avec les béliers de l'Inde. Les États du nord de l'Europe sont aussi entrés dans ces voies d'amélioration, et s'y sont plus ou moins avancés. Un bon bélier peut servir 50 ou 60 brebis; mais, pour ne pas l'affaiblir et pour avoir des agneaux robustes, on le restreint à 12 ou 15. Un indice de la vigueur du bélier se tire de la résistance de la croupe, sous la pression vigoureuse de la main, ou quand, saisissant l'animal par une jambe de derrière, on ne peut le retenir. Les bonnes brebis ont le corps grand, les épaules larges, les yeux gros, clairs et vifs, le cou gros et droit, le ventre grand, les tétines amples, les jambes menues, la queue épaisse, la laine soyeuse et, au surplus, se rapprochent sensiblement des caractères du beau bélier. Quant aux moutons, la conformation à rechercher dépend du but qu'on se propose d'atteindre. Si la viande est l'objet principal que l'on a en vue, le mouton doit avoir la tête petite, le front large, développé, le chanfrein droit et large, le cou court et mince, la poitrine ouverte et profonde, le dos rectiligne, les côtes relevées et bien arrondies, le rein large, le flanc court, les cuisses bien fournies et les jambes courtes. Si la laine présente dans la localité la spéculation la plus avantageuse et si la nature du pâturage convient plus à la finesse qu'à la quantité, les formes sont suffisantes, lorsqu'elles n'ont rien de contraire à la santé. Car vouloir faire d'un mouton à laine fine un animal bien propre à l'engrais, c'est courir après l'impossible. Là où l'on ne peut obtenir de la laine superfine, il faut s'attacher d'abord à l'égalité de la toison, c'est-à-dire à ce que la différence entre la laine du corps, du cou et des cuisses soit le moins possible inférieure à celle des côtes où elle est toujours la plus fine. En effet, lorsque cette égalité est obtenue, la saillie de béliers superfins produit une amélioration plus réelle. Lorsqu'au contraire la toison des mères est inégale, les béliers superfins ne font souvent qu'augmenter cette inégalité, ou du moins que la rendre plus sensible. Après l'égalité viennent les formes. Comme la nourriture influe en sens inverse sur la taille qu'elle augmente et sur la finesse qu'elle diminue, il faut dans les troupeaux superfins exclure les hautes tailles qui ne pourraient se conserver qu'aux dépens de la santé si l'on voulait obtenir la finesse, ou réciproquement. Les appendices des formes comme le fanon et les plis circulaires de la peau du cou doivent également être rejetés comme des superfétations qui exigent une abondance de nourriture contraire à la grande finesse. Mais lorsqu'on se trouve sur un sol où il faudrait d'extrêmes précautions pour éviter la taille, il faut se résoudre à n'obtenir qu'une finesse moyenne et à compenser la qualité par la quantité. Cette position n'exclut pas l'égalité de la toison, tout au contraire ; mais en même temps elle doit reporter l'attention sur les formes du corps, afin de tirer parti d'un animal de haute taille et grand consommateur. Pour former un troupeau, il faut prendre les béliers, depuis deux à huit ans, et les brebis, de deux à cinq ans, en donnant la préférence à celles qui n'ont pas porté. Les moutons de deux à trois ans jusqu'à sept donnent les meilleures toisons. Les brebis mettant bas dans les bergeries au milieu des autres animaux, on évite que les nouveaux-nés ne soient incommodés ou séparés de leur mère, en enfermant les mères et les agneaux pendant quelques jours dans une enceinte close, garnie d'une crêche. Les agneaux s'y habituent avec leurs mères qu'ils tètent quand ils en ont besoin. On les fait passer ensuite dans une autre étable, partagée en deux parties par une échelle à claire-voie, que les agneaux peuvent traverser, mais qui arrête le passage des brebis. L'une des parties, qui est la plus grande, renferme les mères et les agneaux ; dans l'autre, où les agneaux peuvent seuls pénétrer, on leur donne des recoupes et du foin choisi pour leur âge, ainsi qu'une auge remplie d'eau où ils vont se désaltérer. Ces dispositions procurent à la fois aux agneaux la possibilité de téter, et l'usage du fourrage sec auquel ils doivent s'habituer. Après que les agneaux ont tété trois mois, on les sèvre par degré et avec ménagement

4. Alimentation. — Les moutons pâturent pendant l'été ou sont nourris à l'étable avec des fourrages verts. Pendant l'hiver, ils reçoivent pour aliment de la paille, du foin et des racines. On peut conduire les moutons paître dans les plaines, sur les collines et les hauteurs, à travers les champs moissonnés ou en repos, les bruyères, les champs ensemencés, partout enfin où l'herbage est en quantité suffisante. Mais les bois et les marécages ne conviennent qu'aux moutons de marais. Ce n'est, toutefois, qu'après que la rosée est dissipée qu'on les mènera aux champs, car le fourrage chargé de vapeurs liquides leur déplaît et peut même les rendre malades. A plus forte raison dans les temps de pluie, doit-on les laisser à l'étable ou à couvert, en les y nourrissant de fourrage sec. On ne poussera pas ces précautions à l'excès, avec les moutons dont la constitution est assez robuste pour pouvoir résister aux légères intempéries de la saison chaude, surtout quand les rayons du soleil suffisent pour les réchauffer dans peu d'instants. Il y aurait trop de difficulté en agissant différemment. Le moyen d'obvier à tous les inconvénients, serait sans doute de nourrir les moutons à l'étable pendant l'été avec du fourrage frais ; on y gagnerait au point de vue de la santé de ces animaux et de la croissance plus rapide des agneaux, mais on ne doit adopter cette méthode qu'après avoir calculé si elle ne devient pas onéreuse sous le rapport de la dépense et de la valeur de l'espèce de mouton. Un mouton de taille médiocre mange environ 2 kilog. 1/2 de feuilles de chou en

un jour. Lorsque les feuilles sont tendres, il les mange en entier; mais lorsqu'elles sont dures, il laisse les côtes. Il faut y suppléer. Un mouton mange environ 1 kil. 1/2 de carottes à un repas, près de 1 kil. 1/2 de pommes de terre ou de topinambours, à peu près 750 grammes de marrons d'Inde ou de leur écorce. La quantité de paille nécessaire à un mouton dépend de la hauteur de la taille de l'animal et de la qualité de la paille. Il faut donner chaque jour à un mouton de taille médiocre, 1 kil. 1/4 de paille d'avoine, si on a soin de remettre au râtelier celle qui en est tombée. La quantité de foin nécessaire à un mouton dépend, comme la quantité de paille, de la hauteur de l'animal et de la qualité du foin. Il faut donner chaque jour à un mouton de taille médiocre 1 kil. de foin commun, si l'on a soin de remettre au râtelier le foin qui en est tombé. On peut conclure qu'un mouton de taille médiocre mange à peu près 4 kilog. d'herbe en un jour, ou environ 1 kilog. de foin.

L'eau des rivières et des ruisseaux qui coulent continuellement est la meilleure pour les moutons. L'eau des lacs et des étangs qui coule en partie est préférable à l'eau des marais qui ne coule point du tout. La plus mauvaise est celle qui croupit dans les marais, dans les mares, dans les fossés, dans les sillons, etc. Lorsqu'on est obligé de donner aux moutons de l'eau de pluie ou de citerne, il faut l'exposer à l'air pendant quelque temps. Ces animaux boivent peu lorsqu'ils sont en bonne santé; lorsqu'on voit un mouton courir à l'eau avec trop d'avidité, c'est signe qu'il est malade ou qu'il le deviendra bientôt. On les fait boire deux fois le jour, et préférablement une fois. Moins une bête à laine boit, mieux elle se porte. On doit donner du sel aux moutons lorsqu'ils sont languissants ou dégoûtés; une petite poignée à chaque mouton tous les quinze jours. On fait parquer les bêtes à laine en les enfermant dans une enceinte formée par des claies et que l'on appelle un parc. On fait entrer les moutons dans le parc sur la fin du jour ou à neuf heures du soir, lorsque les jours sont bien longs et qu'il n'y a point de serein. On les fait sortir du parc à neuf heures du matin, lorsque l'air et le soleil ont séché les herbes, ou à huit heures, lorsqu'il n'y a point eu de rosée. Il faut changer de parc dans la nuit et dans la matinée, dans la saison où les moutons rendent beaucoup de fiente et d'urine, parce que l'herbe qu'ils mangent a beaucoup de suc; chaque parc ne doit durer qu'environ quatre heures. Dans les saisons où les herbes ont moins de suc, et où les bêtes à laine rendent moins de fiente et d'urine, le berger ne change le parc qu'une fois; il tâche de donner à peu près autant de temps pour le premier que pour le second. Si l'on parquait en hiver, on pourrait ne faire qu'un parc chaque jour, parce que, dans cette saison, les bêtes à laine rendent peu de fiente et d'urine, et que le froid ne permet pas au berger de changer son parc dans la nuit.

Pour élever facilement et avantageusement les races mérinos à laine superfine, il faut, selon M. Ternaux, les placer sur un terrain sec, un peu maigre, où se trouvent des herbes fines et aromatiques provenant de prairies artificielles. La nourriture à la bergerie, dans la mauvaise saison ou dans les temps de pluie, leur est nécessaire. Il est très-douteux que l'on puisse faire subir aux mérinos le régime propre aux races à laine longue. Celles-ci ont besoin d'air et de liberté; il leur faut des herbes plus fortes, une nourriture abondante, fût-elle même un peu aqueuse, comme celle des betteraves et des turneps. Cette race peut même s'accommoder des prairies basses bordant la mer, les rivières ou les bois qui, sans être fangeuses, sont naturellement un peu humides. En Angleterre, où cette race à longue laine ne va jamais à la bergerie, elle erre en liberté dans de grands vergers séparés de haies; elle broute quand et comme il lui convient. N'étant jamais contrarié par le berger ou par les chiens, son instinct lui fait prendre sa nourriture lorsque le temps est favorable et l'herbe plus sèche; tandis qu'un mérinos conduit aux champs par le berger qui l'y laisse plus ou moins de temps, commence par se rassasier dans la crainte d'en sortir, et mange lors même que l'herbe est fraîche et couverte de rosée. Alors, malheur au troupeau, si le berger le mène pâturer avant que la rosée soit passée, ou si la pâture se prolonge jusqu'au soir, lorsque cette même rosée commence à tomber. Si un cultivateur, sans connaître ou sans étudier suffisamment les localités et les pâturages, substitue à la race indigène la race mérinos superfine lorsque son terrain est un peu humide et ses pâturages abondants, son troupeau s'engraissera très-vite, il sera attaqué de la cachexie ou pourriture et de maladies analogues; il le perdra, et avec lui tous les sacrifices qu'il aura faits; tandis que s'il y a introduit des bêtes fortes, à longue laine, indigènes et surtout anglaises, provenant de Leicester, Norfolk, Glocester ou Lincoln, son troupeau prospérera et il jouira de tous les avantages qu'il s'est promis. Dans le cas contraire, s'il a établi cette espèce de bêtes à laine longue sur un terrain sec, où la nourriture est rare, l'herbe fine, peu abondante, son troupeau maigrira, dépérira à vue d'œil, et il ne pourra l'élever. Alors, au lieu d'avoir fait un changement profitable, il en aura fait un qui lui aura été coûteux et nuisible ; mais s'il a su choisir des animaux de race fine, il pourra, en les soumettant au régime qui leur est propre, les élever avec succès et retirer du poids et du prix de la laine un produit très-considérable.

5. **Habitation.** — Les bêtes à laine étant par leur nature garanties contre le froid, il serait nuisible à leur santé de les maintenir dans un local resserré, humide et sans courants d'air. La température des bergeries peut descendre au-dessous de zéro, sans qu'il en résulte d'inconvénients pour eux, s'ils ont suffisamment de nouriture. Une étable percée de fenêtres en nombre suffisant, au-dessus de la tête des animaux, et fermée par un simple grillage, de même que la porte, vaut mieux qu'une étable fermée, où l'air infecté de la vapeur du corps des moutons ne peut prendre issue et être remplacé par l'air sain de l'extérieur. On obtient encore un meilleur résultat d'un simple appentis ou pan de toit appliqué contre un mur et reposant sur des poteaux, ou bien d'un hangar soutenu de tous côtés par des piliers. L'air sain y abonde par toutes les directions; les moutons sont libres de s'y réfugier en temps de pluie ou de s'en éloigner pendant la grande chaleur. Il est bien de choisir pour les matériaux de construction ceux qui sont de mauvais conducteurs du calorique, parce qu'ils se laissent moins facilement pénétrer par l'humidité. Pour que l'eau et les urines s'écoulent et ne séjournent pas, il faut que le sol soit plus élevé du côté des mangeoires ; il est assez indifférent du reste qu'il soit ou paré ou garni de madriers ou de terre salpêtrée ou battue. Les étables garnies de râteliers offrent l'avantage d'économiser le fourrage; lorsqu'on se contente de mangeoires ou auges, elles doivent alors être assez larges et assez profondes pour contenir le fourrage, soit vert, soit sec, et être disposées de manière que les graines, les racines et les débris n'y séjournent pas et ne viennent pas, par leur décomposition, donner une mauvaise odeur. Les animaux qui habitent les lieux encombrés de fumiers et de malpropreté, se font toujours remarquer par leur faiblesse, leur maigreur, etc. Il est essentiel d'établir, dans les bergeries, des bancs en bois, ou des tables inclinées et soulevées à un pied ou deux de terre, les brebis aiment singulièrement à monter sur ces bancs ou sur ces tables ; en revenant du pâturage, elles s'y reposent, s'y sèchent, et leur laine s'y maintient nette. Le parcage a pour but l'engrais des terres sans y employer la paille et sans avoir à supporter les frais du transport et l'effusion des fumiers. Tout calcul fait, relativement aux frais des claies nécessaires et aux vicissitudes qu'éprouvent les moutons en passant les nuits dans des espaces cir-

conscrits sous l'influence de l'atmosphère, on est conduit à n'exposer au parcage que les races communes et non les mérinos, dont la perte ne serait pas balancée par le revenu de ce moyen de fertiliser les terres.

6. TONTE. — Dans les pays tempérés la tonte s'exécute vers la fin du mois de mai ou de juin. La meilleure manière de tondre n'est pas la plus rapide, mais celle qui n'offense pas l'animal. La toison abattue exige des soins; elle sera pliée de manière que ses diverses parties se tiennent et assujettie avec de la paille. Il faut que la toison soit entière dans sa force, sans ordures et sans humidité, et exempte de l'accroissement que donnerait la sueur communiquée à dessein aux moutons par l'excès de chaleur de la bergerie. Après la tonte, il est prudent de soustraire les moutons, surtout s'ils sont mérinos, aux intempéries de l'air. Les grandes chaleurs ne sont pas moins à craindre à cette époque que le froid passager, l'humidité et les variations fréquentes de la température. La bête dépouillée a besoin d'une chaleur modérée et l'on réglera en conséquence les heures de sortie du troupeau. Au bout de quelques jours les bains lui seront favorables.

Le produit moyen en laine, variable selon la qualité et la taille des individus, est ordinairement de 3 à 5 kil. de laine lavée à dos, par chaque bête. La qualité de la laine n'est pas la même sur toutes les parties du corps du mouton; celle qui couvre les reins, la croupe, la partie élevée du corps et les deux côtés du cou est la meilleure, puis vient celle des cuisses, les environs du ventre, et le haut du cou; la moins bonne croît sur les jambes, sur les pieds antérieurs, le dessus du cou, la tête et la queue. Le *jars* ou *poil de chien* est un vice de la toison que l'on bonific par le lavage exécuté avant et après la tonte. Il est assez ordinaire, quand on vend la laine, de bonifier un déchet d'environ 40 pour 100 pour se dispenser de la livrer lavée; on y gagne de ne point exposer les animaux aux accidents qui résultent de cette opération et d'économiser les frais de lavage.

7. ENGRAISSEMENT. — Il y a trois manières d'engraisser les moutons. L'une est de les placer dans des pâturages fertiles; l'autre est de leur fournir, à la bergerie, une nourriture abondante et appropriée; la troisième participe des deux autres et consiste à commencer l'engraissement par le pâturage et à le terminer dans l'intérieur de l'étable. Le temps que l'engraissement exige se modifie selon la nature des herbages et des aliments. Ordinairement il se termine en trois mois et peut aussi se renouveler deux fois dans un été en commençant dans les premiers jours

du printemps. Pour les moutons comme pour les autres animaux, il faut, autant que possible, réserver la meilleure nourriture pour la fin de l'engraissement. Mais dans cette succession, il faut considérer l'état dans lequel les animaux se trouvent. S'ils sont très-maigres, on peut et l'on doit commencer par des pâturages médiocres; s'ils ont déjà de l'embonpoint, il faut les conduire dès le début sur des pâturages d'une qualité relative à leur état. En agissant autrement, on s'exposerait, dans le premier cas, à des indigestions et à des apoplexies, et dans le second, à un temps d'arrêt dans l'engraissement, et parfois même à l'amaigrissement et à la cachexie aqueuse. Lorsqu'on a des champs où l'herbe est de qualité différente, on conduit le troupeau le matin sur les moins bons et à la fin du repas sur les meilleurs. Lorsque les moutons sont entièrement engraissés à l'étable, il ne convient pas de les soumettre à une ration fixe. Il faut leur laisser déterminer eux-mêmes leur ration en foin, en ayant soin toutefois de ne leur en fournir que ce qu'ils peuvent consommer sans perte dans la litière. Dans ce système, deux inconvénients sont à éviter : le premier de servir les moutons trop souvent, ce qui les trouble et les tourmente; le second, de leur remplir trop leurs râteliers, ce qui les excite à trier les meilleures plantes et à rebuter les autres. La distribution de la nourriture en quatre repas obvie à ces inconvénients. On sert le premier au petit jour, le second vers dix heures du matin, le troisième à deux heures de l'après-midi, et le dernier à la chute du jour.

Un local spacieux et aéré est nécessaire aux moutons qu'on engraisse; on doit les tondre afin qu'ils profitent mieux; presque toutes les racines conviennent bien à cet engraissement, en y ajoutant un peu de foin. Voici l'ordre de leur faculté nutritive : panais, carottes, pommes de terre, betteraves, rutabagas, navets. On peut ajouter des tourteaux de lin pilés, dont on saupoudre les racines coupées, ou des grains moulus grossièrement; d'abondantes rations, mais sans causer le dégoût peuvent terminer en deux mois l'engraissement à l'étable que l'on commence ordinairement l'hiver avec le mois de février.

Toutes les bêtes à laine sont susceptibles d'engraissement, dans quelques conditions d'âge, de sexe et d'état, qu'elles soient placées. Cependant il est plus efficace en y consacrant les mâles châtrés et les brebis bréhaignes que les autres individus. Le rapport du poids total à la chair dépouillée est le même chez les bêtes à laine que chez les bêtes à cornes.

CHAPITRE V.

LA CHÈVRE.

1. **Chèvre commune.** — La chèvre est un animal presque aussi utile que la brebis, à laquelle elle ressemble, pour ainsi dire, comme l'âne ressemble au cheval. On a trouvé des espèces différentes de chèvres dans presque toutes les parties du monde; mais, si l'on en croyait les voyageurs, il y en aurait bien plus encore que les naturalistes n'en ont reconnu. C'est que ces voyageurs, peu versés en général dans la connaissance des caractères anatomiques qui servent à classer les animaux, et ne s'en rapportant qu'aux apparences, ont classé parmi les chèvres des animaux qui appartiennent au genre des antilopes. Ainsi, la *chèvre jaune* des Chinois, la *chèvre grise* et la *chèvre pâle* du Cap de Bonne-Espérance, la *chèvre plongeante*, la *chèvre sautante* sont des antilopes, et comme les autres antilopes, ont des cornes creuses entourant un noyau solide. Les chèvres, on le sait, appartiennnent à cette division de la famille des ruminants qui porte des cornes creuses et consistantes. Comme la plupart des autres ruminants, elles n'ont point de dents incisives supérieures, tandis que leur mâchoire inférieure en offre huit. Chez elles, absence complète de canines, et quant aux molaires, leur couronne est marquée de rubans émailleux très-contournés et saillants. Les cornes des chèvres sont longues, anguleuses, ridées transversalement et marquées de nœuds; elles sont dirigées en haut et en arrière par une simple courbure, à l'exception cependant de celles de quelques espèces, notamment de la chèvre dite d'*Angora*. Les oreilles de ces animaux sont de médiocre dimension et pointues; leur menton est le plus souvent garni d'une longue barbe; leur poil est ordinairement long et sec, jamais frisé.

Il existe un certain nombre de chèvres de diverses espèces à l'état de nature. Ces individus n'habitent que des lieux presque inaccessibles, et néanmoins on en a vu souvent descendre de ces hauteurs pour venir se mêler et s'unir aux chèvres domestiques. La chèvre proprement dite est loin d'être l'espèce la plus forte de ce genre. Les bouquetins de la Sibérie notamment sont beaucoup plus forts, et si l'on en croyait certains auteurs, il existerait des bouquetins aussi grands qu'un cerf, mais un peu moins longs. Il faut placer parmi les chèvres proprement dites ces chèvres sauvages qu'on trouve sur le Caucase et le Taurus qui traversent le nord de la Perse et de l'Inde jusqu'à la Chine, et qu'on rencontre aussi dans les deux presqu'îles de l'Inde et jusque vers le cap Comorin. Elles sont à l'état sauvage beaucoup plus grandes qu'à l'état domestique. C'est dans leur estomac qu'on trouve ces fameuses concrétions connues sous le nom de bézoards, auxquelles on a longtemps attribué une foule de propriétés merveilleuses, et on a dit à tort que ces bézoards provenaient d'une espèce d'antilope de l'Afrique méridionale. Parmi les diverses autres variétés de la chèvre, nous nous bornerons à citer la *chèvre d'Angora*, au poil très-long et très-fin, la *chèvre de Syrie*, au poil ras et aux cornes courtes, la *chèvre imberbe* ou sans barbe, la *chèvre du Thibet*. On pourrait peut-être obtenir du mélange de ces deux races, la brebis et la chèvre, une espèce de mulet, comme on en obtient un par l'accouplement de l'âne avec la jument, et réciproquement. Mais on n'a pas encore fait beaucoup d'attention à ce qui pourrait résulter du mélange de ces deux races : on dit seulement que la chèvre avec le mouton ne produit rien ; mais que la brebis avec le bouc engendre des agneaux.

Les différences les plus remarquables entre les chèvres et les brebis consistent premièrement en ce que les chèvres sont revêtues de poils, et non de laines comme les brebis ; les cornes du bouc ne sont pas entortillées comme celles du mouton ; le bouc et la chèvre ont une barbe, ou toupet d'un poil long sous le menton ; et la chèvre a de plus sous les mâchoires deux longues excroissances, ou appendices de peau. La couleur des chèvres varie ; il y en a de toutes blanches ; leur grosseur dépend de la nourriture qu'elles consomment. Malgré ces différences de couleur et de taille, résultant de circonstances purement physiques, il n'y a en réalité en France qu'une seule espèce de chèvre, et une variété de chèvre sans cornes, se maintenant elle-même lors de l'accouplement avec des boucs cornus. Les chèvres peuvent passer l'hiver entier en plein air, même dans les contrées septentrionales. Les lieux incultes et couverts de broussailles sont les pâturages les plus convenables à ces animaux, qui mangent de toutes sortes d'herbes fraîches ou sèches. Pendant l'hiver on les nourrit comme les moutons et on leur donne du sel qu'ils aiment beaucoup. Ils ne vivent ordinairement guère plus de huit ans, mais quelques-uns arrivent jusqu'à vingt. Les chèvres sont propres à la propagation de l'espèce depuis l'âge d'un an ou un peu plus jusqu'à sept ans environ ; le temps de l'accouplement commence de septembre jusqu'en novembre; elles portent cinq mois, mettent bas 1, 2 et même 3 chevreaux qu'elles allaitent pendant un mois ou six semaines. Le lait des chèvres est bien moins chargé de beurre que celui des brebis, aussi ne produit-il jamais de crême; on peut commencer à les traire environ quinze jours après qu'elles ont mis bas; elles donnent pendant quatre ou cinq mois plus de lait que les brebis, et on fait avec ce lait d'assez bon fromage. Les chèvres occasionnent de grands dommages aux cultures : leur morsure nuit à l'herbe et fait beaucoup de mal aux nouveaux rejets, aux vignes et aux oliviers; aussi ceux qui n'ont pas des lieux escarpés, ou des terrains incultes, doivent les tenir renfermées dans les étables, où leur lait est tout aussi abondant et aussi bon, et où elles ne peuvent nuire ni au bien de leur propriétaire, ni à celui du voisin. On leur donne des étables construites à peu près comme celles des brebis, mais on doit les tenir propres le plus qu'on peut, tant pour la santé des chèvres, que pour rendre leur poil moins brut et plus fin. Pour la récolte de ce produit, on a coutume ordinairement d'arracher le poil de la chèvre, et non de le tondre comme on le pratique pour la toison des brebis; on peut cependant faire cette opération de la manière qu'on l'entendra, pourvu que ce ne soit pas dans le printemps. Voici, d'après l'*Amico del contadino*, le compte de ce que rapporte et de ce que coûte une chèvre médiocre en Italie où l'élève de ces animaux est très-répandue.

Produits. — Une chèvre donne souvent deux chevreaux; à n'en compter qu'un seul, c'est un produit de.	3 fr.	20 c.
On les trait communément pendant huit mois de l'année et le produit du lait est en moyenne de 1 livre 9 gros de Venise; ce qui fait, pour les 240 jours, 420 livres de lait. On sait, par expérience, que 75 livres de lait donnent une livre de beurre, ce qui fait environ 5 livres 1/2 de beurre par an, à 75 c.	4	25
420 livres de lait, à une livre de fromage pour 10 livres, donnent 43 livres, à 50 c.	21	50
Recuite du petit-lait par an.	2	»
Fumier pour l'année	6	»
Total.	36	95

Le petit-lait compte pour le combustible et la main-d'œuvre.

Frais. — Une chèvre consomme par jour, l'un dans l'autre, pendant toute l'année, 1 livre 1/3 de four-

La Truie

Le Mouton.

Mouton mérinos.

Bélier et chèvre sauvages.

Chèvre et Bouc indigènes.

rage (à cause de la différence du vert au sec); ce qui produit 547 livres, estimées à 1 fr. 20 c. le cent, à cause du peu de valeur des herbes qu'elle broute une partie de l'année.	6 fr.	60 c.
Il lui faut, en outre, 50 feuillards, à 3 c. l'un. . .	1	50
Six livres de sel à 20 c.	1	20
Soins.	5	»
Total.	14	30

En déduisant ces 14 fr. 30 c. du produit brut, il reste encore un produit de 22 fr. 65 c.

On voit que l'élève des chèvres n'est pas à dédaigner. Cet animal est l'ami des malades, la joie du pauvre; il récompense largement celui qui le nourrit bien. Pour attacher la chèvre au pacage, on fixe solidement par ses deux extrémités, au moyen de piquets, une corde de 15 à 20 mètres de longueur, bien tendue : et on attache l'animal par sa longe à cette corde au moyen d'un anneau qui glisse d'un bout à l'autre de la corde. La chèvre ayant été accouplée vers le mois de novembre, les chevreaux arrivent au moment où l'herbe commence à croître; quelques jours avant la mise bas et quelques jours après, on la fait boire tiède et on la soigne un peu mieux, car elle a souvent le part laborieux. On nourrit les chevreaux avec le lait de la mère pendant un mois environ à six semaines et, comme ils sont gras, on les vend pour la boucherie. Si l'on veut les conserver, il ne faut pas les laisser téter la mère, mais les habituer de bonne heure à boire au baquet en leur trempant le bout des lèvres dans le lait, et leur plaçant alors le doigt dans la bouche. Une fois accoutumés, on leur mélange du petit son ou de la farine dans du lait étendu d'eau, et on augmente progressivement la dose de manière à pouvoir jouir de tout le lait le plus tôt possible sans nuire au développement du chevreau. Pour éviter les tracas de la gestation et du part, l'interruption du lait pendant les derniers temps, et des courses souvent fort longues pour conduire la chèvre au bouc, on peut obtenir du lait de la chèvre sans la faire couvrir, pour cela, dès l'âge de 18 à 20 mois, il faut la traire deux fois par jour, le matin et le soir. On n'obtient d'abord qu'une liqueur roussâtre et épaisse : mais bientôt elle arrive plus claire, et, avant un ou deux mois au plus, l'on obtient du lait dont la quantité augmente progressivement. Il est bon, pendant le mois où l'on appelle ainsi le lait, d'augmenter la nourriture de la chèvre et de lui fournir des racines, telles que carottes, betteraves, etc. M. Grognier donne d'intéressants détails sur les chèvres dont le lait sert à confectionner les fromages si renommés du Mont-d'Or (Rhône) : « Dans 12 communes du canton du Mont-d'Or, dit ce savant agronome, on possède près de 12,000 chèvres. Leur taille n'est pas élevée ; elles ont de 0m,80 de hauteur sur 1m,30 de longueur et une grosseur égale. Les unes sont à poil ras, les autres à poil long. La plupart ont des cornes ; on préfère celles qui n'en ont point, parce qu'elles ne dégradent pas les murs des étables et qu'elles sont plus douces. On ne coupe jamais les mâles, mais on les vend jeunes pour la boucherie ; il suffit d'en garder quelques-uns d'entiers pour étalons, car un bon suffit dans un été pour 400 chèvres, et couvre en un jour jusqu'à 40 femelles. La nourriture des chèvres du Mont-d'Or, pendant l'hiver, se compose en très-grande partie de feuillages de vigne que l'on cueille après la vendange ; on les jette dans les fosses bétonnées, situées pour l'ordinaire dans le cellier ou sous un hangar et toujours dans un lieu couvert. Ceux qui ne peuvent en nourrir qu'un très-petit nombre conservent les feuilles dans des tonneaux défoncés, où elles sont foulées et pressées avec la plus grande force. Vingt individus descendent dans les citernes bétonnées et trépignent sans cesse, tandis qu'on y jette cette provision d'hiver ; on y verse de l'eau en petite quantité, et lorsque la fosse est remplie, on la recouvre de planches, sur lesquelles on place des pierres énormes. Au bout d'environ deux mois, on découvre la fosse pour en tirer les feuilles, qui alors ont contracté un goût acide, mais sans putridité, leur texture est entière ; elles sont très-vertes et très-agglutinées entre elles ; l'eau qui surnage est roussâtre, d'une odeur désagréable, d'une saveur acide : les chèvres la boivent avec plaisir. Cette nourriture singulière est, pendant l'hiver, presque la seule qu'on donne à ces animaux ; elle se prolonge dans le printemps. Depuis quelque temps on leur donne aussi des résidus des brasseries de Lyon. Ces animaux font pendant l'été neuf repas par jour. Chacun d'eux consomme 12 kilog. et demi ou 13 kilog. de fourrage vert. Hors de la monte, les boucs ne consomment pas plus que les chèvres, et même, dans ce temps, ils absorbent moins de nourriture solide ; mais on leur donne du vin et de l'avoine. Les mères nourrices ne mangent pas plus que les laitières ; c'est pendant la gestation que les chèvres mangent le moins. Jusqu'à un an les chevreaux consomment le quart de la nourriture qu'on donne aux mères. En général ces animaux passent leur vie dans l'étable et n'en sortent guère qu'au moment de la monte. Dans certaines communes néanmoins, on les fait sortir pendant quelques jours dans les champs après la moisson, pourvu qu'on les garde avec le plus grand soin. Ces chèvres ainsi renfermées jouissent d'une santé robuste. Autrefois leurs ongles s'allongeaient dans l'étable au point de les priver de la faculté de marcher; on est actuellement dans l'usage de leur faire la corne de temps en temps. La plus grande propreté règne dans leur habitation, et les femmes qui en ont soin, les traitent avec douceur. Elles les peignent souvent, ce qui contribue à les maintenir en santé. La quantité de sel qu'on leur fait prendre, soit dans l'eau, soit en nature, ne doit pas excéder 3 gros par semaine pour chaque chèvre. »

2. Chèvres asiatiques. — Les chèvres d'Angora et de Cachemire peuvent très-bien s'acclimater en France, et si ces animaux dont le poil est si précieux n'y sont pas aujourd'hui plus répandus, c'est par suite d'une indifférence impardonnable et dont il faut espérer qu'on sortira. La *chèvre d'Angora* vient des montagnes de l'Anatolie et fut introduite en Europe dans le siècle dernier. En Anatolie, sa chair forme la principale nourriture des habitants; sa peau est convertie en maroquin, la toison fournit des étoffes si belles qu'elles sont uniquement destinées à l'habillement des personnages les plus riches. Tout est utile dans ces animaux, jusqu'à la barbe des boucs dont on fait des perruques. On connaît la réputation des *chèvre de Cachemire*. « L'introduction et l'usage des châles de l'Inde en France, dit M. Polonceau, se rattache à une époque bien remarquable de notre histoire, celle de l'invasion de l'Égypte par une armée française; avant cette expédition, célèbre par ses premiers succès ainsi que par ses revers, et surtout par l'union si rare des palmes de la science aux lauriers militaires, on connaissait à peine en France ces précieux tissus; on n'en avait vu porter que par des étrangers, Grecs, Turcs ou Persans; et la couronne seule en possédait quelques-uns offerts à nos rois par des souverains de l'Asie. Les premiers châles que l'on vit porter à des dames à Paris étaient de véritables trophées, car la plupart arrivèrent encore empreints du sang des Mamelucks, auxquels ils avaient été enlevés; bientôt la beauté de ces tissus, le charme d'un moelleux particulier qu'eux seuls possèdent, leur finesse, ainsi que l'élégance et la richesse de leur drapé, les firent rechercher avec empressement aux plus hauts prix; aujourd'hui ce n'est plus seulement un objet de mode, mais aussi d'utilité pour les personnes riches, parce qu'on a reconnu qu'aucune autre étoffe ne peut présenter avec autant de légèreté une garantie aussi parfaite contre l'action de l'air; ces besoins nouveaux ont donné naissance à des fabriques nouvelles; l'un de nos plus grands manufacturiers, M. Ternaux l'aîné, a donné le premier l'exemple de tisser et de brocher

en France des châles avec le duvet de Cachemire, à l'imitation et même à la manière de l'Inde : cette fabrication s'est rapidement accrue. » M. Ternaux conçut l'idée de faire venir en France des chèvres de Cachemire. Ce n'était pas chose facile. « Pour assurer le succès de cette expédition, il fallait, dit ce fabricant lui-même, trouver un de ces hommes rares et précieux qui, par leur courage et leur habileté, savent triompher de tous les obstacles, et qui ont, avec une volonté ferme, le désir comme le talent de servir leur patrie; il fallait que, par la connaissance de toutes les langues orientales, et l'habitude des voyages longs, difficiles et périlleux, cet homme pût réussir dans une pareille entreprise: l'assemblage de tant de qualités distinguées se rencontra dans la personne de M. Amédée Jaubert, professeur de turc à la Bibliothèque royale; il fallait encore rencontrer un ministre capable d'apprécier le mérite d'une telle importation, et d'associer le gouvernement à une entreprise éminemment utile, mais au-dessus de la force d'un simple particulier; il fallait que le ministre eût à la fois la volonté et le pouvoir de la faire réussir; et aucun autre ne le pouvait mieux que M. le duc de Richelieu. » Pour apprécier tout le mérite de cette entreprise, il faut remarquer que lorsque M. Ternaux en eut la première pensée, on n'avait pas encore de véritable certitude sur les animaux qui produisaient la matière première des châles de l'Inde. Ce ne fut qu'après des recherches longues et difficiles, et après beaucoup de peines et de frais, qu'il put établir des données assez positives pour déterminer le gouvernement à autoriser cette expédition aux frais de laquelle il contribua lui-même, et qui fut faite à ses risques et périls, puisque le gouvernement s'était engagé seulement à payer des prix déterminés pour chaque chèvre ou bouc de Cachemire rendu en France. « Les chèvres de Cachemire, dit M. Polonceau, ne sont nullement délicates; elles sont même plus faciles à nourrir et à conduire que les chèvres communes; elles mangent la plupart des fourrages, la bruyère, le genêt, les herbes de jardinage et les feuillages des gros légumes : ces chèvres sont sujettes aux mêmes maladies que celles du pays; mais elles sont en général plus robustes, moins capricieuses et moins indociles; elles se laissent conduire facilement aux pâturages comme un troupeau de moutons; et l'on peut voir toute l'année les chèvres de Saint-Ouen, menées ainsi par un seul berger, et traverser le parc tous les jours sans l'endommager. Ce que les chèvres redoutent le plus, c'est l'humidité et l'air stagnant; elles ne craignent nullement le froid; je tiens les miennes sous de simples hangars, dont deux côtés seulement sont clos de murs et les deux autres par de simples treillages de quatre pieds de hauteur : mes chèvres y ont passé l'hiver de 1822 à 1823, qui fut très-rigoureux, sans le moindre inconvénient ; pleines de vigueur elles n'ont encore éprouvé aucune maladie depuis trois ans, et je suis convaincu que le grand air et le froid contribuent à augmenter la quantité et la qualité du duvet ; dans les étables fermées ce duvet peut gagner de la finesse, mais il perd ordinairement de son élasticité.

« Ces chèvres se conservent très-bien sans sortir, puisqu'il y a deux ans que les miennes n'ont été mises en liberté, et qu'elles jouissent toutes cependant de la plus belle santé. La nourriture qui leur convient le mieux est le fourrage sec ; la luzerne et le trèfle sont ceux qu'elles préfèrent ; elles en consomment environ treize livres par jour ; mais on peut par économie en remplacer une partie par de la paille ; on peut leur donner de temps en temps des pommes de terre qu'elles mangent volontiers crues et cuites, des carottes et des marrons d'Inde dont elles sont très-friandes ; c'est surtout dans des temps humides que cette dernière nourriture leur convient, mais il faut leur en donner modérément, parce qu'elle agit comme tonique astringent, et que, prise en excès, elle pourrait donner le flux de sang. Les plantes aromatiques et amères leur conviennent aussi très-bien, surtout quand on les nourrit au vert, pour relever le ton des organes digestifs ; il convient de leur donner, dans les temps humides et au printemps quand on commence à les mettre au vert, de l'absinthe, de la gentiane ou du genièvre, et quelquefois du sel mêlé avec un peu de son. Le duvet, destiné par la nature, à préserver ces animaux du froid, commence à paraître au mois de septembre, croît jusqu'à la fin de février, et se détache naturellement en mars et avril. Quelques animaux le conservent jusqu'au mois de juin. On le récolte avec des peignes à larges dents, qui réunissent et enlèvent les flocons légers retenus par le grand poil ou le jarre ; cette récolte dure de huit à douze jours pour chaque bête ; on les peigne trois ou quatre fois chacune pendant ce temps : les meilleures chèvres ne donnent guère que 200 gram. de duvet épluché, quelques-unes cependant en donnent jusqu'à 250 gram. (ou une demi-livre) ; les chèvres à longues soies, qui sont les plus belles, donnent ordinairement moins de duvet que les autres ; j'en ai cependant une de cette variété qui en a beaucoup ; le duvet des boucs est presque toujours plus frisé et plus élastique que celui des chèvres, mais il est ordinairement moins fin. En général le duvet de ces animaux, surtout celui des mâles, diminue de finesse à mesure qu'ils avancent en âge, tandis que le contraire a lieu pour les toisons de mérinos. M. Tessier, inpecteur général des bergeries royales, après avoir puissamment contribué, par son zèle et par ses sages conseils, à conserver les chèvres de Cachemire confiées à ses soins à leur arrivée en France, et à les répandre depuis dans divers départements, en éclairant les agronomes et les manufacturiers sur le mérite de ces chèvres et sur la facilité de leur entretien, s'est aussi occupé d'utiliser leur jarre : ayant fait tondre un grand nombre de chèvres du troupeau de Perpignan, par des motifs sanitaires, il a fait faire avec leur dépouille des cordes qui ont très-bien réussi et sont d'un très-bon service. » Il faut espérer que l'on s'occupera de nouveau de la propagation en France de ces animaux précieux.

CHAPITRE VI.

LE PORC.

1. Description. — Le porc est l'un des animaux de petite culture les plus utiles. A cet égard il ne le cède en rien au bœuf ni à la brebis. Sa chair, si nourrissante, n'est pas seulement pour la classe du peuple une ressource précieuse et un objet presque de première nécessité, elle fournit encore à la table du riche une infinité de mets plus ou moins délicats. Cet animal se nourrit d'ailleurs à peu de frais, puisque tous les résidus des cuisines et jardins, des boucheries et laiteries, des amidonneries et brasseries, lui servent d'aliment ; il se nourrit aussi de lui-même dans les prairies et les forêts. Lorsqu'on le tue, il dédommage amplement le propriétaire du peu de dépense qu'il lui a occasionné, parce que sa chair se vend bien, et que tout sert dans sa dépouille. Le porc est le plus fécond de tous les animaux domestiques, celui qui croît le plus rapidement, se propage avec le plus de facilité. Pour convertir en graisse la nourriture qu'il consomme, il demande beaucoup moins de soins que les autres bestiaux. Il vient bien partout, à découvert et au hallier ; on néglige à tort son étable, parce qu'il semble se plaire dans l'ordure, et on ne le nettoie qu'une fois tous les huit jours. Le porc est répandu à l'état de domesticité sous tous les climats. On le rencontre sauvage dans toute l'Europe. En cet état, vivant d'herbes, de racines, de graines d'arbres, d'insectes, de vers, d'animaux aquatiques, il se plaît dans les contrées boisées et marécageuses. Quant au cochon domestique, content de tout, pourvu que son estomac soit

rempli, il est peu d'aliments qui ne lui conviennent; et quoiqu'il se nourrisse souvent de choses infectes et dégoûtantes, il n'en fournit pas moins à l'homme une nourriture exquise; les pâturages humides lui conviennent; on lui donne les rebuts des cuisines et des jardins, et pendant l'hiver des racines, du petit lait et des grains. Quoiqu'il cherche sa nourriture dans les marais et se vautre dans la boue pendant les grandes chaleurs, le porc ne supporte point les froids humides, cherche toujours un endroit sec pour passer la nuit et se mettre à l'abri de la pluie. Le fumier du porc est très-injustement déprécié par l'agriculteur, parce qu'il produit beaucoup de ronces et d'ivraies; cet inconvénient ne peut résulter que du fumier des porcs nourris dans les bois, où ils mangent des ronces ou d'autres fruits ou graines, qui, quand elles arrivent intactes dans l'estomac de certains animaux, ont la propriété de passer à travers le canal intestinal en conservant leur faculté germinative. Le fumier de cochon fournit, comme les autres fumiers, un aliment abondant aux végétaux, et il est particulièrement très-avantageux aux houblonnières.

Le porc est un mammifère de l'ordre des pachydermes. Sa tête fort grosse et allongée se nomme *hure*, son museau est appelé *groin*. Ce groin se termine au-devant de la mâchoire supérieure par un cartilage plat, arrondi, nu, marqué de petits points et débordant la peau de la mâchoire. Ce cartilage porte le nom de *boutoir*. Il est percé par les trous des narines, entre lesquels est renfermé, dans le milieu du boutoir, un petit os qui sert à cette partie de base et de point d'appui. Les caractères génériques du porc sont : deux *crochets* ou *défenses* à la mâchoire antérieure et deux à la postérieure; *nez* prolongé, cartilagineux, tronqué au bout et renfermant un petit os particulier (l'os du boutoir); *yeux* petits, à pupille ronde; *oreilles* assez développées et pointues; tous les *pieds* ayant quatre doigts, deux grands, intermédiaires, posant seuls sur le sol, et deux plus petits relevés et un peu en arrière, tous les quatre munis de petits sabots triangulaires; *queue* médiocre; douze *mamelles*; *corps* couvert d'une peau épaisse, revêtue de poils raides et longs, appelés *soies*; *estomac* membraneux et simple; *verge* dirigée en avant dans le repos; *testicules* renfermés dans un scrotum apparent.

Le cochon répandu en Europe, en Afrique et en Asie, a la tête longue, le boutoir mince, à proportion de sa tête; la partie postérieure du crâne fort élevée, les yeux très-petits, les oreilles larges et dirigées en avant, le col gros et court, le corps épais, la croupe ovale, la queue mince et de longueur moyenne, les jambes courtes et droites, principalement celles du devant; son corps est en grande partie recouvert de soies, susceptibles de pouvoir se diviser d'un bout à l'autre en plusieurs filets, et dont quelques-uns, les plus gros, forment une sorte de crinière sur le sommet de la tête, le long du col, sur le garrot et sur le corps jusqu'à la croupe. Les couleurs de ces soies varient, depuis le blanc argenté, le blanc sale, le jaunâtre, jusqu'au fauve, au roux, au brun et au noir. En général les cochons sont tous noirs dans les pays chauds et assez communément blancs dans les provinces du Nord. La couleur blanche, qu'ils ont en naissant, se modifie, dans la suite, par l'habitude qu'ont ces animaux de se vautrer dans la poussière et dans la fange. Une nourriture abondante augmente leur taille, qui diminue dans les pays où les prés sont bien assainis et où la rigueur du climat ne leur permet de passer hors de l'étable que quelques mois de l'année. On reproche au porc d'être un animal destructeur, occasionnant des dommages dans les cours, dans les loges et dans les propriétés ; on dit qu'il détruit les clôtures, les semences des arbres, etc. Pour prévenir ceux de ces inconvénients qui existent réellement, M. Magne recommande avec raison de boucler ces animaux et de les conduire dans les lieux où ils ne peuvent faire aucun mal. Le *bouclement* consiste dans un appareil que l'on adapte au groin du porc pour l'empêcher de *fouger,* c'est-à-dire de remuer la terre afin de chercher des racines et des insectes. « Si les porcs occasionnent quelques dégâts, dit M. Magne, ils rendent bien des services. Dans l'île de Minorque, on les fait servir au trait; ailleurs, ils tirent la charrue ; en Normandie, ils labourent la partie de terre qui couvre la racine des pommiers; dans maintes localités, ils sont employés à la découverte des trufles, etc. » Disons cependant que le porc n'est véritablement utile que pour les produits qu'il fournit après l'abattage, et l'entretien de ce quadrupède doit être exclusivement dirigé vers ce but. Selon les circonstances, on doit donner la préférence ou à l'élève ou bien à l'engrais des animaux. Dans beaucoup de localités l'élève se fait avec économie, à peu de frais et avec quelques bénéfices ; dans d'autres localités, l'élève deviendrait onéreux, et l'engraissement présente des avantages marqués. L'élève, en usage dans le Périgord, dans la partie du Limousin qui avoisine le Rouergue, dans la Bresse et dans le Charolais, donne d'assez bons bénéfices. La production des porcs demi-gras est avantageuse lorsque l'on a des aliments de médiocre qualité, comme des herbes, des glands, du petit-lait; avec ces denrées qui seraient perdues, on obtient des animaux qui se vendent cher, relativement à ce qu'ils ont dépensé.

2. Races. — Viborg compte six espèces du genre *porc :* 1° Le

babyroussa ou porc cornu, caractérisé par deux crochets ou défenses à la mâchoire antérieure, très longs et se recourbant fortement en arrière vers les yeux, et par deux crochets ou défenses à la mâchoire postérieure, semblables aux défenses du sanglier. On élève ce porc comme animal domestique dans les îles de la mer des Indes. Il est de la grandeur d'un daim; son dos est couvert de soies hérissées; le reste du corps d'une soie souple, d'un brun gris; ses yeux sont petits, ses oreilles courtes et amincies; sa queue longue et tortillée est ornée d'une houppe à son extrémité. — 2° Le *pécari* ou *porc musqué*. Il se distingue par une queue courte et cachée; par une ouverture aux lombes, de laquelle ressue une humidité d'une odeur forte, qui sort d'une glande située sous la peau. Il habite dans la partie méridionale de l'Amérique et aux Antilles. La nourriture du pécari consiste en fruits, feuilles, et principalement en serpents. — 3° Le *sanglier de Guinée*, caractérisé par des oreilles très-amincies ou pointues, une longue queue chauve et un croupion couvert, sur l'arrière, d'une soie en forme de poil. Cette race a des jambes courtes, une tête pointue tenant à une nuque basse, des soies minces et luisantes: elle se trouve dans l'état sauvage à la Côte-d'Or et au Bénin. Il paraît que le *porc de Siam* appartient aussi à cette race; cependant celui-ci se distingue de l'autre par des oreilles plus petites et moins pointues, aussi parce qu'il est noir sur les côtés et presque chauve sous le ventre, et que ses petits sont noirs en naissant. — 4° Le *sanglier d'Afrique*, qui se distingue par deux dents tranchantes à la machoire antérieure et six à la postérieure, et par six molaires, dont les antérieures sont les plus grosses. Sauvage en Afrique, entre le Cap-Vert et celui de Bonne-Espérance: soie fine et très-longue, mâchoire antérieure beaucoup plus longue que la postérieure, boutoir pointu, oreilles petites. — 5° Le *sanglier d'Ethiopie*. Ses caractères consistent dans le défaut de dents incisives, dans une bourse molle qui se trouve sous les yeux, en forme d'oreillette, et dans un boutoir très-large courbé par en bas. Vit dans les contrées les plus brûlantes de l'Afrique et à Madagascar: il a, comme nos porcs communs domestiques, une couleur jaunâtre; mais les soies, dont les plus longues se trouvent à la nuque, sont brunes-noires, se tenant en touffes comme les autres soies. La tête est très-allongée et présente une physionomie hideuse à cause des yeux élevés et du boutoir large. — 6° Le *porc commun*, distingué par un dos très-fourni de soies à sa partie antérieure, par une queue garnie pareillement de soies, par 4 dents incisives à la mâchoire antérieure et 6 à la postérieure, et par 6 molaires à chaque côté, dont les plus grosses saillent par en haut. Le *sanglier*, qu'on croit être la race sauvage d'où vient notre porc commun, habite dans les forêts : il supporte la chaleur et le froid, cependant la chaleur dans un degré plus fort que le froid ; on le trouve dans les climats chauds, ainsi que dans les tempérés, mais non dans les climats froids, de sorte que, passé le 45e degré de latitude septentrionale, il ne se retrouve plus. Le sanglier ou *porc sauvage*, chez nous, est ordinairement de couleur noire, de 1 m. 20 c. de longueur, non compris la tête, sur 1 m. 50 c. de hauteur, et peut acquérir un poids de 100 jusqu'à 300 kil. Il s'en trouve pourtant, en Russie, vers les bords de l'Oural, quelques-uns qui pèsent de 6 jusqu'à 700 kil. Les oreilles du porc sauvage sont droites, plus arrondies et plus courtes que dans le porc domestique, la hure est plus longue et plus forte, le cou plus épais, les doigts plus fourchus ; la soie, mêlée d'une certaine quantité de poil laineux, est plus raide, la queue plus droite, la peau plus épaisse, et les crochets ou défenses sont plus forts que chez les porcs domestiques. Le sanglier se met en rut vers la fin de novembre et au commencement de décembre ; il manifeste cet état, qui dure cinq semaines environ, en courant çà et là avec une bouche baveuse. Plusieurs mâles se disputent pour courir après la *laie* (femelle sauvage), et c'est le plus fort qui l'emporte pour la propagation. La gestation est de quatre mois ; la laie, vers l'époque de sa délivrance, cherche la solitude et se prépare une espèce de lit, au milieu duquel elle met bas ses petits ; elle dévore l'arrière-faix et quelquefois une partie de sa progéniture. Les petits, au nombre de quatre à six, sont ordinairement d'un brun clair, interrompu par des bandes d'un brun noir, ou d'un noir mêlé de blanc. Ces bandes se perdent au bout de quelques mois ; leur couleur devient généralement plus foncée et se change finalement en noir. Les porcs sauvages vivent en hordes qui sont composées des mères, des petits et de jeunes porcs de deux à deux ans et demi. La sensibilité à la superficie du corps est faible chez le porc, surtout s'il est gras. Il y a des exemples que des rats et des souris ont creusé son lard sans que l'animal l'ait senti. Il redoute plus les coups de fouet que les coups de bâton. Le sanglier, ainsi que sa femelle, résistent vaillamment à l'attaque de leurs ennemis au moyen de leurs défenses, et rendent dans l'action un son mugissant et grondant qui provoque tout le troupeau au combat. Cet animal peut néanmoins être rendu doux et docile au point de suivre l'homme et de se laisser manier comme un chien. A l'aspect des tempêtes et des orages, il se montre inquiet, crie, court avec de la paille à la gueule pour se préparer un gîte et être à l'abri de l'orage qui menace et afin de pouvoir voluptueusement dormir au vent. Quand son repas est savoureux, il le fait avec grande avidité, et dès qu'il est saturé, il cherche le repos pour faire sa digestion. Le porc dort beaucoup. Il exprime sa faim et ses besoins par des cris, et sa satisfaction par un léger grognement. Dans les grandes chaleurs, le porc cherche une mare ou marécage pour se rafraîchir ; mais on se trompe lorsqu'on en conclut qu'il se plaît dans les ordures, et qu'on lui destine, en conséquence, des habitations humides et malsaines. Le porc sauvage nous montre assez le contraire par la propreté qui règne dans les habitations communes qu'il se creuse, et qui sont connues sous le nom de *bauges*.

On répute mal à propos le porc un animal stupide. Son intinct naturel se fait remarquer aussi bien que celui des autres animaux. On a vu des porcs ouvrir des portes pour attraper des aliments savoureux, et d'autres tirer la brochette d'une barrique pour boire de la bière.

Il existe, parmi les porcs domestiques, beaucoup de variétés. Ce sont, 1° LES RACES ANGLAISES : *Rendal, Leicester, New-Leicester, Hampshire, Essex, Worcester*, remarquables par l'excessif embonpoint qu'elles atteignent; — 2° LES RACES DANOISES. En Danemarck, il se trouve, en général, deux espèces de porcs, une plus grande dans le Jutland, et une plus petite en Séeland. Le *porc du Jutland* a le corps allongé et le dos un peu courbé ; il a en même temps de longues jambes, et il est un peu oreillard ; il donne, dans la seconde année, de 100 à 150 kil. de lard. Il s'exporte annuellement du Jutland au-delà de 10,000 porcs, et 600,000 kil. de lard. Le *porc de Séeland* est petit ; il a des oreilles relevées, un corps raccourci et un dos fortement garni de soies. Dans la seconde année de l'engrais, il pèse de 50 à 75 kil.; plus tard, il peut rendre, comme porc gras, de 80 à 120 kil. de lard. En Jutland, le porc d'un an se vend de 28 à 40 fr., et, l'été suivant, on l'engraisse avec du petit-lait; on le tue communément à l'âge de deux ans, et il pèse alors de 100 à 160 kil.; — 3° RACE CHINOISE. Le porc chinois a les jambes très-courtes et le corps allongé; son ventre touche presque la terre. Il a très-peu de soies ; la partie postérieure de son dos en est entièrement dépourvue ; la queue est très-courte. Les porcs chinois sont tantôt noirs, tantôt gris foncé, quelquefois à bandes noires, rarement blancs ; — 4° RACE NOIRE A JAMBES COURTES. Elle se distingue par un cou épais et fort, un poitrail vigoureux, un dos large et droit, dépourvu de soies, des jambes fortes, un corps rond et allongé, des soies minces et courtes, les flancs presque nus et une queue droite. Les oreilles sont courtes, un peu pointues et presque relevées. Cette race a moins de propension pour fouger, et elle est aussi plus domestique que les autres ; elle est ordinairement noire ; il se rencontre pourtant des individus d'une couleur rouge de feu. On trouve des porcs de cette race en Espagne, en Calabre, en Toscane, en Savoie, en France et dans d'autres pays de l'Europe, comme aussi dans les climats chauds de l'Amérique; mais la meilleure variété existe, à ce qu'on prétend, en Portugal. Bien que ces porcs soient noirs, ils ne le sont plus lorsqu'on les a échaudés; leur lard est extrêmement agréable et la peau en est très-mince. Au reste, les porcs de cette race sont, à la vérité, petits ; mais ils coûtent moins à entretenir que les gros, attendu qu'à proportion il leur faut moins de nourriture pour prendre la graisse. Leur lard est très-charnu, et comme porcs d'engrais d'un an, ils pèsent déjà au-delà de 100 kil. — 5° Race turque ou de Mongolitz. Élevée dans la Croatie et les provinces voisines de Vienne (Autriche) : oreilles courtes, redressées et pointues, hure raccourcie et mince, jambes courtes et fines portant un corps dont la longueur excède de peu la hauteur, soies minces et frisées, d'une couleur grise ou gris foncé, rarement noire, et plus rarement encore rouge brun. Les porcs de lait sont gris blanc ou rouge brun avec des bandes noires le long de la partie dorsale des côtes. Le porc de Mongolitz est d'une structure très-avantageuse, et sa chair est délicieuse. A nourriture égale, il s'engraisse en moitié moins de temps que notre porc commun, et il atteint un poids de 150 à 200 kil. Cet animal est indigène dans la Turquie européenne, d'où les Allemands le tiren[t] en grande quantité; — 6° Race pie. Les porcs *de couleur pi[e]* se retrouvent dans différentes races, et par suite on en a fait des races distinctes constantes en les accouplant avec soin entre eux c'est un produit de la domesticité, sans aucun doute. Cette couleur indique, en général, une peau mince, de petits os, de la facilité à l'engrais, par conséquent les qualités les plus recherchées dans ces animaux ; c'est pour cela qu'ils sont très-répandus en Angleterre. — 7° Race italienne. Poil très-fin et si cour[t] qu'on croirait ces animaux à peau nue. Leur chair est très-recherchée, et c'est avec leurs issues que l'on prépare les saucissons renommés de Bologne. On voit aux environs de Bayonne e[t] dans quelques parties de la France des espèces qui ont quelque ressemblance avec celles d'Italie. Il s'y trouve encore une autre espèce assez rare, connue sous le nom de *bandée*, vivant dans les bois, et dont la chair n'est employée que pour faire du petit-salé ;—8° Races françaises. Généralement défectueuses et hautes sur jambes, nos races indigènes sont robustes et rustiques, mais peu précoces; elles prennent assez difficilement la graisse et consomment beaucoup de nourriture. On compte sept races françaises. Les plus remarquables sont la *race de la vallée d'Auge*, à tête petite et pointue, oreilles étroites, corps long et épais, os petits, s'engraissant rapidement et atteignant 300 kil.; la *race blanche du Poitou*, à tête longue et grosse, front saillant, oreilles larges et pendantes, corps allongé, poil rude, os volumineux, poids ne dépassant pas 250 kil.; la *race périgourdine* ou *limousine*, à robe noire, poil rude, tête courte, corps ramassé, jambes fines et peu élevées. M. Magne signale comme la plus avantageuse la *race craonaise*, qui existe dans la Mayenne, aux environ de Craon et possède de précieuses qualités; ces porcs sont sobres, s'engraissent aisément, peuvent être abattus à tout âge, et pèsent communément de 50 à 150 kil. Les croisements faits en Angleterre avec les porcs asiatiques à jambes courtes ont donné une race importée en France et connue sous le nom de *race anglo-chinoise*. Du reste, la race porcine a été, depuis quelque temps perfectionnée en France d'une manière merveilleuse. L'introduction des belles espèces anglaises et les croisements avec les Craonnais, ont produit des animaux doués d'une beauté de formes vraiment classique, sortes de masses ovoïdes dans lesquelles se perdent la tête et les pieds. Les derniers concours de Poissy ont présenté des monstruosités capables de faire tomber en extase les appréciateurs de ces sortes de progrès. On a surtout atteint une précocité prodigieuse, puisque des sujets de quatre mois et demi ont pu prendre part à ces concours.

Les cultivateurs placés aux environs des villes et ayant la facilité de vendre, dans toutes les saisons, les animaux gras, doivent élever exclusivement des porcs à courtes jambes. Avec ces animaux, une quantité donnée de nourriture produira, dans un certain temps, plus de viande; ensuite on peut en élever et en engraisser deux générations au moins, dans le temps que l'on mettrait à élever et à engraisser une génération de la race indigène. Selon M. Magne, la race à courtes jambes, étant mauvaise marcheuse, ne peut convenir à la plupart de nos campagnes, où les animaux sont envoyés, soit aux champs, soit aux bois, pendant une partie de l'année. Les porcs robustes sont préférables; ils vont chercher leur nourriture dehors, au loin, coûtent peu et peuvent être conduits aux foires et marchés éloignés. Cette assertion est en partie contredite par M. Huzard. Il ne pense pas qu'on puisse dire d'une manière absolue, que les porcs de toutes les races à courtes jambes sont mauvais marcheurs. Quelques-unes de ces races, au contraire, soutiennent très-bien la march ce qui s'explique par une plus grande longueur proportionnell des os supérieurs de leurs membres, qui, bien que non apparent à raison du volume extraordinaire des chairs qui les envelo pent, n'en contribue pas moins à rendre ces membres pl longs en réalité qu'ils ne le paraissent, et, par suite, à donn autant de rapidité à la marche. Le porc domestique mâle no castré, se nomme *verrat;* la femelle est appelée *truie*, les peti se nomment *porcelets* ou *gorets*. Le nom de *porc*, de *cochon*, d *coche* est appliqué à l'animal mâle ou femelle qui a subi la ca tration.

3. Multiplication. — Dans les loisirs de sa glorieuse retrait l'illustre maréchal Vauban, a appliqué l'activité de son esprit à d travaux utiles et n'a pas cru indigne de lui de s'occuper des porc sur lesquels il a publié un mémoire contenant le très-curieu article suivant, au sujet de l'extraordinaire fécondité de cet an mal : « On suppose, dit-il, qu'une truie, la 2ᵉ année de son âg porte une ventrée de six cochons mâles et femelles, dont nous r compterons que les femelles, attendu que, pour parvenir à connaissance que nous cherchons, nous n'avons pas besoin mâles; et partant. . . . . 3 femelle

La 3ᵉ année, que nous compterons pour la deuxième génération, la mère truie porte 2 ventrées, ci. . . . . 2 ventrée

Les 3 filles de la 1ʳᵉ génération, chacune, font ensemble. . . . . 3 *id.*

Total des ventrées. . . . 5 ventrée

Qui, à chacune 3 femelles, font pour le total de la 2ᵉ génération. . . . . 15 femelle

La 4ᵉ année, qui est la 3ᵉ génération, la mère truie, devenue grand'mère, porte 2 fois, faisant. . . . 2 ventrée

Les trois filles de la 1ʳᵉ génération portent 2 fois chacune, et font. . . . . 6 *id.*

Les 15 filles de la 2ᵉ génération portent chacune une fois, ce qui fait. . . . . 15 *id.*

Total des ventrées. . . . 23 ventrée

Qui, à chacune 3 femelles, font pour le total de la 3ᵉ génération. . . . . 69 femelle

Continuant ce calcul, Vauban admet que la 7ᵉ année la mè truie ne porte plus; la 8ᵉ année, il cesse d'admettre à la produ tion les 3 premières filles de la mère; la 9ᵉ année, il retranch les 15 premières petites-filles; la 10ᵉ année, il retranche enco du nombre des portières les 69 arrière-petites-filles résultant de la 3e génération; la 11e année, qui est la 10e génération, les 321 trisaïeules ne se comptent plus; il n'en résulte pas moins une production de. . . . . 1,072,473 ventrées qui, à chacune 3 femelles, font pour le total de la 10e génération. . . . . 3,217,419 femelles.

Nota. 1° On n'a point compté les mâles dans ce calcul, bien qu'on en suppose autant que de femelles dans chaque ventrée; 2° toutes les ventrées ne sont également estimées dans le calcul qu'à 6 cochons chacune, mâles et femelles compris, bien que pour l'ordinaire elles soient plus nombreuses; 3° bien que les mères, grand'mères, etc., soient plusieurs fois répétées, elles ne sont comptées qu'une seule fois chacune.

La production d'une seule truie, après dix générations, nous donnera donc, en ajoutant les mâles. 6,434,838

Otons-en pour les maladies, les accidents et la part des loups. 434,838

Restera à faire état de. 6,000,000

qui est autant qu'il y en peut y avoir en France. » Le verrat choisi pour l'accouplement doit avoir le corps court, ramassé, plutôt carré que long, la tête grosse, le groin court et camus, les oreilles grandes et pendantes, les yeux petits et ardents, le cou grand et épais, les jambes courtes et grosses, les soies épaisses et noires. La truie doit avoir le corps long, le ventre ample et large; elle doit être d'un naturel tranquille et d'une race féconde. Le porc est propre à l'accouplement à l'âge de huit mois, lorsqu'il est bien soigné. La truie porte seize ou dix-sept semaines, et peut facilement mettre bas deux fois par an. Aussitôt que l'on s'aperçoit que la truie est pleine, on en éloigne le verrat, dans la crainte qu'il ne la morde et ne la fasse avorter. Alors on donne à la truie une nourriture plus abondante que de coutume et des soins plus attentifs. La truie met bas deux petits au moins et vingt au plus. On compte, terme moyen, sur six petits pour la première et la deuxième portée, et sur huit pour la troisième et la quatrième. La délivrance ayant eu lieu, on nourrit abondamment la truie pour qu'elle ne dévore pas ses petits. Comme elle ne pourrait pas les conduire tous à bien, on ne les laisse téter que dix-huit ou vingt jours, après lesquels on vend les femelles, et on retient seulement huit ou neuf mâles. Après les avoir soustraits, par de fréquentes visites, à la voracité de leur mère (et quelquefois de leur père), on les surveille pendant deux ou trois jours, pour qu'ils s'accoutument à téter. Les petits qui sont supprimés portent le nom de *cochons de lait;* ils doivent recevoir, pendant le sevrage, une nourriture à la fois agréable et substantielle, telle que du grain, pour que la privation du lait qui les a jusqu'alors soutenus en grande partie, ne les fasse point maigrir ou ne les rende pas malades. A mesure que les cochons se développent, on augmente leur nourriture.

4. Alimentation. — Un pâturage naturel ne peut fournir une nourriture suffisante aux porcs qui ne reçoivent rien à l'étable, qu'autant qu'il est bien garni d'herbages ; il faut en outre qu'ils y trouvent de l'eau pour boire, et, autant que possible, une mare où ils puissent se vautrer pendant les chaleurs du jour. Un champ de trèfle, clos de haies ou de palissades, est le meilleur pâturage artificiel qui leur convienne. A défaut de pâturages, ou lorsqu'ils n'ont pas une étendue suffisante, on nourrit les porcs à l'étable avec du jeune trèfle, de la luzerne, des vesces et du sarrasin. Le fourrage vert ne suffit pas aux truies qui allaitent et aux cochons nouvellement sevrés ; il faut y ajouter des racines cuites avec des recoupes, du lait aigre ou du petit-lait. Dans les exploitations où les rebuts des laiteries, des brasseries ou des distilleries forment l'unique nourriture des porcs, le nombre de ces animaux est proportionné à la production de ces matières. On nourrit quelquefois des porcs avec de la chair crue ou cuite. Le mode d'alimentation, non pas avec la chair cuite, mais avec la chair crue des chevaux morts, est employé à l'École vétérinaire d'Alfort, pour des porcs de race hampshire destinés à la consommation ; il détermine chez ces animaux un accroissement rapide qui résulte principalement du développement du lard ; mais ce lard est moins ferme et se conserve moins longtemps que celui des porcs nourris à la manière ordinaire ; du reste, la viande ne présente pas de différence sensible quant au goût, et il n'y a aucun inconvénient à s'en nourrir. Suivant l'expérience qui en a été faite par M. Magendie, la viande crue est plus nourrissante que la chair cuite pour les cochons ; mais ces mêmes animaux, nourris avec la chair cuite, ont un lard plus ferme et même une chair de meilleure qualité que s'ils avaient été exclusivement nourris d'aliments végétaux.

5. Habitation. — L'instinct naturel au porc de se vautrer dans la fange pour rafraîchir sa peau, a mal à propos donné lieu de croire que la malpropreté contribue à faire prospérer cet animal : « Les porcs, dit M. Magne, aiment beaucoup la propreté ; ils sont, de tous les animaux domestiques, les seuls qui, étant libres, ne déposent leurs excréments ni sur leur litière, ni dans leur habitation. » Ils ont une passion pour les bains, et cette disposi-

Chien enragé.

Epagneul.

Lévriers et Chiens de chasse.

tion les porte à se vautrer dans la boue, comme aussi à se frotter contre les corps durs et raboteux, afin de nettoyer leur peau et d'exciter son excrétion. Cet instinct des animaux à se maintenir dans un état de propreté indique naturellement que les porcheries doivent être saines et bien aérées. L'habitation destinée pour un certain nombre d'individus doit comprendre : 1° une loge pour chaque animal; 2° une cour ; 3° enfin une mare dans la cour, afin que les animaux puissent se baigner. Le porc, très-sensible au froid de l'hiver, exige que sa loge soit exposée au midi; il demande aussi de l'ombrage pendant l'été, parce que la chaleur solaire ardente l'incommode presque autant que le froid. La première chose à laquelle il faut s'arrêter en construisant une bonne *porcherie*, c'est le sol. Le plancher sera pavé en pierre avec une pente suffisante de chaque côté pour l'écoulement des immondices liquides dans une rigole qui les conduit dans un creux, pour être ensuite recueillies et utilisées. L'*auget* placé au dehors de l'habitation, doit être adapté à l'un des côtés du plancher en pente, de façon que les immondices des porcs s'écoulent pendant qu'ils mangent, et pour qu'ils puissent se servir du lieu le plus élevé pour leur gîte propre. La loge doit avoir une hauteur suffisante pour qu'un homme puisse y rester debout; elle doit avoir une fenêtre et une double porte, dont la partie supérieure puisse s'ouvrir afin d'y faire entrer l'air. L'auget doit être large, au fond, de 15 centim. 1/2, et en haut de 26 à 31 centim., avec 15 centim. 1/2 de profondeur et 15 centim. de longueur, à raison de chaque porc qui doit y manger. Le côté extérieur de l'auget doit être de 5 centim. plus haut que l'autre, et être muni aux extrémités d'une planche rectangulaire de 6 décim. de hauteur, ayant en bas la largeur de l'auget et tirant obliquement vers son rebord, de manière à former avec lui un triangle rectangle. L'auget se ferme par un clapet qui s'adapte à un côté de la loge par deux gonds situés parallèlement à la hauteur de la planche rectangulaire sur laquelle il doit tomber, ainsi que sur le bord extérieur de l'auget pour fermer celui-ci; lorsqu'il s'agit de très-gros porcs, il faut qu'il soit un peu plus grand. L'auget doit être élevé au-dessus du sol de 7 centim. 1/2, pour qu'il puisse rester sec ; pour des porcs plus petits, il peut être mis un peu plus bas; il doit avoir, soit à l'un des bouts, soit au fond, soit sur le côté, un trou pour l'écoulement de l'eau, lorsqu'on veut le rincer. Lorsqu'on fait un auget d'une seule pièce de bois, il faut observer en le creusant, que la surface intérieure des deux bouts coïncide obliquement avec celle du fond, parce que cela le rend beaucoup plus solide. Il convient que les ouvertures à travers lesquelles les porcs doivent passer la tête soient larges par le milieu et rétrécies en pointe vers les deux bouts; ces trous doivent avoir pour plus forte largeur 26 centim. sur 46 centim., 8 millim. de longeur; ils doivent partir de 15 centim. 6 millim., jusqu'à 21 centim. au-dessus de la surface du sol.

6. Engraissement. — L'opération de l'engraissement offre toujours de grandes chances, qui peuvent dépendre soit des variations dans le cours du commerce, soit des animaux eux-mêmes, dont quelques-uns réussissent mal, et d'autres meurent. La règle générale et bien connue, pour cette branche d'industrie, consiste à acheter, au moment le plus favorable, des animaux maigres, à pousser ensuite leur engraissement de manière que le terme en arrive à l'époque où la vente peut s'effectuer avec un certain avantage. Il n'est guère possible d'entretenir des porcs de race dans les petites exploitations; mais on a toujours assez de ressources pour engraisser à demi ou complétement un ou plusieurs de ces animaux. La vente des cochons de lait ou de six mois rapporte souvent de grands bénéfices. Lorsque ces cochons de lait se vendent facilement et à un bon prix, il est avantageux de faire porter les truies tous les six mois deux ans de suite, et sur les quatre ventrées qu'on obtient pendant cet espace de temps, d'en vendre trois, et de garder la dernière dans le but de l'élever pour son usage particulier. Dans le cas contraire, il vaut mieux ne faire porter la truie qu'une seule fois : elle sera alors moins sujette à se trouver, au commencement de l'engraissement, dans un état de maigreur qui l'empêcherait de profiter. Le porc peut s'engraisser à tout âge; néanmoins, passé deux ans, sa chair est peu délicate, et son engraissement moins profitable. Un porc bien soigné est bon à engraisser à l'âge de six mois. Les individus qui ont acquis la plus grande partie de leur développement engraissent plus facilement que ceux qui sont encore jeunes. Chez ces derniers, la vie est active et les déperditions sont considérables; les aliments sont employés à l'entretien et à l'accroissement des organes. Il faut châtrer le porc avant de le mettre à l'engraissement. Le porc est un des animaux chez lesquels le désir de la reproduction se manifeste avec le plus de force et le plus fréquemment. L'agitation que les truies éprouvent lorsqu'elles sont en chaleur retarde beaucoup leur engraissement: aussi faut-il avoir soin de les châtrer aussitôt qu'on est décidé à ne plus les faire couvrir. La même précaution est d'autant plus nécessaire pour les verrats, que lorsqu'on la néglige, leur chair est imprégnée, comme celle du bouc, d'une odeur désagréable. Les

porcs que l'on ne destine pas à la reproduction doivent être châtrés de très-bonne heure ; ils supportent facilement, lorsqu'ils sont jeunes, cette opération, qui a souvent des suites funestes pour les truies-mères qui ont déjà porté, surtout lorsqu'elle est exécutée par une main inhabile. Il y a deux sortes d'engraissement : l'engraissement complet, et le demi-engraissement. Le premier a pour objet de produire du lard ; le second, de rendre seulement la viande plus succulente. Les jeunes porcs s'engraissent ordinairement à demi, et les vieux complétement. Les porcs gagnent plus en poids pendant les premières semaines de l'engraissement que pendant les dernières. Les différentes sortes d'aliments qui peuvent servir à l'engraissement sont : 1° les substances herbacées ; 2° les racines et les tubercules ; 3° les fruits secs ; 4° les résidus des amidonneries, des brasseries et des féculeries ; 5° les résidus des distilleries d'eau-de-vie ; 6° les résidus des fabriques d'huile ; 7° les substances animales ; 8° les grains ; 9° les graines des légumineuses. L'engraissement des porcs domestiques se commence ordinairement avec des racines ou des tubercules, et s'achève avec du grain qu'on leur donne entier ou moulu, cuit ou fermenté. Les porcs sont aussi friands de sel que les moutons et les bêtes à cornes : il est bon d'en mélanger avec les aliments fades qu'on leur donne en grande quantité, comme les pommes de terre et la farine. Le demi-engraissement peut s'opérer avec quelque nourriture que ce soit, pourvu qu'elle soit abondante. Les racines et les tubercules ne suffisent pas pour engraisser complétement les porcs ; il faut y ajouter des céréales, ou même faire du grain leur nourriture exclusive. Toutes les espèces de grains peuvent être employées à l'engraissement des porcs. On doit néanmoins donner la préférence à celle dont la valeur vénale actuelle est la moins élevée, comparativement à sa puissance nutritive. L'engraissement avec du grain n'est avantageux qu'autant qu'il est converti en malt, cuit, ou réduit en farine : car le grain est une denrée précieuse, d'un prix élevé, et il faut que la digestion en soit complète et facile, pour que le porc en convertisse la plus grande partie possible en matière animale. L'engraissement avec de la bouillie de farine aigrie et fermentée est moins coûteux et plus prompt que celui qui s'opère avec du grain sec ou récemment détrempé. On délaie un décalitre de farine d'orge, de pois ou de fèves, dans vingt-quatre litres d'eau. On remue fréquemment ce mélange, et on le donne au bétail lorsqu'il est complétement aigre, ce qui a lieu au bout de trois semaines en hiver, et de quinze jours pendant les chaleurs. On doit toujours avoir à sa disposition plusieurs baquets remplis de cette nourriture pour en donner toujours aux porcs une même quantité. Le rapport du poids de la chair nette et de la graisse au poids vif est beaucoup plus élevé chez le porc que chez les autres animaux. C'est aussi chez le porc que la graisse ou le lard et la panne sont en plus forte proportion relativement à la chair maigre.

CHAPITRE VII.

LE LAPIN.

1. Description. Le *lapin* est une des espèces du genre *lièvre* comprenant: 1° le *lapin*; 2° le *lièvre commun* de France; 3° le *lièvre variable* des pays situés au nord et même, dit-on, de nos Alpes; 4° le *moussel* de l'Inde; 5° le *lièvre d'Egypte*; 6° le *lièvre du Cap*; 7° le *lièvre des rochers,* également du Cap; 8° le *tapeti* du Paraguay; 9° le *lièvre de l'Amérique septentrionale*; 10° le *tolai* des contrées du nord, etc. Le lapin est originaire d'Espagne. Parmi les variétés de cette espèce, on distingue surtout le *lapin d'Angora,* à cause de ses longs poils soyeux, et le *lapin riche,* à cause de la belle teinte argentée qu'offrent ses poils. On distingue encore ces animaux en *lapins sauvages* et *lapins domestiques.* Le poil de ces derniers est moins foncé, et ils deviennent beaucoup plus gros que le lapin sauvage ou de *garenne;* leurs habitudes sont aussi plus calmes à l'état d'esclavage qu'à celui de liberté. Tous les lapins sauvages sont gris, et parmi les lapins *clapiers* ou domestiques, c'est encore la couleur dominante. Les lièvres diffèrent des lapins non seulement par les caractères physiques, mais aussi par les mœurs. Ils ne se creusent pas des terriers, comme ces derniers et se contentent d'un gîte qu'ils changent de position suivant la saison. La femelle du lapin met au jour 4 à 8 petits à la fois, celle du lièvre 5 ou 6 seulement. Les petits du lapin ne sont en état de chercher leur nourriture qu'au bout de 2 ou 3 mois, et habitent auprès de leur première famille. Les levrauts cherchent un gîte à eux dès qu'ils ne tètent plus, le choisissent loin de leurs parents et vivent solitaires, excepté en février et en mars. Le lièvre dort le soir et ne prend sa nourriture que la nuit. Il s'avance beaucoup plus au nord que le lapin; mais, comme lui, il habite toutes les contrées tempérées de l'Europe. L'amour du lièvre pour l'isolement et la sociabilité du lapin ne sont pas les différences les moins saillantes qui séparent les deux espèces. Dans l'état de domesticité, la fa-

mille du lapin croît beaucoup plus rapidement que dans l'état de liberté, et son éducation est un objet de commerce important. On peut, dans l'éducation du lapin comme dans celle de toutes les autres espèces d'animaux domestiques, augmenter la valeur des produits, en s'occupant à élever des races les plus précieuses, ou bien en perfectionnant la race commune. Quelques obstacles se sont opposés à la multiplication des lapins élevés à l'état domestique; on a prétendu que le rassemblement de ces animaux viciait l'air et causait des maladies; et cependant, dans les campagnes, la mortalité des lapins précède presque toujours de beaucoup l'époque à laquelle, par la négligence des propriétaires, l'air peut devenir dangereux à respirer pour ces animaux. La chapellerie consomme pour 15 millions de peaux de lapin, sans compter ce qu'en emploient la bonneterie, la draperie, la fourrure, etc.; et, par le tort que l'on a de négliger l'élève du lapin en France, on est obligé d'acheter à l'étranger la plus grande partie de ces peaux. Dépourvue de son poil, la peau de lapin fait une excellente colle. La chair fournit un très-bon bouillon et une nourriture très-saine pour les gens de la campagne privés le plus souvent de viande de boucherie. Avec des soins et une nourriture choisie, on peut rendre la chair du lapin domestique aussi succulente que celle du lapin sauvage. Enfin, le fumier de lapin est, principalement pour les terres glaiseuses, un confortable engrais.

2. Multiplication. — Soins. — Habitation. — Chaque lapine peut donner de six à sept portées par année; trois semaines après qu'elles ont mis bas, on doit remettre les mères aux mâles, pendant une nuit. Après cette épreuve, il est rare qu'elle ne soit pas remplie, si elle n'a pas plus de quatre à cinq ans, et le mâle plus de cinq à six. Elle revient ensuite à ses petits, et peut, sans inconvénient, les nourrir pendant une huitaine de jours. Il ne faut faire couvrir les femelles qu'à l'âge de six mois. Elles portent trente ou trente et un jours, et leurs portées sont depuis deux jusqu'à huit et dix petits. Pour qu'ils soient plus forts et mieux nourris, on enlève ce qui excède le nombre de cinq ou six, suivant la force de la mère. A l'âge d'un mois les lapereaux mangent seuls, et leur mère partage avec eux sa nourriture. A deux mois on peut les lâcher dans le clapier avec les autres, après avoir pris la précaution de châtrer les mâles, afin qu'ils ne se battent pas entre eux, ou qu'ils ne fatiguent pas les femelles. Il faut éviter de donner trop d'herbe verte et succulente aux lapins; un grand nombre meurent d'indigestion, d'autres sont attaqués d'une maladie, très-commune chez eux et occasionnée par un amas d'eau considérable qui sé-

journe dans le ventre et qui les fait périr. Pour pallier le mauvais goût de la chair des lapins domestiques, il faut leur donner des herbes aromatiques et des légumes d'une saveur relevée et parfumée, telles que serpolet, thym, marjolaine, fenouil, cerfeuil, persil, céleri, traînasse, laiteron, carottes, betteraves, sainfoin, luzerne et trèfle sec ou vert, son, avoine et grains de toutes espèces, etc. Mais on doit proscrire du clapier, le chou, le navet, le topinambour et même les pommes de terre crues et ne mettre au râtelier les plantes fraîches qu'après les avoir fanées un instant, en les exposant au vent ou au soleil.

Lorsqu'on veut garder des lapins pour faire race, il faut choisir constamment les plus beaux individus, sans permettre qu'ils s'accouplent avant leur accroissement parfait, c'est-à-dire de sept à huit mois. Pour renouveler les mères, il convient de préférer les femelles nées vers le mois de mars. On élève les lapins en *garennes libres*, en *garennes forcées* et en *garennes domestiques* ou *clapiers*. Nuisibles à l'agriculture, les *garennes libres* sont employées avec succès dans les montagnes sablonneuses où les lapins se multiplient considérablement. Les *garennes forcées* sont entourées de murs, de fossés ou de haies. Elles doivent avoir une grande étendue, ce qui est cause de leur peu de succès en France, pays de petite propriété, où l'on ne peut disposer de beaucoup de terrain. Les *clapiers*, au contraire, sont à la portée de tout le monde. Les formes en varient selon le goût et la faculté de chacun. C'est un terrain entouré d'un mur ou d'un treillis et dans lequel sont des cabanes en bois pour les mères. Le clapier doit être défendu par un toit contre les injures de l'air et les attaques des chats ou autres animaux. C'est une pratique vicieuse de tuer les lapins par un coup donné derrière les oreilles, il vaut beaucoup mieux les tuer comme les volailles et les suspendre par les pattes de derrière, ce qui laisse écouler le sang et rend la chair très-nette. Quelque temps avant de tuer les lapins, il faut leur faire prendre une plus grande quantité d'aliments aromatiques. Si, après les avoir tués, on frotte l'intérieur de leur corps avec quelques feuilles de bois de Sainte-Lucie, ou si l'on y met une composition de ces feuilles, avec des fleurs de serpolet, de thym, de mélilot réduites en poudre et mêlés avec du lard hâché, du poivre, de la muscade et du beurre bien frais, on leur donnera une saveur qui n'aura rien à envier à celle des lapins sauvages. On peut aussi pousser l'engraissement jusqu'à produire, avec une bonne race, des bêtes du poids de 6 à 7 kilos. Les peaux de lapins se vendent avantageusement, l'hiver surtout; elles sont payées ordinairement 50 ou 60 francs le cent.

CHAPITRE VIII.

LE CHIEN.

1. ORIGINE ET DESCRIPTION. — Si l'utilité du chien est inférieure, sous certains rapports, à celle de la plupart des animaux domestiques, il est du moins le plus fidèle et le plus intelligent serviteur de l'homme, et les services qu'il lui rend sont assez nombreux pour mériter ses soins. Dans la ferme, ce gardien vigilant autant qu'incorruptible, sait distinguer les amis de la maison et les gens que le travail y amène, annonce les étrangers, s'oppose courageusement à leurs entreprises, surtout pendant la nuit, garde les troupeaux et les défend contre les animaux carnassiers qui les attaquent. Il se met en arrêt et rapporte au chasseur le gibier qui a été tué, sans y toucher. Buffon considère le chien de berger comme type primitif de toutes les races de chiens : « Si l'on considère, dit-il, que ce chien, malgré sa laideur et son air triste et sauvage, est cependant supérieur par l'instinct à tous les autres chiens; qu'il a un caractère décidé, auquel l'éducation n'a point de part; qu'il est le seul qui naisse, pour ainsi dire, tout élevé, et que, guidé par le seul naturel, il s'attache de lui-même à la garde des troupeaux avec une assiduité, une vigilance, une fidélité singulières; qu'il les conduit avec une intelligence admirable et non communiquée; que ses talents font l'étonnement et le repos de son maître, tandis qu'il faut au contraire beaucoup de temps et de peines pour instruire les autres chiens et les dresser aux usages auxquels on les destine; on se confirmera dans l'opinion que ce chien est le chien de la nature, celui qu'elle nous a donné pour la plus grande utilité, celui qui a le plus de rapport avec l'ordre général des êtres vivants, qui ont naturellement besoin les uns des autres, celui enfin qu'on doit regarder comme la souche et le modèle de l'espèce entière. »

D'autres prétendent que tous les chiens viennent du loup. On voit, en effet, ces animaux s'accoupler volontiers entre eux; cependant il est difficile de croire que toutes les espèces de chiens proviennent de cette origine. Il faut bien se pénétrer de ce fait, dit M. Wilson, que les animaux de la race canine étant plus complétement sous la domination de l'homme qu'aucune autre race d'animaux, et lui étant aussi plus personnellement attachés et dévoués, ont subi, par suite de ces rapports intimes et de cette dépendance, de plus profondes modifications de formes et de mœurs que tous les autres animaux. Les grandes migrations de différentes tribus de la race humaine, chacune emmenant avec elle une ou plusieurs espèces de chiens dans des contrées et sous des climats étrangers jusqu'à un certain point à leur constitution primitive, ont naturellement donné lieu à des croisements, résultant du contact accidentel avec d'autres espèces; et les produits de ces accouplements continuant, ainsi que leurs auteurs, de subir les influences des localités, de la nature de leur régime alimentaire, de la manière de vivre de leurs maîtres, du genre d'éducation qui leur aura été donné, ces circonstances et d'autres qu'on pourrait y ajouter, ont dû tendre sans cesse à élargir le cercle des variétés naturelles, jusqu'à ce que les extrémités des différents rayons finissent par présenter des créatures ayant des caractères externes et des instincts tellement différents, qu'elles semblent n'avoir plus rien ou à peu près rien de commun entre elles. Qu'on n'oublie pas non plus que non seulement le chien est susceptible de recevoir un haut degré d'éducation, mais que ses attributs intellectuels, si nous pouvons nous exprimer ainsi, s'identifient à sa nature, au point de passer de génération en génération, chacune transmettant à sa postérité ses instincts d'autant plus fins et plus délicats qu'elle-même aura pu joindre aux avantages héréditaires celui d'une éducation plus soignée. De là la valeur de ce qu'on appelle *races*, et l'instinct presque infaillible avec lequel certains chiens de *race* se livrent à leur vocation particulière, même des l'âge le plus tendre, et presque avant d'avoir reçu aucune instruction de leurs maîtres. Si les formes corporelles, si des instincts plus parfaits ou plus souples peuvent ainsi se transmettre par hérédité, et si l'on songe aux précieux avantages que l'homme a su tirer d'un choix judicieux et d'une combinaison intelligente des différentes espèces, il est facile de concevoir comment, avec le temps, des variétés très-distinctes et présentant entre elles de grands contrastes ont dû non seulement se produire, mais se perpétuer et s'accroître. La conquête du chien remonte à une époque très-ancienne de l'histoire de l'homme. On peut même dire qu'il n'y a aucune époque de cette histoire, si ce n'est la plus reculée, où l'on ne voie figurer le chien comme l'ami et l'allié de la race humaine. »

2. Races. — Les races de chiens sont extrêmement nombreuses; nous nous bornerons à mentionner celles qui sont reconnues comme les plus utiles : 1° Le *chien de berger*, si précieux pour l'agriculture, instruit par les leçons de son maître, le soulage

dans les soins fatigants de la conduite du troupeau. Il est de taille moyenne, tête longue, oreilles courtes et droites, queue horizontale en arrière, pendante ou peu recourbée, poil long excepté sur le museau et à l'extérieur des jambes, couleur le plus souvent noire; quelquefois la gorge et le ventre blancs ou gris; quelquefois encore le dessus des yeux marqué de taches de feu. Ce n'est pas sa beauté qui fait son mérite, ses perfections naissent de son obéissance, de son activité et de son instinct particulier. On lui casse les dents canines à l'âge de six mois, s'il annonce un caractère trop ardent. Cette précaution est nécessaire, car il doit faire obéir les bêtes à laine par sa voix et ses mouvements, et non par ses morsures. Le chien de berger doit être dressé dès l'âge de six ou neuf mois, suivant sa force. C'est par des caresses, des friandises et des punitions légères qu'on lui apprend, au commandement de la voix et du geste, à s'arrêter, à se coucher, à aboyer, à se taire subitement, à marcher au flanc du troupeau, à en faire le tour, à aller et revenir du même côté, à saisir par l'oreille ou le jarret le mouton en faute. Dans les endroits où les loups sont à craindre, on donne pour auxiliaire au chien de berger un mâtin de forte taille. Ces animaux peuvent être employés également à la conduite et à la défense de tous les quadrupèdes domestiques qui sont menés aux champs ou que l'on fait voyager. — 2° Le *mâtin* est un animal vigoureux, intelligent, courageux, très-attaché à son maître, quoique peu docile; il brave les loups et les sangliers, défend son maître des attaques, garde les maisons, les basses-cours, avertit par ses aboiements de l'arrivée des étrangers ou des mendiants. Le chien de garde ou de basse-cour ne doit être lâché que la nuit. On le tiendra pendant le jour à la chaîne ou dans une niche grillée. Il est bon que ce soient toujours les mêmes personnes qui lui donnent à manger. Pour éviter qu'il ne reçoive des aliments des voleurs, qui y mêlent des poudres narcotiques, on lui fera donner à plusieurs reprises par des personnes mal mises et qui lui seront inconnues, de la viande frottée de jus de coloquinte ou d'autres substances très-amères. Dès lors, il ne voudra plus rien recevoir que des gens qui lui donnent habituellement sa pitance. La niche du chien de garde doit être placée vis-à-vis la porte principale, de manière qu'il puisse voir tous ceux qui entrent. On doit lui avoir fait flairer plusieurs fois les personnes de la maison qui le caresseront et lui donneront quelques friandises afin qu'il les reconnaisse si elles ont à sortir ou à rentrer pendant la nuit. — 3° Le *dogue de forte race* est produit par l'accouplement du mâtin et du bull-dog. C'est le plus gros et le plus fort de tous les chiens; il sert aux bouchers, aux geôliers; il a peu d'intelligence, mais il est susceptible d'un grand attachement pour ses maîtres. Il vit moins longtemps que les chiens d'autres races. — 4° Le *chien courant*, destiné à la chasse dans les forêts, est agile, très-ardent, doué de beaucoup d'intelligence, et d'un odorat exquis, mais peu fidèle à son maître. — 5° Le *braque*, employé comme *chien couchant d'arrêt* ou *de plaine*, diffère du précédent par un museau plus court, des oreilles plus ou moins longues, des jambes plus élevées et la queue plus courte. Le chien *épagneul*, qui a les poils longs et soyeux, et le chien *griffon* sont employés comme chien d'arrêt.

Les chiens de chasse doivent être dressés de diverses manières suivant l'espèce des animaux qu'ils doivent poursuivre ou attaquer. Dans les plaines, on chasse avec le chien couchant, ou chien d'arrêt, ou chien ferme. Trois races sont propres à cette chasse, le braque, l'épagneul et celui que les chasseurs nomment griffon: ce dernier est un chien métis à poils longs et un peu frisés, qui tient du barbet et de l'épagneul. Le braque est plus léger et plus brillant dans sa quête; mais la plupart de ces chiens craignent l'eau et les routes, au lieu que l'épagneul et le griffon s'accoutument aisément à chasser et à rapporter dans l'eau, même par les plus grand froids, et quêtent au loin et dans les lieux les plus fourrés comme en plaine. Il y a donc toujours beaucoup plus de ressources dans ces deux races de chiens que dans celle des braques. Pour la chasse dans les forêts, on se sert de *limiers* et de chiens courants. Le limier est un gros chien qui ne donne pas de la voix, et que l'on emploie à quêter le gibier et à le lancer. Les limiers viennent ordinairement de Normandie; dans le nombre de ces chiens, il y en a de noirs, mais ils sont plus communément d'un gris tirant sur le brun. Les noirs sont marqués de feu, et ont aussi du blanc sur la poitrine; ils ont 54 à 59 centimètres de hauteur; ils sont épais; ils ont la tête grosse et carrée, les oreilles longues et larges, les cuisses et les reins bien faits; ils sont vigoureux et ont le nez très-bon; ils sont hardis et même méchants; ils se battent entre eux, et sont si acharnés, qu'on est obligé de leur fourrer un bâton dans la gueule pour leur faire lâcher prise. Si l'on en croit le Dictionnaire des chasses de l'Encyclopédie, on ne connaissait autrefois en France que deux espèces de chiens courants, toutes deux originaires de Saint-Hubert; l'une de chiens noirs, l'autre de chiens blancs. Les chiens noirs avaient les jambes et le dessus des yeux marqués de feu, et quelquefois un peu de blanc sur la poitrine; ils étaient de moyenne taille, peu gros et peu vigoureux, mais ils étaient dociles. Les chiens blancs avaient plus de vitesse et d'ardeur, mais ils étaient plus emportés. Saint Louis ramena d'Orient une troisième race de chiens courants, à poils gris de lièvre, hauts sur jambes, et ayant les pieds bien faits et les oreilles grandes ; ils étaient plus vites que les chiens noirs, mais ils n'avaient pas l'odorat aussi fin ; ils étaient d'ailleurs entreprenants et même fougueux. Il s'est formé depuis une autre race qui a été confondue avec celle des chiens blancs de Saint-Hubert. Louis XII réunit une chienne braque d'Italie avec un de ces chiens blancs d'Orient ; les produits de cette alliance furent appelés *chiens greffiers*, à cause du titre de greffier que portait alors un des secrétaires du roi, maître de cette chienne. La maison et le parc des Loges, près de Saint-Germain, furent bâtis pour entretenir les chiens de cette nouvelle race, qui réunissait toutes les qualités des autres chiens courants, sans en avoir les défauts : ils étaient communément tout blancs, avec une marque fauve sur le corps. L'on peut aisément s'apercevoir que nos chiens courants d'aujourd'hui proviennent du mélange de ces différentes races. — 6° Le *basset* diffère des précédents par des jambes très-courtes et souvent tordues. Il est très-propre, en raison de sa conformation surtout, à la chasse au renard, au blaireau et au lapin. — 7° Le *levrier* est un grand animal, très-haut sur jambes, très-allongé, à flancs très-retroussés, à ventre comme collé aux reins, à nez allongé et pointu, et à formes en général sveltes, dégagées et grêles. Il a peu de nez, peu d'intelligence et peu d'attachement pour son maître, mais il est très-convenable pour la chasse *à courre*. — 8° Le *grand chien de Russie*. En 1783, le fils du célèbre Buffon amena de Pétersbourg à Paris un chien et une chienne d'une race jusqu'alors inconnnue. Le chien, quoiqu'encore fort jeune, était déjà plus grand que le plus grand danois observé à cette époque ; les oreilles étaient chez lui pendantes comme celles du danois et du levrier ; les jambes fines, le museau fort allongé. Sa queue, qu'il portait pendante jusqu'à terre dans les moments de repos, se relevait pendant la marche, et de grands poils l'ornaient d'une sorte de panache. A la différence des levriers, ce chien de Russie avait autour des oreilles, sur le cou, sous le ventre, sur le derrière des jambes de devant et sur les cuisses, des poils d'une certaine longueur. La femelle de cet animal différait peu de lui par la forme ; elle avait plus de légèreté, plus de délicatesse dans la structure ; de grandes taches brunes la faisaient distinguer beaucoup plus aisément encore du mâle dont le poil était presque entièrement blanc. Buffon donna à cette espèce le nom de *grand chien de Russie.* — 9° Le *chien barbet* est, de tous les chiens, le plus intelligent, le meilleur nageur, et le plus attaché à son maître. Pour conserver la pureté d'une race, on enferme la chienne avec un mâle de la même variété tout le temps qu'elle est en chaleur.

3. Hygiène, — Soins. — Quand la femelle est pleine, sa nourriture doit être abondante, afin de favoriser le développement de ses petits. La boisson ne doit pas lui manquer. La soupe de pieds de veau ou de mouton est ce qui convient le mieux aux chiennes pendant qu'elles portent ou qu'elles allaitent. On ne laisse à la mère que trois ou quatre petits, ou même deux, si c'est sa première portée. Il faut, le plus tôt possible, accoutumer les petits chiens à manger. On leur présente d'abord du lait tiède par petite quantité à la fois; plus tard, on y mêle du pain émietté. Quand leurs dents ont acquis la force nécessaire pour les broyer, on leur donne des os. Les bains sont nécessaires, surtout aux chiens de chasse. On doit éviter, dans les aliments destinés aux chiens, l'excès de graisse, d'assaisonnement et de chaleur, et les leur présenter dans des vases de terre, de bois ou de fer, après avoir pris les précautions nécessaires pour les garantir de la rouille. Le pain de seigle, ou de seigle et d'orge, ou d'avoine, sec ou trempé dans du bouillon gras, devient pour ces animaux une nourriture très-convenable. Les chiens de chasse et de berger doivent faire deux repas par jour, l'un le matin et l'autre le soir. Le premier ne doit pas être trop abondant. Les os ne doivent leur être distribués qu'après le repas; si on les leur jetait auparavant, ils refuseraient tout autre aliment. Des morceaux de pain dans de l'eau claire contribuent à la conservation de leur force et de leur santé. Le manque d'eau étant une des principales causes de la rage, les chiens ne doivent jamais en manquer; mais on ne les laissera pas boire étant échauffés, à moins qu'ils ne continuent immédiatement le même exercice. Les chiens à l'attache doivent être entretenus proprement, et recevoir une bonne litière de paille ou de foin qu'on renouvellera souvent, surtout en été. L'hydrophobie provient souvent du désir de l'accouplement. Les os que les chiens rongent avec tant d'avidité contiennent une grande quantité de phosphore, et le phosphore est le plus puissant des aphrodisiaques connus. Pour détruire cette cause, on met l'animal à même de satisfaire son appétit sexuel, où on le diminue par des médicaments laxatifs et réfrigérants. Le suc de chènevis, mêlé à une quantité d'eau et donné en quatre à six fois par jour, d'une à deux cuillerées, devient un moyen très-efficace contre la surexcitation des chiennes en chaleur. La saignee, pratiquée dès le commencement, ne doit pas non plus être négligée.

CHAPITRE IX.

LE CHAT.

Cet animal, qui semble réunir tous les extrêmes, que l'on craint pour sa perfidie, que l'on souffre par besoin, que l'on chérit quelquefois par faiblesse, est d'une grande utilité, surtout dans les campagnes. La guerre continuelle qu'il fait, pour son seul et unique intérêt, purge nos habitations d'un ennemi importun, dont les dégâts multipliés produisent à la longue de très-grandes pertes. Les animaux auxquels le chat fait la guerre, et qu'il détruit souvent, sont indistinctement tous les animaux faibles et qui ne peuvent échapper ou à sa force, ou à son adresse : les oiseaux, les rats, les souris, les levrauts, les jeunes lapins, les mulots, les taupes, les crapauds, les grenouilles, les lézards, les chauve-souris, etc., deviennent sa proie ou son jouet. Ce qu'il ne peut ravir de haute lutte, il le guette et l'épie avec une patience inconcevable. Tapi au bord d'un trou, dans le moindre espace possible, les yeux fermés, en apparence, mais assez ouverts pour distinguer sa proie, l'oreille à laquelle il affecte un calme perfide, tout contribue à tromper l'animal dont il médite la mort. A peine celui-ci est-il hors de son trou, qu'il l'attaque et le saisit; s'il a sur lui un avantage considérable du côté de la force, il s'en joue et s'en amuse pendant quelque temps; le jeu commence-t-il à l'ennuyer, d'un coup de dents il le tue. Le traitement le plus doux, les soins les plus marqués, ne peuvent détruire en lui le naturel indépendant et à demi sauvage ; seul de tout les animaux que l'homme a réduits en esclavage, le chat a conservé cette fierté et cet amour de la liberté qu'il avait au milieu des forêts. Dans l'enceinte même de nos murs, les greniers, les toits, les endroits déserts ou retirés, sont son séjour ordinaire. Habite-t-il une maison des champs, la vue de la campagne ranime bientôt dans son cœur le goût de la chasse, l'amour de la guerre. Il part seul ou quelquefois avec un compagnon de rapine, et porte de tous côtés le ravage et la désolation. Tantôt, grimpé sur un arbre, il enlève du nid les petits oiseaux, et, caché par quelques branchages, il surprend la mère qui venait apporter la nourriture à ses petits ; tantôt, pénétrant dans la retraite des lapins, il les poursuit jusqu'au fond de leur terriers : une garenne qu'il affectionne est bientôt ravagée et dépeuplée. Souvent il arrive que ses succès enflamment son courage et lui rendent son esprit d'indépendance ; alors, il abandonne les habitations, vit au fond des bois, retourne à l'état de nature, et la génération suivante reprend tous les caractères primitifs du chat sauvage.

D'après un très-curieux article publié dans le *Musée des Familles,* et signé : *une contemporaine,* le chat, dont tous les miaulements sont, dans la langue sacrée égyptienne, les noms purs de la divinité, devint le symbole de cette langue, et fut considéré comme un être privilégié et même comme un être divin. Le nom de la *Nature* étant en langue primitive IEAOU, ce nom signifie TOUT CE QUI EST, absolument comme celui de IEOUA, ou *Jéhova,* Dieu, ainsi que tout nom composé des cinq voyelles. Si, au nom de IEAOU, on ajoute la consonne M, qui peint l'idée relative de *force,* nous aurons MIEAOU (la forte Nature), nom qu'il faut prononcer simplement MIAOU, absolument comme les chats ; c'est pour cela que, sur la principale inscription de la table isiaque, où ce nom se trouve tracé, la voyelle E n'est pas mise à son rang ; on l'a placée au-dessus de l'A, entre parenthèses. C'est ainsi qu'on s'explique la vénération des Égyptiens pour les chats. Dans toutes les maisons, il s'en trouvait un qui faisait l'office de chapelain ; c'était le pénate vénéré de la famille ; la place d'honneur lui était réservée au foyer domestique ; et à sa mort on lui faisait de pompeuses funérailles ; les chats étaient pour les initiés de véritables professeurs de langue sacrée, du moins quant à la prononciation. Paris possède, dans son musée égyptien, la momie de SOTHI, *le chat ;* et voici l'explication de ce surnom, telle que M. Duteil l'a traduite de l'écriture sacerdotale : *A lui fut le sublime honneur de prononcer exactement le nom sacré de la puissante Nature* (lequel est MIEAOU), *c'est ce qui lui valut le surnom glorieux de* chat; *il était employé comme saint dans les conjurations de la disette.* Lorsque le chat est poursuivi et acculé, il se retourne furieux pour lancer cet anathème Fû ou FUT ! qui en langue sacrée signifie *mauvais principe* ou *Typhon ;* lorsque nous voulons chasser le chat, nous lui disons encore en langue sacrée, qu'il comprend parfaitement, FUT ! et il s'en va. Lorsque les Égyptiens étaient anathématisés par un chat, ils allaient dévotement se purifier ; lorsqu'une fille avait été traitée de FUT par un chat, que l'on considérait comme un prophète, il était rare qu'elle trouvât à se marier. De la racine FU, prononcé FOU, dérive notre mot *fou,* qui correspond à *féroce, méchant, scélérat,* et qu'il ne faut pas confondre avec *Fol,* qui désigne un *aliené.* C'est aussi la racine première d'un animal puant, de la *fou*ine, de l'instrument qui sert à châlier, du *fou*et. De FUT dérive le verbe latin *futo,* qui se traduit par ré*fu*ter Le F des

Égyptiens étant considéré comme correspondant à notre lettre P, la racine Fu se change en Pu, d'où *Pus*, humeur engendrée par la *pu*tréfaction. Fut se transformant en Put, se trouve racine première de *Putois*, quadrupède qui, de même que la fouine, est très-puant, etc. En langue sacrée, le nom de Typhon est Fû ou Fût, prononcez *fou* et *fout*. Les Égyptiens appelaient *Typhon* tous les fléaux en général qui désolaient leur pays, et comme, parmi tous ces fléaux, les plus terribles sont les vents périodiques du sud et de l'ouest qui apportent, pendant les mois d'avril et d'août, des émanations putrides et des chaleurs étouffantes occasionnant une grande mortalité, ces vents furent appelés par excellence *Typhon*, nom que nous donnons encore à certains ouragans. On distingue, en général, trois variétés principales parmi les chats domestiques : le *chat d'Espagne*, le *chat des Chartreux* et le *chat angora*. La chatte entre en chaleur deux fois par an, dans le printemps et dans l'automne. Elle est beaucoup plus ardente que le mâle ; elle le cherche, le poursuit, l'appelle, et son approche seule peut la soulager de l'état douloureux où ses besoins la réduisent. Les chattes portent cinquante-cinq à cinquante-six jours, et mettent bas ordinairement quatre, cinq ou six petits qu'elles ont soin de cacher dans des trous, dans la crainte que le mâle ne les dévore, ce qui arrive quelquefois; elles les allaitent pendant trois ou quatre semaines et puis vont à la chasse pour eux, et leur rapportent des rats, des souris, des petits oiseaux, etc. Mais bientôt elles instruisent leurs petits dans le même art de la rapine, et finissent par leur laisser le soin de veiller à leur subsistance. Les chats ont pris tout leur accroissement à seize ou dix-huit mois ; ils peuvent engendrer à un an, et ils vivent environ neuf ou dix ans.

CHAPITRE IX.

LA BASSE-COUR.

1. Le coq et la poule. — On donne le nom de *poule* à la femelle du *coq*, celui de *poussin* au petit encore trop jeune, et celui de *poulet* à celui qui est parvenu à l'âge de l'adolescence. Le *chapon* est le mâle, privé par la castration, des organes générateurs, et la *poularde*, la femelle rendue stérile par une opération analogue. Il existe de nombreuses variétés de poules. Les plus répandues en France sont : 1° la *poule commune*, que tout le monde connaît ; 2° la *poule anglaise*, remarquable par sa peti-

tesse, ses pattes garnies de plumes jusqu'au bout des ongles, ses ailes pendantes et traînantes sur le sol, sa facilité à s'engraisser et l'exiguité des œufs qu'elle pond; 3° la *poule russe* ou *poule américaine, poule de Pàdoue*, aux membres extraordinairement développés, aux pattes longues et vigoureuses, au chant grave et enroué, aux œufs teintés de jaune ou de couleur aurore, espèce féconde, précoce et produisant une grande quantité de chair.

Un beau coq doit être grand dans son espèce, avoir les pieds gros, munis d'ongles forts, et les ergots longs et pointus; les cuisses longues, grosses et fournies de plumes; la poitrine large, le cou long, garni de plumes de diverses couleurs, le bec fort et crochu, les yeux pleins de feu, la crête et les barbes grandes et d'un beau rouge vif; la queue à deux rangs, recourbée, relevée au-dessus de la tête. Le coq doit être libre dans ses mouvements et surtout bien emplumé. Il faut qu'il chante souvent, qu'il gratte bien la terre afin d'en tirer des vers pour ses poules; qu'il les appelle impérativement, qu'il soit vif, alerte, pétulant, ardent à les caresser. Si quelques-unes de ces qualités lui manquent, il est défectueux et doit être réformé. Les meilleurs coqs sont de couleur rouge, bleue ou noire; ceux d'un rouge obscur sont préférables quand on veut une bonne race. Quant au choix des poules, il faut prendre celles qui ont les yeux tendres, la tête grande, la crête rouge, simple et pendante, les jambes et les pieds jaunes, les griffes courtes et fortes; il vaut mieux qu'elles n'aient pas de griffes de derrière, car c'est avec celles-là qu'elles cassent souvent les œufs lorsqu'elles couvent. En général, les meilleures pondeuses sont de grosseur moyenne. Pour faire le fond d'une bonne basse-cour, il faut avoir soin de ne jamais mêler leurs races, et de n'admettre que les descendantes des premières dont on a fait choix. Celles qui ont les ergots haut montés pondent peu, ainsi que celles qui sont trop grasses. La poule vit de 10 à 12 ans. Un coq bien choisi peut suffire à 12 ou 15 poules; mais il vaut mieux ne lui en donner que 9 et toujours proportionner la taille du coq à celle des poules. La vigueur du coq ne se prolonge guère au-delà de quatre ans; alors il est convenable de le renouveler. En général, on doit exclure d'une basse-cour en rapport, les poules de curiosité, celles qu'on recherche pour leur beauté, leur énorme huppe, leur taille gigantesque, de même que celles à plumage frisé, parce qu'elles sont trop affectées de la chaleur et du froid; et aussi les poules à pattes emplumées, parce qu'elles sont toujours chargées de boue dans les temps humides, ce qui les refroidit et les empêche de pondre. Il faut, de même, rejeter celles qui sont fa-

Grande Chienne de Russie.

Chien russe.

Chiens dogues. — Chat domestique.

Coqs et Poules.

rouches et pondent dehors. Les poules qui chantent souvent, ainsi que les coqs muets ne valent rien. Une poule de bon rapport ne se maintient guère que quatre ou cinq ans au plus.

Les poules n'ont pas besoin d'être cochées pour produire des œufs ; mais elles en donnent moins alors que lorsqu'elles ont été fécondées, et ceux qu'elles pondent ne valent rien pour l'incubation, parce qu'ils manquent de germe. La ponte est de dix-huit à vingt œufs; elle a lieu dès le mois de février, quelquefois pendant tout l'hiver, lorsque cette saison est peu rigoureuse. Les jeunes pondent à l'âge de dix ou douze mois ; elles sont plus fécondes que les vieilles, mais celles-ci sont meilleures pour l'incubation. Pour couver on choisit les plus grosses, les mieux emplumées, celles qui craignent le moins l'approche de l'homme et des animaux. Dès le mois de février, lorsqu'il est doux, les poules commencent à pondre. Il faut avoir soin de lever les œufs à mesure qu'ils sont pondus. On laisse dans chaque nid un œuf, et pour que ce soit toujours le même on le marque; les œufs de plâtre ne leurrent pas aussi bien les poules. Il y a des poules qui cassent et mangent leurs œufs. Il faut s'en défaire, ou se servir d'un expédient qui leur ôte cette habitude; pour cela on vide un œuf de son blanc par un petit trou qu'on fait à la coquille ; ensuite on mêle le jaune avec du plâtre dont on remplit l'œuf, et après l'avoir fait durcir sous la cendre, on le présente à la poule. Elle veut le manger, mais elle en est bientôt rebutée. Les œufs les plus gros, les plus frais pondus, et ceux qui vont au fond de l'eau sont les meilleurs à donner à couver : ils ne doivent pas avoir plus de trois semaines. On prétend avoir remarqué que les œufs à la pointe desquels on aperçoit un vide ou une vésicule d'air, contiennent le germe d'un coq, et que ceux où l'on aperçoit ce vide sur le côté contiennent le germe d'une poule. On dit aussi avoir observé que les œufs allongés produisent ordinairement des mâles, et les œufs plus ronds des femelles. Il faut bien se garder de remuer les œufs pendant l'incubation, la poule les retourne elle-même quand cela est nécessaire. Elle couve avec tant de constance, qu'elle se laisserait souvent mourir d'inanition sur ses œufs, si l'on n'avait soin de l'en retirer pour la faire boire et manger au moins une fois par jour. Quelques ménagères préfèrent placer tout près du nid de l'eau et du grain, afin que la poule puisse manger sans se déplacer. Cet expédient est fort utile : car on prévient alors les refroidissement des œufs ; mais il faut avoir soin de renouveler l'eau tous les jours. La couveuse mange d'ailleurs très-peu tant que dure l'incubation. La couvée dure de dix-huit à vingt-un jours ; au bout de ce terme tous les petits doivent éclore. On visite alors le nid ; on jette les œufs clairs ou pourris, et ceux dans lesquels les poussins ont péri. On peut même secourir les poussins qui veulent éclore, et qui sont quelquefois trop faibles pour percer la coque de l'œuf. Dans ce cas, aussitôt qu'on entend piauler le petit, on enlève doucement avec une épingle quelques éclats de la coquille, en prenant bien garde de blesser le poussin. Si l'on n'entend pas crier les poulets, trois jours après le terme de la couvée, c'est signe que les œufs sont clairs, ce qui peut arriver par plusieurs accidents, et entre autres par le tonnerre, qui les corrompt quelquefois d'un seul coup : en ce cas on doit les jeter. Quand tous les poussins sont éclos, on les tire du nid, et on les met au fond d'un tonneau avec leur mère ; le lendemain on les expose au soleil sous un panier d'osier, et on leur donne un peu de mie de pain détrempée dans du lait, et plus tard de l'orge bouillie, des poireaux hachés bien menu, et du son mouillé. Lorsqu'ils ont atteint un certain âge, par exemple cinq à six semaines, on les abandonne aux soins et à la vigilance de leur mère, qui, toujours attentive, prend soin de les faire manger, en les appelant dès qu'elle aperçoit quelque chose de propre à aiguiser leur appétit, et les couvre de ses ailes au premier danger. Si l'on a plusieurs couvées de poussins en même temps, on fera bien d'en donner une trentaine à conduire à une seule mère, et de remettre les autres poules à couver, si elles se sont bien acquittées de la première incubation. On chaponne les poulets lorsqu'ils ont quitté la poule qui les mène : on laisse les plus hardis et les plus éveillés pour devenir coqs. Pour ceux qu'on veut chaponner, on leur fait une incision à la partie qui enveloppe les testicules, on en tire ces testicules avec le doigt, on coud la plaie, et on la frotte avec du beurre frais. Pour avoir des poulets en hiver, on prend une poule d'Inde après Noël, on la met dans un lieu bien chaud, on lui donne vingt-cinq œufs à couver ; dans dix-huit ou vingt jours les poussins éclosent ; on les place chaudement dans un panier avec de la plume, durant cinq ou six jours, et on les nourrit à l'ordinaire, tant qu'ils sont sous l'aile de la mère.

La nourriture qui convient aux poules se compose de criblures et de vanneries de graines entremêlées de quelques herbes hachées ou de quelques fruits, selon la saison, et de son bouilli. En tout temps, deux repas suffisent : un le matin en sortant du poulailler, et l'autre à deux heures. Rien n'excite plus les poules à pondre et ne les tient en meilleure santé que les légumes farineux bouillis et donnés chauds ; les pommes de terre possèdent au plus haut degré ces avantages. On peut aussi donner aux poules de l'avoine pure lorsqu'on veut qu'elles pondent, de même que de l'orge moulue, de la vesce, du millet, du blé de sarrasin, du chènevis, etc. La graine du tournesol est aussi une excellente nourriture. L'orge à demi cuite fait, dit-on, pondre de gros œufs. On donne par jour 125 à 185 grammes de graine aux poules qui sortent, et huit à celles qu'on tient enfermées. On peut aussi nourrir les poules et les rendre propres à la ponte, en conservant une partie des eaux de lavure de la cuisine, ainsi que les croûtes et les miettes de pain. On rassemble tous les restes des herbes et des légumes qu'on emploie à la cuisine, on les met dans un chaudron qu'on remplit de lavure d'assiettes, on fait bouillir le tout jusqu'à une certaine consistance, avec du son, tantôt d'orge, tantôt de seigle, tantôt de froment, on leur donne cette nourriture entre six et sept heures du matin en été; en hiver entre huit et neuf heures, on les laisse ainsi jusqu'à onze heures ou midi en hiver, et neuf à dix en été; on les appelle alors pour leur donner du grain; on leur jette à terre une petite poignée pour chacune, et puis on leur laisse chercher leur nourriture le reste de la journée. Dans le temps de la moisson on supprime le grain, parce que les poules trouvent assez de quoi se nourrir aux champs. Elles aiment beaucoup les mûres: on plante pour elles des mûriers blancs ou noirs. Les mûres sauvages leur plaisent singulièrement et rendent leur chair blanche et délicate; il est bon d'en placer beaucoup dans les haies de clôture, qui en deviennent d'ailleurs plus épaisses et en quelque sorte impénétrables. Le journal *l'Ami des Sciences* affirme que si on renferme les poules dans un endroit où il leur soit impossible de satisfaire leur goût pour une nourriture animale, débris de viande, insectes, vers, etc., elles cesseront de pondre, alors même qu'on leur donnera en abondance les meilleurs grains; leur santé s'altérera, et le profit qu'on peut attendre d'elles diminuera dans une proportion considérable. Il faut donc avoir toujours en réserve des débris de viandes fraîches ou des vers destinés aux volatiles dont on veut retirer un bon profit. Pour économiser le grain, et fournir en abondance à la volaille les vers dont elle est si avide, on a imaginé d'établir ce qu'on appelle des *verminières*. On creuse une fosse d'une dimension proportionnée à l'étendue de la basse-cour et à la quantité de volailles qu'on élève, et on en tapisse le fond d'un lit de paille de seigle hachée très-menu, de 16 à 18 centimètres de hauteur; on recouvre cette paille d'une couche de crottin de cheval, et ensuite d'une autre couche de terre, sur laquelle on répand du sang de bœuf ou de tout autre animal, avec du marc de raisin, de l'avoine, du son, le tout mélangé d'intestins de bêtes de boucherie, de cadavres de chiens, de chats, etc.; et ainsi de suite jusqu'à ce que la fosse soit remplie. On recouvre le tout de broussailles et de larges pierres pour empêcher la volaille d'y gratter. Cette espèce de couche ne tarde pas à entrer en putréfaction et à donner naissance à des milliers de vers et d'insectes. Chaque matin, un homme tire, en 3 ou 4 coups de bêche, la portion de la journée, et la répand dans un coin de la basse-cour: car il serait dangereux de laisser la volaille en manger à discrétion. Ce supplément de nourriture entretient la santé des poules, leur aiguise l'appétit, et accélère la ponte. Il faut donner à manger aux poules au lever du soleil et vers son coucher, devant leur poulailler, sur une planche nette et unie, qui doit être balayée tous les matins à cet effet. A côté de la porte on place un fond de baquet plat, qu'on tient toujours plein d'eau renouvelée chaque jour avec exactitude. L'abreuvoir de la cour n'en saurait dispenser : car la poule, quittant son manger pour boire, il s'ensuit que, si elle est obligée de s'éloigner, les autres ont tout fini lorsqu'elle revient. Le matin, il ne faut lâcher les autres animaux que lorsque les poules ont achevé leur repas.

La disposition et la tenue du *poulailler* ont une grande influence sur la prospérité de la volaille. Le poulailler doit former un carré long, être exposé au levant ou au midi, à l'abri du froid et de la grande chaleur, spacieux, plutôt obscur que clair, et garni de perches carrées et d'une quantité de paniers proportionnée à la quantité de volailles qu'on se propose d'élever. Il est bon que les murailles soient bien construites, blanchies en dehors et en dedans, et à l'abri des fouines, et autres animaux qui nuisent aux poules: les ouvertures garnies d'un treillis de fer assez large pour donner du jour, et assez étroit pour que les bêtes ennemies n'y entrent point. On l'ouvrira tous les jours de grand matin, et on le fermera exactement chaque soir, après le coucher du soleil, lorsque les poules s'y seront retirées. On changera le foin des nids tous les quinze jours, et on enlèvera la fiente et les ordures au moins une fois par semaine. Les cultivateurs intelligents ne manquent jamais de planter près du poulailler un arbre sur lequel les poules puissent se percher et se mettre à l'abri des chaleurs de l'été : c'est ordinairement un cerisier ou un mûrier, dont les fruits plaisent beaucoup à la volaille, et lui sont très-salutaires. Enfin les personnes qui prennent soin de leur basse-cour portent la prévoyance jusqu'à placer dans un coin près du poulailler une petite fosse remplie de sable fin, dans laquelle les poules vont se rouler. Ce sable dont elles se couvrent tout le corps chasse la vermine. Elles en ont principalement besoin lorsqu'elles ont terminé l'incubation. Un religieux de la Trappe de Staouëli (Algérie) donne un autre moyen de débarrasser les volatiles de la vermine. « Le principal obstacle qui s'oppose, dit ce religieux, à la prospérité de nos basses-cours consiste dans la vermine qui, surtout dans les pays chauds, attaque les poules, les empêche de courir, de pondre au poulailler, et occasionne même des maladies meurtrières. Elle attaque aussi les cannes et autres oiseaux qui couvent ; elle tourmente les pigeons et tue les pigeonneaux au nid ; les poussins et les canetons en souffrent beaucoup. C'est une calamité ; c'est aussi un tourment pour les personnes qui soignent la volaille ; elles sont habituellement couvertes de myriades d'insectes presque microscopiques, qui, par la démangeaison qu'ils occasionnent, ne leur laissent ni paix ni trêve, ni jour ni nuit. Voici un moyen simple et facile de se débarrasser de la vermine : il suffit, dans les cas ordinaires, de placer au centre de la paille qui garnit les paniers servant à l'incubation ou à la ponte, un petit morceau de papier sur lequel on étend 10 ou 15 centigrammes d'onguent mercuriel et que l'on a roulé en cornet. Cette quantité suffit ; plus grande elle pourrait nuire aux poussins. Dans les poulaillers et les appartements boisés ou sales, il convient de soufrer la paille et les boiseries en y jetant de l'eau soufrée. On la prépare de la manière suivante : Prenez une poignée de fleur de soufre et trois poignées de chaux vive, réduite en poudre au moyen de quelques gouttes d'eau. Mêlez cela, mettez-le dans une marmite en fonte avec 10 litres d'eau, et faites bouillir une ou deux heures. Laissez refroidir, décantez et mettez en bouteille pour l'usage. Chaque bouteille de cette eau peut être étendue de deux ou trois fois son volume d'eau pure. On débarrasse encore les poules de la vermine en les frottant de beurre ou en les lavant avec de l'eau dans laquelle on a fait bouillir du cumin. Lorsque les petits poulets sont sujets à muer et à perdre leurs plumes, on ne doit pas les lever matin, mais les exposer souvent au soleil et leur jeter avec la bouche du vin tiède sur les plumes. Parmi les gallinacées qu'il serait posssible et utile d'acclimater en France, figure le *marail,* qui tient de la poule et du faisan. Son plumage est d'un vert noirâtre à reflets métalliques ; il habite les bois les plus solitaires de la Guyane française. Son cri est rauque, et le mot *marail* l'exprime assez bien. Cet oiseau s'apprivoise très-aisément. On le possède déjà en domesticité dans les environs de Paris. Les femelles pondent tous les quinze jours trois ou quatre œufs. Ce résultat permet de conserver l'espoir que le marail, dont la chair est excellente, peuplera bientôt nos basses-cours avec nos anciennes volailles. Dans leur pays natal, on nourrit ces oiseaux avec du maïs et du blé. A l'état sauvage, ils vivent de fruits indigènes, de pousses d'herbes et de graines.

2. Le dindon. — Originaire d'Amérique, le dindon fut, comme nous l'avons déjà dit, importé en France sous François Ier. Les dindons sont voraces et difficiles à nourrir, tant qu'ils sont jeunes : il y a plus de profit à en élever un grand nombre, parce qu'on les fait paître aux champs, où ils se nourrissent d'herbes, de vers, d'orties et de fruits ; au lieu que si on n'en a que peu, et qu'on les nourrisse dans la basse-cour, ils consomment beaucoup de graine, et font beaucoup de dégât. Si on pouvait avoir un verger qu'on laissât en herbe et où on les mettrait, ce serait une grande économie. Lorsqu'on veut peupler une basse-cour de ces animaux, il faut préférer les noirs, et choisir les mâles et les femelles les plus gros et les plus éveillés ; les mâles à plumage noir sont plus vigoureux ; les dindes de cette couleur sont aussi plus fécondes, leur chair est plus fine et plus délicate. Les pattes courtes et le corsage volumineux caractérisent les poules d'Inde bien constituées et très-propres à multiplier, lorsqu'elles ne sont pas prises trop jeunes. La poule d'Inde n'est pas aussi féconde que la poule ordinaire. On doit, pour l'exciter à souffrir le coq et à pondre, lui donner de temps en temps quelque nourriture qui l'échauffe, comme, par exemple, de l'avoine, du chénevis, du sarrasin, etc., et avec cela, elle ne fait ordinairement, par année, qu'une ou deux portées environ de douze à quinze œufs chacune ; lorsqu'elle en fait deux, elle commence la première sur la fin de l'hiver environ ou vers la mi-février, et la seconde dans le courant d'août. Les œufs sont blancs avec quelques petites taches d'un jaune rougeâtre. On reconnaît que la femelle veut couver lorsqu'elle reste sur son nid, après la ponte, plus d'une demi-heure de suite. On peut lui donner vingt à vingt-deux œufs de son espèce, ou jusqu'à trente œufs de poule. Pendant l'incubation, la mère attentive change elle-même les œufs de place ; on remarque qu'elle fait passer successivement ceux du centre à la circonférence, et réciproquement. Le nid doit être large et garni d'une grande quantité de paille, où elle puisse enfoncer ses longues pattes ; sans cette précaution, on court le risque d'avoir beaucoup d'œufs cassés. On lève aussi chaque jour les dindes de leur couvée pour leur donner à boire et à manger : car, ainsi que les poules ordinaires, elles se laisseraient périr d'inanition plutôt que de quitter leurs œufs ; mais il est plus simple de mettre devant elles et à leur portée la nourriture et la boisson. De cette manière, il est rare que la couvée ne réussisse pas ; le

poussin renfermé dans l'œuf n'éprouvant point les alternatives du froid et du chaud, comme lorsqu'on enlève chaque jour la mère pour la faire manger, il a toujours la force de percer sa coquille et d'en sortir. Si l'on a plusieurs mâles inutiles, il est facile de les faire couver comme les dindes. On leur enlève les plumes du ventre, et on leur frotte cette partie avec des orties et de l'eau de-vie mêlée de poivre; on les met ensuite sur un nid garni d'œufs, dans un endroit obscur. L'animal éprouve une démangeaison et une sensation de froid que la chaleur du nid peut seule faire cesser; il ne quitte plus alors ses œufs, et conduit ensuite les petits avec la même sollicitude que la femelle. L'incubation dure de trente à trente-deux jours. Le dindon, si vigoureux lorsqu'il est adulte, est de tous les hôtes de la basse-cour le plus difficile à élever dans sa jeunesse : car il est alors extrêmement délicat. Les dindonneaux sont très-sensibles au froid et à l'humidité; une chaleur excessive leur est également contraire; d'un autre côté, il n'en est pas de cet oiseau comme du poulet, qui becquète et prend lui-même sa nourriture au sortir de la coquille; il faut lui ouvrir le bec et le remplir de pâtée.

La première nourriture des dindonneaux doit être un mélange d'œufs cuits durs, de mie de pain, de fromage blanc et d'orties hachées très-menu. On suppprime peu à peu les œufs; les orties cuites ou d'autres herbages mêlés avec du son suffisent ensuite; l'orge, le millet et autres grains semblables leur apprennent à becqueter. On leur donne à boire de l'eau, ou mieux encore de la bière. On ne saurait leur donner à manger trop souvent et les tenir dans un endroit trop sec. Si le temps est beau, on les conduira dehors avec leur mère; mais si le soleil est trop ardent, on fera bien de leur pratiquer un petit abri sous lequel ils pourront se mettre à l'ombre, et participer en même temps à la chaleur. Dès que les dindonneaux piaulent, c'est un signe que la faim les presse : leur estomac est si actif, que la digestion des aliments est faite en une demi-heure; moins ils attendent, et plus ils prospèrent. Dès que l'on s'aperçoit qu'ils ne mangent pas avec la même avidité, il faut stimuler leur appétit par quelques gouttes de vin. En Suède, aussitôt que les dindonneaux ont quitté la coquille, on leur fait avaler un ou deux grains de poivre, et on les remet sous leur mère ; on les nourrit ensuite avec de la mie de pain détrempée dans du lait, et mélangée de feuilles de patience hachées très-menu. Le cresson, dont ils sont très-avides, leur est très-profitable ; mais les œufs de fourmis sont la meilleure nourriture qu'on puisse leur donner.

Une époque critique pour les dindonneaux est celle où ils

prennent le rouge, c'est-à-dire où des mamelons couleur de sang remplacent le duvet qui leur recouvrait auparavant une partie de la tête et du cou ; l'apparition de ces mamelons, qui a ordinairement lieu six semaines ou deux mois après leur naissance, les rend tristes et leur ôte l'appétit ; il est alors plus que jamais nécessaire de les tenir chaudement et de leur administrer un peu de vin. Le *rouge* ou *caroncule* détruit chaque année un très-grand nombre de dindonneaux ; l'expérience a démontré que l'alimentation suivante les préserve souvent de ce fléau : on fait une pâtée avec du pain trempé, des œufs durs et de l'oignon ; on leur donne ce mélange comme nourriture ordinaire. On peut supprimer les œufs à la fin du premier mois. Dès que les dindonneaux auront cinq à six semaines, un petit garçon pourra les mener paître dans les champs pendant trois ou quatre heures de la journée, et toujours par un beau temps : il aura soin de les défendre des orties ; car lorsque ces animaux se piquent aux pattes, ils se déchirent eux-mêmes jusqu'au sang. Quand ils seront rentrés à la maison, on leur donnera du menu grain, du son mouillé et un peu de mouron à fleurs jaunes, qui leur est très-bon étant haché, sans jamais les laisser manquer d'eau. On les gouverne ainsi jusqu'à ce qu'ils soient devenus gros comme des chapons ; on peut alors les conduire aux champs avec moins de précaution et les y laisser la plus grande partie de la journée ; car les dindons adultes ne craignent ni le froid ni l'humidité, comme dans leur enfance. On les laisse coucher dehors, pendant la belle saison, sur un juchoir composé d'un poteau traversé de plusieurs barres en croix à différentes distances, depuis 2 mètres de terre jusqu'en haut. Les dindons passent la nuit en plein air, ils se perchent quelquefois sur les arbres pour être plus élevés, et surtout sur le mûrier à fruits blancs ou noirs, dont ils sont très-avides. On doit aussi mener souvent les dindons dans les bois ; ils s'y plaisent beaucoup, parce qu'il s'y trouve une infinité de vermisseaux et d'insectes qu'ils mangent avec plaisir, et leur chair acquiert une qualité et un goût bien meilleurs que la chair de ceux qu'on n'y mène point ; mais il faut que celui qui les garde ait l'œil sur eux, de peur qu'en s'écartant ils ne deviennent la proie de quelques animaux carnassiers, qui en sont fort friands ; il est bon d'avoir quelques chiens qui fassent la garde autour d'eux. Ceux qui ont des parcs fermés de murailles ont une grande facilité d'élever des dindons. La liberté que ces animaux ont d'aller et venir à leur gré, de jucher partout où il leur plaît et de coucher au grand air semble les remettre dans leur climat originaire ; mais on ne peut pas les y laisser coucher et les y élever dès leur première jeunesse, il faut attendre qu'ils soient un peu forts. Lorsque les dindonneaux ont été surpris par une pluie froide, et qu'ils restent sans mouvement, il faut leur souffler de l'air chaud dans le bec, les envelopper de linge chauds, et, lorsqu'ils reprennent leurs forces, leur faire avaler quelques gouttes de vin.

Les gros propriétaires de la Champagne entretiennent de nombreux troupeaux de dindons, qu'ils font conduire dans les champs à l'époque de la moisson, après l'enlèvement des gerbes. Ces troupeaux ramassent tout le grain qui serait perdu sans cette espèce de glanage. Chaque pays a une méthode particulière d'engraisser les dindonneaux. A Saint-Chamont (Loire), on les fait parvenir à un degré d'obésité extraordinaire, en les renfermant dans un endroit peu spacieux et obscur, où on leur donne à manger à discrétion une pâtée de farine de sarrasin ou de maïs détrempée dans du lait; on leur fait en outre avaler quatre à cinq fois par jour des boulettes de pommes de terre cuites; quelques personnes y ajoutent des œufs cuits et hachés. Dans d'autres pays, on se contente du régime ordinaire, et on leur fait seulement avaler, tous les soirs, pendant une huitaine de jours, cinq à six boulettes de farine d'orge; on obtient, au bout de ce temps, des dindes excessivement grasses, délicieuses, et d'un poids souvent considérable. Il ne faut pas craindre d'étouffer les dindonneaux en leur faisant avaler des boulettes dont la grosseur et le nombre peuvent paraître disproportionnés à la capacité de leur gésier. M. Bowle rapporte une expérience, dont nous lui laissons toute la responsabilité, et qui fera juger de la rapidité avec laquelle le dindon digère les aliments les plus volumineux. Il commença par donner à un dindon vingt noix entières par jour, dix le matin et dix le soir, et il en augmenta graduellement le nombre jusqu'à lui donner, au bout d'une semaine, cent vingt noix en un seul jour. Cette expérience dura douze jours, au bout desquels on tua le dindon, qui se trouva très-gras et très-délicat. On lui faisait avaler ces noix une par une, en lui glissant la main le long du cou, jusqu'à ce qu'on sentît que la noix était passée dans l'œsophage. Douze heures après, le dindon avait parfaitement digéré jusqu'aux moindres particules de la coquille, sans qu'il lui en restât le moindre vestige ni dans le jabot, ni dans les intestins. Les cultivateurs les plus intelligents de la Souabe ont une manière aussi économique qu'avantageuse de nourrir les dindons. Ils font cuire des raves et des pommes de terre, et ils en forment une pâtée qu'ils font sécher au four pour la conserver. Ils en émiettent chaque jour une certaine quantité qu'ils distribuent aux dindons, dont elle forme la nourriture exclusive. Cet aliment remplace le grain pendant toute l'année, et engraisse même la volaille quand on le lui donne en assez grande quantité. Les dindons prenant naturellement la graisse avec facilité, il est inutile de les chaponner; la castration rend néanmoins leur chair plus délicate; mais cette opération est plus dangereuse chez eux que chez le coq. On ne pratique pas l'ouverture au-dessus du croupion comme chez le poulet; car, les dindons ayant le corps plus grand, les testicules se trouvent plus éloignés du lieu de l'incision, et il serait souvent assez difficile de les atteindre avec le doigt; on y procède d'une autre manière. Au-dessus de la fourchette, près de la cuisse, se trouve une peau mince qui recouvre la cavité du ventre, depuis l'os de la poitrine jusqu'aux côtes. On écarte avec précaution les plumes sur cette partie, et l'on fait une incision d'environ 3 centimètres de long; on introduit les doigts par cette ouverture, et on les dirige du côté du dos, où l'on rencontre les testicules. On passe le doigt à l'entour, et on les amène doucement jusqu'à l'ouverture, où on les coupe. On frotte la plaie avec du beurre frais, et on la saupoudre de cendre; on opère de même de l'autre côté. On peut châtrer les dindonneaux huit jours après qu'ils ont pris le rouge. La durée moyenne de la vie du dindon est de douze à treize ans.

3. La pintade. — La pintade ou *poule de Numidie* n'est pas très-commune dans nos basses-cours; cependant ses œufs, qui sont plus petits que ceux des poules communes, sont meilleurs et plus délicats que ces derniers. La difficulté d'élever cet oiseau, le cri aigu, perçant et incommode qu'il jette fréquemment, son impétuosité et son humeur irascible sont les causes auxquelles il faut rapporter sa rareté. Nous ne nous arrêterons donc pas plus longtemps sur l'éducation des pintades, qui, dans la nomenclature des hôtes de la ferme, n'offrent que très-peu d'intérêt.

4. Le paon. — La richesse de plumage qui distingue le paon de tous les autres oiseaux est un avantage exclusivement réservé au mâle; la femelle n'a ni cette longue queue, ni ces couleurs étincelantes. Le paon ne brille de tout son éclat qu'à l'âge de trois ans; sa queue tombe tous les ans à la chute des feuilles, et ne revient qu'au printemps. On prétend que la fleur de sureau lui est contraire, et que la feuille d'ortie est un poison pour les paonneaux. Les mâles vivent jusqu'à vingt-cinq ans, et les femelles jusqu'à vingt ou vingt-deux. L'âge de la pleine fécondité est de trois ans pour les mâles, et de deux ans pour les femelles. C'est au printemps que l'accouplement a lieu. On peut l'avancer en donnant à ces oiseaux, tous les quatre à cinq jours,

le matin à jeun, des fèves légèrement torréfiées. La paonne ne fait qu'une ponte par an ; cette ponte est de quatre à cinq œufs blancs et tachetés comme ceux de la dinde. Elle ne commence guère avant le mois de mai, et dure ordinairement une quinzaine de jours. Si on laisse la femelle agir suivant son instinct, elle déposera ses œufs dans un lieu secret et retiré. On prétend aussi qu'elle les laisse échapper la nuit du haut du juchoir où elle est perchée ; c'est pourquoi on recommande d'étendre pardessous de la paille pour les empêcher de se briser.

L'incubation dure de vingt-sept à trente jours, suivant la température du climat et de la saison. On a soin de mettre à portée de la couveuse une quantité suffisante de nourriture, de crainte qu'elle ne quitte trop longtemps ses œufs et ne les laisse refroidir. Il faut aussi éviter de la troubler dans son nid, et de lui donner de l'ombrage : car, par une suite de son naturel inquiet et défiant, si elle se voit découverte, elle abandonnera ses œufs, et recommencera une nouvelle ponte qui ne vaudra pas la première, à cause de la proximité de l'hiver. On prétend que la paonne n'attend pas que tous les petits soient sortis de la coquille, mais que, dès qu'elle en voit quelques-uns d'éclos, elle quitte tout pour les conduire. Il faut, dans ce cas, prendre les œufs non encore ouverts, et les mettre éclore sous une autre couveuse. Quand les petits sont éclos, il faut les laisser sous la mère pendant vingt-quatre heures, après quoi on peut les transporter sous une mue. Leur première nourriture sera de la farine d'orge détrempée dans du vin, du froment ramolli dans l'eau, ou de la bouillie cuite et refroidie. Dans la suite, on pourra leur donner du fromage blanc bien pressé, et sans aucun petit lait, mêlé avec des poireaux hachés, et même des sauterelles, dont ils sont très-friands ; mais il faut ôter les pattes de ces insectes. Lorsque les paonneaux auront six mois, ils mangeront du froment, de l'orge, du marc de cidre et de poiré, et même de l'herbe tendre. On a observé que les premiers jours la mère ne revient jamais coucher avec sa couvée dans le nid ordinaire, ni même deux fois dans le même endroit. Comme cette couvée si délicate est alors exposée à beaucoup de risques, puisqu'elle ne peut pas encore monter sur les arbres, on doit surveiller le soir la paonne, épier l'endroit qu'elle aura choisi pour gîte, et mettre ses petits en sûreté. Les paonneaux ne pouvant se servir de leurs ailes que lorsqu'ils sont un peu forts, la mère les prend tous les soirs sur son dos, et les porte l'un après l'autre sur la branche où ils doivent passer la nuit. Le lendemain matin, elle saute devant eux du haut de l'arbre en bas, et les accoutume à en faire autant pour la suivre, et à faire usage de leurs ailes. L'*aigrette* commence à pousser aux paonneaux à l'âge d'un mois ou cinq semaines. Ils sont alors malades comme les dindons lorsqu'ils prennent le rouge. Ce n'est que de ce moment que le coq-paon les reconnaît pour les siens; car il les poursuit comme étrangers tant qu'ils n'ont point d'aigrette. On ne doit néanmoins les mettre avec les grands qu'à l'âge de sept mois; et s'ils ne se perchent pas d'eux-mêmes sur le juchoir, il faut les y accoutumer, et ne point souffrir qu'ils dorment à terre, à cause du froid et de l'humidité.

5. Le faisan. — Le faisan est de la grosseur du coq ordinaire; il peut en quelque sorte le disputer au paon pour la beauté; il est aussi noble, aussi fier, il a le plumage aussi distingué. On connaît trois espèces de faisans : le *faisan commun*, le *faisan argenté* et le *faisan doré*. Si l'on veut entreprendre en grand une éducation de faisans, il faut y consacrer un parc d'une certaine étendue, en partie gazonné, en partie semé de buissons, sous lesquels les oiseaux puissent trouver un abri contre la pluie et la chaleur. Une partie de ce parc sera divisée en plusieurs petits parquets de 10 ou 12 mètres en carré, destinés à recevoir chacun un coq avec ses femelles. On les retient dans ces parquets en leur coupant le *fouet* de l'aile à l'extrémité de la jointure, ou bien en couvrant les parquets avec un filet. On se gardera bien de renfermer plusieurs mâles dans la même enceinte, car ils se battraient, et finiraient peut-être par se tuer. Le faisan se plaît dans les lieux marécageux, et c'est toujours dans les endroits les plus humides et le long des mares dans les grands bois de la Brie que se tiennent les faisans échappés des résidences de chasse voisines. Ces oiseaux vivent de toutes sortes de grains et d'herbages; on conseille même de cultiver pour eux, dans une partie du parc, des plantes potagères, telles que fèves, carottes, pommes de terre, oignons, laitues et panais, surtout les deux dernières, dont ils sont très-friands. On dit qu'ils aiment aussi beaucoup les glands, les baies d'aubépine et la graine d'absinthe; mais le froment est la meilleure nourriture qu'on puisse leur donner, en y joignant des œufs de fourmis ou des sauterelles. Il faut être exact à leur fournir de l'eau nette, et à la renouveler souvent. Trois ou quatre poules faisandes suffisent à un coq. C'est à l'âge d'un an que ces oiseaux sont le plus féconds; ils ne sont plus propres à l'accouplement passé l'âge de trois ans. La ponte a lieu au commencement du printemps. La faisande prépare elle-même son nid dans le recoin le plus retiré et le plus obscur de son habitation. Elle y emploie la paille, le feuillage et autres choses semblables. Si on lui en arrange un, elle commence par le détruire et à en

éparpiller tous les matériaux. Elle ne fait qu'une ponte par an, du moins dans nos climats, et donne rarement plus de douze œufs, lors même qu'on les fait couver par des poules. Ses œufs sont beaucoup moins gros que ceux de la poule, et la coquille en est plus mince que celle des œufs de pigeon; leur couleur est un gris verdâtre, marqueté de petites taches brunes en zone circulaire. Chaque faisande peut en couver dix-huit. Mais on les exempte ordinairement de ce soin, et on les fait couver par des poules ordinaires. L'incubation est de vingt à vingt-cinq jours, Il faut tenir la couveuse dans un endroit éloigné du bruit et un peu enterré, afin qu'elle y soit à l'abri des variations de la température et du fracas du tonnerre. Dès que la poule faisande commence à pondre, on ramasse les œufs, et on les conserve dans des vases remplis de son, jusqu'à ce qu'on en ait assez pour les faire couver par une poule ordinaire ou une poule d'Inde. Si la faisande couve elle-même, elle y met vingt-cinq jours. La première couvée peut éclore au mois de mai. Dès que les faisandeaux sont éclos, on les tient pendant dix ou douze jours avec la poule dans une boîte sans couvercle sur un terrain sec, au pied d'un mur exposé au couchant. La partie destinée à contenir la mangeaille est couverte d'un filet, pour empêcher qu'elle ne soit vidée par les moineaux. La première nourriture doit consister en œufs de fourmis des bois, et en une pâtée faite de farine d'orge et d'œufs avec la coque. Au bout de 10 à 12 jours, on les met avec la poule dans un petit clos fait avec des bâtons, et on ne leur donne alors que de l'eau et une pâte de farine d'orge. Quand ils ont 15 à 20 jours, on peut leur donner une nourriture plus substantielle, du maïs, du blé, de l'orge, du millet, des fèves moulues, en augmentant peu à peu l'intervalle des repas. On sera alors très-exact à leur donner de l'eau fraîche, et à la renouveler souvent : autrement ils sont sujets à être attaqués de la pépie. Le troisième mois est une époque critique pour les faisandeaux comme pour les paons : les plumes de leur queue tombent, et il en pousse de nouvelles; les œufs de fourmis sont alors d'une grande ressource; ils hâtent la crise, et en diminuent le danger, pourvu qu'on ne leur en donne pas trop, car l'excès serait pernicieux. On peut, vers le troisième mois, lâcher les faisans dans l'endroit que l'on veut peupler. Le faisan s'accouple avec la poule de basse-cour, il en résulte des œufs pointillés de noir comme ceux de la faisande, mais beaucoup plus gros. Les petits qui en naissent sont assez semblables aux faisandeaux, mais incapables, dit-on, de perpétuer leur race. Le faisan s'engraisse, comme toute autre volaille, avec une pâtée de farine d'orge ou de fèves; mais il faut prendre garde, en lui introduisant la petite boulette dans le gosier, de ne pas renverser la langue; car il mourrait sur-le-champ. Cet oiseau vit, comme les poules, 10 ou 12 ans.

6. Le pigeon. — Les pigeons ne sont réellement pas domestiques comme les chiens et les chevaux, ni même prisonniers comme les poules: ce sont plutôt des captifs volontaires, des hôtes fugitifs, qui ne se tiennent dans le logement qu'on leur offre qu'autant qu'ils s'y plaisent, autant qu'ils y trouvent la nourriture abondante, et toutes les commodités, toutes les aisances nécessaires à la vie. L'amour conjugal et paternel est un des traits les plus caractéristiques de cette espèce; l'on a remarqué, entre autres exemples, le dévouement d'une femelle : pendant l'incubation, placée trop près d'une fenêtre, ses pattes gelèrent et tombèrent, et, malgré cette souffrance, elle continua toujours à couver ses petits. On dresse ces oiseaux à porter des lettres au loin : un pigeon messager apporta des nouvelles de Babylone à Alep en 48 heures. Un homme ne ferait guère ce voyage en moins de 30 jours. Il n'est pas d'espèce d'oiseau aussi généralement répandue ni aussi multipliée. Il n'en existe pas non plus qui présente plus de variétés sous le rapport de la taille, de la fécondité, de l'élégance des formes, de la distribution du plumage et de la vivacité des couleurs. On a trouvé des pigeons dans tous les pays de la terre. On en connaît maintenant plus de cinquante espèces bien distinctes, sans compter les variétés du pigeon domestique, dont on nourrit plus de deux cents races qui se propagent et se perpétuent. Les plus remarquables sont : le *pigeon de Barbarie*, le *gros bec*, le *biset*, le *pigeon hirondelle*, le *noyer*, la *grosse gorge*, le *dominicain* ou *jacobin*, le *culbuteur*, le *pattu* ou à pied plumeux. Toutes ces espèces ont le bec assez allongé; d'autres ont un bec court, semblable à celui des passereaux; tels sont les pigeons *polonais*, le pigeon *queue de paon*, le *nonain* ou *fraisé*, qui paraît avoir une fraise antique ou une palatine de plumes frisées, redressées sur la nuque et sur le cou; le *pigeon cravate* et beaucoup d'autres. Les *ramiers* et les *tourterelles* appartiennent encore au même genre. Les pigeons *cauchois* sont de gros pigeons du pays de Caux, en Normandie. Les pigeons vivent par couples, font un nid commun sur un arbre ou dans un endroit élevé, et pondent deux œufs que le mâle couve dans le milieu de la journée, pendant que la femelle pourvoit à ses besoins. Ce sont les seuls oiseaux qui boivent en suçant et tout d'un trait. Le mâle et la femelle se dégorgent dans le bec. Tous deux font passer dans le bec de leurs petits les aliments qu'ils ont pris eux-mêmes, d'abord réduits en chyle alimentaire, puis

ramollis seulement quand les pigeonneaux sont devenus plus forts. Le chant des mâles se produit principalement dans la gorge : c'est ce qu'on appelle *roucoulement*. Il naît ordinairement un mâle et une femelle de chaque couvée. Les frères font à leur tour un nouveau couple. Les femelles font communément dix pontes par année. Comme nous ne devons considérer cet oiseau que sous le rapport de l'utilité, nous nous occuperons principalement du pigeon de colombier ou *bizet*, vulgairement connu sous le nom de pigeon *fuyard*. Les meilleurs pigeons de colombier sont les gris, tirant sur le cendré, et le noir ; ils ont les yeux et les pieds rouges ; les privés sont les plus gros, ont la chair plus délicate ; mais ils coûtent à nourrir. Il y a plusieurs manières de peupler un colombier ; la meilleure consiste à choisir, vers la fin de l'hiver, une quantité proportionnée de pigeons de l'année précédente, et des premières couvées, s'il est possible, et à les jeter dans le colombier, après en avoir fermé toutes les issues. On leur donnera chaque jour de l'eau fraîche et du grain en quantité suffisante; la même personne sera toujours chargée de ce soin, et ira leur donner à manger à la même heure; au bout de deux ou trois jours, les pigeons seront accoutumés à la voir; ils attendront cette heure avec impatience, et ne seront plus effarouchés. Dès que l'on s'apercevra que les pontes seront faites, et qu'il commencera à y avoir des œufs d'éclos, on ouvrira la trappe, et le mâle ou la femelle, entraînés par leur première éducation, iront dans les champs chercher la nourriture pour leurs petits. On est assuré par là de fixer pour toujours, dans le colombier, les pères, les mères et leur progéniture. On continuera pendant quelque temps à leur donner du grain ; mais on en diminuera peu à peu la quantité, et après l'incubation de la seconde ponte, on n'en donnera plus.

Les colombiers sont de deux sortes : carrés ou ronds; ces derniers sont plus commodes. Le colombier doit, autant que possible, être éloigné de l'habitation principale, et placé à quelque coin de basse-cour ; il doit être élevé sur de bons fondements, blanchi en dehors et en dedans, avec deux ceintures de plâtre ou de pierres en dehors, pour que les pigeons s'y reposent. Les ouvertures en doivent être tournées au midi, avec une coulisse qui se hausse et se baisse soir et matin. On y met autant de nids qu'on veut ; ces nids sont, ou attachés au mur, ou enclavés dans le mur même. Ils sont faits de terre, de plâtre ou d'osier; le premier rang doit être ou à trois pieds de distance du faîte, et couvert d'une planche. Il y a deux sortes de colombiers : 1° les *colombiers à pied et à boulins ;* ils sont ordinairement faits en forme de tours; ils ont des niches ou des boulins depuis le rez-de-chaussée jusqu'au haut; ce sont des pièces détachées des autres bâtiments; c'est ce qu'on appelle de vrais colombiers; 2° les autres, qu'on nomme en certains cantons *pigeonniers*, ou *fuies*, ou *volières* à pigeons, n'ont des boulins que dans le haut, sont élevés sur quatre piliers ou construits sur les maisons mêmes ou sur les granges.

Il convient de choisir au moins à 4 ou 8 kilomètres les premières paires de pigeons dont on veut peupler un colombier, dans la crainte que la proximité de la vue de l'endroit où ils sont nés ne les y rappelle, quoiqu'ils en aient été séparés depuis plusieurs mois. La nourriture des pigeons se compose d'orge, d'avoine, de criblure ou de sarrasin; ils sont très-friands de vesces. Quand on veut accélérer leur ponte, on leur donne du chènevis mélangé de graine d'anis ou de cumin. On n'est guère obligé de les nourrir que depuis la mi-novembre jusqu'en février. Les pépins de raisin, qu'ils aiment beaucoup, peuvent être alors d'une grande ressource, surtout dans les pays vignobles; on les sépare des pellicules après les avoir fait sécher; on les bat avec le fléau, et on les vanne ensuite comme le blé. Cette nourriture, donnée en assez grande quantité, entretient la vigueur des pigeons, et les fait pondre pendant toute l'année, excepté au temps de la mue, pourvu que le colombier soit chaud et bien abrité. Il faut veiller à ce qu'ils ne manquent pas d'eau. Le lieu qu'on choisit pour distribuer la nourriture aux pigeons doit être uni, tenu proprement et à proximité du colombier. On les fait venir en sifflant, pendant qu'on leur jette le grain. C'est le matin et le soir qu'il faut leur donner à manger, mais jamais à midi : à cette heure ils ont l'habitude de sommeiller. Il ne faut pas non plus que ce soit à une heure fixe : car, autrement, les pigeons du voisinage ne manqueraient pas de venir partager la ration. Le pigeon fuyard fait trois pontes par an; chaque ponte est ordinairement de deux œufs. L'incubation dure de seize à vingt jours. Le mâle et la femelle couvent alternativement pendant le jour, et la femelle seule pendant la nuit. Aussitôt que les pigeonneaux sont ressuyés, le père et la mère en prennent un soin égal, et leur dégorgent dans le jabot des aliments qu'ils ont avalés, et qu'une demi-digestion a, pour ainsi dire, réduits en bouillie. Ils leur donnent peu à peu une nourriture plus solide, c'est-à-dire du grain conservé moins longtemps dans leur gésier. Dès que les pigeonneaux sont en état de voler, les père et mère les chassent du nid, et les obligent de pourvoir eux-mêmes à leur subsistance. Ils sont fort longtemps à apprendre à chercher et à ramasser eux-

Le Paon et le Dindon.

Canards.

Canard de Barbarie.

L'Oie.

Le Cygne.

Poule.

Pintades.

mêmes le grain qui doit les nourrir, ils suivent ordinairement leurs parents, et en reçoivent la plus grande partie de leur nourriture, jusqu'à ce que ceux-ci s'occupent d'une nouvelle incubation. Les jeunes pigeons pondent à six mois; leur fécondité diminue dès la quatrième année.

Il n'y a guère d'oiseaux qui demandent à être tenus plus proprement que le pigeon. Le colombier doit être nettoyé quatre fois par an : la première fois, à la fin de l'automne; la seconde, au commencement du printemps, avant la ponte; la troisième en juin, et la quatrième en septembre. Il faut éviter de troubler les pigeons pendant la couvée; car ils s'effarouchent facilement et quittent leurs œufs pour ne plus y revenir. Le fumier qu'on enlève doit être remué le plus doucement possible de peur que la poussière, qui est très-contraire aux pigeons, ne vole en trop grande abondance sur les œufs qui sont dans les nids. Pour préserver les pigeons de maladies, il est bon d'y brûler des herbes odoriférantes, comme thym, lavande, romarin, etc. Il faut également nettoyer les nids toutes les fois qu'on en prend les pigeonneaux. On s'étonne quelquefois qu'un colombier bien situé et bien garni soit d'un si faible rapport. Cette infériorité de produits ne doit être le plus souvent attribuée qu'à la négligence de remplacer les vieux pigeons, mangeurs inutiles, par de jeunes pigeonneaux. Pour entretenir comme il faut un colombier, on ne devrait pas toucher à la première couvée de chaque année.

Les *pigeons mondains* ou de *volière* sont beaucoup plus gros et plus féconds que les pigeons fuyards; ils produisent presque tous les mois de l'année, pourvu qu'ils soient en petit nombre dans la même volière, c'est-à-dire huit ou dix paires dans un espace de 1 mètre 15 carrés. Ils sont en état de produire à l'âge de huit ou neuf mois; mais ils ne sont en pleine ponte qu'à la troisième année; cette pleine ponte dure jusqu'à cinq ou six ans. Il y a des pigeons mondains qui pondent encore à douze ans. La ponte des deux œufs a lieu en quarante heures en hiver et en douze heures pendant l'été; la femelle ne commence à couver assidûment qu'après la ponte du second œuf. L'incubation dure ordinairement dix-huit jours, quelquefois dix-sept, surtout en été, et jusqu'à dix-neuf ou vingt en hiver. Le pigeon mondain demande, du reste, les mêmes soins que le pigeon fuyard. La durée de la vie du pigeon est ordinairement de huit ans.

Les volatiles dont nous nous sommes occupés jusqu'ici font partie de l'ordre des *gallinacés* auquel appartiennent également beaucoup d'oiseaux de chasse, telles que la *perdrix*, la *caille*, etc.

L'*oie* et le *canard*, dont il nous reste à parler, sont compris dans l'ordre des *palmipèdes* ou animaux à pieds palmés.

6. L'OIE. — On distingue deux variétés d'oies domestiques qui ne diffèrent que par leur taille, mais la grande est la seule qu'on élève, parce qu'elle est d'un meilleur rapport. Pour avoir une belle race d'oies, il faut choisir des *jars* (c'est le nom qu'on donne au mâle de l'oie) de grande taille et entièrement blancs, et des femelles qui aient l'entre-deux des jambes très-large, et un plumage gris ou panaché. Parmentier croit qu'il serait possible de trouver dans l'espèce sauvage des jars qui s'accoupleraient avec des oies domestiques, et produiraient des métis dont la chair serait plus délicate. Il paraît qu'en Espagne, où les rivières et les lacs sont partout couverts de canards et d'oies sauvages, ces croisements ont été tentés avec le plus grand succès. Un jars suffit à cinq ou six femelles; l'accouplement a lieu en février, ou plus tôt, suivant la chaleur de la saison, mais il est facile d'en hâter l'époque afin d'avoir des oisons de bonne heure, en donnant au mâle et à la femelle des graines échauffantes. On reconnaît que le moment de la ponte est venu lorsqu'on voit l'oie porter de la paille à son bec pour construire son nid; il faut alors répandre une assez grande quantité de paille sèche et courte près de l'endroit qu'elle aura choisi. Si cet endroit n'est pas naturellement chaud et éloigné du bruit, il convient de la détourner de son premier choix, en rassemblant dans le lieu où l'on veut la faire pondre de la paille et des orties, dont elle aime beaucoup l'odeur, et en y commençant un nid : l'oie ira successivement y déposer ses œufs, surtout si l'on a soin de mettre de la nourriture à sa portée, ainsi qu'un grand vase plein d'eau, où elle puisse boire, et même se baigner pendant l'incubation. L'oie ne doit pas tarder de couver lorsqu'on s'aperçoit qu'après chaque ponte elle reste sur ses œufs plus longtemps que de coutume. La durée de l'incubation varie, de même que l'époque de la ponte, suivant la chaleur du lieu ou de la saison, de vingt-neuf jours au moins à trente-trois jours au plus. Il arrive souvent que des œufs éclosent deux, trois et même quatre jours avant les autres; il faut alors enlever promptement les oisons du nid, car autrement la mère abandonne la couvée aussitôt qu'elle sent quelque chose remuer sous elle. On les tient chaudement, sans se presser de leur donner à manger, et on les rend à leur mère lorsque tous les œufs sont éclos, ou que le terme le plus long de l'incubation est expiré. La poule commune peut être employée à couver des œufs d'oie, mais, comme ils sont fort gros, on ne peut guère lui en donner que sept ou huit. La dinde peut au

contraire en faire éclore une quinzaine. Il ne faut donner à manger aux jeunes oisons qu'au bout de vingt-quatre heures après leur sortie de la coquille. On leur distribue alors des œufs cuits durs et hachés très-menu, mélangés de jeunes orties, de croûtes de pain bouillie ou de farine d'orge. On peut les laisser sortir au bout de trois ou quatre jours, mais il faut attendre que la rosée soit entièrement dissipée, et avoir soin de les faire rentrer aussitôt que le temps se rafraîchit ou qu'il menace de pleuvoir; car le froid et l'humidité sont très-contraires à cet oiseau. On continue de leur donner soir et matin une nourriture composée de pain, de recoupes, de pommes de terre cuites et d'herbages hachés, et surtout de mélilot. Il est bon de mélanger, tant qu'ils sont petits, un peu d'ail haché dans leur nourriture, et de mettre dans l'eau qu'ils boivent un petit morceau de camphre enveloppé d'un linge. On les gouverne ainsi jusqu'à ce que leurs ailes commencent à se croiser; il faut alors les nourrir avec un soin tout particulier, car cette époque est très-critique pour les oisons. On leur donnera soir et matin de l'orge égrugée, mélangée de jeunes orties hachées.

L'oie adulte se nourrit de grains, d'insectes, et de toutes sortes d'herbages; elle se plaît beaucoup dans les contrées marécageuses; mais le voisinage des eaux n'est pas indispensable à son éducation : il suffit, dans les pays où l'on n'a pas cet avantage, de lui faire creuser un petit réservoir où elle puisse barbotter. Dans le Bas-Languedoc, le simple métayer ne conserve pas de mâle à cause de la nourriture qu'il coûte et de sa méchanceté. Au printemps, et moyennant une légère rétribution, il conduit la femelle au mâle qu'on a gardé dans les métairies un peu considérables pour servir d'étalon. Les oies peuvent être confiées à un gardien à l'âge de dix semaines; l'herbe qu'elles mangent dans les prés suffit pour les entretenir en bon état, cependant les bonnes ménagères leur donnent toujours quelque chose à leur retour, pour les empêcher de maigrir, et les faire rentrer au logis avec plus d'empressement.

On a vu dans le Beaujolais des troupeaux d'oies considérables sortir d'eux-mêmes, et sans garde, de l'habitation, gagner les prairies, y rester la journée entière, et revenir chaque soir sans le secours de personne. Une mère élevée à ce manége y conduit ses petits; et l'exemple une fois donné se perpétue sans que le propriétaire y songe; mais une trop grande sécurité est quelquefois funeste au propriétaire : il arrive assez souvent que des oies sauvages passent, s'abattent près des oies domestiques dans les prairies, et qu'il prend fantaisie à ces dernières de recouvrer leur liberté. On peut prévenir cet inconvénient en leur tirant quelques plumes des ailes ou, lorsque l'oiseau est encore très-jeune, en lui cassant le bout de l'aile, vulgairement nommée *fouet*.

On peut engraisser l'oie à deux époques différentes de sa vie : lorsqu'elle est encore jeune, ou lorsqu'elle est parvenue à la grosseur qu'elle doit atteindre. L'engraissage exige un tiers moins de temps, dans le premier cas que dans le second. Il y a deux manières d'engraisser les oies : l'une moins expéditive, mais moins dispendieuse, consiste à leur présenter une pâtée qu'on leur laisse manger à discrétion; l'autre, plus prompte, mais plus pénible, qui est de leur faire avaler, plusieurs fois par jour, un certain nombre de boulettes dont la composition varie suivant les localités et les usages des cultivateurs. Pour engraisser les oies d'après le premier procédé, il suffit de les plumer sous le ventre, de les enfermer dans un endroit obscur, peu spacieux et éloigné du bruit et de leur présenter une nourriture abondante et substantielle, qu'on a soin de varier et de renouveler deux ou trois fois par jour. C'est ordinairement de la farine d'orge, d'avoine ou de maïs détrempée dans de l'eau, ou mieux encore dans du lait. Quelques personnes remplacent cette pâtée par des pois ou par des pommes de terre cuites, également délayées dans de l'eau. Dans la Thuringe on nourrit d'abord les oies avec des raves hachées qu'on leur distribue plusieurs fois par jour, et par petites portions. Au bout d'une douzaine de jours, on y substitue l'orge ou l'avoine, qu'on leur donne à discrétion. Une oie est ordinairement grasse et bonne à tuer quand elle en a consommé cinq à six décalitres. Le second procédé donne beaucoup plus de peine : on saisit l'animal entre ses jambes, on lui ouvre le bec de la main gauche, et on lui fait avaler de la main droite, à des intervalles plus ou moins rapprochés, des boulettes de 3 à 6 centimètres de longueur, et d'un centimètre d'épaisseur; on lui fait ensuite boire du lait ou de l'eau de son, et on le met dans un endroit chaud, obscur. L'oie est ordinairement grasse au bout de deux à trois semaines quand on renouvelle cette opération trois fois par jour, et qu'on lui donne chaque fois sept à huit boulettes. Un des cultivateurs les plus intelligents des environs de Berlin obtient des oies d'une grosseur monstrueuse et d'une délicatesse toute particulière, en leur donnant par jour, en sept ou huit mois, une trentaine de boulettes de farine de maïs, délayée dans du lait, et en leur faisant en outre avaler, le matin, à midi, et le soir, une boulette composée de farine de froment de terre bolaire, par parties égales, et d'une pincée d'antimoine. Il leur fait boire de l'eau chaude mélangée d'agaric femelle pulvérisée.

Voici les conseils que donne M. Douette-Richardot aux petits cultivateurs pour engraisser promptement et économiquement les oies : 1° Il faut prendre les jeunes oies à l'âge de sept à huit mois. 2° Il ne faut songer à les engraisser que depuis le mois de novembre jusqu'au 15 février. 3° Il ne faut pas se borner à engraisser une oie seule ; elle s'ennuierait et ne profiterait pas. Placez-en deux, soit dans une cave ou un cellier, soit sous un hangar ; mais que le *local assigné soit fermé, entièrement osbcur, éloigné de tout bruit, à l'abri des grands froids,* et qu'il ait au moins 1 mètre de longueur sur 71 centimètres de largeur. Si l'on veut en engraisser six, il faut prendre un terrain de 1 mètre 33 de largeur sur 2 mètres de longueur, qui soit également clos ou barricadé avec des planches, pour que les oies ne puissent pas divaguer, en prenant la précaution d'avoir des loges fermées et séparées par des cloisons pour chaque demi-douzaine d'oies que l'on aura à nourrir. 4° Si elles ne sont que deux, la nourriture que l'on distribuera sera placée dans deux écuelles de bois, baquets, terrines ou chaudières, de grande dimension, ayant au moins 41 centim. de diamètre, afin qu'elles ne soient pas gênées ni tourmentées pendant leur repas. L'un de ces vases contiendra de l'orge et de l'avoine mélangées par moitié, et données sans autre apprêt. L'autre vase sera rempli de braise de boulanger (ou de toute autre braise éteinte) jusqu'aux deux tiers de sa contenance ; le surplus sera rempli d'eau pure. Observez que le tiers du vase doit contenir six litres d'eau. Si les oies sont au nombre de six, on emploie des mangeoires longues, soit en bois, soit en pierre, de 1 mètre 33 de longueur sur 24 centimètres de largeur et 16 à 22 de profondeur. Alors les doses d'eau et de nourriture seront triplées. 5° S'assurer régulièrement chaque jour si elles ont une suffisante quantité d'eau et de nourriture ; observer si les oies préfèrent l'orge à l'avoine, afin de leur donner une plus grande quantité de la graine qu'elles aimeront le mieux ; *recasser* les morceaux de braise dont les oies n'auront pu faire usage à cause de leur grosseur ; enfin nettoyer tous les trois jours leur logement et y répandre une nouvelle litière ; par ce moyen la plume sera garantie de toute malpropreté. Les oies mangeront d'abord avec voracité, leur appétit diminuera à mesure qu'elles profiteront. En tâtant une oie sous l'aile, on trouvera, *au bout de trente-cinq jours,* une pelotte de graisse qui indiquera qu'il est temps de la vendre ou de la faire servir sur sa table. Ce temps passé, l'oie dépérirait.

Les oies, lorsqu'elles ne vont pas à l'eau, sont sujettes aux poux. La meilleure manière de prévenir cet inconvénient est de tenir propres les étables, d'y répandre du sable fin, des branches de fougère, de thym et de lavande et de mettre dans les nids quelques grains de poivre et des grains de sévadille. Un autre fléau bien plus redoutable pour les oisons, ce sont de petits insectes qui s'introduisent dans leurs naseaux et leurs oreilles, quelquefois en assez grand nombre pour les faire périr. Quelques personnes pensent que ces insectes déposent dans les parties où ils se logent des œufs qui donnent naissance à des vers qui rongent le cerveau de l'animal. On reconnaît qu'une oie en est attaquée lorsqu'elle perd l'appétit, secoue la tête, tend le cou, marche les ailes pendantes, et se frotte souvent le bec. Le remède le plus connu en France, c'est de lui plonger à plusieurs reprises la tête dans l'eau, pour forcer l'insecte à fuir et à abandonner sa proie. Les cultivateurs allemands ont un autre moyen dont beaucoup d'auteurs garantissent l'efficacité : c'est d'oindre les oreilles et les naseaux des oisons avec de l'huile de laurier, qu'on peut facilement se procurer chez tous les pharmaciens. La ciguë, dont les oisons sont très-avides, et la jusquiame, sont pour eux des poisons violents : à peine en ont-ils avalé une feuille, qu'ils tombent les ailes étendues et périssent dans les convulsions, si on ne leur apporte un prompt secours. Le seul remède que l'on connaisse, dans ce cas, c'est de leur administrer du lait frais avec de la rhubarbe. Il faut choisir et éplucher avec soin les jeunes orties qu'on fait entrer dans la nourriture des oisons; car cette plante devient un poison violent pour l'animal lorsqu'elle est attaquée de la nielle ou des pucerons. On fait cesser les accidents qui en résultent en faisant boire à l'oiseau de l'eau tiède dans laquelle on a fait dissoudre quatre à cinq grains de chaux.

Nous avons parlé dans l'un des chapitres de notre 1er livre de l'*oie d'Egypte* et de l'avantage qu'il y aurait à acclimater chez nous ce bel animal.

7. Le canard. — *Canard, cane, caneton.* Ces trois mots désignent le père, la mère et le petit. Toutes les espèces de canards vivent sur les eaux ou sur le bord des eaux; leur nourriture est en même temps animale ou végétale. On élève communément dans les basses-cours trois espèces de canards : le *canard commun;* le *canard musqué,* vulgairement connu sous le nom de *canard d'Inde, de Guinée* ou *de Barbarie;* et *le canard métis* ou *mulet,* produit du canard musqué avec la cane commune. Le *canard de la Caroline,* plus gracieux que le canard commun, s'est plusieurs fois reproduit en France, et sa naturalisation y est très-

avancée. Ce palmipède, que Buffon a *rangé* parmi les sarcelles, vit à la Caroline à l'embouchure des rivières, où l'eau commence à être salée. Le mâle a le plumage mêlé de blanc et de noir comme la pie ; la femelle a la poitrine et le ventre d'un gris clair et tout le dessus du corps et des ailes d'un brun foncé. Le *canard musqué*, ainsi nommé à cause de l'odeur qu'il répand, est beaucoup plus gros que le canard commun ; il en diffère surtout par la tête. Ses yeux sont entourés d'une peau garnie de petits mamelons charnus, d'un rouge très-vif, et marquée de petits points blancs ; le bec est d'un rouge vif, excepté à son origine où il est brun. La partie des jambes dégarnie de plume, les pieds et les doigts, ainsi que les membranes, sont rouges, et les ongles blanchâtres. La femelle est beaucoup plus petite que le mâle, dont elle diffère par la couleur. En général, les couleurs du canard musqué sont beaucoup plus variées que celle du canard commun. Le *canard métis* est plus gros que le canard commun, mais moins gros que le canard de Barbarie. Sa tête est dépourvue des mamelons qui caractérisent ce dernier, et son odeur de musc très-peu prononcée. Ces canards, étant le produit de l'accouplement d'animaux d'espèce différente, sont presque toujours privés de la faculté de se reproduire.

Il est facile de distinguer le canard commun de la cane. Le mâle est plus gros que la femelle; il a aussi la voix plus forte et le plumage plus éclatant ; mais le signe le plus saillant, c'est un assemblage de plusieurs plumes retroussées que le mâle porte sur le croupion, à l'origine de la queue. Le canard et la cane sont propres à l'accouplement jusqu'à trois ou quatre ans ; il faut les remplacer à cet âge par des sujets plus jeunes. Un canard suffit pour dix ou douze canes.

La ponte commence vers la fin de février ou au commencement de mars, et dure jusqu'en mai; elle pourrait être de cinquante à soixante œufs si l'incubation ne venait l'interrompre. La cane demande à être surveillée de très-près à cette époque, sans quoi on court risque de perdre beaucoup d'œufs; car, par une espèce d'instinct qu'elle conserve de l'état sauvage, elle pond dans des lieux écartés, même dans l'eau, et recouvre ses œufs de tout ce qu'elle trouve à sa portée. Les œufs de cane sont de couleur verdâtre, et plus gros que ceux de poule ; ils sont plus délicats, et très-estimés pour la pâtisserie ; mais si on les fait cuire à la coque, le blanc, au lieu de devenir laiteux, acquiert une consistance solide. La cane ne pouvant guère couver plus de douze à treize œufs, il vaut mieux confier l'incubation à une dinde, qui peut en faire éclore une quarantaine. Outre l'avantage d'obtenir un plus grand nombre de canetons, on est moins sujet à en perdre par la suite, lorsqu'ils sont éclos. Quand on laisse à la cane le soin de la couvée, elle va à l'eau aussitôt que les petits sont sortis de la coquille, les canetons la suivent, et l'impression froide de l'eau en fait périr beaucoup. En confiant, au contraire, l'incubation à une dinde, les petits n'abandonnent qu'à un âge avancé leur mère adoptive, pour courir à l'eau, où leur instinct les entraîne, et la dinde les attend sur le rivage pour les réchauffer sous ses ailes. Comme le canard domestique appartient à la même espèce que le canard sauvage, et que la différence qui distingue ces deux races n'a pour origine que la diversité du régime alimentaire, il est bon de régénérer de temps en temps le canard domestique en l'accouplant avec le canard sauvage, ou mieux encore en faisant couver des œufs de canard sauvage par une poule ou par une cane ordinaire. Les canetons qui résultent de cet accouplement ou de cette incubation ont la chair beaucoup plus délicate que les canetons domestiques, et s'apprivoisent facilement; mais il faut avoir soin de leur couper l'extrémité d'une aile, car, sans cette précaution, ils s'envolent avec les canards sauvages qui séjournent ou passent dans le pays. On reconnaît qu'une race de canards domestiques est plus ou moins dégénérée, suivant que sa couleur s'éloigne plus ou moins de celle du canard sauvage: la couleur blanche est l'indice du dernier terme de la dégradation. On a remarqué que la cane domestique s'accouplait facilement avec le canard sauvage, mais que la cane sauvage se refusait aux empressements du canard domestique. Il en est de même de la cane de Barbarie, qui fuit les approches du canard commun. L'incubation dure environ un mois. La nourriture des canetons, pendant les premiers jours, doit être du pain émietté dans de l'eau, du lait ou du vin. On en prépare peu à la fois, parce qu'elle s'aigrit facilement. Quelques jours après, on leur donne une pâtée composée d'herbages cuits, par exemple d'orties, de farine d'orge, de froment ou de maïs, et d'œufs cuits durs et hachés. Quelques personnes y ajoutent de l'absinthe hachée, pour fortifier les canetons. Lorsqu'ils sont un peu plus forts, du son mouillé, des pommes de terre cuites, et des herbes crues et hachées leur suffisent.

Comme le canard est très-vorace, et que sa digestion s'opère très-promptement, il est indispensable de lui donner à manger souvent, et jusqu'à ce que son jabot soit complétement rempli. Les vannures et les criblures des grains, les déchets de la cuisine, les restes de la laiterie, les glands, les châtaignes, les rebuts de légumes et des fruits, tout convient aux canards, jusqu'aux reptiles, aux animaux de la voirie et aux poissons dont il dépeuple les réservoirs. On engraisse les canards en leur faisant avaler, deux ou trois fois par jour, un certain nombre de boulettes de farine de sarrasin délayée dans du lait ; ou bien on les gorge soir et matin avec du maïs bouilli. Plusieurs succombent dans cette opération ; mais ils n'en sont pas moins bons à manger, pourvu qu'on les saigne immédiatement. On reconnaît que le canard est parvenu au dernier degré d'embonpoint lorsqu'il porte sa queue en éventail. La chair du canard musqué encore jeune est assez délicate ; mais celle du mâle adulte a une odeur désagréable, qu'on peut néanmoins diminuer en enlevant le croupion de l'animal lorsqu'il est tué ; car cette partie est le foyer où réside cette odeur. On distingue aux signes suivants le canard domestique du canard sauvage : ce dernier a le plumage plus éclatant, les formes plus élégantes, les membranes des pattes plus minces, et les ongles plus aigus et plus luisants. Enfin l'estomac, anguleux et saillant chez le canard domestique, est toujours arrondi chez le canard sauvage. On plume les canards deux fois par an, en mai et en septembre, sous le cou, le ventre et les ailes. On fait sécher le duvet dans un endroit bien aéré, et on le fait bouillir dans une lessive de chaux pour le purger de la partie huileuse inhérente aux plumes de tous les oiseaux aquatiques. Cette opération lui donne de l'élasticité, et le dépouille de sa mauvaise odeur. Les canards vivent de douze à quatorze ans.

LIVRE III.

CULTURES ET CONSIDÉRATIONS COMPLÉMENTAIRES.

CHAPITRE Ier.

APICULTURE.

1. Description et mœurs des abeilles. — Tout le monde connaît cet admirable insecte, à qui nous devons le miel et la cire. L'abeille est de couleur brillante, mais brune; elle a le corps divisé en deux parties, la tête et l'abdomen. Sa tête est armée de deux serres ou pattes pour prendre la cire et la pétrir, et d'une trompe longue, pointue et mobile, dont elle se sert pour pomper les sucs qui sont au fond des fleurs, et en composer le miel. Le poil dont l'abeille est toute couverte lui sert pour enlever les petites parties de cire qui sont sur les fleurs, ce qu'elle fait en se roulant dessus lorsqu'elles sont humides. Il existe un grand nombre d'espèces d'abeilles, mais on n'en cultive qu'une indigène des pays tempérés de l'Europe. On en connaît quatre variétés. Celle qu'on appelle *petite hollandaise*, plus douce, plus active, plus facile à apprivoiser que les autres, a obtenu sur elles la préférence. Il y a dans une ruche trois sortes de mouches : les *ouvrières*, au nombre de plus de quinze mille, les *faux bourdons*, ou les *mâles*, plus gros, mais en petit nombre, et la *reine*, ou *mère*. Les ouvrières ont seules les organes ou instruments du travail : seize mille yeux, chose incroyable, au lieu de deux, pour voir dans l'obscurité de leurs ruches; une espèce de cuiller pour faciliter le transport de la moisson faite sur les fleurs; une trompe pour laper le miel dont elles se nourrissent; un estomac pour préparer le miel; un autre pour préparer la cire avec laquelle elles bâtissent les murs de leurs cellules. La reine abeille peut pondre jusqu'à deux cents œufs par jour, dix ou douze mille dans l'espace de sept semaines, et près de trente ou quarante mille dans l'espace d'une année. Quoique courageuses, les abeilles ont un caractère fort doux, et bien rarement, dans les combats qu'elles livrent, l agression est de leur côté. Laborieuses et actives, elles ne souffrent pas chez elles de bouches inutiles. Douées d'un odorat très-fin, elles sortent dès la pointe du jour

et courent directement d'un vol rapide sur la pointe des fleurs où elles savent qu'elles trouveront le nectar, le pollen, ou la propolis dont elles ont besoin ; et, comme elles voient clair la nuit, elles n'interrompent pas, pendant ce temps, la confection de leurs rayons. Elles sont susceptibles d'attachement et reconnaissent ceux qui les soignent. Leur instinct est extrêmement développé et elles ont un cri ou chant très-varié qui leur fournit les moyens de s'entendre entre elles. Leur gouvernement est maternel.

Rien n'égale leurs soins pour leurs petits, leur union fraternelle, leur prévoyance pour les temps de disette, leur attachement à leur reine, leur dévouement à la prospérité publique. Trois castes bien distinctes, ayant chacune leurs fonctions et leurs priviléges, constituent le peuple des abeilles. La plus nombreuse est formée des ouvrières et des nourrices ; les mâles composent la seconde; la troisième ne compte qu'un seul individu, c'est la femelle chargée de renouveler à elle seule toute la population, dont elle sera à la fois la mère et la reine. Notez que cette population se compose quelquefois de près de trente mille membres. Les ouvrières et la femelle sont seules armées d'aiguillons. Inhabiles au travail, les mâles deviennent des objets d'animadversion pour les autres dès que la progéniture de la femelle vient réclamer les soins des nourrices. Afin que les provisions destinées à l'éducation des jeunes ne soient pas consommées par ces mâles, les ouvrières se jettent avec fureur sur eux ; aucun n'est épargné ; le massacre, qui a lieu ordinairement vers le mois d'août, dure quelquefois jusqu'à trois jours ; les environs de la ruche sont alors jonchés de cadavres. Après cette cruelle exécution, il n'y reste que la femelle et les neutres. Il existe une grande différence entre l'organisation des ouvrières et des nourrices. Virgile l'avait indiquée, et les observateurs modernes l'ont reconnue à leur tour. La conformation des ouvrières semble leur commander le travail : les mandibules de leur bouche sont en forme de cuiller; leurs jambes postérieures présentent un enfoncement qu'on a comparé à une corbeille, et que bordent des poils disposés en brosse. C'est là que l'abeille met son butin, qui consiste en de petites pelottes qu'elle a préparées avec le pollen des fleurs. Les nourrices sont plus petites, plus timides, moins exercées au vol que les ouvrières, et vivent avec elles dans une parfaite intelligence ; elles quittent rarement la ruche pour aller au loin caresser les fleurs ; elles se bornent presque exclusivement à l'éducation et au développement des *larves* qui sortent des œufs nombreux que l'abeille mère et reine dépose dans les *alvéoles*. Les ouvrières recueillent sur les végétaux quatre substances fort différentes : la cire, le miel, le pollen, et ce que les anciens appelaient la *propolis*. La dernière, résineuse, collante, tenace, provient des bourgeons, et est employée par les abeilles telle qu'elle est recueillie. Le peuplier est l'arbre qui en fournit davantage ; elle sert à boucher les fentes et les trous de la ruche, et souvent même cette habitation en est enduite sur toute sa surface. La *propolis* se durcit, et n'étant point pénétrable à l'eau, met la république à l'abri de toute humidité. Une fois ce premier travail achevé, les ouvrières vont à la récolte du pollen, afin de nourrir les larves produites par la reine, et de leur construire des berceaux appelés *cellules*. Pendant le printemps, les travaux durent toute la journée ; dans les grandes chaleurs de l'été, ils commencent avec l'aurore, et sont interrompus au moment le plus chaud. Les ouvrières s'entr'aident dans leurs travaux. Quelques-unes sont chargées de donner de la nourriture aux travailleuses et dégorgent de leur estomac du miel sur la trompe de celles-ci. Si des ennemis plus forts et plus gros qu'elles les attaquent, elles bouchent l'ouverture de l'habitation, n'y laissent que quelques trous suffisants pour leur entrée et leur sortie. Un gros insecte ou un petit quadrupède vient-il à s'y introduire, elles le tuent. Ne pouvant traîner le cadavre dehors, elles l'enveloppent d'une couche de cire suffisante pour arrêter la putréfaction. Malgré leur grand nombre, elles s'entendent si bien, qu'une ouvrière étrangère qui entrerait dans l'habitation serait attaquée et tuée sur-le-champ si elle ne pouvait s'échapper. La poussière que l'abeille a enlevée aux fleurs ne se transforme en cire qu'après avoir été élaborée dans son estomac et ses intestins. Cette cire se retrouve en plaque sous les anneaux de l'abdomen de cet insecte. Avec cette cire ainsi élaborée, l'ouvrière construit ces cellules si régulièrement, si artistement arrangées, dont l'ensemble constitue ce qu'on appelle des *gâteaux*, et dont la forme est trop connue pour qu'il soit nécessaire de la décrire ici. Ces cellules, bâties avec une étonnante célérité, sont polies et enduites d'une couche mince de propolis qui ajoute à la solidité de l'édifice.

Les cellules ne sont pas toutes pareilles ; les plus petites sont pour recevoir les larves qui donneront des abeilles neutres ; de plus grandes sont réservées aux mâles ; une seule, beaucoup plus considérable, sera le berceau de celle que les nourrices *destinent* à la royauté. Dans quelques ruches nombreuses d'où doivent partir plusieurs colonies ou *essaims*, les ouvrières construisent quelquefois plusieurs de ces alvéoles royaux. Toutes les cellules ne sont pas destinées à être le berceau des abeilles. Il en est qui doivent servir de magasins et contenir les provisions de miel pour la morte saison. A mesure qu'elles sont remplies, l'ouvrière les ferme avec un couvercle plat, qu'elle a l'adresse de construire et de souder hermétiquement. Bientôt vient le moment où la reine doit pondre ses œufs. Alors on la voit examiner soigneusement les cellules destinées à les contenir, en y enfonçant la tête, et les visiter en tous sens. Après cette nspection, elle se retourne, y introduit l'abdomen, et y dépose, suivant leur capacité, un ou plusieurs œufs qui adhèrent au fond de la cellule. Alors les nourrices ont bien soin de les séparer, et les détruiraient plutôt dans la crainte que les *larves* qui doivent en sortir ne se nuisissent réciproquement. Il faut voir avec quel soin les abeilles nettoient leur reine, la frottent de leur trompe pendant la ponte, et lui présentent de temps en temps du miel qu'elles dégorgent. Cette ponte a lieu principalement au printemps.

Les œufs d'où doivent sortir des *ouvrières* sont pondus les premiers, parce que ces ouvrières auront à préparer plus tard, dans une autre ruche, la demeure et la nourriture des mâles et de la reine de la nouvelle génération ; puis vient quelque temps après la ponte des œufs mâles ; puis enfin celle des reines ; mais ces derniers œufs ne sont pondus qu'à un jour d'intervalle les uns des autres, afin que les reines ne naissent pas toutes en même temps et ne déterminent que successivement des migrations partielles de la population. Ces œufs sont longs d'une ligne, oblongs, d'un blanc bleuâtre ; ils éclosent dans l'espace de trois à six jours, et il en sort un ver, mou, ridé, sans pieds, qui demeure au fond du berceau dans une immobilité complète. Aussitôt les nourrices accourent, vérifient la naissance, et donnent à la nouvelle larve la nourriture appropriée à son âge et à la caste dont elle doit faire partie. Dès que la reine est fécondée, elle commence sa ponte ; si elle ne l'est pas, elle s'élance de onze à trois heures dans les airs à la rencontre d'un mâle. Trente minutes après, elle rentre, rapportant à la partie inférieure de son corps les organes générateurs du mâle, détachés du corps de celui-ci par l'effort que la femelle a fait pour s'en séparer après la fécondation, opération qui suffit au moins pour un an. Alors seulement elle a le privilége de la souveraineté. Vierge, on ne lui accordait aucune attention ; féconde, on lui donne une garde d'honneur qui l'accompagne partout, et une cuisinière lui prépare une nourriture artistement variée, selon qu'il s'agit d'augmenter sa fécondité, de la diminuer ou de la faire cesser.

Lorsque, par accident, la reine d'une ruche a été détruite, et qu'il ne s'y trouve pas d'œufs destinés à produire des reines, les abeilles ouvrières peuvent réparer cette perte en élargissant quelques alvéoles contenant des œufs d'ouvrières et en les traitant comme ceux des reines. La grandeur de l'alvéole, une plus grande quantité d'une nourriture différente de celle donnée aux larves d'ouvrières produisent cette métamorphose. Telle est l'influence de la nourriture que si les ouvrières, en ayant trop, en donnent à des larves dans de petits alvéoles, il en sort de petites mères, mais qui ne pondent que des mâles, et qui sont détruites par la mère principale lorsqu'elle les rencontre.

2. Habitation. — Les ruches, dont la forme est celle de petits barils, se font avec des troncs d'arbres, ou de grosses tresses de paille, ou avec des planches ; elles sont rondes ou carrées, fermées de toutes parts ; on y pratique seulement une très-petite porte, ou un trou à la partie inférieure. Il existe dans les bois des troncs à moitié creux qui servent facilement à la construction des ruches ; mais les ruches ainsi faites donnent asile à des insectes qui produisent de grands ravages chez les abeilles ; celles faites de paille entrelacée ne coûtent pas beaucoup et maintiennent chaudement les essaims d'abeilles ; mais elles abritent encore des insectes nuisibles ; les ruches en planches ne produisent pas cet inconvénient, et on doit leur donner la préférence. Ces ruches sont composées de boîtes ou *hausses* d'environ 35 centimètres en carré, et de 8 à 9 centimètres de hauteur. Ces boîtes sont ouvertes à leur partie inférieure, et percées d'un trou carré d'environ 15 centimètres à leur partie supérieure, de manière à ce que, lorsqu'elles sont placées les unes sur les autres, les abeilles puissent librement circuler dans tous les étages. A la partie inférieure de la boîte, on place une petite barre de bois de 1 à 2 centimètres de diamètre pour soutenir les gâteaux. Toutes les hausses étant exactement de même grandeur, on en place trois à quatre les unes sur les autres, suivant la force de l'essaim ; on bouche le trou supérieur, et l'on ne laisse de sortie que par l'entaille pratiquée dans l'épaisseur du plateau. Les hausses sont attachées ensemble au moyen de fils de fer minces passés dans les anneaux placés des deux côtés de chacune d'elles. Lorsque ces hausses sont bien jointes ensemble, on recouvre la ruche d'un surtout en bois ou en paille ; et à l'époque de la récolte du miel et de la cire, les gâteaux qui se trouvent collés sur la hausse inférieure ou sur le plateau en sont détachés au moyen d'un fil de fer, comme on le fait pour couper le savon. Cette ruche, composée de plusieurs pièces, permet de prendre les

hausses supérieures qui sont remplies de cire et de miel, et l'on peut donner aux abeilles un logement proportionné à leur nombre. On doit parfumer avec soin les ruches avant d'y placer de nouveaux essaims. On appelle *nouveaux essaims* une quantité de mouches qui abandonnent leur ancienne habitation, où elles étaient en trop grand nombre, et qui, sous la conduite de leurs reines, vont ailleurs en chercher une autre. Cette émigration a lieu à la fin du printemps. Le moyen le plus sûr d'arrêter ces essaims n'est pas de faire du bruit, comme on le croit communément, mais de leur jeter du sable ou de l'eau; alors l'essaim fugitif suspend son vol et s'abat sur quelques branches d'un arbre voisin. Quand l'essaim est arrêté, on lui présente une ruche bien nettoyée et enduite, dans quelques endroits, d'une très-légère couche de miel. On fait ensuite tomber les abeilles dans la ruche renversée, au moyen d'un petit rameau, ou avec la main; car les abeilles ne piquent pas à l'instant où elles essaiment, si on les traite avec douceur. Si l'essaim s'est reposé sur un buisson bas, on place la ruche au-dessus, et il ne tarde pas à y monter. Aussitôt que la reine et une partie des abeilles sont dans la ruche, elle peut être placée sur le plateau qui lui est destiné et les abeilles restées sur la branche ne tardent pas longtemps à s'y rendre. Les bons essaims pèsent de 2 à 3 kilogrammes. Les ruches en font un ou deux et quelquefois trois. Quand ces derniers essaims sont trop faibles, on peut en réunir deux. Il faut empêcher une ruche d'essaimer trop souvent, c'est-à-dire plus de trois fois; car alors, bien loin que ce soit un profit, on court risque de perdre la mère-ruche et les essaims qu'elle a faits, à cause de l'épuisement et du travail. D'ailleurs, les petits essaims n'ayant pas amassé des vivres suffisamment pour l'hiver, ne sont pas assez forts pour en soutenir la rigueur. Afin de les empêcher d'essaimer davantage, on met, comme nous l'avons dit, des hausses au-dessous de la ruche; pour les ruches en paille, ce sont des cerceaux de la même circonférence que la ruche, et de la même matière; cette aisance, que l'on procure à la ruche, fait que les jeunes abeilles s'y plaisent et y demeurent volontiers; ainsi la dernière ponte a le temps de s'y fortifier. Les meilleurs essaims sont ceux qui viennent les premiers dans le mois de mai, parce qu'alors la terre fournit une plus grande abondance de fleurs; au lieu que les derniers étant en plus petit nombre, font peu d'ouvrage; ils ont une nourriture moins substantielle, et ils abandonnent leur demeure, étant encore faibles, ne pouvant y subsister à cause de la grande chaleur.

Il faut maintenir à l'intérieur de la ruche la plus grande propreté, c'est l'amorce la plus sûre pour y fixer les abeilles, qui s'éloigneraient bientôt d'une habitation négligée ou malsaine; il est bon aussi de l'arroser avec de l'eau miellée. Malgré le maintien d'une rigoureuse propreté dans la ruche, il arrive qu'un essaim veut quelquefois l'abandonner. Comme il redoute pour le voyage un temps sombre, frais et venteux, au moyen d'une petite pompe en fer-blanc ou en cuivre, on pourra facilement le retenir prisonnier; à l'aide de cette pompe dont le trou doit être fort petit, on simule une pluie fine qui, atteignant les abeilles, les fait renoncer à un voyage périlleux. Il arrive aussi parfois que, dans l'intérêt des soins qu'exige une ruche, on est forcé de tempérer la trop vive ardeur des abeilles; on y réussit en employant la fumée de chiffons ou de bouse de vache dont l'action est stupéfiante. Nous avons indiqué les moyens qu'on doit employer pour faire capture d'un essaim fugitif. Quand il voyage par un beau jour, le peu de station qu'il fait sur chaque branche où il se repose offre de la difficulté à le saisir. Souvent aussi, il vole trop haut, mais au moyen d'une aspersion on le contraint à descendre et à se fixer quelque part; cette pluie factice doit s'élever plus haut que l'essaim et tomber sur lui légèrement, alors il s'abat et entre sans difficulté dans la ruche vide préparée pour le recevoir. Après quelques instants il s'apaise, et la ruche placée sur son plateau peut, sans retard, occuper le lieu qu'on lui destine. Souvent l'essaim s'attache à une branche d'arbre en forme de grappe. Si l'on parvient à la saisir, on la coupe avec précaution et on la secoue ensuite devant la ruche, où les abeilles ne tardent pas à entrer. Lorsqu'un essaim s'abat naturellement sur la terre à l'aspect d'une ruche, on le voit s'y introduire de lui-même et sans le moindre effort. Malgré ce que nous avons dit de la douceur des abeilles, il se trouve des circonstances où il est dangereux de les approcher. Quelques heures avant l'orage, la moindre chose les irrite; le nectar des fleurs du châtaigner les agite également. L'odeur des personnes à cheveux rouges et de celles dont les pieds sentent mauvais, les exaspère. Lorsque ces personnes s'approchent d'un essaim, deux abeilles volent aussitôt tout près de leur visage en les menaçant pour leur intimer l'ordre de se retirer. Si l'on n'obéit, gare à l'aiguillon! Enfin, si les abeilles manquent de vivres, elles se décident à attaquer un essaim mieux approvisionné. Comme il est presque impossible que celui qui se livre à l'éducation des abeilles ne soit pas quelquefois exposé à leurs piqûres, un moyen facile de les éviter, c'est de se couvrir le visage lorsqu'une abeille vous poursuit. Si l'on a été atteint, un léger mélange de camphre et de céruse fera promptement disparaître l'enflure. Un agronome allemand, qui s'est déjà fait connaître par diverses publications agricoles très-importantes, M. Gumprecht, assure, dans un recueil périodique sur l'apiculture, que, par une expérience de plusieurs années, et après avoir constaté bien des fois son infaillibilité, il croit pouvoir recommander le traitement suivant contre la tuméfaction aussi bien que contre la douleur qu'occasionne la piqûre des abeilles, traitement qui, selon lui, opère en quelques minutes : — On prend le jus qu'on exprime des baies du chèvrefeuille, et on en humecte l'endroit où l'abeille a piqué. A l'instant, on voit cesser la douleur, et s'il y a déjà tuméfaction, celle-ci disparaît presque aussitôt. Ce remède est parfaitement simple, il suffit de planter des chèvrefeuilles dans le voisinage des ruches ou dans les localités où l'on est sujet à être piqué par les abeilles.

Le *rucher*, espèce de hangar couvert en paille, est très-avantageux pour placer les ruches. Il doit être composé de planches bien polies, rangées par quatre ou cinq étages, selon le nombre des ruches ; on les place contre un mur, en laissant un espace derrière pour pouvoir visiter les ruches. Sa meilleure exposition est entre l'orient d'hiver et le midi, c'est-à-dire qu'il doit être exposé au soleil entre huit ou dix heures du matin ; on y pratique un toit de paille ou de bois pour le garantir de la grande ardeur du soleil au midi ainsi que de la pluie. Les planches doivent être en pente douce, insensible par devant, afin que l'eau n'y séjourne pas : on ménage entre chaque ruche un espace de six à huit centimètres. On ne doit point laisser d'ordures ni d'immondices au devant du rucher ; il est avantageux qu'il soit placé à l'écart, près de quelque plant d'arbres nains, groseillers, arbustes, ou de quelque petit carré garni de fleurs. Les ruches doivent être scellées sur les planches avec un enduit de bouse et de chaux vive. Lorsqu'il ne se trouve pas dans le voisinage un ruisseau ou une mare qui puisse fournir l'eau dont les abeilles ont souvent besoin, on enfonce dans le sol des baquets remplis de terre dans leur partie inférieure, et recouverts de quelques décimètres d'eau à la surface. Pour rendre l'accès de ces baquets plus facile aux abeilles, on y plante du cresson qui leur permet de boire sans s'exposer à tomber dans l'eau.

Il faut avoir soin de garantir les abeilles des rigueurs de l'hiver. Après avoir rétréci les passages des ruches et bouché les autres ouvertures, on peut les laisser dans la place qu'elles occupaient l'été ; si elles sont populeuses, si elles ne manquent ni d'air ni de nourriture, le froid le plus rigoureux ne pourra leur nuire. Il serait néanmoins encore plus prudent de les transporter dans une chambre propre et bien aérée, ou de les placer tout près les unes des autres dans la partie postérieure du rucher, lorsqu'il est spacieux, de les couvrir avec des nattes ou de la paille, et de fermer le devant du rucher avec des paillassons ou des planches disposées de manière à pouvoir être facilement enlevées et à ne pas empêcher de visiter les ruches par devant comme par derrière. Avant de prendre ces précautions, il faut examiner toutes les ruches. Celles qui sont faibles sous le rapport de la population et du miel et ne paraissent pas pouvoir subsister pendant la mauvaise saison, seront réunies à d'autres plus peuplées et mieux approvisionnées, ou recevront une quantité de nourriture suffisante pour tout l'hiver. On doit visiter les ruches souvent et avec attention, en évitant d'inquiéter les mouches par le bruit ou de toute autre manière. On saura de cette façon si les abeilles jouissent d'une bonne santé. Si le plateau est couvert de cire ou d'abeilles mortes, et que le passage soit encombré, on remplacera ce plateau pour prévenir les inconvénients que pourrait occasionner la mauvaise odeur des cadavres. Pour garantir les ruches contre les souris, on fermera les passages, après les avoir rétrécis, avec de petits grillages à travers lesquels ces animaux ne pourront pénétrer, mais qui laisseront passer les abeilles. On placera, en outre, de bonnes souricières dans le rucher. Lorsque la température s'adoucit, il faut, pour donner plus d'air à la ruche, substituer à l'une des vitres un châssis garni de fil.

3. Alimentation. — Les abeilles composent leur miel le plus fin dans les lieux où se trouvent des prairies toujours en fleurs, des ruisseaux, des bosquets, des champs semés en blé noir ou sarrasin, en trèfle, etc. Les fleurs des choux, des roquettes, des vesces, des fèves, des raves, du sénevé et surtout du sainfoin, sont recherchées de ces insectes; les saules, l'olivier sauvage, le groseillier, le romarin, le bouleau, le jonc marin, les pois, le safran, la ronce, le cerisier, le tournesol, le châtaignier, l'érable, le frêne, le peuplier, etc., leur offrent aussi un aliment agréable et conséquemment aident par leur tribut au produit de la cire et du miel. Il est nécessaire de proportionner le nombre des abeilles au campement que le terrain peut offrir. Toutes les ruches qu'on y mettrait de plus nuiraient à la valeur des autres. On peut transporter les ruches d'un lieu où les foins sont coupés et les fleurs passées, dans un autre où la saison soit plus tardive. Ce transport se fait par eau ou bien par terre sur des chariots. Lorsque la provision des abeilles n'est pas assez abondante en hiver, ou

que les essaims sont faibles, il est bon de les nourrir avec des sirops de fruits ou avec des miels communs, auxquels on ajoute un peu de vin. Une petite quantité de sel rend ces sirops plus sains pour les abeilles. Afin d'éviter qu'elles ne s'engluent, on met dans les assiettes qui contiennent leur nourriture des brins de paille coupés de la longueur du doigt. Au printemps, lorsque les abeilles commencent à remuer, on ouvre la porte de la ruche, on nettoie le plateau, on enlève les araignées et les fausses teignes, et l'on donne à manger aux abeilles, si leur provision ne paraît pas suffisante. Quelques éleveurs d'abeilles, au lieu de placer le sirop dans des assiettes, le mettent dans une bouteille, dont ils recouvrent l'ouverture avec une toile claire; ils introduisent ensuite le goulot de la bouteille dans un trou ménagé à la partie supérieure de la ruche. Ce trou est bouché avec un bouchon en liége. De cette manière, les abeilles prennent le sirop à mesure qu'il sort à travers la toile, et il n'y a aucun dérangement dans la ruche. Lorsque les abeilles sont malades à la fin de l'hiver, elles se rétablissent assez promptement, si elles reçoivent des fortifiants, tels que du sirop, dans lequel on fait entrer dans une forte proportion le vin de bonne qualité.

4. Achat des abeilles. — Les meilleures abeilles sont petites. ont le corps long, point trop menu, doré, reluisant et moucheté par dessus. Elles ne sont presque point farouches. Celles qui sont d'un brun clair et luisant, sont ordinairement jeunes et bonnes ouvrières. Les abeilles de mauvaise qualité sont grosses, rondes et fort velues; elles sont voraces, paresseuses et mauvaises ouvrières. Il faut préférer les abeilles de deux ou trois ans à celles qui sont plus âgées, ou même à des essaims de l'année, à moins qu'ils ne soient du mois de mai précédent: on connaît l'âge des abeilles par la couleur de la cire; la blanche indique qu'elles n'ont qu'un an, la jaune deux, la noire trois. C'est à leurs formes extérieures qu'on reconnaît aussi la valeur des abeilles et de leurs produits. La grosseur dans le corps, et un léger développement dans les membres, sont un signe certain que la cire est jaune. Une cuirasse unie et luisante sur l'insecte annonce une ruche abondante. On peut également reconnaître la bonté des abeilles, si, en soufflant légèrement à travers l'ouverture d'une ruche, on leur voit faire un mouvement comme pour menacer le visage. Elles sont alors courageuses et bien portantes. Outre la connaissance de ces différentes qualités, il faut savoir quelle est la quantité d'abeilles que chaque ruche peut contenir. Pour cet effet, il faut peser les ruches; les plus lourdes sont les mieux remplies: nous supposons que les ruches sont de paille. Il faut exa-

miner si la ruche est vieille ou neuve, et si elle n'est pas trop grande. Il y a encore des moyens de distinguer les bonnes d'avec les autres : 1° Si, après avoir donné un coup de doigt sur la ruche, comme pour sonder un tonneau, on entend un bruit séparé en deux ou trois tons, la ruche est bonne; si le bruit est court, la ruche est peu remplie. 2° Si, en frappant sous la ruche, le son est clair, elle est peu remplie ; si le son est étouffé, elle est bien conditionnée. 3° Si, en soulevant la ruche, on trouve le dessous net et propre, la ruche est bien fournie; elle l'est mal et faiblement, si l'endroit est chargé d'ordures. La meilleure cire est de couleur blanche ou d'un jaune rembruni; celle qui est moulue en petits morceaux, ou qui est noire et moisie, indique que les abeilles sont faibles. Le prix des essaims et celui des mères varie selon que les ruches sont rares dans le pays. Le mois de février est le temps propre pour acheter des abeilles; mais il faut les transporter très-doucement, de peur de les émouvoir; car alors elles dissipent toutes les provisions. L'été et l'automne ne valent rien pour cette opération. Aussitôt l'acquisition faite, on doit les enlever pour éviter les fraudes. Pour transporter une ruche, il faut prendre le soin de la boucher avec des chiffons et de la terre glaise, afin que les abeilles ne trouvent point une issue de fuite par les fentes. On la place ensuite la tête en bas sur la locomotive qui doit la transporter, et une fois arrivée dans une nouvelle contrée, on la retourne. Aussitôt après, on rend la liberté aux abeilles, pour qu'elles puissent se familiariser promptement avec les lieux dont elles prennent possession.

5. Récolte du miel et de la cire. — Cette opération s'effectue au mois de mai lorsque le temps est beau ; on peut encore la faire à la fin de juillet ou au commencement d'août. On se sert d'un grand couteau qui coupe bien et que l'on trempe de temps en temps dans l'eau fraîche ou, pour plus grande commodité, d'une lame plate, en forme de langue de carpe et qui sert comme de cuiller pour tirer le miel. Pour faire tomber les rayons, on emploie un outil semblable à une lame d'épée plate et pointue. On commence au lever du soleil, par un beau jour. Il faut se couvrir la tête d'une serviette, le visage, d'un masque, les mains de gants, pour éviter les piqûres. On enfume d'abord les abeilles pour les rendre plus tranquilles, ou mieux encore, on paralyse leurs mouvements à l'aide de chloroforme. On décolle la ruche; on la renverse sur un tabouret dont les pieds sont tournés en haut; on tient un linge fumant devant soi et l'on envoie la fumée à l'endroit que l'on veut couper pour en chasser les abeilles. On commence par couper promptement le dessus des rayons dans le

milieu de la ruche en allant vers les bords; on ne touche pas au couvain; il est au milieu de l'ouvrage et sur le devant de la ruche; on le connaît aux alvéoles, lesquels sont couverts d'une petite pellicule convexe et brune, au lieu que ceux où est le miel sont plats et blancs; ils sont sur le derrière et au haut de la ruche. On doit ensuite détacher les rayons les plus près du bord, les tirer avec la main, et ratisser la place avec le couteau, ôter soigneusement les petits rayons commencés, et surtout les alvéoles qui sont plus grands et plus profonds que les autres: c'est là que se forment les mâles et les reines, dont la pluralité excite la division. Lorsqu'on tire le miel et la cire, il faut détruire tous les alvéoles qui servent de logements aux mâles et reines des abeilles, parce que le trop grand nombre d'abeilles, par la division qu'il cause, empêche les ruches d'essaimer. Après avoir ôté environ la moitié du miel, ou tout au plus les deux tiers de ce qu'il y a dans la ruche, on rafraîchit les rayons qu'on peut avoir endommagés, on nettoie ce qui paraît gâté, et on remet la ruche à sa place; le lendemain on enduit le tour avec de la bouse de vache et de la chaux vive. A la fin de l'été, s'il a été favorable aux abeilles, on peut encore tirer du miel des ruches, mais cette fois-là, ce ne doit être qu'un bon tiers ou la moitié au plus de ce qu'il y a dans la ruche, afin que les abeilles en aient assez pour passer l'hiver. On ne doit enlever du miel qu'aux ruches qui sont bien remplies; c'est même une nécessité de tirer du miel de celles qui le sont trop, parce qu'on maintient par là les abeilles dans le goût du travail; mais on doit mettre en réserve des gâteaux pour nourrir, pendant l'hiver, des essaims faibles, et les ruches qui n'ont pas beaucoup de provisions: on doit poser ces gâteaux debout, et non à plat. On ne doit point toucher aux essaims de l'année, de peur de leur faire tort; mais on peut les nettoyer. Les ruches en panier, qui ne se séparent pas en deux, peuvent être placées sur des hausses ou boîtes en bois, lorsqu'après avoir donné leur essaim elles sont encore bien pleines; et l'année suivante, à la même époque, on s'empare de la ruche et l'on met une seconde hausse sous la première.

6. Préparation du miel.— Pour extraire le miel des gâteaux, dit M. J. Bodin, directeur de l'école d'agriculture de Rennes, on place d'abord les plus blancs et les plus lourds sur des claies ou des paniers bien propres, et après avoir enlevé avec un couteau la couche mince de cire qui ferme les alvéoles, on laisse le miel s'écouler dans des vases disposés pour le recevoir. Si la température n'est pas assez élevée, il faut échauffer la chambre et porter la chaleur à 24 ou 25 degrés. On place ces claies et paniers dans

un four, quelque temps après que le pain en est retiré. Le miel ainsi obtenu est le meilleur et le plus pur. Les autres gâteaux et ceux dont on a déjà pris le beau miel sont écrasés avec les mains et déposés de nouveau sur des claies ou paniers que l'on place également dans un four ou dans une chambre chaude. Ce second miel est moins bon que le premier. On obtient encore une troisième qualité de miel en soumettant à l'action d'une presse ce qui reste sur les claies ou paniers. Après l'extraction du miel, le marc est émietté, lavé avec de l'eau et pressé de nouveau. L'eau qui en sort peut faire de l'hydromel, ou, après avoir été bouillie et écumée, elle entre dans la composition des sirops employés à la nourriture des abeilles. Les miels des trois qualités sont mis séparément dans des pots. On enlève ensuite l'écume qui se forme à la surface. Ce dernier marc, où il ne se trouve plus de miel, est encore émietté, fondu dans une chaudière avec de l'eau, et soumis à l'action de la presse, dont la maye doit être garnie d'une toile claire et forte. Le miel, dit un autre apiculteur, demande beaucoup de propreté; il faut avoir attention de n'y laisser rien tomber, de peur qu'il ne s'aigrisse: il faut séparer soigneusement le bon d'avec le mauvais, les rayons blancs d'avec les noirs, casser les rayons de cire vides, et ne laisser que ceux qui sont remplis; avoir les mains bien nettes pour écraser et broyer les rayons qu'on met à mesure dans un tamis de crin posé sur une terrine vernissée bien propre, et y laisser couler le miel jusqu'à ce qu'il n'en tombe plus. On met le beau miel dans des pots de terre vernissée, bien échaudés et bien égouttés; on le couvre d'un papier; on n'y touche pas de cinq ou six jours; ensuite on enlève avec une cuiller les fragments de cire qui sont restés et qui surnagent; ce miel se fige bientôt, il est blanc, et on l'appelle *vierge,* parce qu'il n'a point été chauffé; on le couvre d'un papier et d'un parchemin, ou d'une toile. Pour faire le *miel commun,* on repétrit le marc qui reste dans le tamis; on le joint avec du miel de moindre qualité qu'on a fait égoutter à part: si on est dans un temps un peu froid, on met le tamis et la terrine avec tous les rayons froissés dans un four, après qu'on a tiré le pain, pour que la chaleur fasse couler ce qui reste de miel dans la cire; ce miel a une couleur rousse, et ne se conserve pas si longtemps. On l'écume comme l'autre, et on le couvre de même: on met les pots de l'un et de l'autre dans un endroit sec et à l'air. Pour donner au miel le goût du miel de Narbonne, il faut, pendant qu'on écrase les plus beaux rayons, les parsemer de fleurs de romarin: ces fleurs communiquent au miel leur arôme délicat.

Voici le moyen de faire avec les résidus de ruches et les eaux de cire un excellent *hydromel*. Lorsqu'on a extrait le miel des rayons, on place les résidus dans un baquet dans lequel on verse de l'eau quasi-bouillante. On laisse macérer pendant quelques heures, après lesquelles on passe à travers un tamis. On fait ensuite bouillir la liqueur à petit feu, pendant deux ou trois heures, dans un vase de cuivre, en ayant soin d'enlever l'écume à mesure qu'elle paraît. On ôte du feu et on laisse refroidir pour transvaser dans un tonneau bien propre que l'on emplit entièrement, et que l'on place, ouvert, dans un endroit sec et sain, dont la température ordinaire est de 18 à 20 degrés. Au bout de deux ou trois jours, la fermentation vineuse s'établit et dure de dix à quinze jours; après quoi, on descend le tonneau à la cave et on laisse la boisson s'éclaircir. Afin de hâter la clarification, on peut coller comme le vin. Après la clarification, on boit à la pièce ou on met en bouteille. Dans ce dernier cas, cette boisson devient, au bout d'une quinzaine de jours, mousseuse comme le champagne et a le gout du vin doux de Bergerac. Les débris d'une ruche qui a donné 15 kilog. de miel peuvent produire de dix à quinze litres de boisson, selon que l'on a pressé plus ou moins fortement les cires et que l'on veut que la liqueur soit forte. Si l'on met en bouteilles, il faut avoir soin de les relever au bout de quelques jours; car ou elles casseraient, ou les bouchons sauteraient. On peut ménager la quantité de miel et la compléter par de la cassonade. On peut aussi ajouter, au moment de la coction, des fruits, tels que groseilles, framboises, cerises, notamment des guignes, bigarreaux, merises. On obtient, par cette addition, une boisson de qualité supérieure. On peut encore y introduire quelques plantes, racines ou fleurs aromatiques, qui en modifient le goût. Ces boissons ainsi faites sont très-rafraîchissantes et très-alimentaires, et conviennent beaucoup aux travailleurs de la campagne, qu'elles soutiennent et stimulent. Elles se conservent et ne tournent pas, au bout de peu de temps, à l'état acide et putride, comme le font la plupart des piquettes de plantes et de fruits macérés.

7. Préparation de la cire. — Dès que la cire est séparée du miel, il ne faut pas tarder à la purifier, autrement il s'y établit une fermentation putride ou les insectes y déposent leurs œufs; les vers qui en proviennent la mangent et ne laissent à sa place que des ordures. On émiette la cire dans un chaudron bien nettoyé, on verse de l'eau par dessus, et on la fait cuire jusqu'à ce qu'elle soit entièrement fondue et surmontée d'une écume jaune. Pour l'empêcher de monter, il faut la remuer continuellement

et y verser de temps en temps un peu d'eau froide. Ensuite on en prend la quantité nécessaire pour une pressée. La presse doit être chauffée avec de l'eau bouillante, ainsi que le canevas sur lequel on verse la cire fondue. Pour une petite quantité de cire il suffit d'avoir une presse à main dont la forme est indifférente. Mais avec cette machine on ne peut extraire d'une seule fois toute la cire, et il faut faire cuire le marc pour le presser une seconde fois. Pour une quantité plus considérable de cire brute, il faut avoir une presse plus grande, en bois dur, à peu près semblable à celle dont se servent les savonniers, avec un seau d'une contenance suffisante et une forte vis. On peut alors extraire la cire d'une seule fois. Si le prix de cette presse était trop élevé pour un seul apiculteur, plusieurs pourraient se réunir pour se la procurer à frais communs. Pour mettre la cire en pain, il faut, après qu'elle a été pressée, la laisser refroidir et se figer, puis l'amasser et la laver dans de l'eau propre, d'où on la tire avec une écumoire; ensuite on la met dans un chaudron avec de l'eau à proportion ; on entretient dessous un feu clair et on la fait fondre. Dès qu'elle est bien liquide, on la verse dans plusieurs terrines, nt le haut est beaucoup plus large que le fond ; on doit y avoir mis auparavant un tiers d'eau bien chaude et en avoir bien mouillé les bords : la cire s'y fige bientôt et forme un pain de la figure de la terrine ; ce pain se décolle en se refroidissant. On ne doit point toucher de tout le jour à ces terrines. Comme les ordures se précipitent au fond du pain, on en ratisse le dessous lorsqu'il est entièrement froid. On fait encore, avec le marc de la cire qui reste dans le sac pendant qu'il est chaud, des pelottes ou petites boules, qu'on vend aux fabricants de toiles cirées. Pour faire blanchir la cire, on la fait fondre une troisième fois, toujours avec de l'eau, et on la verse dans un chaudron fort large, on met dessous un réchaud pour l'entretenir liquide ; ensuite on trempe dans la cire une planche fort mince, bien unie, au milieu de laquelle on a mis un clou ou bouton, pour la pouvoir plonger et retirer sans se brûler, mais après l'avoir plongée auparavant dans un baquet plein d'eau fraîche. La cire qu'enlève la planche, forme des feuilles de l'épaisseur d'une pièce de 5 fr., qui se refroidissent bientôt ; alors on plonge cette planche dans un cuvier d'eau fraîche, ce qui fait détacher facilement la cire de la planche, et on continue de tremper la planche dans la cire fondue jusqu'à ce qu'il n'y en ait plus ; ensuite on étend sur de la toile cirée cette cire réduite en feuilles, on l'expose à la rosée du mois de mai, et on la couvre exactement d'une autre toile. Si l'ardeur du soleil la fait fondre, on l'arrose avec de grands arrosoirs, le tout jusqu'à ce que la cire ait le degré de blancheur qu'on désire : cela demande beaucoup de soin et d'attention.

8. L'Apiculture en Normandie. — Depuis un temps immémorial les marchés d'Argences, ainsi que le constate M. Mauget, l'un des principaux apiculteurs de cette localité, jouissent d'une réputation méritée. Les miels qui s'y vendent sont récoltés dans les divers cantons de la basse Normandie et ajoutent aux richesses déjà si nombreuses de cette productive contrée une richesse de plus. Suivant les saisons, on transporte les abeilles là où il se trouve de la fleur ; ainsi, dès les premiers jours de mars, les mouches commencent à travailler ; si elles sont placées dans la vallée d'Auge, abritées par les haies et les coteaux, elles vont butiner sur les premières fleurs qui se présentent, telles que celles du gui, de l'aune, du coudrier, du saule, et celles qui commencent à s'ouvrir dans les prairies. Vient ensuite la fleur de colza qu'on rencontre en si grande abondance dans les environs de Caen. On y transporte les ruches qui se trouvent divisées dans les communes de Lébiscy, Mathieu, Saint-Contest, Malon, Buron, Bretteville-l'Orgueilleuse, Carpiquet, Marcelet, Eterville, etc. ; on choisit ces endroits parce que le sol convenant mieux à la plante de colza, lui donne une plus forte végétation, ce qui entretient la floraison plus longtemps et permet par conséquent de récolter plus de miel. Si la température est douce pendant les quinze derniers jours de la floraison, les bonnes ruches emplissent leurs calottes. Il est bon de donner avant de continuer quelques notions sur l'emploi de la *calotte*. Il y a 45 ans environ qu'on se sert avec un grand succès de ce procédé en Normandie. MM. Colette frères, de Magny, et M. Hébert, de Saint-Remy, en ont fait usage dès l'année 1810. Lorsqu'une ruche fait de grands progrès, et qu'elle arrive au poids de 14 à 15 kilogrammes, on doit en conclure que le travail intérieur est bientôt terminé ; on voit alors les abeilles trop pressées dans la ruche où règne une excessive chaleur, sortir et se blottir contre les parois en attendant l'instant du départ, car l'essaim ne tardera pas à émigrer. On saisit ce moment pour pratiquer au sommet de la ruche un trou de huit centimètres de diamètre ; on place sur ce trou une autre ruche dans laquelle, à l'aide de quelques chevilles en bois, on a attaché un ou plusieurs rayons de cire, disposés de façon à ce que leur partie inférieure tombe sur l'ouverture, et serve d'échelle aux abeilles qui viennent s'établir immédiatement dans la nouvelle demeure qui leur est offerte. C'est cette seconde ruche qu'on désigne sous le nom de *calotte*. Après la fleur de colza, on a celle de sainfoin ; comme c'est la variété de cette

plante fourragère appelée *petite graine* qui donne les meilleurs résultats, on se rend de préférence dans les campagnes d'Argences, de Cagny, de Poussy, de Saint-Sylvain, d'Airan, de Magny, de Saint-Pierre-sur-Dives et de Falaise, où on loue des emplacements. Lorsque les foins sont fauchés, on tire les calottes que souvent on trouve entièrement remplies de ce miel délicieux qui a donné une réputation si bien méritée aux miels des marchés d'Argences. Parfois aussi, après cette récolte, la ruche inférieure n'a pas le poids suffisant pour que les mouches puissent y trouver leur subsistance jusqu'au printemps suivant; alors on est obligé d'avoir recours à la fleur des sarrasins et on porte les ruches aux environs d'Athis, de Flers, de Condé-sur-Noireau, de Tinchebray, de Vire et de Vassy, où quelquefois elles prennent le poids de 25 à 30 kilogrammes, ce qui permet encore de faire une petite récolte d'un miel roux dont l'utilité n'est pas moindre que celle du miel blanc, puisque l'art vétérinaire ne pourrait s'en passer. Toutefois, on laisse dans la ruche inférieure assez de miel pour la nourriture des abeilles pendant l'hiver.

CHAPITRE II.

SÉRICICULTURE.

1. DESCRIPTION DU VER A SOIE. — C'est en Chine que ce précieux insecte a été d'abord un objet d'industrie, 2,700 ans avant notre ère. De cette contrée, l'art de l'élever a passé dans les Indes et en Perse. Au commencement du VIe siècle, deux religieux apportèrent à Constantinople des œufs de vers à soie, et publièrent des notions sur l'éducation des chenilles. Cette éducation acquit bientot de l'importance sous l'empereur Justinien, et fut l'origine de nouvelles richesses. De la Grèce et du Péloponèse, cette industrie se répandit en Sicile et en Italie. Après le règne de Charles VIII, des gentilshommes, qui avaient coopéré à la conquête du royaume de Naples, rapportèrent en Dauphiné le mûrier blanc et la précieuse chenille qui se nourrit des feuilles de cet arbre. Les succès furent lents à se réaliser, et en 1564, Traucat, simple jardinier de Nîmes, jeta les premiers fondements d'une pépinière de mûriers blancs qui, en peu d'années, couvrirent nos provinces méridionales; car l'éducation des vers à soie ne peut prospérer que par le secours d'une autre industrie qui en est indépendante, la culture du mûrier, et de même, celle-ci ne peut

s'établir que dans les lieux où cet arbre peut être utile, c'est-à-dire ceux où l'on élève des vers. — L'insecte qui donne la soie a été d'abord renfermé et immobile, pendant plus de six mois, dans un petit corps appelé œuf. Il en est sorti sous la forme d'un petit animal allongé, ayant huit paires de pattes, et nommé *larve* ou *chenille*. Cette petite chenille, appelée improprement ver à soie, se nourrit des feuilles du mûrier; elle grossit bientôt et si rapidement, que sa peau, six ou sept jours après sa naissance, ne peut plus contenir ses organes intérieurs. Aussi cette peau crève-t-elle alors; la petite chenille en sort avec une nouvelle qui est velue, et elle se développe encore pendant sept autres jours. Il y a de même quatre changements de peau, qu'on appelle *mues*. Quand le ver à soie sent qu'il doit quitter sa cinquième peau, il cherche un lieu écarté, il s'y construit une retraite, une sorte de demeure où il poura être à l'abri des corps extérieurs. Il file alors la soie ou une sorte de tapisserie solide, qu'il dispose de manière à laisser intérieurement une cavité ovale; c'est ce qu'on nomme un *cocon* ou un follicule. — La chenille ne quitte sa dernière peau que dans le follicule pour paraître sous une forme toute différente, qu'on nomme ordinairement *fève*, mais mieux *chrysalide*, *aurélie* ou *nymphe*. Cette nymphe est une petite masse allongée, ovale, plus grosse à l'une de ses extrémités; d'abord molle et transparente, elle durcit peu à peu, et devient opaque. On remarque alors à sa surface des lignes qui semblent indiquer les parties d'un animal dont la forme est tout à fait différente. En effet, une vingtaine de jours après cette transformation en nymphe, on voit sortir du cocon un petit insecte blanc à quatre ailes, qu'on nomme *phalène*, ou mieux *bombyce*. C'est un insecte parfait qui cherche un autre individu de son espèce auquel il s'associe. Il pond bientôt des œufs, qui, six mois après, doivent reproduire des chenilles, lesquelles donneront de la soie et passeront par les mêmes états.

2. Éducation du ver a soie. — Les œufs ou *graines* de vers à soie sont revêtus d'une liqueur qui les colle à l'étoffe ou au papier sur lesquels la mère les a déposés. On peut les décoller en les plongeant dans l'eau fraîche, et ensuite on les laisse sécher. Il faut les conserver dans un lieu sec, dont la température soit de 10 à 12 degrés. Lorsque les chaleurs commencent à se faire sentir, en avril, il est bon de ne pas y exposer les œufs, qui écloraient avant que les premières pousses du mûrier eussent pu fournir la nourriture aux jeunes vers. On retarde donc ce moment, d'autant plus qu'il est convenable de faire éclore à peu près tous les œufs ensemble, ou du moins par couvées proportionnées à l'im-

portance de l'exploitation. On réunit les œufs en nouets aplatis de 30 grammes ou un peu plus, que des femmes suspendent à leur ceinture, et placent sous le chevet de leur lit; on visite ces nouets de temps à autre, ou bien on les tient à l'étuve, dont on élève peu à peu la chaleur jusqu'à 24 degrés, et qu'on maintient à ce terme. Le travail de la nature dure huit à dix jours, au bout desquels on voit éclore le ver. — On étend alors sur la graine une feuille de papier criblée de trous qui ont 2 millimètres de largeur, à travers lesquels les jeunes vers passent pour trouver les feuilles de mûrier qu'on y a placées. On porte avec soin ces feuilles chargées de vers sur un clayon garni au fond de papier gris. Cette levée se renouvelle deux fois le jour, et il faut que toute la graine soit éclose après deux ou trois fois vingt-quatre heures. L'atelier où l'on élève les vers est appelé *magnanerie*; il doit être à l'abri de l'humidité, du froid, du trop de chaleur, des rats, souris et autres animaux nuisibles. Pour 6 hect. de graine, la salle doit avoir 10 mètres sur 25, avec cheminées pour chauffer et ventiler. Des châssis vitrés ferment les fenêtres. La température ne doit pas descendre plus bas que 15 degrés; on peut l'élever jusqu'à 26 et plus; mais 16 à 24 est la mesure ordinaire. Il faut qu'un courant d'air purge l'atmosphère des émanations fétides des chenilles, de leurs excréments et de la détérioration qu'éprouvent les feuilles. La lumière ne leur est nullement désavantageuse, comme le croient quelques personnes; elle leur est, au contraire, favorable sous plusieurs rapports. L'échafaudage des tablettes sur lesquelles on nourrit les vers se compose d'autant de paires de montants liés par des traverses que l'espace le comporte; on les écarte de 2 en 2 mètres. On fixe ces montants dans le carrelage et au plafond, et on y attache les traverses, sur lesquelles on pose des planches ou des nattes de roseau. Le premier étage est à 5 décimètres au-dessus du sol; 4 décimètres d'espace suffisent entre les autres étages; on atteint les supérieurs avec des marche-pieds. Il faut aussi une infirmerie où l'on transporte les vers malades.

Quelques clayons suffisent quand les vers sont jeunes; à mesure qu'ils grandissent, on leur donne plus d'espace et plus de nourriture, en les empêchant de trop s'amasser ensemble. L'abondance des feuilles est proportionnée à l'âge; on doit en donner davantage quand on remarque que les vers ne laissent presque que les côtes. Il faut couper et même hacher les feuilles dans le premier âge; la litière est alors si peu épaisse qu'on la laisse sous les vers; on la sépare ensuite délicatement pour leur donner plus d'espace sur les nouveaux clayons, sans cependant les laisser trop écartés. Avant chaque mue, l'appétit des vers est plus vif, puis il s'arrête tout à coup; les vers tombent en langueur, mais ils se raniment après avoir quitté leur peau. On supprime peu à peu les feuilles de papier du fond des clayons pour laisser passer l'air par les interstices des éclisses. Les vers sont devenus assez forts pour qu'ils ne puissent tomber. Après la seconde mue, ils sont longs de 12 millim.; on les transporte alors dans le grand atelier; on les débarrasse de la litière, qu'ils quittent pour se jeter sur les feuilles fraîches. On donne des feuilles quatre fois par jour, de six en six heures; on coupe ces feuilles en plus grands morceaux que précédemment. Pour *déliter*, on étend un réseau ou filet sur les tables; on le couvre de feuilles, les vers y montent; on enlève ensuite le filet, on ôte la litière et les vers malades ou paresseux; enfin on rabaisse le filet sur les tablettes, ou bien une demi-heure après que la feuille est servie, on enlève ces feuilles avec les vers qui y sont montés, et on les place sur une tablette voisine, qui a d'abord été vidée et nettoyée, et ainsi de proche en proche. Il faut enlever la litière de l'atelier et tenir les lieux propres et secs. Après la troisième mue, on sert les feuilles entières. Les vers ont alors une extrême voracité, et il faut satisfaire abondamment leur appétit. Après la quatrième mue, cette prescription est encore plus urgente. Alors il ne faut pas élever la chaleur au-dessus de 16 à 17 degrés.

Parvenu à son cinquième âge, le ver cesse de manger, se vide de ses excréments, perd de son volume, prend une sorte de translucidité, abandonne les feuilles, cherche à grimper sur les montants et à se cacher dans un lieu isolé. C'est alors qu'il veut filer son cocon. On lui donne des rameaux de bruyère, de genêt, de petit chêne vert, d'alaterne, etc., qu'on dispose sur les tables et en forme d'allées, de 5 décimètres de large, confondant en haut leurs branches. Les vers de deux tables sont réunis sur une seule, et toute la litière est enlevée. Des cornets de papier, des copeaux de menuisier, des touffes de chiendent, sont disposés pour les vers plus diligents, et plus tard pour les plus paresseux. Le ver se met à construire son cocon, en étendant ses fils en divers sens : ce n'est d'abord qu'une soie grossière; mais elle devient plus régulière et plus fine, et la chenille en forme une sorte d'œuf, en contournant ses fils en zigzag et couches par couches tout autour d'elle. La matière de la soie est liquide dans le corps du ver; mais elle se durcit à l'air, et le gluten qui l'enduit colle les fibres les unes sur les autres. On peut même extraire du corps de l'animal cette substance en masse, et en former un tissu transparent de gros fil insoluble, etc. Trois ou quatre jours suffisent à la fabrication du cocon. On doit *déramer* peu à peu, c'est-à-dire ôter les cocons de la bruyère. On trie pour séparer les plus beaux cocons, qu'on réserve pour graine. A l'époque naturelle, après dix-huit ou vingt jours, le papillon se développe, perce son cocon en heurtant de sa tête avec violence contre le tissu d'une extrémité qu'il a humectée, et dont il écarte les fibres avec ses pattes. On recueille ces papillons, et on les place sur une étamine usée où se fait la ponte. Quant aux cocons qui doivent être défilés, il ne faut pas attendre plus de dix à vingt jours pour les étouffer; car si on laissait à la chrysalide le temps d'éclore, son cocon serait percé et n'aurait plus de valeur. On étouffe les cocons en les exposant pendant cinq jours à l'ardeur du soleil, ou en les mettant au four chaud, ou dans la vapeur d'eau bouillante ou dans une étuve. La chaleur de 75 degrés, soutenue pendant une demi-heure, suffit pour tuer les chrysalides. La vapeur d'essence de térébenthine produit le même effet.

3. Industrie de la soie. — La soie est ordinairement jaune, quelquefois blanche ou même vert-pomme. La blanche, provenant d'une variété de ver de la Chine, est préférée, parce qu'on n'a pas besoin de lui faire subir l'opération du *décreusage* pour la décolorer. On fait chauffer de l'eau dans une bassine; on y plonge les cocons pour dissoudre la gomme qui colle les fils les uns aux autres. On agite les cocons avec une botte de verges, qui arrache la bourre et fait trouver le *maître-brin*, qu'on dévide ensuite sur un asple à quatre ailes. On a trouvé par expérience que 28 kilogr. de feuilles de mûrier donnent 1 kil. de cocons en poids, et que 12 kil. de cocons donnent 1 kil. de soie filée, quand l'opération est bien conduite. 30 grammes de graine produisent 40 kil. de cocons et même plus. Enfin il faut 4 hectogrammes de cocons pour produire 30 grammes de graine. La soie d'un cocon pèse 1 décigramme un tiers; son fil est long de 230 à 360 mètres, ce qui donne une idée de son extrême ténuité. Ces fils ont cependant beaucoup de force, surtout quand on en réunit plusieurs ensemble. D'après un travail publié en 1852, le poids de la soie est loin d'être proportionnel à celui des vers ou des papillons : les cocons lourds et les cocons légers contiennent sensiblement la même quantité de soie. La différence est due au poids des papillons. Le poids des mâles est compris entre 310 et 400 milligrammes; les femelles pèsent ordinairement plus que le double. La moitié du poids de ces dernières appartient aux œufs qu'elles déposent plus tard.

La France consomme ou exporte à l'étranger pour 455 millions de francs de soie chaque année. Les soies francaises figurent dans ce chiffre pour la somme de 361 millions de francs; les soies étrangères pour celle de 94 millions. Les valeurs créées par le travail de la soie étant de 361 millions, après déduction de la valeur payée à l'étranger pour 1,404,000 kil. représentant 94 millions de francs; voici comment ces valeurs se décomposent : la France, récoltant aujourd'hui 2,300,000 kilogr. de soies, produit par conséquent 28 millions de kilogr. de cocons, qui représentent eux-mêmes une consommation de feuilles de mûrier égale à 780 millions de kilogr. La valeur de ces feuilles de mûrier, estimée à 94 c. le kilogr., représente, au profit de l'agriculture, la somme de 73 millions de francs. Le travail et les soins qu'exigent les vers producteurs des 28 millions de kilogr. de cocons représentent la somme de 39 millions de francs, en sorte que chaque kilogramme de cocons revient à 4 fr., et que les 28 millions de kilogr. ont une valeur de 112 millions. Le dévidage des cocons, pour conduire la soie à son état grége, ou à l'assemblage de plusieurs brins en un seul, représente une nouvelle somme de 39 millions, et, dans cet état de grége, chaque kilogr. de soie vaut, en moyenne, 65 fr. 85 c. A ce degré de travail, nos 2,300,000 kilogr. de soie valent déjà 151 millions.

L'ouvrage, ou le moulinage, ou la réunion de plusieurs brins de grége pour former la trame, l'organsin, le fil destiné au tissage, etc., exige une nouvelle main-d'œuvre, donnant pour 30 millions de salaires. Nos 2,300,000 kil. de soie ont alors une valeur de 181 millions, et chaque kilogr. vaut 76 fr. 14 c. La teinture et le tissage exigent, en moyenne, une nouvelle somme de 73 fr. 86 c. par kilogr., soit 180 millions pour les 2,300,000 kilogr. de soies indigènes. Dans cette dernière transformation en étoffes, etc., chaque kilogr. vaut 150 fr., c'est-à-dire que les 2,300,000 kilogr. ont pris une valeur totale de 361 millions de francs, dont le tiers environ est resté à l'agriculture. Les 1,404,000 kilogr. de soies que nous tirons de l'étranger étant gréges pour la plus grande partie, notre travail leur donne une valeur à peu près triple de leur valeur à l'importation. Notre exportation d'étoffes de soies étant, en moyenne, de 1,464,000 kilogr. évalués officiellement à 120 fr. le kilogr., représente la somme de 176 millions de francs, c'est-à-dire le cinquième de notre exportation, évaluée moyennement à 906 millions. Cette somme officielle de 176 millions n'a rien de sincère; il est facile de le comprendre. Nous serions au-dessous de la vérité en la portant à 200 millions et même à 250 millions peut-être. Ce qu'on appelle la valeur officielle, en terme de douane, est le prix d'estimation des choses exportées, arrêté en 1826. Cette estimation est trop faible pour certains produits, trop forte pour d'autres. La France, imitant en cela tous les autres peuples, a affaibli plutôt qu'exagéré la valeur des choses qu'elle a intérêt à exporter en tout temps. Ainsi elle a fait pour les soies, et surtout pour les soies de haut luxe. Avant la révolution de juillet, nous n'avions que 27 départements produisant de la soie. De nombreux encouragements ont été depuis donnés à cette industrie, et en 1848, on comptait 68 départements à magnaneries. Grâce à cet élan qui a précédé 1848, la France sera très-probablement délivrée de l'énorme impôt que nous payons encore à l'étranger pour l'introduction des soies brutes. Les plantations faites de 1830 à 1848 ne représenteront pas moins alors d'un milliard et demi de capital producteur, car les plantations de mûriers n'enlèvent pour ainsi dire rien à notre sol agricole, et ne font qu'utiliser les terrains pierreux, arides, inclinés, suivant des pentes qui se refusent à toutes les cultures. Un autre travail, publié en 1857 par M. Wolowski, membre de l'Académie des sciences morales et politiques, donne les chiffres suivants : La statistique officielle, dont les relevés remontent à plus de dix ans, porte à 233,503,810 fr. la valeur des matières employées, et à 406,377,455 fr. celle des soieries fabriquées annuellement en France. On estime à 160,000 les métiers employés à l'industrie de la soie, et nous consommons au moins quatre millions et demi, d'une valeur de près de 300,000,000 de fr., de matière première. L'importation nous en procure les deux cinquièmes; la production indigène suffit au reste, et fournit une partie des soies exportées. L'exportation de nos tissus de soie s'est élevée, en 1853, en ne tenant compte que des produits indigènes, à plus de 376 millions. En y ajoutant la consommation intérieure, on reconnaît que l'industrie de la soie dépasse de beaucoup en France le chiffre colossal d'un demi-milliard. Elle contribue pour plus du quart à l'importance de nos exportations, et représente à elle seule presque le double de la valeur des autres tissus vendus au dehors. L'Angleterre emploie 3,000,000 de kilogr. de soie, provenant surtout de l'Inde, de la Chine et de l'Italie; le Zollwerein 1 million, la Suisse autant, la Russie 700,000 kilogr.; l'Autriche et la Lombardie mettent en œuvre plus d'un million un quart de kilogr. L'importance de l'industrie française de la soierie tendrait à égaler celle de cette industrie dans le reste de l'Europe si notre régime de douanes était plus libéral.

En Algérie, l'éducation des vers à soie s'est relevée de l'espèce de défaveur qui a si mal à propos accueilli ses premiers essais. Une industrie qui s'y relie intimement, la filature des cocons, s'est établie en 1857 à Kouba, aux environs d'Alger. L'usine fondée dans ce but par MM. Chazel et Reidon a commencé à fonctionner. Cette usine, mue par une machine à vapeur, compte, pour ses débuts, vingt bassines et autant de tours à dévider la soie. Les achats de cocons effectués, à la date du 27 mai 1857, s'élevaient à 600 kilogr.

4. Dégénérescence du ver a soie.—Conseils aux agriculteurs. — D'après un volumineux rapport de M. Dumas, le kilogramme de graines de vers à soie, qui de 1815 à 1825 valait 120 fr., et de 1826 à 1833, 136 fr., s'est successivement élevé jusqu'à 489 fr. en 1856... on n'en sait que trop la cause : un mal inconnu, une sorte d'éthisie, nous est venu, ou plutôt s'est peu à peu propagé depuis trois ans sur les mûriers et les vers à soie de France, d'Italie et d'Espagne. Pourquoi? Comment? Quel remède apporter au mal? *On n'en sait rien*; on n'en sait guère plus sur la muscardine ou la carbonne que sur l'oïdium, la maladie des pommes de terre, ou le choléra, et soit dit en passant, tout ce que nos savants ont pu faire à l'endroit de ces fléaux, ç'a été de leur donner un nom, de les baptiser, puis les voilà désormais faits acquis, passés au droit de cité sur la terre d'Europe! Quoi qu'il en soit, les pertes des dernières récoltes de soies ont été immenses : en France elles ont donné tout au plus le tiers de la moyenne; en Lombardie, la moitié; en Espagne, le dixième, ou plutôt rien! Or, si cette disette continue ainsi, calculez la perte! Ce n'est pas par millions qu'il faudra compter, mais par milliards. A quoi tient la fortune des nations! la maladie d'un ver peut causer la ruine de ses plus riches manufactures.

En effet, presque tous les pays séricicoles ont vu en 1856 et 1857 une terrible épidémie anéantir plus des trois quarts de leurs récoltes : partout les symptômes sont les mêmes. Le ver à soie, après son éclosion, languit jusqu'à la troisième ou quatrième mue : il se dépouille difficilement et très-imparfaitement de sa peau, il reste petit, maigre; il devient jaune ou sa peau se couvre de nombreuses taches noires, il n'a pas d'appétit; parfois des pustules visqueuses apparaissent sur son corps, et s'il parvient à monter sur la bruyère, à former un cocon, à se transformer de chrysalide en papillon, il n'en transmet pas moins à sa descendance le principe morbide dont il est infecté. Trop long serait le détail de toutes les observations, de toutes les expériences, de toutes les panacées auxquelles le malheureux sériciculteur s'est livré pour atténuer le mal, pour le reconnaître et pour le prévenir. Là, on a pris des vers de race française pour les accoupler avec des races italiennes. Ici on ouvrait les chrysalides pour s'assurer qu'il y avait dans le cœur un sang rouge au lieu d'une espèce de liqueur putride et noirâtre; ailleurs on croyait renouveler les races en ne prenant les sujets générateurs que dans les cocons où se trouvent enfermés deux chrysalides; peines et soins perdus, *in vanum laboraverunt.* La maladie est générale, son *influenza* s'est accrue en raison des précautions et des soins qu'on a mis à l'éviter. Les uns accusent la température humide, d'autres la maladie du mûrier, ceux-ci enfin, croyant à la dégénérescence de l'espèce, proposent d'aller chercher en Chine de nouvelles races. Selon M. Ph. de Montravel, qui a publié à ce sujet dans la *Gazette de France* un excellent travail, il faut plutôt remonter vers la cause d'où provient la dégénérescence du ver à soie; il faut examiner si nous le traitons aujourd'hui comme nos pères avaient coutume de le traiter autrefois; il faut enfin procéder par analogie et voir si les procédés nouveaux, les aliments *perfectionnés* dont nous le nourrissons conviennent mieux à sa constitution que les aliments grossiers et les soins tout primitifs dont nous l'avons déshérité. Un animal à l'état sauvage n'est-il pas plus sain, plus fort, plus robuste, moins sujet aux maladies qu'un animal domestique? et cependant sa nourriture est plus grossière, moins choisie et moins de son goût. Voyez les arbres, les plantes, toutes les productions sauvages, leurs tiges résistent aux froids, aux pluies, aux sécheresses; leur nature est vivace, leur végétation est mâle, luxuriante; leurs fruits, leurs graines sont peu développés, peu nombreux; mais leur germe est sain, complet, salubre. Au contraire, les arbres, les plantes civilisés, acclimatés dans nos serres, dans nos jardins, produisent des fruits superbes et succulents, des graines abondantes ou des fleurs doubles et variées; la culture, la greffe, les engrais les ont transformés, forcés à produire plus beau et meilleur; mais leur germe est impuissant à les reproduire; il faut les greffer sur franc, c'est-à-dire sur un individu non dégénéré, non perfectionné, pour ne pas perdre leur espèce. En définitive, plus un arbre, un fruit est rendu beau, productif, savoureux par la greffe et la culture perfectionnées, moins son germe a de force, de vigueur, de robusticité. Plus un animal est gorgé de nourriture succulente, choisie, perfectionnée, plus il gagne en chair et perd comme générateur.

La dégénérescence du ver à soie a pour cause, selon M. de Montravel, ce perfectionnement de nourriture. La feuille du mûrier greffé n'a plus la consistance, le goût, les qualités nutritives et soyeuses du mûrier sauvage. Nous avons aujourd'hui une feuille épaisse, grasse ou aqueuse, une feuille craignant la gelée, la tache, la rouille, la rosée. Il est rare que les premières pousses de cette feuille très-précoce ne soient détruites par le froid, et depuis quelques années surtout ce n'est que la seconde feuille qui a été donnée aux vers à soie. Peu de propriétaires ont aujourd'hui des arbres sauvages non greffés, et nombre d'éleveurs ne donnent pas une seule fois à leurs vers de la feuille sauvage. Autrefois, et alors on réussissait toujours les éducations, on nourrissait les vers exclusivement de cette feuille jusqu'à la troisième mue. On croyait, avec raison, qu'il ne fallait pas priver les jeunes vers de la nourriture saine, sèche, fibreuse qui convient à de jeunes animaux dont les organes digestifs ont besoin de s'accoutumer de bonne heure à bien remplir leurs fonctions. On croyait alors qu'il ne fallait pas trop s'écarter du régime primitif du ver à l'état sauvage, et l'on s'en trouvait bien à ce qu'il paraît. Mais que les temps sont changés et combien nous avons en pitié maintenant la méthode suivie par nos pères! La feuille de leur mûrier était dure à ramasser, la nôtre est tendre, doublement abondante ; sa couleur est d'un beau vert glauque; sa forme, sa grandeur, son épaisseur et son poids, tout n'est-il pas supérieur à l'ancienne? C'est parfaitement vrai, convenons-en. Mais pressez cette feuille dans les doigts, il en sort de l'eau; mettez-là sous la dent, elle n'est ni filamenteuse ni glutineuse, et, au lieu de donner de la force et de la soie au ver, cette nourriture aqueuse, âcre, lui débilite l'estomac, le rend mou, lâche, et paralyse ses organes digestifs. Ainsi gorgé dès son éclosion, jamais le ver ne sera fort et robuste ; s'il parvient à former son cocon, il sera certainement imparfait, et s'il devient papillon, qu'il fasse des œufs, soyez assurés que la maladie, la dégénérescence commence pour ces individus. Concluons : Pour régénérer le ver à soie, nourrissez exclusivement de feuilles sauvages ceux dont vous attendez les œufs ; nourrissez de feuilles sauvages dans leur jeune âge et de feuilles greffées dès qu'ils ont passé la seconde maladie, ceux dont vous attendez de la soie.

5. **Acclimatation d'un ver a soie indien.**—M. Guérin-Menneville s'occupe de l'acclimatation du ver à soie tussah (*bombyx militta*) qui se nourrit de divers végétaux. Cette introduction aurait d'autant plus d'intérêt aujourd'hui que la soie donnée par cette espèce, comme celle qu'on obtient dans l'Assam du *bombyx assamensis*, et celle récoltée en Chine du *bombyx Pornyi*, dont la chenille vit sur diverses espèces de chênes, est un produit qui va entrer avec avantage dans notre industrie. En effet, cette soie, connue dans le commerce, sous le nom général de *tussah*, peut être blanchie et ensuite teinte dans toutes les nuan-

ces. Jusqu'ici elle était demeurée presque inconnue en Europe, parce qu'on ne pouvait en faire que des tissus écrus, et qu'on n'était pas parvenu à lui faire prendre la teinture. Grâce aux efforts persévérants de M. Torne, manufacturier instruit de Paris, cette soie prend aujourd'hui les teintes les plus vives comme les plus délicates. Il en fait les tissus les plus variés, et comme elle est d'un prix très-inférieur à celui de notre soie ordinaire, qu'elle donne des produits d'une qualité et d'un aspect particuliers, il est certain qu'elle trouvera sa place dans notre consommation sans nuire à notre belle soie, à laquelle elle ne peut être comparée. D'après M. Perrotet, les quatre espèces d'arbres sur lesquelles vit la chenille du *bombyx militta* à Pondichéry, le *terminalia catappa*, le *zizyphus jujuba*, le *zisyphium jambolanum* et l'*odina Wodier*, sont très-susceptibles d'être acclimates en Algérie et même dans le midi de la France. De plus, cette espèce de ver à soie vit encore sur d'autres végétaux, et rien ne prouve qu'elle ne s'arrangerait pas de quelques-uns de nos arbres indigènes ou introduits. « Je ne cesserai de le répéter, dit M. Guérin-Méneville, si nous devons nous préoccuper constamment du développement de l'éducation de notre magnifique ver à soie ordinaire; si nous devons chercher sans cesse à améliorer ses races, à rendre plus certaine la riche récolte qu'il nous donne, afin de rendre ainsi la soie plus populaire, nous devons aussi faire des efforts persévérants pour venir en aide à cette production, en introduisant d'autres espèces qui sont la source de produits importants dans divers pays. C'est pour tenter d'arriver à ces deux grands résultats que je donne chaque année cinq à six mois de mon temps aux études pratiques et scientifiques faites à la magnanerie expérimentale de Sainte-Tulle, conjointement avec son zélé propriétaire M. E. Robert, et que je ne cesse de faire des essais, avec l'appui de la Société impériale d'acclimatation, pour introduire les espèces étrangères susceptibles de donner des produits utiles dans un avenir plus ou moins éloigné. » Les vers à soie indiens du ricin ou palma Christi ont attiré l'attention générale à l'Exposition permanente de la Société impériale et centrale d'horticulture. Leur nourriture principale est le ricin, cultivé dans le midi pour donner de l'huile; mais des essais faits dans divers pays font espérer qu'on pourra les nourrir facilement avec d'autres végétaux, tels que la laitue, la chicorée, le saule, etc. Dans l'Inde, ils donnent dix récoltes par an; leur soie habille des populations entières.

CHAPITRE III.

PISCICULTURE.

1. **Découverte de MM. Rémy et Géhin.** — Depuis quelques années, des plaintes nombreuses s'étaient élevées sur la dépopulation croissante de nos fleuves et de nos rivières. La pêche fluviale, qui offrait aux populations riveraines une source abondante d'alimentation agréable et saine et qui constituait une industrie considérable, se trouvait menacée d'une ruine prochaine. Les espèces carnivores font aux espèces herbivores une guerre acharnée. « Tout le monde a pu remarquer comme moi, dit M. Chamoin fils, qu'à l'époque du frai, d'innombrables quantités de petits vérons lisses (*phoxinus lævis*) apparaissent principalement sur les frayères du meunier (*leuciscus argentatus*) et du barbeau (*barbus fluviatilis*); mais ce que tout le monde n'a pas remarqué peut-être, c'est que les vérons font leur pâture des œufs de ces frayères : ils ont même une telle avidité pour cette proie, que, si l'on jette une pierre au milieu d'une bande de ces vérons, on les écarte un instant, mais sans leur faire quitter la place. Etonné de ce fait, je pris plusieurs de ces petits parasites dont je fis l'autopsie, et dans le corps de tous, je trouvai des œufs qu'ils avaient dévorés dans les frayères. On comprend, d'après cela, comment, malgré l'étonnante fécondité des poissons, nos rivières et nos fleuves ne sont pas plus poissonneux. En effet, en pisciculture comme en agriculture, la première condition pour assurer une abondante récolte, c'est de garantir la semence, ce qui serait facile à faire ici avec un filet léger et à mailles très-fines, à l'aide duquel on pourrait purger les frayères de leurs dangereux ennemis. » Les barrages, qui se multiplient chaque jour le long des petits affluents, s'opposent aux migrations des poissons dont le frai doit être déposé dans le voisinage même des sources. Les ruisseaux ne peuvent donc plus fournir aux rivières un contingent annuel aussi considérable de petits poissons, et la pêche s'exerçant toujours, l'espèce diminue ou disparait. Les grands fleuves aussi sont par trop dépeuplés; l'établissement des bateaux à vapeur est signalé comme une cause active de la diminution des poissons, et ces plaintes sont fondées. Les berges sont comme rincées par le remous qui les balaie plusieurs fois par jour, et en détache le frai qui avorte tristement. La Saône offre un exemple frappant de la stérilité amenée par la navigation à la vapeur.

et herbivores. Celles-ci s'élèvent et s'entretiennent elles-mêmes aux dépens des végétaux aquatiques ; à leur tour elles servent d'aliment aux truites, qui se nourrissent de chair. Nos pêcheurs donc ont eu le talent et le bonheur d'appliquer à leur industrie une des lois les plus générales sur lesquelles reposent les harmonies naturelles de la création animée. MM. Géhin et Rémy n'ont pas borné les applications de leurs recherches aux ruisseaux exploités par eux. Appelés dans diverses communes, ils ont rempoissonné des cours d'eau depuis longtemps dépeuplés, et dans une seule rivière, la Mosselotte, un des affluents de la Moselle, ils ont semé cinquante mille truitons qu'on pêche aujourd'hui à l'état adulte. Leur réputation s'est étendue, et l'un d'eux, appelé à Huningue, a employé ses procédés pour la multiplication du saumon avec un succès comparable à celui que le comte de Golstein avait obtenu il y a près d'un siècle.

2. Procédés pour l'éclosion artificielle des poissons. — Comme nous l'avons dit, la truite fraie de novembre à décembre ; les autres poissons, d'avril à juillet. Au moment donc du frai, on se procure un mâle et une femelle du poids de 300 à 500 grammes ; on prend la femelle dans la main gauche, et avec la main droite on lui caresse le dessous du ventre, ce qui fait bientôt cesser ses frétillements et doit faciliter la sortie des œufs. Quand le poisson s'est calmé, on presse légèrement le ventre entre le pouce et l'index, et l'on reçoit les œufs dans un vase préparé et rempli d'une eau claire et limpide. Si les œufs ne sortent pas naturellement et sans efforts, c'est qu'ils ne sont pas encore arrivés à leur maturité ; et, dans ce cas, il faut laisser la femelle et en prendre une autre. L'opération est la même pour le mâle. Quand la laitance tombe dans le vase, l'eau se teint légèrement, ce qui est le signe de la fécondation des œufs ; en effet, ceux-ci changent de couleur, de transparents qu'ils étaient ils deviennent opaques, et à leur centre paraît un petit point noir d'un à deux millimètres d'étendue. Il faut alors les examiner avec soin et retirer tous ceux qui n'auraient pas ce point noir, car ceux-là ne sont point fécondés ; ils ne doivent pas tarder à se corrompre, et leur putréfaction serait fatale aux autres. Cela fait, on met les œufs fécondés dans une boîte ronde en fer-blanc, de 20 à 25 centimètres de diamètre sur 8 à 10 de profondeur ; cette boîte est percée dans tous les sens de mille à deux mille trous d'un millimètre environ, faits à l'emporte-pièce, et fermée par un couvercle qui s'adapte au moyen d'une charnière. On a préalablement placé dans le fond des petits cailloux ; c'est entre ces cailloux que l'on dépose les œufs, puis on abandonne la boîte ainsi garnie dans une eau peu

profonde, mais limpide et courante, en l'enfonçant légèrement dans le fond du ruisseau ou de la rivière. L'éclosion a lieu d'ordinaire au bout de deux ou trois mois; après le second mois, il est donc prudent de visiter souvent les œufs pour constater leur état, et enlever ceux qui auraient perdu le germe vital. On reconnaît d'ailleurs que le terme de l'éclosion approche par l'extension du point noir dont nous avons parlé.

Enfin l'œuf est devenu poisson; la queue, la première, a brisé l'enveloppe, puis la tête paraît, et l'on voit le jeune alevin s'agiter et nager avec une sorte de gaîté, comme s'il voulait sur-le-champ profiter de son existence nouvelle. Cependant le poisson porte encore sous le ventre le reste de l'œuf qui a longtemps été sa prison; c'est même de là qu'il tire sa première nourriture. Il serait donc inutile, peut-être même imprudent, de lui en donner une autre, tant que l'œuf n'a pas complétement disparu, ce qui arrive quatre ou cinq jours après l'éclosion.

Alors une distinction se présente. S'agit-il de poissons herbivores, tels que la carpe, la tanche, le goujon, le gardon, etc., on se contente de les placer dans des bassins entourés d'herbes et de plantes aquatiques, et tout est dit. S'agit-il au contraire de poissons carnivores, tels que la truite, le brochet ou la perche, il faut s'occuper de leur trouver une nourriture conforme à leurs habitudes et à leurs besoins. D'abord, Rémy leur donna, ainsi que nous l'avons dit, du sang de bœuf, ou de la viande cuite; mais son esprit observateur lui suggéra un nouveau moyen plus simple, moins coûteux et qui se rapprochait davantage de la nature. Auprès de ses jeunes truitelles, il sema d'autres poissons herbivores beaucoup plus petits, qui vécurent aux dépens des plantes et des mille insectes qu'elles renferment, et devinrent à leur tour la nourriture des jeunes truites. Il faut observer qu'on ne doit jamais mettre dans un même bassin des poissons carnivores d'un âge différent, car les uns deviendraient infailliblement la proie des autres. Ce n'est qu'à l'âge de trois ans qu'on peut laisser aller ces poissons en liberté. A cet âge ils sont devenus nubiles et assez forts pour se défendre. Pour le transport des œufs, MM. Rémy et Géhin ont adopté le moyen suivant : Dans une de ces boîtes dont nous avons donné plus haut la description, ils forment des couches superposées de petits cailloux au milieu desquels ils placent les œufs fécondés, recouverts d'un sable fin et mouillé. C'est ainsi qu'ils ont fait leurs envois à toutes les personnes qui leur adressaient des demandes. Dès que les boîtes sont arrivées, il est urgent de séparer les œufs bons des œufs gâtés; puis on suit la marche indiquée ci-dessus.

M. Coste a présenté à l'Académie des sciences un appareil d'éclosion formé par un assemblage de petits canaux parallèles, disposés en gradins de chaque côté d'un canal supérieur qui les domine tous et sert à les alimenter tous. Après avoir recouvert le fond de chacun de ces canaux d'une couche assez épaisse de gravier et de petits cailloux, on place la machine sous un robinet, de manière que l'eau tombe à l'une des extrémités du canal supérieur. Un courant s'établit immédiatement vers l'extrémité opposée, et là une échancrure latérale lui offrant une issue à droite et à gauche, il se brise en deux chutes d'eau qui vont alimenter les deux canaux placés immédiatement au-dessous. De nouveaux courants se forment dans ces canaux, y marchent en sens inverse du premier, les parcourent dans toute leur longueur, trouvent à leur tour une échancrure qui les précipite dans les canaux inférieurs, et l'eau va ainsi de chute en chute, circulant dans les compartiments qu'on peut multiplier à l'infini, et qu'elle transforme en ruisseaux artificiels. Quand la machine est en pleine activité, on dépose sur le gravier les œufs qu'on veut y faire éclore, et qu'on peut séparer par espèces et par âges dans les nombreux compartiments dont cette machine se compose. Le courant continu faisant passer sur eux une couche d'eau qui ne doit pas avoir plus d'un pouce d'épaisseur suffit pour empêcher la formation des byssus ou végétations dont l'invasion les fait si souvent périr, et dont il serait d'ailleurs facile de les délivrer à l'aide d'un pinceau ; car on suit pas à pas, et sans les changer de place, toutes les modifications qu'ils subissent. Dans ces conditions artificielles, ils se développent et éclosent aussi sûrement et plus promptement que dans les milieux où les femelles les déposent, parce qu'ils sont préservés de toutes les variations de température, de tous les accidents qui peuvent les altérer, les détruire ou retarder leur éclosion. Les résultats que M. Coste a obtenus au collége de France sur l'éclosion des truites, des saumons et des métis de ces deux espèces, ne laissent aucun doute sur ce point. L'opération n'est ni difficile ni dispendieuse ; il suffit d'un simple filet d'eau qui coule d'une manière continue.

CHAPITRE IV.

ACCLIMATATION DE NOUVELLES ESPÈCES D'ANIMAUX DOMESTIQUES.

Dans les considérations présentées au début de cet ouvrage, nous avons dit que nous consacrerions un chapitre spécial aux différentes questions posées et résolues par M. Isidore Geoffroy-Saint-Hilaire. Nous reproduisons ici en grande partie, d'après le *Moniteur*, le travail de l'illustre savant, adressé sous forme de lettre, en mai 1844, au ministre de l'agriculture et du commerce, et qui peut, en quelque sorte, servir de conclusion à notre livre.

1. **Importation de races étrangères appartenant a des espèces domestiques dont nous avons déja des représentants.** — Cette importation peut-elle être utile, et est-elle possible? Il serait superflu d'insister sur ce point, après tous les essais plus ou moins heureux qui ont été faits depuis quelques années. Tout le monde sait que nous avons aujourd'hui de belles races de chevaux, de bœufs, de moutons, de porcs, de poules, etc., qui étaient, il y a peu de temps encore, étrangères à la France. Une seule remarque peut être utilement placée ici. Pour conserver une race, pour la naturaliser parmi nous, deux conditions sont indispensables. L'une, dont la nécessité trop évidente n'a été méconnue par personne, c'est la pureté des mariages; c'est l'exclusion, à l'égard des femelles de la race que l'on veut naturaliser, de tout étalon qui n'en offrirait pas les caractères complets et bien développés.

L'autre condition, trop souvent méconnue, c'est la nécessité de maintenir la race que l'on veut naturaliser dans des circonstances analogues à celles où elle se trouverait placée dans le pays qui la possède. Or ces circonstances, notamment lorsqu'elles dépendent du climat, il ne nous est pas toujours possible de les reproduire ici ou de nous en rapprocher suffisamment, d'où il suit que, si un très-grand nombre de races étrangères peuvent être importées et naturalisées chez nous, il en est quelques-unes qui, importées en France, y dégénéreraient nécessairement, et qui ne peuvent y être naturalisées. Elles peuvent seulement y être conservées, pour ainsi dire, artificiellement, au moyen de nouveaux individus importés de temps à autre, notamment d'étalons qui pourront, en mêlant leur sang à celui de la race précédemment importée, la renouveler pour ainsi dire, et en arrêter, en ralentir du moins la dégénération. Remarquons-le toutefois, l'étendue de la France est si vaste, elle renferme des régions si différentes par leur disposition topographique et leur climat, qu'il est peu de races étrangères qui ne puissent trouver sur quelque point de notre pays l'habitat et les circonstances qui rendent leur conservation possible.

2. Importation d'espèces domestiques étrangères dont nous n'avons point encore de représentants. — Les espèces déjà réduites en domesticite, et dont nous n'avons point encore de représentants, sont les suivantes, toutes appartenant à l'ordre des mammifères ruminants : 1° le *chameau*, habitant le Turquestan ou ancienne Bactriane, le Thibet, la Chine, la Russie d'Asie : sa zone d'habitation remonte au nord jusqu'au Baïkal, elle comprend donc des régions très-froides ; 2° le *dromadaire*, habitant la partie la plus méridionale de l'Asie et le nord de l'Afrique ; 3° et 4° le *lama* et l'*alpaca*, qui habitent les Cordilières ; 5° le *buffle* d'Asie, et du sud-est de l'Europe ; 6° l'*yak* ou *buffle à queue de cheval*, de la Tartarie et de plusieurs autres parties de l'Asie ; 7° le *renne* des contrées glaciales des deux continents. Ces animaux sont tous de première utilité pour les peuples qui les possèdent. Si l'on se demande comment il se fait qu'aucun d'eux n'ait été naturalisé chez nous, et comment, au contraire, les carnassiers, les rongeurs et oiseaux domestiques, même les moins importants, soient répandus partout, il est facile de trouver l'explication de ce fait, en apparence paradoxal. De petits mammifères, des oiseaux, se transportent facilement et à peu de frais, et, une fois transportés, s'ils sont placés dans des circonstances convenables, ils se propagent assez vite. L'industrie particulière et le commerce suffisent donc à opérer, à l'égard de toutes les petites espèces domestiques, leur importation et leur naturalisation chez les peuples auxquels leur possession peut être utile. Mais, à l'égard des ruminants, le transport d'un nombre suffisant d'individus est difficile et dispendieux, et ces animaux, principalement les grandes espèces, ayant un temps de gestation et un développement très-prolongé, leur propagation est fort lente ; un certain nombre d'années doit nécessairement s'écouler, même dans l'hypothèse la plus favorable, avant qu'on puisse être dédommagé des dépenses faites. Les efforts de l'industrie particulière sont donc ici insuffisants. Ceux d'un gouvernement sont indispensables comme dans toute œuvre où il s'agit non du présent ou d'un avenir presque immédiat, mais de bienfaits envers le pays et de services à lui rendre à l'avenir. Parmi les sept espèces qui viennent d'être mentionnées, les premières sont celles dont l'importation et la naturalisation doivent fixer l'attention, et qui sont appelées à rendre un jour à notre pays d'importants

services. Le chameau ou le dromadaire, dans les Landes, par exemple, où déjà quelques essais ont été faits, les variétés laineuses du lama et de l'alpaca, dans les Alpes et les Pyrénées, créeraient des richesses pour des pays qui, aujourd'hui, en sont trop dépourvus. Entre les deux premiers, le chameau serait mieux assorti que le dromadaire aux conditions de notre climat. Néanmoins, en supposant que le transport de chameaux, pris à Odessa, par exemple, parût difficile, trop dispendieux du moins (car la difficulté en elle-même est nulle), et si l'on voulait recourir à notre colonie d'Alger pour en faire venir des dromadaires, on peut affirmer que leur acclimatation ne souffrirait pas de graves difficultés. L'espèce vit parfaitement et se reproduit à la ménagerie de Paris. Quant aux variétés laineuses du lama et de l'alpaca, il est certain qu'elles ne seraient jamais substituées comme bêtes de somme à nos ânes, mulets et chevaux, puisque partout, au contraire, ceux-ci ont remplacé, dans leur propre patrie, le lama et l'alpaca, qu'ils ont réduits aux rôles de bêtes à laine et de bêtes de boucherie. Mais, à ces deux derniers titres, les lamas, les alpacas offriraient une très-grande utilité, et seraient d'ailleurs, une fois répandus en France, élevés à peu de frais. Il y a tout lieu de penser qu'on pourrait même les associer aux troupeaux de moutons et de chèvres. Les autres animaux ci-dessus mentionnés pourraient-ils aussi devenir utiles? Si cela est, ce sera seulement dans un avenir éloigné, et surtout il n'y aurait pas lieu de penser pour le moment, soit à la naturalisation du renne qui serait extrêmement difficile, soit à celle de l'yak, qui, de même que le buffle, ne pourrait guère que rendre des services analogues à ceux du bœuf.

3. Domestication et importation d'espèces jusqu'a ce jour restées sauvages. — Ici le problème à résoudre est double. Tant qu'il s'agit d'animaux déjà domestiqués en d'autres pays, leur naturalisation en France sera sans nul doute obtenue dès qu'on le voudra; l'obstacle à ce progrès consiste non dans des difficultés à vaincre, mais dans l'importance assez considérable des dépenses à faire, dépenses dont la compensation peut se faire attendre assez longtemps. Ainsi, que l'on achète, que l'on transporte en France un nombre de chameaux ou de dromadaires, de lamas ou d'alpacas, assez considérable pour que l'on ait des ressources contre les accidents, contre les épizooties qui peuvent survenir, en un mot contre toutes les causes prévues ou imprévues; que les animaux achetés soient placés dans des localités et dans des circonstances convenables, on peut être assuré qu'au bout d'un certain nombre d'années la reproduction se fera régulièrement,

et que le nombre des naissances, d'abord inférieur à celui des morts, puis égal, lui deviendra supérieur. D'où résultera, dans un temps donné, la naturalisation, et par conséquent, une source de richesse de plus donnée au pays. Dans ceci, rien de problématique, rien d'inconnu, si ce n'est le nombre d'années qui s'écoulera jusqu'à ce moment, et par conséquent, le chiffre des dépenses qui devront être faites en vue d'un résultat d'ailleurs connu à l'avance. A l'égard des animaux sauvages, les mêmes doutes, relatifs au temps et au chiffre de la dépense existent à plus forte raison, et, en outre, d'autres plus graves encore. Une espèce ne peut passer de l'état sauvage à l'état domestique, ou, plus exactement, on ne peut d'une espèce sauvage obtenir, par les soins convenables et par une culture habile, une ou plusieurs races domestiques, sans que celles-ci s'écartent considérablement de leur type primitif, et tellement même qu'il est impossible à l'origine de prévoir à quels résultats différents on arrivera. A cet égard, tout ce que l'on peut dire, c'est que l'action continue de l'homme peut opérer facilement une véritable métamorphose : elle peut pour ainsi dire tout ce qu'elle veut. C'est ainsi que d'un animal identique au chacal, a été obtenu le chien, du mouflon la brebis, du bouquetin la chèvre, de divers sangliers les diverses races de cochons, etc., etc. Or, qui eût pu, à l'origine même, prévoir de telles transformations? C'est précisément parce qu'il en est ainsi, et parce qu'en fait de domestication, il est impossible de prévoir toute l'importance des progrès qui résulteront successivement d'un premier progrès obtenu, c'est parce qu'il en est ainsi, que la domestication d'un animal est un bienfait pour les générations suivantes, et que nous ne saurions trop l'appeler de nos vœux et la hâter de tous nos efforts. La seule objection que l'on puisse opposer à la nécessité d'augmenter le nombre des espèces déjà réduites en domesticité, est la suivante : Est-il réellement utile d'avoir un plus grand nombre d'animaux domestiques? Le cheval, le bœuf, l'âne (sans parler du lama et de l'alpaca autrefois employés en Amérique, et de la brebis et de la chèvre, qui l'étaient chez les anciens Egyptiens, et le sont encore dans l'Inde), ne suffisent-ils pas à l'homme, comme bêtes de somme ou de trait? Le bœuf, le mouton, le porc, le lapin, les oiseaux domestiques ne suffisent-ils pas à tous les besoins de nos tables? J'ai examiné cette objection dans un mémoire spécial, et cela en prenant le cas le plus défavorable à la solution. J'ai examiné si, quand nous possédons déjà l'âne, le cheval, le mulet, il pourrait encore y avoir utilité à domestiquer d'autres solipèdes, par exemple l'hémione ou dziggetai de l'Indoustan, ou l'une des espèces zébrées de l'Afrique. Sans entrer ici dans l'examen approfondi de cette question, je me bornerai à rappeler la conclusion à laquelle je suis arrivé. Cette conclusion est celle-ci : en raison des modifications si profondes que produit le passage de l'état sauvage à l'état domestique, il est impossible de dire au juste, à l'avance, ce que seraient les races domestiques de l'hémione et du zèbre, les premières beaucoup plus fières et légères. les secondes beaucoup plus robustes, mais les unes et les autres douées de caractères que nous ne pouvons déterminer exactement. Ce que nous pouvons au contraire affirmer, c'est que ces races, différentes de toutes les races qui sont issues du cheval ou de l'âne, offriraient, pour certains usages et pour certaines localités des avantages spéciaux; et que, de plus, on obtiendrait, par le croisement des races nouvelles avec les anciennes, de très-précieux produits. D'où l'on voit, même à l'égard des solipédes, que deux espèces sur six sont réduites en domesticité de temps immémorial; que la domestication d'une et peut-être de plusieurs espèces pourrait encore être utile, ou plutôt le serait très-certainement. S'il en est ainsi à l'égard d'espèces dont les analogues sont déjà domestiqués, à plus forte raison doit-on attacher une grande importance à la domesticité des espèces dont aucun congénère n'est encore possédé par l'homme. Parmi les pachydermes, par exemple, je citerai le tapir comme un animal qui semble destiné à devenir, et cela au prix de bien peu d'efforts, un animal domestique à la fois auxiliaire et alimentaire. Il n'en est pas de plus disposé à la domestication par son instinct très-remarquable de sociabilité, et par la facilité avec laquelle il se nourrit, et on se procurerait surtout très-aisément l'une de ces espèces américaines à la Guyane ou au Brésil, où elle est extrêmement commune. Je regarde encore comme aussi utiles que faciles à asservir les kangurous de la Nouvelle-Hollande. Leur chair est agréable au goût et fort saine. Il est une espèce qui serait en même temps, sous un autre rapport, d'un prix inestimable, c'est le kangurou laineux, dont le poil, d'un moelleux et d'une finesse extrême, serait presque aussi précieux que celui de la vigogne elle-même. Verrons-nous venir le moment où les montagnards des Alpes et des Pyrénées élèveront des alpacas et des vigognes dans la zone élevée, tandis que l'habitant des régions basses fera concurrence aux produits de ces précieux animaux par ceux qu'il obtiendra de ses kangurous? Ajoutons que ces animaux, si différents par leur organisation et leur régime diététique de nos bêtes à laine et de nos bêtes à boucherie, devront réussir dans des localités où ne réussissent pas celles-ci. Après ces grands mammifères viendraient, s'il y avait lieu de les énumérer ici, une multitude de mammifères de moyenne et de petite taille, d'oiseaux, de poissons, etc., etc., dont la domestication plus ou moins facile, serait de même à désirer : les uns pour les services qu'ils nous rendraient comme animaux alimentaires ou industriellement utiles, les autres comme espèces d'ornement ou de luxe pour les basses-cours, les parcs, les faisanderies, etc. Plus on étudiera la question, et plus le nombre des espèces dont l'homme peut tirer parti, se montrera grand; et c'est le seul point que je veuille indiquer dans cette note, où il ne saurait être question de déterminer avec exactitude les espèces à l'égard desquelles devraient être faites les tentatives.

4. Utilité de la création d'une ménagerie de naturalisation dans le midi de la France. — Tout ce qui précède peut se résumer ainsi. Il serait d'une immense utilité pour le pays d'y importer et d'y naturaliser, soit des races animales domestiques restées jusqu'à ce jour propres à d'autres contrées, soit des espèces vivant encore à l'état sauvage. Il me reste à ajouter quelques mots sur l'utilité de la création d'une ménagerie de naturalisation dans le midi de la France; progrès que j'ai signalé comme celui qui doit précéder et annoncer presque tous les autres. J'ai insisté sur la très-faible part que les modernes ont prise à la domestication des quarante espèces d'animaux présentement possédées par l'homme. L'une des acquisitions les plus récentes que l'Europe ait faites est celle du dindon, et elle-même remonte à une époque assez éloignée de nous. Ajoutons qu'elle est due aux Espagnols, et non aux Français, par lesquels il est malheureusement vrai de dire qu'aucune espèce n'a encore été domestiquée. Pourquoi en est-il ainsi? Sans méconnaître la part qu'il convient de faire à plusieurs autres causes connues ou inconnues, je n'hésiterai pas à dire que la principale du moins est la longueur de nos hivers. Sur les quarante espèces domestiques, il en est deux appartenant à des régions très-froides, et plusieurs originaires soit de l'Europe tempérée, soit des régions étrangères dont la température moyenne se rapproche de celle de notre climat. Mais toutes les autres espèces domestiques, c'est-à-dire les trois cinquièmes environ du nombre total, viennent originairement de régions beaucoup plus chaudes que la France. Or il est évident que c'est encore aux régions chaudes du globe que nous devrons surtout aller demander des richesses nouvelles, au moins en ce qui concerne les espèces encore sauvages qu'il sera utile d'asservir. Et n'en fût-il pas ainsi, il est facile de reconnaître que c'est pour l'acclimatation des espèces des pays

chauds, quand même elles seraient moins nombreuses que celles des pays tempérés ou froids, qu'existent les plus grandes difficultés. A l'égard de celles-ci, elles pourraient, s'il s'agissait de races déjà domestiquées, être placées, dès le moment de leur arrivée en France, dans quelque haras ou ferme modèle. S'il s'agissait d'espèces sauvages à domestiquer, et d'abord à multiplier, elles pourraient être placées dans des réserves, portions de parc ou enclos rattachés comme annexes à la ménagerie de Paris, et appropriés à recevoir les individus nés dans celle-ci, que l'on voudrait destiner à des essais de naturalisation, plan dont la réalisation offre peu de difficultés. Quant aux animaux des pays chauds, au contraire, ni la réalisation de ce plan, ni les haras et fermes modèles actuellement existants, ne sauraient suffire; l'acclimatation ne peut-être obtenue que lentement et graduellement. A cet égard tout est possible, mais il faut beaucoup de temps et de précautions. Le succès ne saurait être douteux. Le cheval et l'âne parmi les mammifères, la poule parmi les oiseaux, sont originaires des contrées beaucoup plus chaudes que la France, et cependant nous voyons que non seulement ils supportent bien nos hivers, mais qu'ils résistent à ceux beaucoup plus longs et plus rigoureux des régions boréales. Il en sera de même par la suite des animaux que nous irons chercher dans les pays chauds pour les naturaliser chez nous. Mais leur acclimatation ne pourra s'opérer que graduellement. Les exposer peu de temps après leur arrivée en France aux rigueurs de l'hiver, c'est leur faire courir des dangers très-graves si l'hiver est froid et sec, plus graves encore s'il est doux et humide, et il n'y a point, pour toute la France centrale et septentrionale, d'autre alternative. Voudra-t-on, pour préserver les animaux de l'influence de l'hiver, les tenir renfermés? Une longue captivité a aussi ses dangers, et d'ailleurs, les précautions qui peuvent être prises à l'égard d'un petit nombre d'individus dans une ménagerie d'observation zoologique, ne sauraient l'être, à moins de frais par trop considérables, à l'égard d'un nombre d'animaux présumé suffisant pour assurer la domestication d'une espèce, c'est-à-dire à l'égard d'un petit troupeau. La création d'un établissement destiné à recevoir, dans le midi, à leur arrivée, les animaux importés pour la domestication et la naturalisation, peut seule obvier à ces inconvénients. En toute saison, à l'exception de peu de jours, les animaux jouiraient d'une température suffisamment douce, et ce climat, moins chaud que celui qu'ils auraient quitté, plus chaud que celui de la France centrale et septentrionale, serait pour eux une heureuse transition entre leur ancienne et leur nouvelle patrie. Une autre remarque doit venir ici à l'appui de ce qui précède. Lorsque des oiseaux importés en France ont résisté à l'influence d'un climat plus froid que celui auquel ils ont été enlevés, l'acclimatation de ces individus une fois obtenue, il s'en faut de beaucoup que le problème de l'acclimatation et de la naturalisation de l'*espèce* soit résolu. Les habitudes de l'espèce continuent à être pendant un temps plus ou moins long, conformes aux conditions du climat de sa patrie originaire. Les pontes ont lieu très-prématurément pour notre pays, et à une époque telle, que l'incubation se termine, et que l'éclosion se fait au cœur de l'hiver. C'est ce que j'ai encore observé à la Ménagerie du Muséum à l'égard d'une espèce dont j'ai entrepris et dont j'aurai, je l'espère, réalisé prochainement l'acclimatation, l'oie d'Egypte ou bernache armée. Malgré toutes les précautions qui ont été prises, les petits venant à éclore dès le mois de février, ou même de janvier, périssent presque nécessairement quand l'hiver n'est pas d'une douceur extraordinaire, et cela lorsqu'on les tient enfermés presque aussi inévitablement que lorsqu'on les laisse exposés à l'influence de l'air extérieur. C'est encore un exemple très-propre à montrer l'utilité de la création d'une ménagerie d'acclimatation dans le midi, où ce que nous obtenons ici à force de soins et de précautions s'opérerait pour ainsi dire de soi-même. Je dois faire remarquer en terminant que, sous le nom de *ménagerie d'acclimatation* je n'entends nullement, comme ce mot pourrait donner lieu de le penser, un établissement considérable, recevant à la fois un grand nombre d'espèces d'animaux, et disposé de manière à les présenter à la vue du public ou du moins des observateurs, tel en un mot que la Ménagerie de Paris, qui, à cet égard, suffit pleinement à tous les besoins. Il y a plus : ces conditions sont directement contraires à celle d'une Ménagerie d'acclimatation; où *très-peu d'espèces*, représentées s'il est possible par un *assez grand nombre d'individus*, doivent être placées dans de grands espaces, et soustraits, autant qu'il est possible, au moins une grande partie du jour, aux regards et aux visites des curieux, afin de faciliter et d'assurer la propagation. Ainsi, dans une ménagerie zoologique, beaucoup d'espèces représentées chacune par un très-petit nombre d'individus. Dans une ménagerie d'acclimatation, quelques troupes d'animaux appartenant à un très-petit nombre d'espèces, à la naturalisation desquelles on s'attacherait spécialement et exclusivement, jusqu'à ce que le résultat désiré ayant été obtenu à leur égard, on pût les remplacer par d'autres, et s'occuper de celles-ci avec la même persévérance et la même sollicitude. Qu'il me soit permis, en achevant cette note, de citer quelques lignes par lesquelles je terminais, il y a quelques années, mon travail sur la domestication des animaux : « Un tel établissement, dirigé selon les principes de la saine physiologie, enrichirait sans nul doute la France, dans un avenir peu éloigné, d'un grand nombre de races précieuses dont la possession ne saurait manquer de faire naître bientôt plusieurs industries nouvelles, et de créer, pour diverses localités qui en sont encore aujourd'hui presque entièrement dépourvues, des éléments de richesse et de prospérité impossibles par toute autre voie. J'appelle donc de tous mes vœux ce progrès ; je vois dans son accomplissement l'un de ces bienfaits peu brillants, peu retentissants peut-être, mais durables, solides et destinés à se perpétuer d'âge en âge, pour lesquels il est une récompense plus belle que l'admiration des hommes : leur reconnaissance. »

Une *société zoologique d'acclimatation* a été fondée sous les auspices de M. Geoffroy Saint-Hilaire. Elle a tenu sa 1re séance publique le 11 février 1857, et M. Geoffroy Saint-Hilaire a prononcé un discours remarquable. Après avoir indiqué la pensée pratique et philantropique de la Société avec cette élévation de pensée et cette élégance de style qui sont un des caractères de son talent, le savant professeur a montré quels puissants encouragements elle a trouvés en France dans toutes les branches de l'administration, dans toutes les classes éclairées de la société. Les étrangers aussi se sont empressés de s'associer à cette institution, créée au lendemain de ces luttes pacifiques qu'on nomme les expositions de Londres et de Paris. La Société n'a pas été moins heureuse en dehors du pays où elle avait pris naissance. Deux Etats de l'Europe, la Russie et la Suisse, avaient seuls des représentants parmi les fondateurs de la Société : le prince Demidoff et M. Sacc. A la suite de ces deux noms, une foule d'autres sont bientôt venus s'inscrire, non pas d'Europe seulement, mais de toutes les parties du monde civilisé. En moins de trois ans, la Société d'acclimatation a pris pied par tout le monde, dans tous les Etats de l'Europe, un seul excepté ; dans neuf empires ou royaumes asiatiques ; en Australie, et dans douze colonies ou Etats américains. Dans le plus vaste de ceux-ci, le Brésil, le Souverain lui-même a voulu être placé sur une liste où figuraient déjà l'Empereur des Français, le prince Napoléon, le prince de Savoie-Carignan, le duc Paul-Guillaume de Wurtemberg, les princes Charles Bonaparte, de Salm-Dyck, de Hohenzollern, et tous les princes de la maison régnante d'Egypte ; où l'extrême Orient était lui-même représenté par deux de ses Sou-

être les premières ensemencées, et labourez immédiatement après le parcage, car il faut craindre les pluies. Si vous avez des porcelets nés dans les deux mois précédents, c'est le moment de les faire castrer; soignez la *volaille*; garantissez les jeunes des variations atmosphériques; envoyez les oies aux pacages humides. Les canetons peuvent manger des boulettes de pommes de terre et de pain bis; si la plume leur vient, donnez-leur de l'avoine. Pour les *abeilles*, il faut veiller aux essaims, les arrêter et les placer, nettoyer les ruches vieilles et nouvelles, empêcher le pillage, hausser les ruches. L'éducation des *vers à soie* doit être commencée.

Juin. — C'est l'époque de la *fenaison*. Le moment de faucher une prairie, pour obtenir de bon fourrage, est celui où les plantes qui y dominent commencent à être en fleur; toute plante qui a amené la graine à maturité ne produit plus qu'un foin dur, peu nourrissant. La fermentation est toujours utile au foin, et il y a du mérite à la diriger. Tout l'art consiste à rentrer le fourrage au degré de dessiccation nécessaire pour produire le degré de fermentation qu'on désire; c'est ce que l'expérience et l'observation indiquent suffisamment. Il faut ensuite tasser la masse uniformément, et empêcher, autant que possible, l'introduction de l'air. Cette méthode vaut mieux que celle que l'on pratique ordinairement; tant que l'herbe est verte, elle craint peu les pluies, et peut rester en ondains sans danger. La fenaison du trèfle, de la luzerne, des vesces, est subordonnée aux mêmes règles, excepté cependant que pour faucher les vesces, on peut attendre que les siliques soient formées. Eviter pour les *chevaux* les heures de grande chaleur. Même observation pour les *bœufs*. Les troupeaux se conduisent, pour la nourriture, comme dans le mois précédent. C'est dans ce mois que se fait l'opération intéressante de la tonte des *moutons* : c'est le moment où le propriétaire voit couronner ses travaux, où il reçoit une partie des fruits de ses dépenses et de ses soins. L'usage de laver la laine à dos avant la tonte n'est pas sans inconvénient pour la santé des animaux. La laine doit être coupée très-près de la peau, et le plus également possible. Comme les brebis portent ordinairement de cent cinquante à cent cinquante-six jours, il faut commencer la monte à la fin de juin ou aux premiers jours de juillet, si l'on veut avoir les agneaux en décembre; cent brebis exigent trois béliers de l'âge de dix-huit mois à six ou sept ans. Les *porcs* doivent être lavés fréquemment et recevoir de la nourriture verte, trèfle, laitue, ortie. On procède à la récolte du duvet des vieilles *oies*, qu'on a commencée le mois précédent. Les jeunes *dindons* sont envoyés en pâturage dans les vergers. Visiter les *ruches*, détruire les papillons et autres ennemis des abeilles. On commence à filer les cocons des *vers à soie* dans les départements du Midi. On donne, à la fin de ce mois, la troisième raie aux terres destinées aux turneps et aux colzas pour la nourriture d'hiver.

JUILLET. — Mêmes soins pour les *chevaux* et les *bœufs* que le mois précédent. Leur éviter la trop grande chaleur, que redoutent surtout les poulains au pâturage. Assurer la bonne ventilation des écuries et étables, et tendre aux portes et aux fenêtres des toiles claires, qui, tout en donnant un libre passage à l'air, empêcheront les insectes de pénétrer. L'herbe desséchée n'offre aux troupeaux de *bêtes à laine* qu'une pâture brûlante qui les expose à des maladies inflammatoires; la chaleur et les mouches les vexent et les tourmentent. Pour éviter ces inconvénients, on fait souvent, lorsque la rosée n'est pas très-abondante, sortir les troupeaux au point du jour; on les fait paître jusque vers dix heures. On les conduit ensuite à l'ombre, où ils se reposent jusqu'à ce que la grande chaleur soit passée; on les fait paître de nouveau jusqu'à la nuit close. On a grand soin de les approcher des ruisseaux pour les faire boire. A la fin de ce mois, on sèvre les agneaux. Cette circonstance exige quelques précautions. Les agneaux, habitués à leurs mères, souffrent de cette séparation; le changement de nourriture les affecte aussi. Il est prudent de les éloigner des mères pour qu'ils les oublient le plus tôt possible, et il est nécessaire de leur procurer une nourriture qui les flatte; on peut leur donner de la vesce en vert, dont ils sont très-friands. Les poules ne doivent plus couver; il faut les en empêcher. Les jeunes coqs dont le chant commence à se faire entendre doivent être chaponnés. On doit continuer à préserver les *abeilles* de la sécheresse et des insectes, faire la guerre aux bourdons et aux guêpes; et s'il y a quelque ruche qui n'ait pas jeté, on l'empêche de le faire, soit en tuant les reines superflues, si on le peut, soit en haussant les ruches. On commence la récolte du miel et de la cire. On file partout les cocons des *vers à soie*. On sème les turneps, en profitant, autant que possible, d'un temps de pluie.

AOUT. — Les *poulains* nés en mars peuvent être sevrés. On envoie les *bœufs* pâturer sur chaume ou dans les prairies. La saison devient plus favorable pour les troupeaux de *bêtes à laine*. Les champs commencent à se débarrasser des récoltes, ce qui fournit une augmentation de pâturage. Les troupeaux trouvent dans les éteules une herbe nouvelle; ils mangent les épis échappés aux glaneurs. On continue aux *porcs* les mêmes soins et la même nourriture. Les *oies* et *dindons* sont nourris dans les chaumes. On fait la provision d'œufs pour l'hiver, et l'on récolte la plume d'oie. Pour les *abeilles*, mêmes soins qu'en juillet; sur la fin du mois, veiller de nouveau aux souris, aux pluies et aux vents. On continue de filer les cocons des *vers à soie*. On sème les premiers colzas pour la nourriture d'hiver; on sème aussi le *trèfle incarnat*, fourrage précieux, très-hâtif, donnant une ou deux coupes, propre aux sols légers; semer 25 kilos par hectare, à la volée après la moisson, sans labours pour les terres meubles, après un labour superficiel pour les terrains fermes.

Septembre. — Les *chevaux* doivent être ramenés par degrés à la nourriture sèche. On sèvre les poulains d'avril. On donne encore le vert aux *bœufs* de travail et aux vaches laitières; mais aux racines coupées, il faut ajouter du grain et du sel. C'est le moment de fabriquer le beurre. Pendant ce mois, le pâturage est la seule nourriture des troupeaux de *bêtes à laine;* il y suffit. Vers la fin du mois, les agneaux commencent à devenir en chaleur : on sépare les mâles des femelles. Envoi des *porcs* à la glandée; on sèvre les porcelets nés en juin et en juillet. On vend les *volailles;* on engraisse les poulardes, les dindons, les oies et les canards. Pour les *abeilles*, mêmes soins qu'en août; on achète des ruches; on se défait des mouches qu'on veut détruire. On nettoie les ruches. On continue la filature des cocons de *vers à soie*. C'est le temps d'éclaircir les turneps. Cette opération est indispensable pour avoir une bonne récolte; elle se fait avec la houe. On tâche, autant qu'il est possible, de laisser 27 à 29 centimètres de distance entre les plantes. Sans ce travail, les turneps ne grossiraient point; ils ne pousseraient que des feuilles, que la première gelée un peu forte détruirait.

Octobre. — C'est le moment de remettre les bestiaux à la nourriture d'hiver. La ration ordinaire du *foin* doit être de 10 kilos par tête et par jour. Les *betteraves* équivalent en qualité nutritive au quart de leur poids de foin sec, les *pommes de terre* et *carottes* à la moitié, les *navets* et *panais* au cinquième. On donne ces racines aux bestiaux dans la proportion de moitié foin et moitié racines, eu égard à cette qualité nutritive. Ainsi on donnera par jour : 5 kil. de foin et 10 kil. de carottes coupées par tranches; 5 kil. de foin et 10 kil. de pommes de terre cuites; 5 kil. de foin et 20 kil. de betteraves coupées, crues et cuites; 5 kil. de foin et 25 kil. de panais ou navets. Les carottes conviennent surtout à la nourriture des chevaux. La paille entière se donnera aux chevaux nourris avec du foin ou de l'avoine; elle se donnera hachée et humide quand les chevaux consomment, en place d'avoine, des grains plus nutritifs, tels que féveroles, orge, seigle; c'est afin d'augmenter le volume et de le mettre en rapport avec les facultés digestives. La paille hachée est d'un bon emploi associée à des aliments très-aqueux, tels que les résidus de la distillation de pommes de terre, graines, etc. On vend les *bœufs* engraissés au vert; on châtre les jeunes veaux. Ceux qu'on veut élever sont soumis à la castration.

C'est au commencement d'octobre qu'on livre les brebis aux béliers; ce moment est très-intéressant; la propagation de la bonne espèce exige des soins et des connaissances. Il est d'abord nécessaire que les individus soient sains et vigoureux, que le nombre des brebis soit proportionné à la force et à l'âge des béliers; le choix de ceux-ci est très-important. Il faut qu'ils soient bien constitués et qu'ils aient une belle toison. Le premier soin doit être d'éviter les incestes. Il faut empêcher que les béliers, produits du troupeau, couvrent leur mère ou leur sœur, et s'occuper par conséquent de croiser les races. On excite les *volailles* à pondre, en leur donnant de l'avoine et on les engraisse. — Pour les *abeilles,* on veille au pillage et aux guêpes; on transporte les ruches, on les scelle sur le siége après les avoir nettoyées, et on les tient propres, couvertes et chaudes, pour les garantir de la pluie, du vent et du froid. On continue la préparation des cocons de *vers à soie* et on cueille la feuille des mûriers. A la fin du mois, quand la semaille des grains d'hiver est faite, on se hâte de donner une raie aux terres destinées à porter plus tard de l'orge et à celles qui doivent être en jachères. On les ensemence en vesce d'hiver, colza et seigle, destinés à fournir la nourriture aux troupeaux en février, mars et avril.

NOVEMBRE. — Donner aux *chevaux* moins d'avoine et plus de carottes, mais toujours autant de foin; prendre garde à ce qu'ils n'aient pas à souffrir du froid; soins aux juments pleines et aux poulains. Commencement de l'engraissement à l'étable pour les *bœufs*. Pour les *bêtes à laines*, lorsque le temps est favorable, que les pluies ne sont pas trop abondantes, ou que la terre n'est point couverte de neige, le pâturage est encore la seule alimentation. Cependant, comme les nuits sont longues, on donne quelque nourriture, dans le parc, aux agneaux. On commence d'abord par les habituer à manger des nourritures sèches, à leur donner de l'avoine en botte. Une botte du poids de 7 à 9 kilos 1/2 suffit pour trente agneaux. Vers le milieu de ce mois, on retire les béliers des brebis, avec lesquelles on les laisse ordinairement six semaines. On continue d'engraisser les *porcs*, qui vont encore à la glandée. On engraisse les *oies*. Pour les *abeilles*, mêmes soins qu'en septembre, et redoubler d'attention pour garantir les mouches des rigueurs de la saison, les nourrir, et mettre la petite grille devant la porte.

Décembre. — On augmente la litière des *chevaux* et on les tient chaudement et à sec. La même chose pour les *bœufs*. C'est sur la fin de décembre que les *brebis* commencent à mettre bas. Quelque confiance que l'on puisse avoir dans son berger, on ne doit jamais manquer d'exercer dans cette occasion une surveillance assidue. Une nourriture fraîche, composée de racines, comme pommes de terre, navets, betteraves, rutabagas, etc., est nécessaire pour que les mères puissent fournir une abondante quantité de lait. On continue l'engraissement des *porcs;* on sale et on fume les viandes de ceux qui sont abattus. On continue également l'engraissement de la *volaille*. Pendant les mois d'hiver, le magnanier ne doit pas tout à fait perdre de vue son éducation de *vers à soie*. Celui qui a fait sa graine doit en surveiller avec soin la conservation, et celui qui compte en acheter doit commencer à s'occuper de cette affaire délicate afin de s'arranger pour que la graine voyage pendant les froids, à une époque où elle ne peut être altérée par des variations de température qui lui sont si nuisibles. Si l'on conserve la graine, il faut qu'elle soit tenue dans une pièce dont la température ne varie pas, située, autant que possible, au nord, qui ne soit pas humide comme certaines caves, car l'humidité, en faisant développer de la moisissure sur les œufs, est une cause de maladie pour les vers qui en naîtront et peut même faire périr le germe s'ils y restent exposés trop longtemps.

Janvier. — Mêmes soins qu'en décembre pour les *chevaux*. L'engraissement d'hiver du *bétail à cornes* donne à cette époque au cultivateur le plus fort de son travail. Il ne faut embrasser cette industrie que quand on possède une grande habitude dans les achats et les ventes de bestiaux, et qu'on peut fréquenter les foires et marchés. La tranquillité, l'obscurité du local, la propreté, la régularité des repas, sont les conditions d'un prompt engraissement, qu'on peut obtenir avec des substances très-diverses. Lorsque les vaches sont sur le point de vêler, il est important de leur donner une bonne nourriture, non seulement au moment du part, mais deux mois à l'avance. Les choux ou les racines doivent en grande partie composer cette nourriture. La meilleure manière de nourrir les veaux et la plus économique est de ne pas les laisser téter, en les habituant sur-le-champ à boire dans un baquet. On leur donne pendant huit ou dix jours du lait fraîchement trait, puis du lait écrémé avec un peu de tourteau de lin ou de farine de féveroles ou d'orge, à la température du lait; on augmente peu à peu la dose de farine.

Il est essentiel de donner, pendant tout l'hiver, aux veaux d'élèves de l'année précédente, une nourriture abondante et substantielle. En général, la principale cause de dégénération des races est le défaut d'une nourriture assez substantielle pendant la jeunesse. Ce mois est un de ceux qui exigent le plus de précautions pour l'entretien des *bêtes à laine.* S'il fait beau, on fait sortir les troupeaux du parc environ à neuf heures du matin ; ils parcourent les champs ; à deux heures après midi, on les mène sur un champ de turneps, de colzas ou de choux, comme cela se pratique en Angleterre. On divise avec des claies, qui n'ont qu'environ 1 mètre de hauteur, la portion du champ qu'on destine à être pâturée, et l'on change ces claies tous les deux ou trois jours, suivant que les moutons en ont besoin. Ces troupeaux jouissent d'une santé plus robuste que ceux qui restent enfermés dans les bergeries. — On engraisse les *porcs* parfaitement au moyen du lait aigre écrémé, auquel on ajoute, seulement à la fin, un peu de farine de pois, de maïs, d'orge, de sarrasin ou de féveroles, ou bien avec des racines, telles que carottes, panais, pommes de terre cuites, ou enfin avec des résidus de distilleries. Les porcs anglais s'engraissent bien plus promptement, et même se maintiennent gras avec la nourriture d'entretien des porcs ordinaires ; comme tous les bestiaux à l'engrais, ils doivent à chaque repas recevoir une quantité de nourriture suffisante pour les rassasier complétement, mais de manière qu'ils n'en laissent point. Pour les *abeilles,* nourrir les faibles, éloigner les ennemis, surtout garantir du froid, de la pluie en tenant la ruche bien fermée et bien couverte. Pour les *vers à soie,* si les œufs sont encore sur les toiles où ils ont été déposés par les papillons lors de la ponte, il suffit de réunir les quatre bouts de ces toiles par une épingle, en laissant la graine en dedans, et de suspendre cette espèce de sachet à un fil de fer tendu près du plafond de la pièce. Si la graine est déjà détachée, il faut l'étaler dans des boîtes à fonds de canevas, comme des tamis, de manière à ce qu'il n'y en ait qu'une épaisseur de quatre ou cinq millimètres, couvrir ces boîtes d'un autre canevas et les suspendre également, toujours de manière à ce que les souris ne puissent y arriver, car elles sont très-friandes de la graine comme des cocons de vers à soie. De temps en temps on visite les toiles couvertes de graines ou les boîtes ainsi suspendues; on remue celles qui sont détachées et l'on voit si les insectes ne viennent pas les manger et si l'humidité ne s'y met pas. C'est ainsi que les magnagniers soigneux doi-

FIN DE LA TABLE.

Paris. — Imprimerie WALDER, rue Bonaparte, 44.

www.ingramcontent.com/pod-product-compliance
Lightning Source LLC
LaVergne TN
LVHW011942220826
846092LV00001B/59
9782329599014